U0295958

“十三五”国家重点图书出版规划项目
核能与核技术出版工程（第二期）
总主编 杨福家

核工程中的流致振动理论与应用

Theory and Application of Flow-induced Vibration in Nuclear Engineering

姜乃斌 冯志鹏 臧峰刚 等 编著

内容提要

本书根据国内外核工程中流致振动研究的最新成果，结合核电设备与管道的工程设计经验，以涉及流致振动问题的蒸汽发生器、反应堆堆内构件、燃料组件和管道系统为主要对象，论述了流致振动的理论基础、规范要求、分析方法、试验研究、防振设计及工程实例等内容。

本书可供核电和能源化工领域的设计人员、力学分析人员、高校和科研院所流固耦合领域的研究人员参考。

图书在版编目(CIP)数据

核工程中的流致振动理论与应用／姜乃斌等编著．
—上海：上海交通大学出版社，2018
核能与核技术出版工程
ISBN 978-7-313-19297-4

Ⅰ．①核… Ⅱ．①姜… Ⅲ．①核电站−设备−研究
Ⅳ．①TM623.4

中国版本图书馆 CIP 数据核字(2018)第 092772 号

核工程中的流致振动理论与应用

编　　著：姜乃斌　冯志鹏　臧峰刚等
出版发行：上海交通大学出版社　　地　　址：上海市番禺路 951 号
邮政编码：200030　　电　　话：021-64071208
出 版 人：谈　毅
印　　制：上海万卷印刷股份有限公司　　经　　销：全国新华书店
开　　本：710 mm×1000 mm　1/16　　印　　张：25.5
字　　数：423 千字
版　　次：2018 年 9 月第 1 版　　印　　次：2018 年 9 月第 1 次印刷
书　　号：ISBN 978-7-313-19297-4/TM
定　　价：198.00 元

丛书编委会

本书编委会

主　编　臧峰刚

编　委（按姓氏笔画排序）

叶献辉　冯志鹏　刘　帅　齐欢欢

姜乃斌　黄　旋　蔡逢春　熊夫睿

总　序

1896 年法国物理学家贝可勒尔对天然放射性现象的发现，标志着原子核物理学的开始，直接导致了居里夫妇镭的发现，为后来核科学的发展开辟了道路。1942 年人类历史上第一个核反应堆在芝加哥的建成被认为是原子核科学技术应用的开端，至今已经历了 70 多年的发展历程。核技术应用包括军用与民用两个方面，其中民用核技术又分为民用动力核技术（核电）与民用非动力核技术（即核技术在理、工、农、医方面的应用）。在核技术应用发展史上发生的两次核爆炸与三次重大核电站事故，成为人们长期挥之不去的阴影。然而全球能源匮乏以及生态环境恶化问题日益严峻，迫切需要开发新能源，调整能源结构。核能作为清洁、高效、安全的绿色能源，还具有储量最丰富、高能量密集度、低碳无污染等优点，受到了各国政府的极大重视。发展安全核能已成为当前各国解决能源不足和应对气候变化的重要战略。我国《国家中长期科学和技术发展规划纲要（2006—2020 年）》明确指出“大力发展核能技术，形成核电系统技术的自主开发能力”，并设立国家科技重大专项“大型先进压水堆及高温气冷堆核电站专项”，把“钍基熔盐堆”核能系统列为国家首项科技先导项目，投资 25 亿元，已在中国科学院上海应用物理研究所启动，以创建具有自主知识产权的中国核电技术品牌。

从世界范围来看，核能应用范围正不断扩大。据国际原子能机构最新数据显示：截至 2018 年 8 月，核能发电量美国排名第一，中国排名第四；不过在核能发电的占比方面，截至 2017 年 12 月，法国占比约 71.6%，排名第一，中国仅约 3.9%，排名几乎最后。但是中国在建、拟建和提议的反应堆数比任何国家都多，相比而言，未来中国核电有很大的发展空间。截至 2018 年 8 月，中国投入商业运行的核电机组共 42 台，总装机容量约为 3 833 万千瓦。值此核电发展的历史机遇期，中国应大力推广自主开发的第三代以及第四代的“快堆”

“高温气冷堆”“钍基熔盐堆”核电技术，努力使中国核电走出去，带动中国由核电大国向核电强国跨越。

随着先进核技术的应用发展，核能将成为逐步代替化石能源的重要能源。受控核聚变技术有望从实验室走向实用，为人类提供取之不尽的干净能源；威力巨大的核爆炸将为工程建设、改造环境和开发资源服务；核动力将在交通运输及星际航行等方面发挥更大的作用。核技术几乎在国民经济的所有领域得到应用。原子核结构的揭示，核能、核技术的开发利用，是20世纪人类征服自然的重大突破，具有划时代的意义。然而，日本大海啸导致的福岛核电站危机，使得发展安全级别更高的核能系统更加急迫，核能技术与核安全成为先进核电技术产业化追求的核心目标，在国家核心利益中的地位愈加显著。

在21世纪的尖端科学中，核科学技术作为战略性高科技学科，已成为标志国家经济发展实力和国防力量的关键学科之一。通过学科间的交叉、融合，核科学技术已形成了多个分支学科并得到了广泛应用，诸如核物理与原子物理、核天体物理、核反应堆工程技术、加速器工程技术、辐射工艺与辐射加工、同步辐射技术、放射化学、放射性同位素及示踪技术、辐射生物等，以及核技术在农学、医学、环境、国防安全等领域的应用。随着核科学技术的稳步发展，我国已经形成了较为完整的核工业体系。核科学技术已走进各行各业，为人类造福。

无论是科学研究方面，还是产业化进程方面，我国的核能与核技术研究与应用都积累了丰富的成果和宝贵经验，应该系统整理、总结一下。另外，在大力发展核电的新时期，也急需一套系统而实用的、汇集前沿成果的技术丛书作指导。在此鼓舞下，上海交通大学出版社联合上海市核学会，召集了国内核领域的权威专家组成高水平编委会，经过多次策划、研讨，召开编委会商讨大纲、遴选书目，最终编写了这套“核能与核技术出版工程”丛书。本丛书的出版旨在：培养核科技人才；推动核科学研究和学科发展；为核技术应用提供决策参考和智力支持；为核科学研究与交流搭建一个学术平台，鼓励创新与科学精神的传承。

这套丛书的编委及作者都是活跃在核科学前沿领域的优秀学者，如核反应堆工程及核安全专家王大中院士、核武器专家胡思得院士、实验核物理专家沈文庆院士、核动力专家于俊崇院士、核材料专家周邦新院士、核电设备专家潘健生院士，还有“国家杰出青年”科学家、“973”项目首席科学家、“国家千人计划”特聘教授等一批有影响力的科研工作者。他们都来自各大高校及研究单位，如清华大学、复旦大学、上海交通大学、浙江大学、上海大学、中国科学院上海应用物理研究所、中国科学院近代物理研究所、中国原子能科学研究院、中国核动力研究设计院、中国工程物理研究院、上海核工程研究设计院、上海市辐射环境监督站等。本丛书是他们最新研究成果的荟萃，其中多项研究成果获国家级或省部级大奖，代表了国内甚至国际先进水平。丛书涵盖军用核技术、民用动力核技术、民用非动力核技术及其在理、工、农、医方面的应用。内容系统而全面且极具实用性与指导性，例如，《应用核物理》就阐述了当今国内外核物理研究与应用的全貌，有助于读者对核物理的应用领域及实验技术有全面的了解，其他图书也都力求做到了这一点，极具可读性。

由于良好的立意和高品质的学术成果，本丛书第一期于2013年成功入选“十二五”国家重点图书出版规划项目，同时也得到上海新闻出版局的高度肯定，入选了“上海高校服务国家重大战略出版工程”。第一期(12本)已于2016年初全部出版，在业内引起了良好反响，国际著名出版集团Elsevier对本丛书很感兴趣，在2016年5月的美国书展上，就“核能与核技术出版工程(英文版)”与上海交通大学出版社签订了版权输出框架协议。丛书第二期于2016年初成功入选了“十三五”国家重点图书出版规划项目。

在丛书出版的过程中，我们本着追求卓越的精神，力争把丛书从内容到形式做到最好。希望这套丛书的出版能为我国大力发展核能技术提供上游的思想、理论、方法，能为核科技人才的培养与科创中心建设贡献一份力量，能成为不断汇集核能与核技术科研成果的平台，推动我国核科学事业不断向前发展。

杨福家

2018年8月

前　　言

核电厂蒸汽发生器、反应堆堆内构件、燃料组件、管道系统等设备中存在大量的流体诱发振动现象，由流致振动导致的设备损坏事故时有发生。由于流致振动问题是多学科耦合的复杂物理现象，涉及流体力学、弹性力学、振动力学、流固耦合、两相流理论等多学科领域，相关科学研究一直没有停止。

本书根据国内外流致振动研究的最新理论成果，结合作者的实际工程设计经验，以核工程中流致振动问题相对突出的蒸汽发生器管束、反应堆堆内构件、燃料组件、管道系统等为主要对象，论述流致振动的理论基础、规范要求、分析方法、试验研究、防振设计等内容。涉及的流致振动机理包括湍流激振、流体弹性不稳定、周期性旋涡脱落、声共振等。

全书共分 8 章。第 1 章简述了压水堆核电站流致振动分析涉及的主要部件和所对应的流致振动机理，以及相关研究概况。第 2 章详细地阐述了各种流致振动机理、输流管道流固耦合、微动磨损的理论与准则。第 3 章介绍了流致振动分析所需的结构和流体参数的计算方法。第 4 章分别描述了单向流固耦合和双向流固耦合的流致振动数值分析方法，并介绍了弹性管束的流固耦合特性和涡致振动预测的数值分析。第 5 章给出了蒸汽发生器管束湍流激振和流体弹性不稳定分析的方法、管束的声致振动分析、干燥器的旋涡脱落共振与声致振动评估以及相关防振设计。第 6 章以反应堆堆内构件为对象，介绍了流致振动分析范围、评估准则和分析流程。第 7 章以棒状燃料组件为对象，介绍了棒束结构流致振动分析的最新研究成果及试验和分析方法。第 8 章以典型的含节流孔板管道、温度计套管、三通管道为对象，给出了管路系统流致振动的分析评价方法和最新研究结论。附录 A 列举了与流致振动有关的国内外标准规范的主要内容。附录 B 给出了传热管束流致振动分析软件 SGFIV 的理论手册。附录 C 给出了水中圆柱体的流致振动响应与磨损预测。第 1 章编写人员为臧峰刚;第 2 章编写人员为姜乃斌、蔡逢春;第 3 章编写人员为齐欢欢;第 4 章编写人员为冯志鹏;第 5 章编写人员为姜乃斌;第 6 章编写人员为黄旋、叶献辉;第 7 章编写人员为冯志鹏;第 8 章编写人员为姜乃斌;附录 A 编写人员为黄旋;附录 B 编写人员为齐欢欢;附录 C 编写人员为冯志鹏;臧峰刚对全书进行了统稿。在本书编著过程中,熊夫睿提供了第 2 章中声致振动模态分析基本原理的相关资料;张丰收进行了蒸汽发生器干燥器的声致振动计算;刘帅进行了三通管的声共振计算。在此,对本书出版提供过帮助的同事一并表示感谢!

感谢国家自然科学基金对本书的资助(基金编号 51606180)。

由于作者水平有限、时间仓促,书中存在的遗缺和偏颇之处,恳请广大读者批评指正。

目　　录

上篇　理 论 部 分

下篇 工 程 应 用

附　录

上篇　理论部分

第 1 章
绪　论

1.1　引言

流致振动是指浸在流体中或传输流体的结构在流体力、阻尼力和弹性力的交互作用下引起的振动现象[1]。由于核工程领域存在大量的流体机械设备和输流管道系统，同时人们对核工程的安全性要求高，因此流致振动问题在核工程界受到较多的关注。核工程中有许多流致振动导致部件失效的历史记录，使核反应堆停堆或降功率运行，带来重大的经济损失。最近影响较大的流致振动事故发生在美国 San Onofre 核电站：2012 年 1 月 31 日，San Onofre 核电站 3 号机组因发生核泄漏而停堆检修，发现蒸汽发生器传热管发生过度的流致振动，导致部分传热管磨穿；对 2 号机组进行检查时发现蒸汽发生器传热管同样存在多处严重磨损[2]。运营商南加利福尼亚爱迪生公司已宣布永久性关闭该核电站，这一流致振动导致的事故已造成了巨大的经济损失和严重的社会影响。

即使在工业水平高度发展的今天，核工程中流致振动问题仍受人们高度关注，原因在于：① 随着高强度材料的应用，核设备中的结构变得越来越薄，因而刚度降低，易于引起振动。② 先进核反应堆的发展，要求增大通过这些设备的流体速度，流速增加更易于产生非预期流致振动。③ 对于核设备中的压力边界或堆芯支承结构，一旦发生振动破坏，后果将十分严重。例如核电站中使用的蒸汽发生器，其部件一旦发生破坏不仅会导致重大的损失，而且可能使放射性物质泄漏而造成核安全事故。

流致振动问题涉及振动力学、结构力学、流体力学、弹性力学、流固耦合理论等，具有交叉学科性质。研究对象是各种振动机理及流体流动中的各种激励力以及构件在这些流体力作用下的运动状态。通过对运动场中构件上的力及其响应的分析,预测振动模态、振动位置、振幅大小,从而评估构件振动的可能性并辨别其原因,以便采取相应的有效措施,防止因振动而遭受破坏。到目前为止,学术界比较认同的流致振动机理是"旋涡脱落""湍流激振""流体弹性不稳定""声共振"等[3],现简要介绍如下。

(1) 周期性旋涡脱落(periodic wake shedding):当流体横向流过圆柱体时,会在圆柱体的背面两侧交替产生脱离旋涡,即某一刻某一侧产生旋涡,而另一侧的旋涡恰好与圆柱体脱离;下一时刻则刚好反过来,产生旋涡的一侧旋涡长大、脱离,脱离旋涡的一侧则旋涡重新产生、长大,这便是"卡门涡街"现象。当一侧产生旋涡时,相对于另一侧来说流体阻力增大,流速减慢,即流体动能小,则其静压能增大,相当于产生了一个作用于圆柱体而垂直于流体流向的升力,下一时刻产生旋涡的一侧旋涡脱落,脱离旋涡的一侧又产生旋涡,则所产生的升力反向。如此循环往复,便产生了一个作用于圆柱体的交变力,即引起圆柱体振动的力。如果旋涡脱落的频率趋于圆柱体的固有频率,则可引起共振,形成较大的破坏性。

(2) 湍流激振(turbulence buffeting):湍流中脉动变化的压力和速度场不断供给管子能量,当湍流脉动的主频率与管子的固有频率相近时,管子吸收能量并产生振动。湍流脉动的频率范围较宽且具有很强的随机性。管子仅在其固有频率附近产生响应。

(3) 流体弹性不稳定(流弹失稳,fluidelastic instability):管系中的一根管子的位移可以使流场变化,从而又扰动该管本身和邻近的管子,进而导致各管的位移变化。如果在一个振动周期内,管子从流体流动中获得的能量大于阻尼耗散的能量,则由于流动流体与管子之间相互作用的结果,将使其发生不稳定。

流弹失稳一般是在已有的其他机理(如湍流激振或旋涡脱落)激发起管子运动的情况下发生的。这类振动的特点是:流动速度一旦超过某个临界值并有很少量的增加时,振幅却有非常大的增量,阻尼不大的情况下,形成的振幅将导致管子相互碰撞。很多报道的换热器失效情况都被认为起因于流弹失稳。

研究表明,流体速度较低时,管子的振动可能由旋涡脱落或湍流激振引起,而在速度较高区域,诱发机理则主要是流弹失稳(见图 1-1)。

(4) 声共振(acoustic resonance):声共振一般由旋涡脱落引起。通过旋涡脱落引起管子振动,管子振动则激起周围媒体(弹性体)的弹性波,弹性波沿换热器径向传播,到换热器内壁被反射,若换热器的内径为该机械波半波长的整数倍，则入射波与反射波叠加后形成声学驻波。此时，机械波难以向外传播能量，导致能量不断积累，产生极大的噪声。

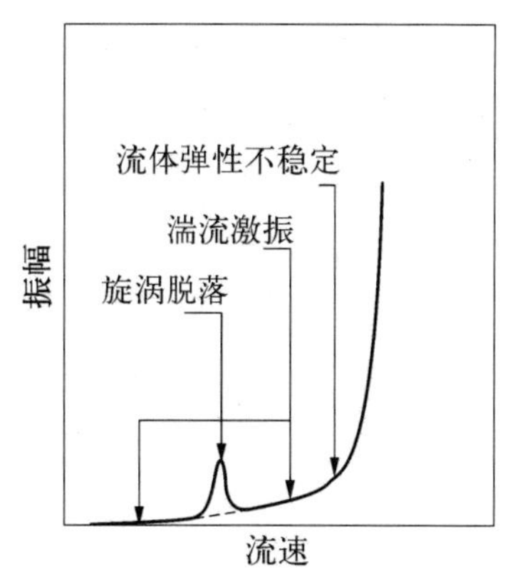

图 1-1 流体横掠速度与振动振幅的关系

核工程中流致振动分析所涉及的主要部件包括蒸汽发生器传热管、反应堆堆内构件、燃料组件核级管道系统等，这些结构部件大多可抽象为圆柱形结构或圆柱系。流体相对结构部件的流动方向分为轴向和横向，流体可能在结构内部或结构外部，并可能流经环形缝隙或紧密排列的圆柱系之间。流体可能是绝热的或非绝热的（如果发生沸腾或冷凝）。流体可能是液体、两相流（蒸汽-水）、汽体或气体。这些圆柱结构通常是多跨结构并由不同的支承形式所支承，如蒸汽发生器传热管由支承板和抗振条所支承，燃料棒由燃料组件格架所夹持，管道系统中还有很多支吊架。不同的结构形式结合不同的流动状态，所应考虑的流致振动机理如表 1-1 所示。

表 1-1 圆柱结构在不同流体激励下所应考虑的流致振动机理

流动方向	流体状态	流致振动机理			
		流弹失稳	旋涡脱落	湍流激振	声共振
管内轴向流	液体	*	—	**	***
	气体	*	—	*	***
	两相流	*	—	**	*
圆柱体(管)外轴向流	液体	**	—	**	***
	气体	*	—	*	***
	两相流	*	—	**	*
单根圆柱体横向流	液体	—	***	**	*
	气体	—	**	*	*
	两相流	—	*	**	—
管(棒)束横向流	液体	***	**	**	*
	气体	***	*	*	***
	两相流	***	*	**	—

注：*** 最重要；** 应该考虑；* 不太可能；—不适用。

以典型的压水堆核电站为例，根据表 1-1 并结合一定的工程经验，针对可能发生流致振动问题的各结构部件，将需要重点关注的流致振动机理列在表 1-2 中。

表 1-2 反应堆结构部件在不同流体激励下所应考虑的流致振动机理

设 备	部 件	流体状态和流动方向	所关注的流致振动机理
蒸汽发生器	传热管束入口直管段	管束中横向液体	(1) 流弹失稳 (2) 湍流激振 (3) 旋涡脱落
	传热管束弯管段	管束中横向两相流	(1) 流弹失稳 (2) 湍流激振
	干燥器	空腔中气体	(1) 声共振 (2) 旋涡脱落
反应堆堆内构件	吊 篮	管外环形缝隙的液体	湍流激振
	导向筒、支承柱、二次支承组件等	横向液体	(1) 湍流激振 (2) 旋涡脱落
燃料组件	燃料棒	棒束中的轴向＋横向液体	(1) 湍流激振 (2) 流弹失稳
管道系统	泵阀、孔板、弯头、三通等扰流件	管内湍流、液体、气体或两相流	(1) 声共振 (2) 旋涡脱落 (3) 湍流激振

1.2 压水堆核电站流致振动分析涉及的主要对象

1.2.1 蒸汽发生器内部构件

蒸汽发生器是压水堆核电厂一、二回路的枢纽，是核岛的三大设备之一。其主要功能为导出反应堆冷却剂热量，产生合格品质蒸汽，在正常停堆或事故停堆工况下，导出反应堆的余热和设备显热，保证一回路系统压力边界完整性，防止放射性物质外泄，它对于核电厂的安全运行十分重要。

蒸汽发生器是核动力装置中故障率较高的设备之一，压水堆核电厂运行经验表明，蒸汽发生器传热管断裂事故在核电厂事故中居首要地位。据报道，国外压水堆核电厂的非计划停堆次数中约有四分之一是因有关蒸汽发生器问题造成的，影响其使用可靠性的关键因素在于传热管。经过不断地改进创新，目前蒸汽发生器传热管主要使用690TT合金，也有部分核电站使用I-800合金，俄罗斯VVER核电站卧式蒸汽发生器使用奥氏体不锈钢，在直流式蒸汽发生器中，也有部分使用钛合金材料。

尽管核电厂采用的蒸汽发生器形式繁多，但在压水堆核电厂中使用较广泛的只有3种，分别是立式U形管束自然循环蒸汽发生器、卧式蒸汽发生器、直流蒸汽发生器。目前占主流的蒸汽发生器为使用U形传热管的立式自然循环蒸汽发生器，由直立式倒U形传热管束、管板、三级汽水分离器及外壳容器等零部件组成。

1）立式自然循环蒸汽发生器

自然循环蒸汽发生器可分为立式自然循环蒸汽发生器（见图1-2）和卧式自然循环蒸汽发生器（见图1-3），其中立式自然循环蒸汽发生器在核电厂和

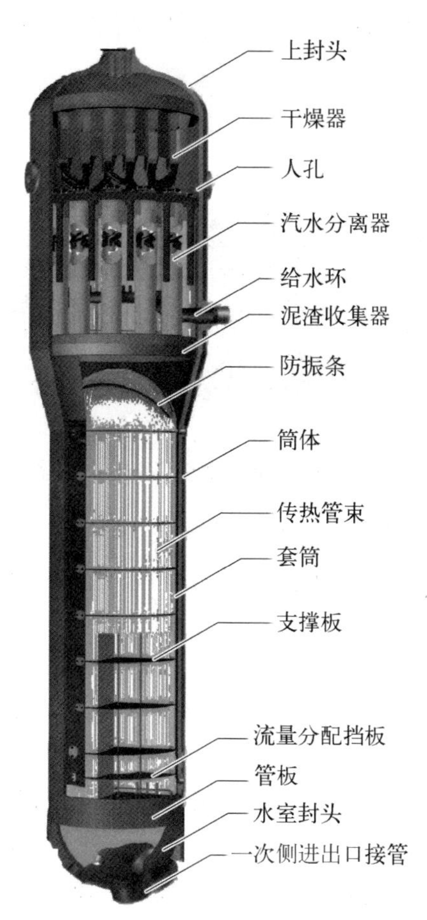

图1-2　立式自然循环蒸汽发生器结构

舰船核动力装置中应用较为普遍。

图 1－2 所示为典型的立式 U 形管自然循环蒸汽发生器的工作原理，主要由上封头、管板、U 形管束、汽水分离装置及筒体组件等组成。立式自然循环蒸汽发生器的二次侧蓄水容积大，具有缓冲作用，对给水及蒸汽自动控制要求不高；可以进行炉内水处理和排污，可适当降低对传热管材料和二回路水质的要求，从而简化辅助系统并提高设备的安全可靠性，但只能产生饱和蒸汽，为保证蒸汽品质，需要设置汽水分离器，从而使蒸汽发生器结构复杂。

2）卧式蒸汽发生器

俄罗斯在压水堆电厂中广泛应用卧式蒸汽发生器。VVER 反应堆是由俄罗斯研究和设计的，并向原东德、保加利亚、匈牙利、捷克和芬兰等国家出口。俄罗斯压水堆核电厂卧式自然循环蒸汽发生器已进入第三代。典型的卧式自然循环蒸汽发生器如图 1－3 所示。卧式自然循环蒸汽发生器具有下列特点[4]：

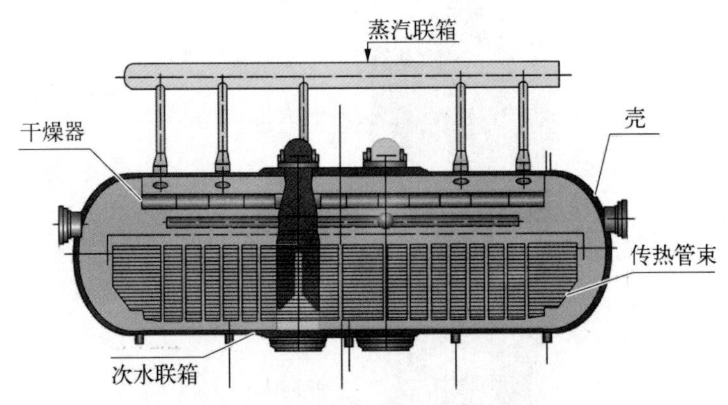

图 1－3　卧式自然循环蒸汽发生器

（1）在传热管束根部具有良好的热工水力特性。在传热管根部具有一定的流速，杂质不会在这里沉积和浓缩，因而可避免传热管与联箱结合部位的腐蚀破裂。

（2）循环倍率较大。传热管为正方形布置，管子间距用支撑件保证，并承受整个管束的重量。虽然自然循环回路不是很明显，但由于管束高度较低，因而循环倍率较大。

（3）其蒸发表面积大和水容积大，在事故工况下反应堆比采用立式蒸汽发生器更容易冷却；便于提高反应堆冷却剂的自然循环能力。

其主要缺点是出口蒸汽的湿度对水位波动比较敏感，因而对水位控制要求较高；体积大，占据空间较大，重量重，不利于铁路运输及反应堆堆舱内的布置。

3) 直流蒸汽发生器

直流蒸汽发生器二次侧工质的流动依靠给水泵的压头来实现，二次侧工质以强迫循环流过传热管，依次经过预热段、蒸发段和过热段，产生过热蒸汽。

它可分为管外直流式和管内直流式两大类[4]，管外直流式是指二回路工质在传热管外流动，一回路冷却剂在传热管内流动；管内直流式是指二回路工质在传热管内流动，一回路冷却剂在传热管外流动。管外直管型直流蒸汽发生器在压水堆核电站中有采用，管内直流蒸汽发生器多用于舰船压力堆核动力装置，例如德国的“奥托·汉”号核动力研究船、苏联的“列宁”号和“北极”号破冰船。直流蒸汽发生器具有以下特点：

(1) 能够产生过热蒸汽，而且压力稳定，不需要除湿，提高了核动力装置的热效率。

(2) 没有复杂的汽水分离器和直径粗大的汽包，结构简单、紧凑，与相同容量的自然循环蒸汽发生器相比，尺寸小、重量轻，容易在空间有限的舱室中安装和布置。

(3) 二次侧蓄热量和储水量都很小，能够快速启动和停止，具有良好的机动性。

直流蒸汽发生器也存在以下不足之处：

(1) 由于循环倍率为1，运行过程中不能像自然循环蒸汽发生器那样通过排污来保持炉水的水质，因此，对给水品质以及传热管材料抗腐蚀性能要求很高，需要对其进行定期化学清洗。

(2) 二次侧储水容积和蓄热能力小，需要采用较为复杂的自动调节系统。

(3) 由于其固有特性，需要解决可能发生的两相流动不稳定问题，在设计和运行过程中应采取措施避免运行在流动不稳定区。

由于直流蒸汽发生器具有结构紧凑、体积小、重量轻的特点，可实现紧凑布置及一体化布置，适应船用核动力装置有限空间的堆舱布置，是研究的热点之一(见图1-4)。

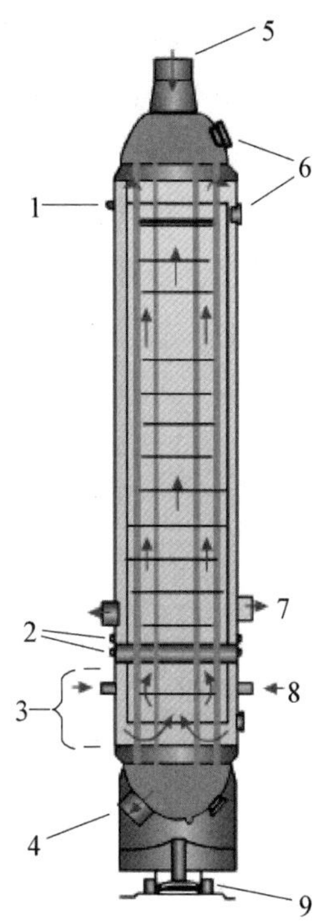

图1-4 直流蒸汽发生器

1—辅助给水进口；2，6—手孔；3—预热段；4—反应堆冷却剂出口；5—反应堆冷却剂进口；7—蒸汽出口；8—给水进口；9—滑动支座

1.2.2 反应堆堆内构件

反应堆堆内构件(简称堆内构件)是指压力容器内

除燃料组件及其相关组件、堆芯测量、辐照监督管、隔热套组件以外的所有堆芯支承结构件和堆内结构件。其中堆芯支承结构件是指在反应堆压力容器内支承或约束组成堆芯的燃料组件及其相关组件的结构件，以及连接堆芯支承结构件和堆内结构件的接头；堆内结构件是指在发生假想的堆芯支承结构件失效后，用以支承或约束堆芯的结构件和堆内所有其他结构件。

堆内构件由上部堆内构件、下部堆内构件、压紧弹簧和 U 形嵌入件等组成。主要功能是安装燃料组件及相关组件，并使其定位和压紧；为控制棒组件提供保护和可靠的导向；与反应堆压力容器一起为冷却剂提供流道，合理分配流量，减少冷却剂无效漏流；屏蔽中子和 γ 射线，减少压力容器的辐照损伤和热应力；为堆芯测量系统提供支承和导向；为压力容器辐照监督管提供安装位置；在发生假想堆芯支承结构失效事故时，能为堆芯提供二次支承，减小对压力容器的冲击，从而起到一定的保护作用。

1）上部堆内构件

上部堆内构件为“倒帽”结构形式，由堆芯上栅格板、堆芯上部支撑筒、导向筒支撑板和控制棒导向筒等组成，如图 1－5 所示[4]，其作用是压紧燃料组件和对控制棒进行定位，并对堆芯测量系统提供导向及支承。

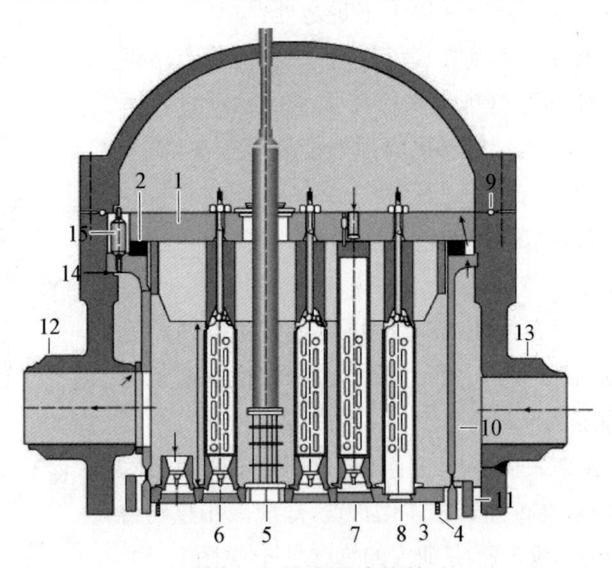

图 1－5　上部堆内构件

1—导向筒支撑板；2—压紧弹簧；3—堆芯上栅格板；4—堆芯围板；5—导向筒；6，7，8—支撑柱；9—“O”形密封环；10—吊篮；11—热屏；12—出口接管；13—入口接管；14—吊篮支撑凸台；15—定位销导向筒支撑板、裙筒和上支承法兰焊接在一起形成上部堆内构件的载荷支承结构，它把作用在上部堆内构件上的载荷传递给压力容器顶盖，同时它作为堆内上腔室和上封头腔的分界面。导向筒支撑板上设有控制棒导向筒组件、支撑柱的安装和定位孔；支撑柱在导向筒支撑板和堆芯上栅格板之间形成连接，把来自堆芯上栅格板的向上的力传递给导向筒支撑板。

堆芯上栅格板连接在上部支承柱的基座上，阻止燃料组件竖直方向的移动，堆芯上栅格板直接吸收来自燃料组件的所有向上的提升力和燃料组件压紧弹簧的反作用力，并将这些力传递给支撑柱，堆芯上栅格板为燃料组件提供了流水孔。

2）下部堆内构件

下部堆内构件是堆芯的主要支承结构，包括吊篮组件、下堆芯板组件、堆芯支承柱组件、围板-成形板组件、热屏蔽板和辐照监督管支架及其垫板、二次支承及流量分配组件等，如图1-6所示[4]。

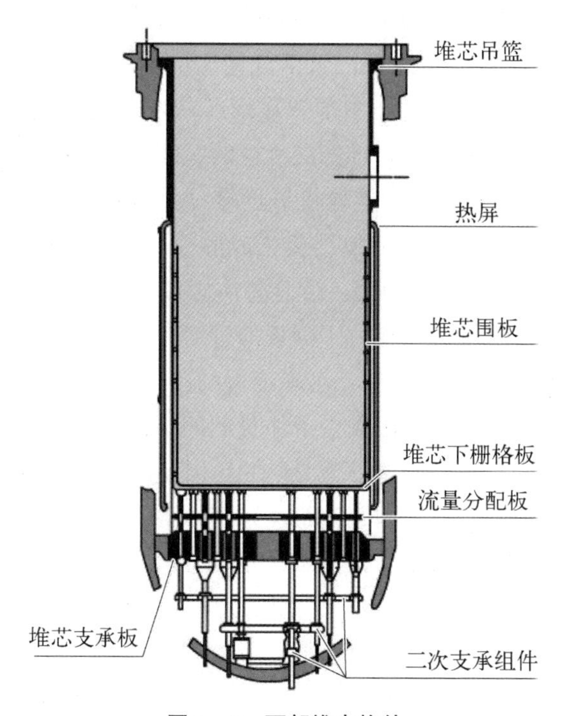

图1-6　下部堆内构件

吊篮组件包括：1个吊篮法兰，它置于压力容器的支承台阶上；3段圆柱形筒体（上部筒体、中部筒体和下部筒体），它们彼此对接焊接，并焊接在法兰上;3 个出口管嘴(对于三环路布置为 3 个出口管嘴,对于两环路布置为 2 个出口管嘴),它们焊接在上部筒体上;1 个堆芯支承板,它焊接在下部筒体上;4 个径向支承键,它们通过螺栓和焊接连接在堆芯支承板的侧面上。

堆芯支承板是一个开有流水孔的大型开孔锻件,堆芯支承板和吊篮筒体之间的连接为焊接结构。作用在该板上的载荷会传递到吊篮筒体上。4 个径向支承键对称地布置在堆芯支承板的外侧,径向支承键与安装在压力容器径向支承块上的 U 形嵌入件相配合,阻止下部堆内构件的转动和横向移动。在径向和竖直方向上径向支承键可自由膨胀。

下堆芯板组件:通过下堆芯板边缘上均布的螺栓和定位销把下堆芯板固定在吊篮筒体内部的下堆芯板支承环上。下堆芯板承担了由燃料组件施加的所有载荷。通过下堆芯板支承环和堆芯支承柱,将载荷传递给堆芯支承板和吊篮。堆内装有一百多组燃料组件,在下堆芯板上每个燃料组件的对应位置设有燃料组件定位销。燃料组件定位销用于定位燃料组件的下管座,通过下堆芯板,它把燃料组件产生的所有横向载荷传递给吊篮。

堆芯支承柱用来把堆芯重量的大部分传递给堆芯支承板。堆芯支承柱的顶部用螺栓连接在下堆芯板上,中部依靠螺纹与堆芯支承板连接。当堆芯支承柱的顶部调整好水平后,再将堆芯支承柱的底部用特殊的螺母锁紧。

围板-成形板-吊篮之间为螺栓机械连接,用螺栓把成形板连接在吊篮筒体的环形沟槽中,并用螺栓把围板连接在成形板上。成形板上设有一系列的流水孔,允许适当的冷却剂沿围板-吊篮筒体区域流动,在围板上也开有一系列的孔,以防止在反应堆失水事故下围板的过度变形。

热屏蔽板和辐照监督管支架:热屏蔽板的功能是保护容器免受中子和 γ 射线的过量辐照,布置在必须限制中子注量的四个区域。每个热屏蔽板分上、下两块,考虑到不同材料的热膨胀影响,在上、下两块热屏蔽板之间预留了间隙。用螺栓把热屏蔽板连接在吊篮筒体上,热屏蔽板和吊篮筒体之间留有一定的空间,允许冷却剂通过。

二次支承及流量分配组件:二次支承及流量分配组件通过螺栓连接在堆芯支承板上,由二次支承柱、连接柱、能量吸收器(连接在二次支承柱的下端)、流量分配板、涡流抑制板、基础连接板组成。流量分配组件的作用是对流量进行分配,使下腔室流场更均匀。流量分配组件由下列零件组成:位于堆芯支承板和流量分配板之间的连接柱以及流量分配板、涡流抑制板。在基础连接板和压力容器底封头之间留有适当的间隙,既限制在发生假想的吊篮断裂事故情况下堆芯的跌落高度，又保证在正常运行期间堆内构件的轴向自由膨胀。

1.2.3 燃料组件

燃料组件由燃料元件、定位格架和组件骨架等部件组成。图 1-7 为典型压水堆的燃料组件和燃料元件结构[4]。

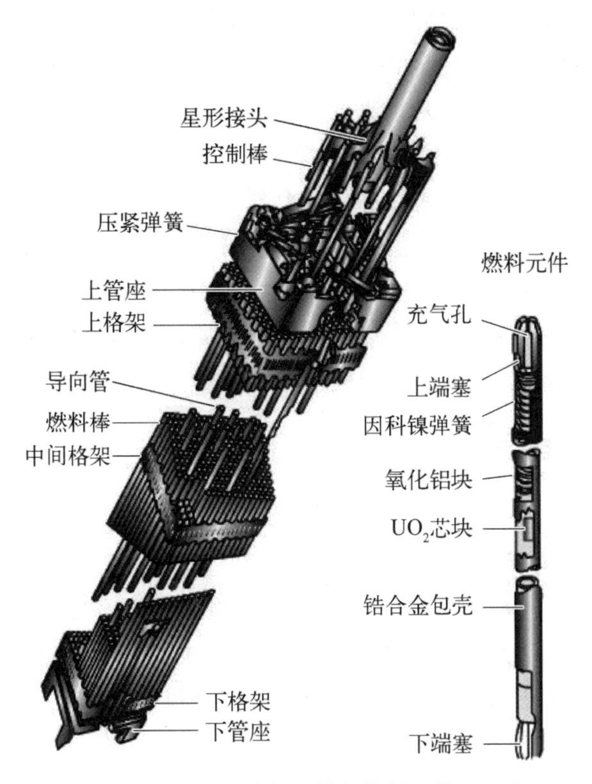

图 1-7 燃料组件和燃料元件

1）燃料元件

燃料元件是反应堆内以核燃料作为主要组分的、结构上独立的最小部件，产生核裂变并释放热量。燃料元件上下两端设有氧化铝隔热块，顶部有压紧弹簧，两端用锆合金端塞封堵，并与包壳管焊接密封在一起。典型的燃料元件主要由燃料芯体和包壳组成。燃料芯体装载核燃料，常用材料为 UO_2、U_3Si_2 - Al 弥散体、U - Zr 和 UO_2 - Al - Si 合金等；包壳是阻止裂变产物释放的第一道屏障，常用材料为锆合金、铝合金、不锈钢等。为满足反应性控制和功率展平的需求，可在燃料元件中添加可燃毒物，常用的可燃毒物为钆、硼、铒等。燃料元件按其所应用的反应堆类型分为压水堆燃料元件、重水堆燃料元件和高温气冷堆燃料元件等；按其装载的核燃料类型分为金属型燃料元件、陶瓷型燃料元件和弥散型燃料元件等；按外形分为棒状、板状、管状、球状等，并分别称为燃料棒、燃料板、燃料管、燃料球等。

2）燃料组件骨架

燃料组件骨架由定位格架、上管座、下管座、控制棒导向管、中子注量率测量管组成。燃料元件通过定位格架按正方形或正三角形排列并被夹持在骨架中，以维持燃料元件间合适的间距，定位格架材料通常为锆合金或镍基合金，有的格架也起搅混冷却剂增加传热的作用；上管座和下管座与上、下堆芯板啮合使燃料组件在堆内定位，承受和传递燃料组件的各种载荷，同时为燃料组件提供按需分布的冷却剂入口和出口流场以冷却燃料集合体并减小其流致振动，还为燃料组件的制造、吊装、运输和储存等提供接口，其材料通常为不锈钢；控制棒导向管部件用于插入燃料相关组件棒，有些设计还可对控制棒下落至行程末端提供水力缓冲作用，材料通常为锆合金。

1.2.4 管道及相关部件

1）主管道

反应堆冷却剂管道又称为主管道，是反应堆冷却剂压力边界的重要组成部分，其主要功能是连接反应堆压力容器、蒸汽发生器、主泵等主设备，以及多个高能辅助系统，形成封闭环路，提供反应堆冷却剂的循环流道，把堆芯的热量经蒸汽发生器传递给二回路。因此，主管道又称为反应堆冷却剂系统的“主动脉”。

主管道在反应堆运行期间的工作条件十分恶劣，除了承受各种载荷组合和低周、高频疲劳所引起的机械损伤外，还会承受反应堆冷却剂介质的高温、高压、高流速以及环境造成的氯离子腐蚀的危害。这对其安全性和可靠性提出了更高的要求。核动力装置管道设计中需要考虑放射性对管道材料的辐照、环境条件以及系统布置情况，主管道需要选择综合力学性能较高又具备优良耐蚀性能的材料，还应保证其辐照稳定性，同时还需要具备良好的加工性能。

2）其他管道部件

在核工程中，为了维护反应堆的安全运行，除了主管道，还有庞大的管道相关部件如输流管道等，将冷却剂输送至反应堆中冷却堆芯，然后将高温高压的液体从反应堆输送至热交换器，输流管道的安全在核工程领域有着十分重要的地位。

管道系统中存在着大量的泵、阀、孔板、三通、大小头、扩管、弯头等，会引起流体扰动、负压区、局部回流、旋涡、汽化、空泡溃灭等现象，极易成为诱发管道系统流致振动的激励源。如孔板是管道系统中广泛采用的一种节流或流量测量部件，会对管内流体产生节流和扰动作用，但也可能导致气蚀、旋涡脱落、声共振等现象出现，国内某核电站安全壳喷淋系统试验管线节流孔板曾发生由气蚀引起的剧烈振动和噪声[5]；核电厂稳压器排放管的安全阀组件上游管中有水封，当安全阀组件在很短时间内打开时，水封在蒸汽推动下不断加速，从而会引起排放管发生较大的振动。

1.3 研究概况

在反应堆结构中，圆柱结构和圆柱束是流体诱发振动的主要部件，如在横向流作用下的蒸汽发生器传热管、一次侧受内流的传热管、在轴向流作用下的燃料元件和监测管、输液管道、喷射泵等。振动引起部件疲劳和磨损，给反应堆安全带来潜在的危害，也增加了部件维修费用。流致振动本质上属于流固耦合问题，在核电站中广泛存在，对结构完整性和安全性有重要影响，因此对流固耦合现象，特别是流致振动问题的研究，具有重大的现实意义。

最早关于热交换器传热管流体诱发振动失效的报告出现在 1950 年。1970 年，美国机械工程师协会（ASME）发起主办了第一个热交换器里的流体诱发振动问题的专题讨论会，美国阿贡国家实验室也主持了一些关于核反应堆部件里的流体诱发振动问题的会议，随后逐步发展成覆盖流致振动所有应用范围的国际性会议，现在这一领域的年会每年举办一次。国内外在这一领域从 20 世纪 70 年代起开展了广泛的研究，当前仍然方兴未艾[6]。

国内外研究机构、专家学者针对流致振动机理开展了大量研究。核发达国家均有专门的实验室从事流致振动试验和理论研究，如美国阿贡实验室、加拿大的 Chalk River 实验室、法国的 SACLAY 研究中心流致振动分析实验室等。由于流致振动问题十分重要但又十分复杂，人们首先用实验的手段进行研究，如法国原子能委员会（CEA）和法玛通共同建造的实验回路完成了 900 MW 级电站反应堆的 1/8 模型实验，上海核工程研究设计院完成的秦山Ⅰ期吊篮流致振动实验，中国核动力研究设计院完成的秦山Ⅱ期堆内构件流致振动模型实验[7]和实堆测量、蒸汽发生器传热管束流致振动、燃料组件流致振动实验等。

理论上研究流致振动的关键在于模型的建立及其求解方法。20 世纪 60 年代以前，流固耦合[8]的研究都采用解析法进行求解，对流体域的响应是以固体与流体接触边界的固体加速度或位移作为已知条件而得出的，固体域的响应是以流体的动水压力作为外荷载而得出的，这种求解方法使流体与固体的响应相对独立，减少了运算工作量，但这种求解没能实现流体与固体域的真正耦合。另外，流体与固体的动力耦合的解析解包含复杂的级数形式，由于级数求解的困难，解析法不可能将众多因素的影响同时考虑，只能在探讨某些量时，对其他因素进行某些假定而得到特殊解，由于对某些复杂边界问题不可能给出解答，使得对问题的研究受到很大的限制。

从 20 世纪 70 年代开始，数值计算方法和计算机计算手段突飞猛进的发展，给流体与固体耦合作用的研究带来了新的活力。众多学者采用有限元、边界元及其混合法等数值方法结合坝-库水-地基系统、储液池等涉及流体-结构耦合的研究领域做了大量工作，使流体-结构耦合数值法研究得到较大的发展，在许多计算学科领域都进行了深入的研究，取得了一定的成果，例如计算流体动力学、计算结构动力学等。每一个单独学科的计算方法也都已经相对成熟，能够对大量的问题进行可靠模拟。然而，在许多科学研究和工程应用领域里，单一学科的仿真分析已经不能满足人们更详细更准确的要求，为了得到更高质量的数值仿真结果，模拟多学科耦合作用的要求不断增加，从而将不同学科的仿真分析耦合在一起变得越来越重要。耦合分析就是考虑了两个或多个物理场之间相互作用的分析。综观有关流固耦合问题的文献，人们可以发现流固耦合问题经过发展已经比较完善，但要真正解决好流固耦合问题必须结合流体力学与固体结构分析中的各种方法与细节。

第 2 章
理论基础

本章主要叙述流致振动机理、分析模型和后果评价等相关的理论基础。其中，引起流致振动的主要机理包括：湍流激振、流体弹性不稳定、周期性旋涡脱落和声共振；分析模型主要给出输流管道流固耦合的模型和基本运动方程；磨损是流致振动现象的主要后果，本章给出了主要的磨损分析模型。

2.1 湍流激振

2.1.1 湍流激振的随机振动理论公式

湍流是流体的一种流动状态。当流速很小时，流体分层流动互不混合，称为层流，也称为稳流或片流；逐渐增加流速，流体的流线开始出现波浪状的摆动，摆动的频率及振幅随流速的增加而增加，此种流况称为过渡流；当流速增加到很大时，流线不再清楚可辨，流场中有许多小旋涡，层流被破坏，相邻流层间不但有滑动，还有混合。这时的流体做不规则运动，有垂直于流管轴线方向的分速度产生，这种运动称为湍流，又称为乱流、扰流或紊流。

核反应堆及核级管道中的流体流速相对较高，几乎处处都存在湍流。湍流在流经的结构表面上会产生脉动压力，在脉动压力的作用下结构会产生振动。湍流激励的频率范围是很宽的，且是随机的，在没发生流体弹性不稳定之前，结构振动的振幅随流速的增大而增长。湍流激振对结构的影响是长期且无法避免的，只能通过优化结构设计和调整流速，将湍流引起的结构振动响应控制在可接受的范围之内。

湍流激振本质上是一种受迫振动，湍流引起的脉动压力是随机激励，只能通过随机振动理论进行分析。下面以横向流中的管束为例，介绍湍流激振的随机振动分析方法。

根据 Axisa 等[9] 给出的等效功率谱密度(equivalent power spectrum density, EPSD)方法,作用在管子表面轴向单位长度上的力为 $F(s, t)$,其互相关功率谱密度(互谱密度)为

$$\Psi_F(s_1, s_2, f) = \int_{-\infty}^{+\infty}\left(\lim_{T\to\infty}\frac{1}{2T}\int_{-T}^{+T}F(s_1, t)F(s_2, t+\tau)\mathrm{d}t\right)\mathrm{e}^{-2\mathrm{i}\pi f\tau}\mathrm{d}\tau \tag{2-1}$$

对互谱密度进行分离变量处理,并用相关长度 λ_c 表示空间相关性:

$$\Psi_F(s_1, s_2, f) = \Phi(f)\mathrm{e}^{-|s_2-s_1|/\lambda_c} \tag{2-2}$$

式中,Φ 是单位管长上力的自相关功率谱密度(自谱密度)。假设流体激励是随机的、各态历经的,并且在管子固有频率附近有足够的带宽,振动响应可以很容易利用经典的随机振动理论计算出来。在弱结构阻尼情况下,且在均匀一致横向流的作用下,第 n 阶振动模态的位移均方根响应为

$$y_n(s) = \left[\frac{\varphi_n^2(s)L\lambda_c a_n}{64\pi^3 f_n^3 M_n^2 \zeta_n}\Phi(f_n)\right]^{\frac{1}{2}} \tag{2-3}$$

式中,L、φ_n、M_n、f_n 和 ζ_n 分别为管长、模态振型、模态质量、固有频率和模态阻尼;a_n 为模态相关系数,正比于容纳积分,定义为

$$a_n = \frac{1}{\lambda_c L}\int_0^L\int_0^L[\varphi_n(s_1)\varphi_n(s_2)\mathrm{e}^{-|s_2-s_1|/\lambda_c}]\mathrm{d}s_1\mathrm{d}s_2 \tag{2-4}$$

如果 λ_c/L 足够小[10],模态相关系数近似为

$$a_n = \frac{2}{L}\int_0^L \varphi_n^2(s)\mathrm{d}s \tag{2-5}$$

从而式(2-3)可变换为

$$y_n(s) = \left[\frac{\varphi_n^2(s)L^2 a_n}{64\pi^3 f_n^3 M_n^2 \zeta_n}\left(\frac{\lambda_c}{L}\Phi(f_n)\right)\right]^{\frac{1}{2}} \tag{2-6}$$

式(2-6)中,不需要对相关长度做进一步的假设,只需得到 Axisa 等[9] 引入的等效功率谱密度便可计算出振动响应,等效功率谱密度定义为

$$\Phi_E(f) = \frac{\lambda_c}{L}\Phi(f) \tag{2-7}$$

该等效功率谱密度可以理解为单位长度上完全相关的随机力，该力与式(2－1)中定义的激振力具有同样的作用。因为实际的激励水平并不像完全相关力一样随着长度的增加而增加，需要将该等效功率谱密度与一个参考长度 L_0 联系在一起。类似的，考虑到激振力随管子表面积的增加，需要用到一个参考直径 D_0。不同管子几何形状的等效功率谱密度之间的关系通过下式表示：

$$\Phi_{\mathrm{E}}(f)=\left(\frac{L_0}{L}\right)\left(\frac{D}{D_0}\right)\Phi_{\mathrm{E}}^{0}(f) \tag{2-8}$$

式中，$\Phi_{\mathrm{E}}^{0}(f)$ 为一个与任意参考长度 L_0 和 D_0 相关的参考等效功率谱密度。与文献[9－11]相同，本书使用的参考长度为 $L_0=1\ \mathrm{m}$ 和 $D_0=0.02\ \mathrm{m}$。

上述公式将用于推导基于试验数据的参考等效功率谱密度。得到参考等效功率谱密度的试验方式有好几种，最为常见的一种方式是：让一根弹性管在横向流作用下振动，假如模态行为足够简单，即小阻尼比情况下有一个主频率，各频率较易分离，且模态相关系数远小于1，通过模态分析可以得到式(2－6)中的大部分参数。在低空泡份额的横向流中，弹性管阵的邻近管子的模态经常是强耦合的，此时需要一些特殊的处理[12, 13]。对应于 $f=f_n$ 的参考等效功率谱密度为

$$\Phi_{\mathrm{E}}^{0}(f_n)=\left(\frac{L}{L_0}\right)\left(\frac{D_0}{D}\right)\frac{64\pi^3 f_n^3 M_n^2 \zeta_n}{\varphi_n^2(s)L^2 a_n}y_n^2 \tag{2-9}$$

另外一种方式是利用力传感器集成长度为 L 的管子上的流致激振力[9, 14]，此时测得的力的自谱密度为

$$\Phi_{\mathrm{F}}(f)=\int_0^L\int_0^L \Psi_{\mathrm{F}}(s_1,\ s_2,\ f)\mathrm{d}s_1\mathrm{d}s_2 \tag{2-10}$$

通过式(2－2)、式(2－4)、式(2－7)、式(2－8)以及式(2－10)可得

$$\Phi_{\mathrm{E}}^{0}(f_n)=\left(\frac{L}{L_0}\right)\left(\frac{D_0}{D}\right)\frac{1}{aL^2}\Phi_{\mathrm{F}}(f) \tag{2-11}$$

式中，a 为 $\varphi_n=1$ 时由式(2－4)计算得到的模态相关系数。

为分离物理控制参数并对比不同构型的数据，需要定义一个参考等效功率谱密度的无量纲形式，要用到两个缩比参数 f_0 和 p_0，f_0 用于缩比频率，p_0 用于缩比压力。从而无量纲参考等效功率谱密度定义为

$$\overline{\Phi}_{E}^{0}(f_{R})=\frac{f_{0}}{(p_{0}D)^{2}}\Phi_{E}^{0}(f) \tag{2-12}$$

式中，$f_R=f/f_0$ 为折合频率。

利用式(2-12)可对不同工况下的湍流激振力试验数据进行无量纲归一化处理，在归一化后的试验数据上确定包络谱，用于管束设计阶段的计算分析。

2.1.2 管束湍流激振力功率谱密度函数

单相流的湍流激振力实验研究已开展得十分充分。通过大量实验，可以得到不同的流体介质和管束排列情况下的激振力。这些实验数据通过理想的无量纲归一化方法进行比对，就可以很自然地得到激振力的包络谱。目前大家公认的无量纲方法[9, 15, 16]是用动压头缩比激振力，用节距流速与管径的比来缩比频率，即

$$p_0=\frac{1}{2}\rho U_p^2$$

$$f_0=U_p/D \tag{2-13}$$

液体换热器中有两种不同的流体区域值得关注。一是管束内部，该区域的传热管受管束内部产生湍流的激励，此激励受管束几何条件的影响。二是管束入口区域，由上游部件如入口管嘴和上游管件等产生的湍流所激励，这种激励常称为远场激励，湍流水平受上游流体路径的几何条件影响，常远大于管束内部的湍流水平。

如图2-1所示，Taylor和Pettigrew[17]综合了很多数据用于生成参考等效PSD(reference EPSD)的包络谱。图2-1下部实线表示的包络谱用于上游湍流小于或等于管束内部湍流的情况，上部虚线表示的包络谱用于上游湍流超过管束内部湍流的情况。上部包络谱的数据点十分有限，不足以拟合出不同的形状，假设与下部包络谱形状一致。包络谱定义如下：

管束内部：当 $0.01<f_R<0.5$ 时，$\overline{\Phi}_{E}^{0}(f_{R})=4\times10^{-4}f_R^{-0.5}$

当 $f_R\geqslant0.5$ 时，$\overline{\Phi}_{E}^{0}(f_{R})=5\times10^{-5}f_R^{-3.5}$ (2-14)

管束入口：当 $0.01<f_R<0.5$ 时，$\overline{\Phi}_{E}^{0}(f_{R})=1\times10^{-2}f_R^{-0.5}$

当 $f_R\geqslant0.5$ 时，$\overline{\Phi}_{E}^{0}(f_{R})=1.25\times10^{-3}f_R^{-3.5}$ (2-15)

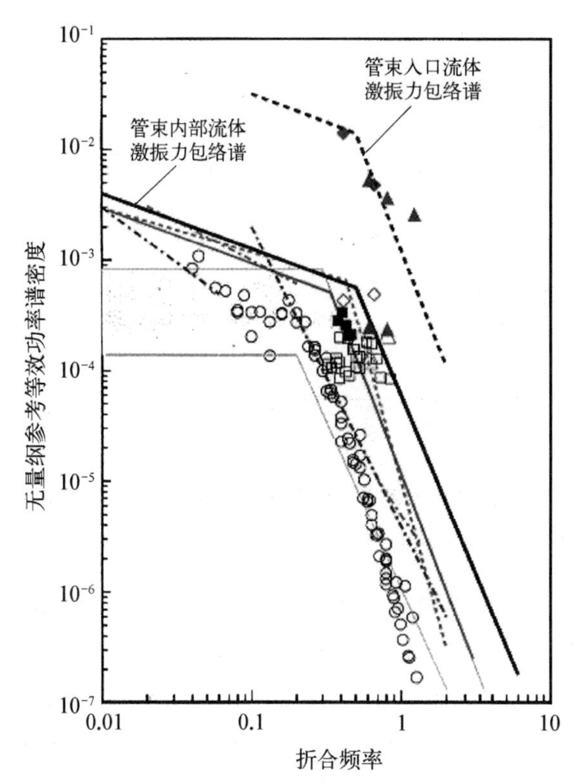

图 2-1　单相流中管束随机激振力的 PSD 包络谱[17]

上述公式也可以应用于翅片管，因为是上游湍流起主导作用，翅片的存在并不会明显影响湍流水平。使用 Taylor 和 Pettigrew 的包络谱时要注意，他们定义的参考等效功率谱密度只对应了参考长度 L_0，而没考虑参考直径 D_0，即式(2-8)的等式右边不包括(D/D_0)项。

对于两相流来讲，类似的研究工作没有单相流那样顺利。在空泡份额低于10%时，两相流的随机激振力与单相流类似，可以使用单相流的包络谱。当空泡份额较高时，两相混合物的影响开始起主导作用。由于两相流与单相流相比有很多本质的不同，单相流激振力的归一化方法及 PSD 包络谱并不适用于两相流[11, 17]。图 2-2 为 de Langre 和 Villard 采用单相流的归一化方法，即通过式(2-13)对各种试验条件下的两相流激振力进行处理得到的无量纲参考等效 PSD。图中的试验数据点十分分散，且不少数据点已经大大超出了单相流的包络谱。由此可见，两相流激振力不能简单采用单相流的归一化方法，用单相流激振力的 PSD 包络谱对两相流作用下的管束进行振动响应计算也并不保守。

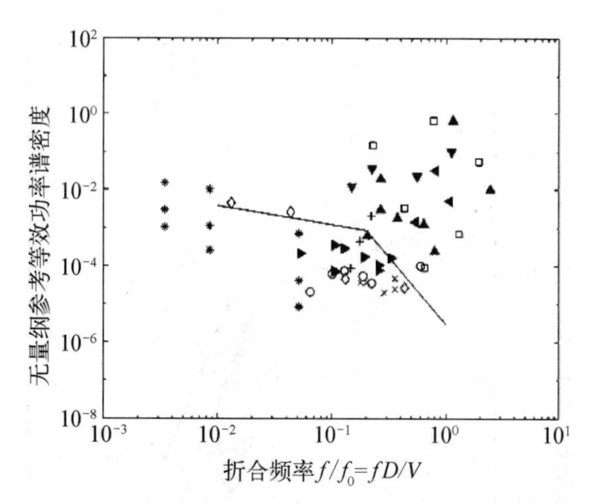

图 2-2　采用单相流的归一化方法的两相流无量纲参考等效 PSD

（图中的数据来源见文献[11]，直线为 Axisa 等[9]给出的包络谱）

在过去的 30 年里，学术和工业界开展了大量关于两相流激振力的试验，特别是 20 世纪 90 年代以后，该方面研究有大量增长。许多研究学者也针对部分实验数据提出了归一化方法[14, 18-22]。虽然这些研究得到了很多有益的结论，但仍遗留了许多问题没有解决，比如黏性、表面张力、密度比以及流型等对激振力的影响。尽管上述问题没有解决，但为了满足换热器的设计者们急需两相流激振力作为计算输入的工程需要，部分学者研究了换热器管的两相随机激振力的归一化方法。Taylor 等[18, 23]和 Axisa 等[9]利用来源于空气-水混合物和蒸汽-水混合物的实验数据，对两相随机激振力的归一化方法开展了部分研究工作。目前为止，较为全面的综合考虑各种实验数据得到两相流随机激振力 PSD 包络谱的为 de Langre 和 Villard[11]，他们在众多学者实验数据的基础上，定义了两相流激振力的无量纲归一化公式，并在此基础上给出了两相流激振力 PSD 的包络谱（见图 2-3）。他们给出的缩比参数为

$$f_0=V_p/D_w$$
$$p_0=\rho_l g D_w \tag{2-16}$$

式中，V_p 为两相混合物的节距流速；ρ_l 为液相的密度；g 为重力加速度；长度尺度 D_w 定义为

$$D_w=0.1D/\sqrt{1-\alpha_H} \tag{2-17}$$

式中，α_H 为均相流空泡份额。

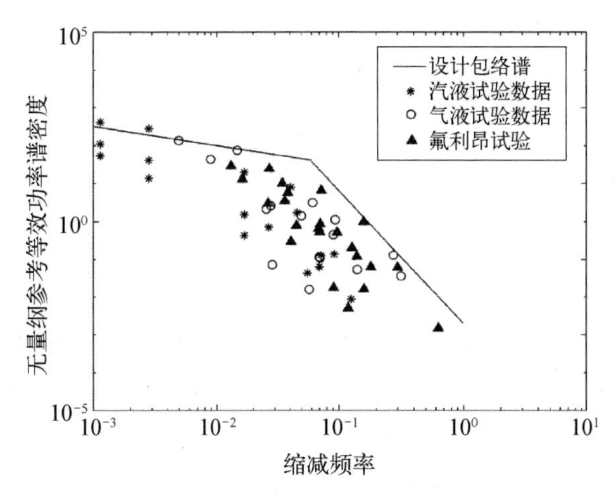

图 2-3 基于均相流速的两相流激振力 PSD 的包络谱

de Langre 和 Villard 考虑了很多压力缩比参数，发现只有基于重力的缩比参数最为有效。他们指出缩比参数中的重力代表了动压力的影响，而该动压力导致了气液两相间漂移速度的产生。长度尺度为 Taylor 等[18]引入的空泡特征长度的简化变形。利用这两个缩比参数和参考等效 PSD 的定义，de Langre 等将多位学者的两相流实验数据同时显示于图 2-3 中，并给出了两相流激振力的 PSD 包络谱。由于 de Langre 等在无量纲归一化激振力时用到的混合物流速 V_p 是基于均相流模型的，本书将该激振力 PSD 包络谱简称为基于均相流速的包络谱，其具体表达式为

$$\left.\begin{array}{l}\text{当 } 0.001 \leqslant f_R < 0.06 \text{ 时}, \overline{\Phi}_E^0(f_R) = 10 f_R^{-0.5} \\ \text{当 } 0.06 \leqslant f_R \leqslant 1 \text{ 时}, \overline{\Phi}_E^0(f_R) = 2 \times 10^{-3} f_R^{-3.5}\end{array}\right\} \tag{2-18}$$

de Langre 和 Villard 的主要目的是为了解决工程需要，由于忽略了一些影响因素，他们给出的激振力 PSD 包络谱过于保守。目前工程上蒸汽发生器流致振动分析仍然主要使用基于单相流的 PSD 包络谱。

姜乃斌等在研究管束间两相流激振力特性的基础上[24]，通过将 de Langre 和 Villard 无量纲归一化方案中的均相流流速 V_p 替换为管束间的界面流速 V_i，获得了一种新的两相流激振力 PSD 包络谱[25-27]，本书中将其称为基于界面流速的包络谱：

$$\text{当} 10^{-3} \leqslant f_R < 0.04 \text{ 时}, \overline{\Phi}_E^0(f_R) = 4 f_R^{-0.7} \tag{2-19}$$

$$\text{当 } 0.04 \leqslant f_R \leqslant 1 \text{ 时}, \overline{\Phi}_E^0(f_R) = 5 \times 10^{-4} f_R^{-3.5} \tag{2-20}$$

其中：

$$p_0 = \rho_l g D_w \tag{2-21}$$

$$f_0 = \frac{V_i}{D_w} \tag{2-22}$$

$$V_i = 0.73(J_g + J_l) + \sqrt{g D_e(\rho_l - \rho_g)/\rho_l} \tag{2-23}$$

式中，有效管径 D_e 定义为 $D_e = 2(P - D)$；P 为节距（管束中相邻管子的中心距）；g 为重力加速度；J_g 和 J_l 分别为气相和液相的管束间表观流速；ρ_g 和 ρ_l 分别为气相和液相的密度。界面流速 V_i 由 Nakamura 等[28]引入，他们利用双头光学探针对氟利昂 R-123 和蒸汽-水两相流垂直向上经过水平管束时的气液界面的速度进行了测量，获得了该经验表达式。Feentra 等对该界面流速用于流弹失稳分析的结果进行了部分讨论[29]。

根据所用实验数据的参数范围，可得该包络谱的适用范围为：均相流空泡份额 10%～95%，均相流速度 0.2～14 m/s。在极端的空泡份额情况下（$\alpha_H < 10\%$ 或 $\alpha_H > 95\%$），由于激振力特性更接近于单相流，应考虑采用相应的单相流包络谱。不同研究者的包络谱曲线如图 2-4 所示。

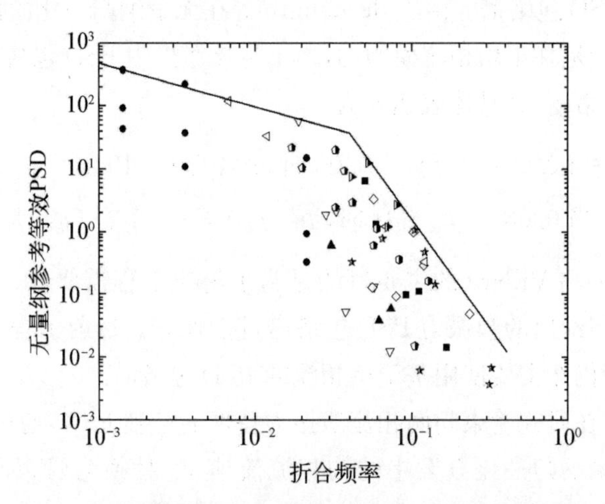

图 2-4　基于界面流速的两相流激振力 PSD 的包络谱

由式(2-3)～式(2-8)可知，在结构参数确定的情况下，模态位移响应 y_n 完全取决于参考等效 PSD 的平方根 $\sqrt{\Phi_E^0}$。根据核蒸汽发生器 U 形弯管部分的典型工况，假设一组表 2-1 所列的结构参数和流场参数，据此分别计算基于界面流速的包络谱、基于单相流的包络谱和基于均相流速的包络谱对应的参考等效 PSD,从而比较不同包络谱在应用于蒸汽发生器传热管振动计算时的结果。

表 2-1　典型的核蒸汽发生器 U 形弯管部分的结构和流场参数

温度/℃	压力/MPa	气相密度/(kg·m^{-3})	液相密度/(kg·m^{-3})	管径/m	节距/m	均相流空泡份额	频率/Hz
260	4.69	23.7	784	0.02	0.028 8	0.8	100

参与比较的基于单相流的包络谱是 Axisa 等[9]提出的,定义为

$$当\ 0.01 < f_R \leqslant 0.2\ 时, [\overline{\Phi}_E^0]_U = 4 \times 10^{-4} f_R^{-0.5} \tag{2-24}$$

$$当\ 0.2 < f_R \leqslant 3\ 时, [\overline{\Phi}_E^0]_U = 3 \times 10^{-6} f_R^{-3.5} \tag{2-25}$$

其中:

$$[\overline{\Phi}_E^0]_U = \frac{V_p}{(0.5\rho V_p^2 D)^2 D} \Phi_E^0(f) \tag{2-26}$$

$$f_R = \frac{fD}{V_p} \tag{2-27}$$

由上述三种包络谱计算得出单位管长上激振力的参考等效 PSD 随均相间隙流速 V_p 的变化曲线[25]如图 2-5 所示。从图中可见,在图示的流速范围

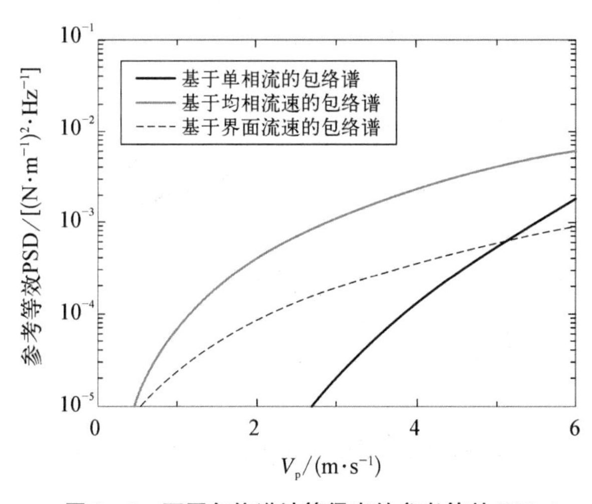

图 2-5　不同包络谱计算得出的参考等效 PSD

内，基于单相流的参考等效 PSD 小于基于均相流速的包络谱，且在均相流流速 $V_p<5.0\ \mathrm{m/s}$ 时小于基于界面流速的包络谱所对应的参考等效 PSD。典型的核蒸汽发生器 U 形管弯管区域大部分位置的均相流流速均小于 5 m/s，可见用基于单相流的包络谱计算两相流湍流激振响应并不保守，而基于均相流速的包络谱过于保守。由于基于界面流速的包络谱同样能够包络较大范围内选出的所有实验数据，因此结构振动响应的技术仍具有一定的保守性。需要说明的是，上述分析结论是在给定结构和流场参数的情况下得出的。如果结构和流场参数发生变化，三种参考等效 PSD 的曲线也会发生变化，但总体趋势和规律不会改变。

为进一步对比验证三种包络谱，采用法国原子能委员会(CEA)的试验数据[30]与三种包络谱换算得到等效参考 PSD 进行对比，对比结果如图 2-6 所示。无量纲 PSD 包络谱换算得到参考等效 PSD 时所用的参数根据实验实际参数选取，其中均相流空泡份额为 95%，均相流混合物速度 V_p 为 2.34 m/s，界面流速 V_i 为 2.03 m/s。图中可看出实验实测的激振力 PSD 在整个频率范围内都大于单相流包络谱换算得到的参考等效 PSD，由此可见基于单相流的包络谱用于两相流湍流激振计算确实不够保守；而基于均相流速的包络谱虽然比实验实测的 PSD 大，但从绝对值看有些过于保守；与前面的结论一致，基于界面流速的包络谱在整个频率范围内都大于试验值，又在一定程度上降低了基于均相流速的包络谱过高的保守性。

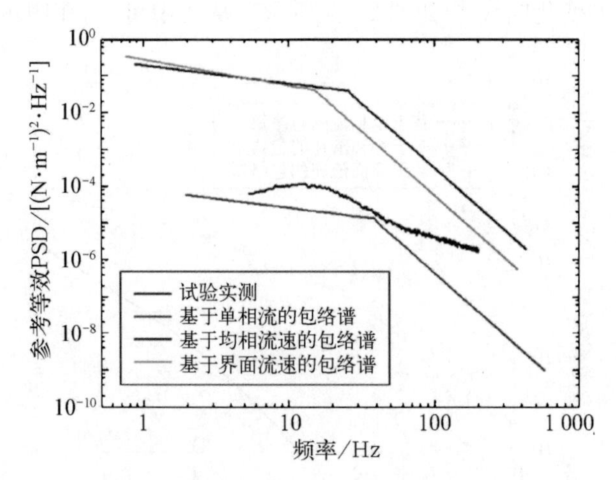

图 2-6　试验实测的参考等效功率谱密度与三种包络谱的对比

蒸汽发生器传热管 U 形弯管部分发生振动的第一阶频率一般为 100 Hz

左右。100 Hz 对应的实验实测的激振力的参考等效 PSD 为 $4.19\times 10^{-6}(N/m)^2/Hz$，基于单相流的包络谱换算得到的参考等效 PSD 为 $4.41\times 10^{-7}(N/m)^2/Hz$，基于均相流速的包络谱换算得到的参考等效 PSD 为 $3.13\times 10^{-4}(N/m)^2/Hz$，基于界面流速的包络谱换算得到的参考等效 PSD 为 $5.61\times 10^{-5}(N/m)^2/Hz$，即基于单相流的包络谱计算出激振力 PSD 小于实验值 1 个量级，而基于均相流速的包络谱计算出的激振力 PSD 大于实验值 2 个量级，基于界面流速的包络谱计算出的激振力 PSD 大于实验值 1 个量级。

2.2 流体弹性不稳定

流弹失稳机理与航天工业中广泛研究的颤振现象相同，稳定性的主要参数是系统的阻尼和流体弹性力。横向流作用下的管束，在流速增加到一定值时，系统中流体弹性力所做的功将大于系统阻尼散耗的能量，因此管子振动的振幅将急剧增大，这时就称为出现了流弹失稳。

从理论上看，流体弹性力应该通过求解一组联立的流体力学和结构动力学方程得到。但由于涉及的动力学问题通常十分复杂，如大量的换热管、复杂的边界条件和高雷诺数的流动等，使得从理论上进行求解十分困难，甚至是不可能的。通常的做法是根据大量的实验结果，提出简化的数学物理模型。在这些模型中，流体力一般不再以独立方程的形式出现而是表示成与结构的位移、速度和加速度等有关的函数，这种关系仍然体现了流体作用使结构产生位移和变形，而结构的位移和变形又改变了流体作用这样一个流固耦合振动的事实。

横向流作用下管束流弹失稳研究已经进行了四十余年，但这项研究远没有结束。人们一直在为寻求能准确把握流弹失稳本质、实际应用更为方便的简化数学模型进行不懈的努力。2012 年美国 San Onofre 核电站发生的蒸汽发生器传热管由于过度振动而被磨穿，导致核泄漏的事件，将研究者的目光再次聚焦在管束流弹失稳这一问题上。

2.2.1 单相流体弹性不稳定的数学模型

N 根直管组成的管阵在流速为 U 的流体作用下产生振动模型如图 2-7 所示，下标 j 用来表示与第 j 根直管有关的变量；u_j、v_j 分别为第 j 根直管在 x、y 方向的位移分量；g_j、h_j 分别为作用于第 j 根直管在 x、y 方向上与管运动有关流体力的分量。与湍流激振不同,流弹失稳是由与结构运动有关的流体力导致的。

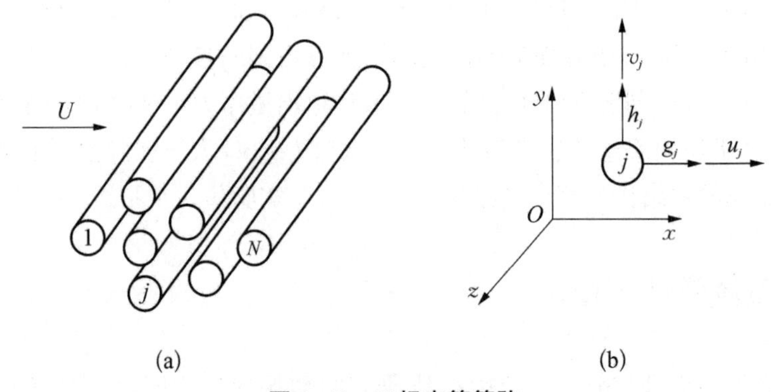

图 2-7　N 根直管管阵

(a) 管阵;(b) 流体力及位移分量

将管阵中的管子看成是多跨梁结构,利用梁的振动理论,流体弹性系统的振动方程可写成

$$\left.\begin{aligned} EI\frac{\partial^4 u_j}{\partial z^4}+C_x\frac{\partial u_j}{\partial t}+m\frac{\partial^2 u_j}{\partial t^2}=g_j \\ EI\frac{\partial^4 v_j}{\partial z^4}+C_y\frac{\partial v_j}{\partial t}+m\frac{\partial^2 v_j}{\partial t^2}=h_j \end{aligned}\right\}\quad j=1,\ 2,\ \cdots,\ N \tag{2-28}$$

式(2-28)中流体弹性力 g_j、h_j 的不同选取,将导致各种不同的流弹失稳理论模型。

1) 拟静力模型

假定在任一时刻,处于流动流体中振动管子的流体力特性和具有与其瞬时构形相同的静止不动管子相同,这时流体力只取决于管子在流场中的位移,一般情况下可以表示为

$$\left.\begin{aligned} g_j=\rho U^2\sum_{k=1}^{N}(a''_{jk}u_k+b''_{jk}v_k) \\ h_j=\rho U^2\sum_{k=1}^{N}(c''_{jk}u_k+d''_{jk}v_k) \end{aligned}\right\}\quad j=1,\ 2,\ \cdots,\ N \tag{2-29}$$

式中,a''_{jk}、b''_{jk}、c''_{jk}、d''_{jk} 称为流体刚性系数;ρ 为流体密度。流体力具有式(2-29)表达形式的模型称为拟静力模型。

1970 年，Connors[31]对一排三根管(见图 2-8)进行流弹失稳分析时首次采用拟静力假定，即作用在第 p 根管子上的流体力仅和 p 管与相邻管的相对位移有关。利用能量守恒原理，Connors 给出了著名的临界流速计算公式：

$$\frac{U_{cr}}{fD}=K\left(\frac{2\pi\zeta m}{\rho D^2}\right)^{\frac{1}{2}} \tag{2-30}$$

式中，K 称为 Connors 系数；m、ρ、D、f 分别为单位管长的质量、流体密度、管子外径及振动频率。对节径比 $P/D=1.42$ 的正方形管阵，Connors 由实验给出 $K=9.9$。

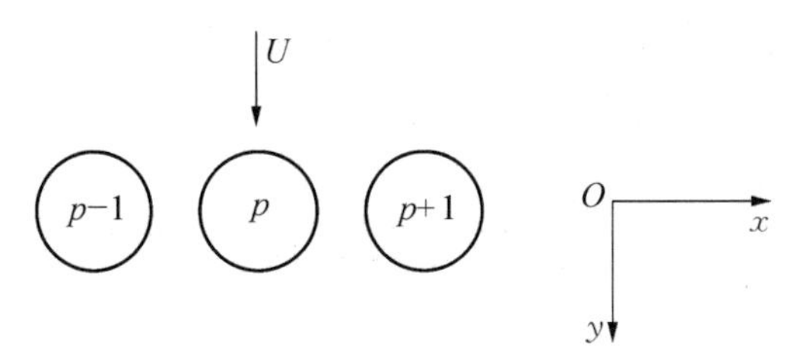

图 2-8　一排三根管

1979 年，Blevins[16]采用类似于式(2-29)的流体力表达式，然后利用实验观察得到的结果，假定相邻管子振动的相位差为 $\pi/2$。通过求解方程特征值的方法，得到了与式(2-30)相同的临界流速计算公式。

1982 年，Whiston 等[32]采用更一般的变形模态假定，即假定相邻管子振动的相位差为任意角度，而不是 Blevins 指定的 $\pi/2$，将 Blevins 的方法推广到二维管阵。他们指出 Blevins 模型对三角形排列的管阵临界流速计算是可行的，但对矩形排列的管阵临界流速得到的结果与实验相差较远。

拟静力模型得到了风洞实验结果的支持，式(2-30)一直被有关换热器设计规范所采用。一段时期以来，人们将主要精力放在通过实验给出不同管阵排列的 Connors 系数上[33-36]。例如，Gorman[35]建议对管阵的 Connors 系数取 3.3。

随着对流弹失稳这一问题研究的深入，人们发现由拟静力模型得到的 Connors 表达式不可能完整地、准确地描述流弹失稳机理，主要原因如下：

(1) 对质量比 ($m/\rho D^2$) 较小的流体，如水等，必须在流体力表达式中包含带有流体附加质量、流体阻尼有关的项，才能准确地计算出管阵的临界流速。

(2) 从量纲分析来看，没有足够的理由将阻尼和质量比这两个无量纲量合并在一起，作为一个变量来影响临界流速。

(3) 没有必要假定质量比和阻尼的幂指数都等于 0.5。如 Weaver 和 Kashlan[37]用实验的方法系统地研究了阻尼和质量比对临界流速的影响，给出它们的幂指数分别是 0.21 和 0.29。

(4) 不同的管阵排列流体力差异很大，因而临界流速也不同。对同一管阵排列，也不可能通过由实验测量的临界流速得到节径比与 Connors 系数的关系式[38]。

2) 拟定常模型

假定在任一时刻，处于流动流体中的振动管子的流动力特性和具有与其瞬时速度相同的匀速运动管子相同。这样流体力取决于管子在流场中的位移和速度，流体力在最一般情况下可以表示为

$$\left.\begin{aligned} g_j &= \frac{\rho U^2}{\omega}\sum_{k=1}^{N}\left(a'_{jk}\frac{\partial u_k}{\partial t}+b'_{jk}\frac{\partial v_k}{\partial t}\right)+\rho U^2\sum_{k=1}^{N}(a''_{jk}u_k+b''_{jk}v_k) \\ h_j &= \frac{\rho U^2}{\omega}\sum_{k=1}^{N}\left(c'_{jk}\frac{\partial u_k}{\partial t}+d'_{jk}\frac{\partial v_k}{\partial t}\right)+\rho U^2\sum_{k=1}^{N}(c''_{jk}u_k+d''_{jk}v_k) \end{aligned}\right\} \quad j=1,2,\cdots,N \tag{2-31}$$

式中，a'_{jk}、b'_{jk}、c'_{jk}、d'_{jk} 称为流体阻尼系数；ω 是管子振动的圆频率，$\omega=2\pi f$。流体力具有式(2-31)表达形式的模型称为拟定常模型。

Païdoussis[39]以图 2-9 所示的管阵为研究对象，假定作用在第 i 根管上的流体作用力仅与其自身及相邻管 $i-1$ 和 $i+1$ 的位移有关。与拟静力方法不同，在计算流体力时，Païdoussis 按图 2-9(b)的方法考虑了第 i 根管的运动对流体速度的影响，使流体力分量中含有与管子运动速度有关的项。采用类

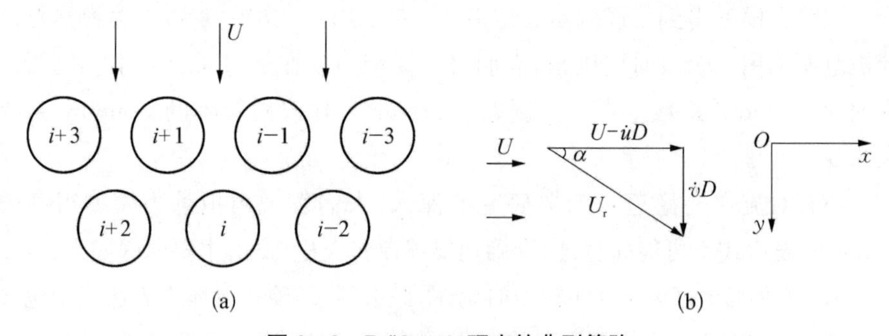

图 2-9　Païdoussis 研究的典型管阵

(a) 管阵的几何特性；(b) 管子速度矢量图

似 Blevins 的约束模态方法，Païdoussis 给出了如下的临界流速计算公式：

$$\frac{U_{cr}}{fD}=A\left[1+\left(1+B\frac{m\delta}{\rho D^2}\right)^{0.5}\right] \tag{2-32}$$

式中，A、B 分别为由实验确定的常数。

为了进一步改进得到的结果，1984 年，Païdoussis[40] 在其原有模型的基础上，用 Simpson 和 Flower[41] 的方法考虑了流体通过两排管的时间差和流体流经管子时的迟滞影响，使管子之间的相互作用力含有与时间和频率有关的项。但由此得到的结果也不太理想，只能定性地解释一些现象，定量上与实验结果相差较大[40]。

3）非定常模型

一般情况下，流体力取决于管子自身及相邻管子在流场中的位移、速度和加速度，这样流体力应表示为

$$\begin{aligned}
g_j &= -\rho\pi R^2\sum_{k=1}^{N}\left(a_{jk}\frac{\partial^2 u_k}{\partial t^2}+b_{jk}\frac{\partial^2 v_k}{\partial t^2}\right)+\frac{\rho U^2}{\omega}\sum_{k=1}^{N}\left(a'_{jk}\frac{\partial u_k}{\partial t}+\right.\\
&\qquad \left. b'_{jk}\frac{\partial v_k}{\partial t}\right)+\rho U^2\sum_{k=1}^{N}(a''_{jk}u_k+b''_{jk}v_k)\\
h_j &= -\rho\pi R^2\sum_{k=1}^{N}\left(c_{jk}\frac{\partial^2 u_k}{\partial t^2}+d_{jk}\frac{\partial^2 v_k}{\partial t^2}\right)+\frac{\rho U^2}{\omega}\sum_{k=1}^{N}\left(c'_{jk}\frac{\partial u_k}{\partial t}+\right.\\
&\qquad \left. d'_{jk}\frac{\partial v_k}{\partial t}\right)+\rho U^2\sum_{k=1}^{N}(c''_{jk}u_k+d''_{jk}v_k)\quad j=1,\ 2,\ \cdots,\ N
\end{aligned} \tag{2-33}$$

式中，a_{jk}、b_{jk}、c_{jk}、d_{jk} 称为流体质量系数。流体力具有式(2-33)表达形式的模型称为非定常模型。

在 1980 年以前的研究成果中，位移型的流弹失稳机理占主导地位，也就是说流弹失稳是由相邻管间流体刚性力所控制的。如果流弹失稳完全是位移机理，那么相邻管间流体力耦合是产生流弹失稳的必要条件，也就是说，单根弹性管放在刚性管阵中是不会失稳的。实验给出了相反的结果[33, 42]，但当时没有任何理论解释这种现象。美国阿贡国家实验室的 Chen（陈水生）[43] 从流体力学一般方程出发，第一次导出了式(2-33)所示的流体力表达式。利用 Tanaka 的实验数据，Chen 指出流弹失稳机理主要有两种，即速度机理和位移

机理。

速度机理：主要流体力与管子的速度成正比，流体阻尼力是管子振动能量耗散机理或激振机理。它作为激振机理时，系统阻尼减少。当系统阻尼成为负值时，管阵振动失稳。这种流弹失稳称为流体阻尼控制的不稳定性。此时临界流速可以用下式确定：

$$\frac{U_{cr}}{fD}=\alpha_V\left(\frac{2\pi\zeta m}{\rho D^2}\right)^{\frac{1}{2}} \tag{2-34}$$

式中，α_V 是流体阻尼系数的函数。

位移机理：主要流体力与管子间相对位移成正比。流体刚性力能影响管子的振动频率和阻尼。流体流动速度增加时，流体刚性力使系统阻尼减少。当系统阻尼为负值时，管阵振动失稳。这种流弹失稳称为流体刚性控制的不稳定性。此时，临界流速可以用下式确定：

$$\frac{U_{cr}}{fD}=\beta_V\left(\frac{2\pi\zeta m}{\rho D^2}\right)^{\frac{1}{2}} \tag{2-35}$$

式中，β_V 是流体刚性系数的函数。

Chen 还指出，当流体质量比 $(m/\rho D^2)$ 较大时，流弹失稳机理主要是位移机理，不稳定性是由流体刚性控制的；当流体质量比 $(m/\rho D^2)$ 较小时，流弹失稳机理主要是速度机理，不稳定性是由流体阻尼控制的。拟静力模型流体力表达式中没有包含流体附加质量及流体阻尼有关的项，因而仅能说明流体刚性控制的不稳定性。当流体密度较大时(如水等)，拟静力理论将失效。一般情况下，速度、位移两种机理交织在一起，临界流速可用下面更一般的表达式确定：

$$\frac{U_{cr}}{fD}=F\left(\zeta,\ \frac{m}{\rho D^2},\ \frac{L}{D},\ \frac{T}{D},\text{湍流特性}\right) \tag{2-36}$$

Tanaka[33, 44]、Chen[43]用模态分析的方法，对一些管阵和管排进行了计算，得到了与实验符合得相当好的结果。

Chen 的非定常模型是目前比较完整、全面解释流弹失稳现象的理论模型，但由于模型中涉及大量的非定常实测数据，实际应用时受到很大限制。

4) 半解析模型

在分析管阵临界流速时，拟静力、拟定常和非定常模型的流体弹性力都不同程度地依赖于实验数据，需要通过实验确定与结构运动位移、速度或加速度对应的流体力系数。而半解析模型则是根据大量的实验结果，对流体弹性系统做一些简化，用比较成熟的数学、力学方法，得到流体弹性力。尽管这类模型与实际情况还有一定差距，有待于进一步完善，但无疑是一类具有普遍意义的数学模型。最开始提出具有代表性的半解析模型的是 Lever 和 Weaver[45-47]。

根据一定的实验结果和假定，Lever 等给出了图 2-10 所示的简化流体弹性模型。一根弹性管(j 管)，位于相邻管子(刚性)表面形成的固定模型边界的对称处。用固定边界 $a-c$ 和 $b-d$ 表示稳态流线，它们与相邻管子的表面位置相切。不可压缩无黏流体由入口 $a-a$ 和 $b-b$ 沿图示的各自路径流动，这样 j 管的上游和下游的尾流区域将确定两个流管。从考虑主流管流动特性来看，可以假定流体为一维流动。对节距比为 1.2～1.8 的管阵，流管相对于它们的长度相当窄，所以这种假设是可行的。流管的面积、流体的速度和压力分布随位置 s(由 j 管的中心沿流线的曲线坐标)和时间 t 而变化。两流管的出口位置在平面 $c-d$，一般说来，它关于 j 管的横向中心线 ($s=0$) 不对称。

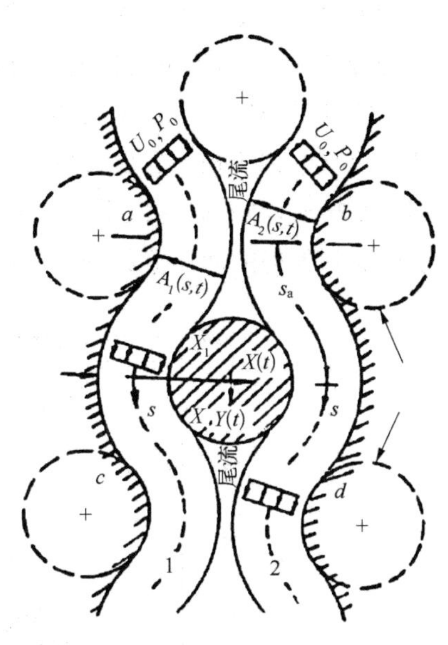

图 2-10 简化的流体弹性模型

为求得 j 管在 x、y 方向上的流体作用力，可以分别假定其沿 x 或 y 方向做简谐振动，按文献[46]的方法首先导出流管面积随时间和位置 s 变化的表达式，求解一维非定常的伯努利方程、连续方程，可以得到流管流速和流体压力的表达式；再考虑到管子在流体中振动的附加阻尼力。Lever 等给出了作用在 j 管 x，y 方向的流体力。

$$\left.\begin{aligned} F_{xj}(t) &= A_{1j}u_j + B_{1j}\dot{u}_j \\ F_{yj}(t) &= C_{1j}v_j + D_{1j}\dot{v}_j + E_{1j}\ddot{v}_j \end{aligned}\right\} \tag{2-37}$$

A_{1j}、B_{1j}、C_{1j}、D_{1j}、E_{1j} 的具体表达式及相应的符号说明以及管阵几何参数的确定见文献[46]。

Yetisir 和 Weaver 对 L－W 解析模型进行了一定程度的扩展[48,49]，通过引入衰减函数和频率比，将动力和静力稳定性问题统一到一个模型中。赖永星[50]采用这方法分析了换热管束动态特性。Li Ming[51]在 Y－W 模型的基础上，通过采用线性的延迟函数，得到流体力的显式表达。

2.2.2 两相流体弹性不稳定的数学模型

在过去的三十年里，研究者将关注的焦点转移到管束在两相流中的振动。两相流存在于很多管壳式换热装置，其中核电站蒸汽发生器传热管的 U 形弯管部分备受关注，这里所处的流场环境主要是蒸汽-水两相横向流。外部弯管由于跨度长、刚度低，容易发生流体弹性不稳定。因为两相流本身的复杂性，两相流与单相流相比有更多的问题需要解决。因此，两相流体弹性振动的数据不断扩充，新的研究结果持续发表。图 2－11 在稳定图上给出了一些已发表的流弹失稳的两相流数据，其中包含了很多种管阵排列和节径比。

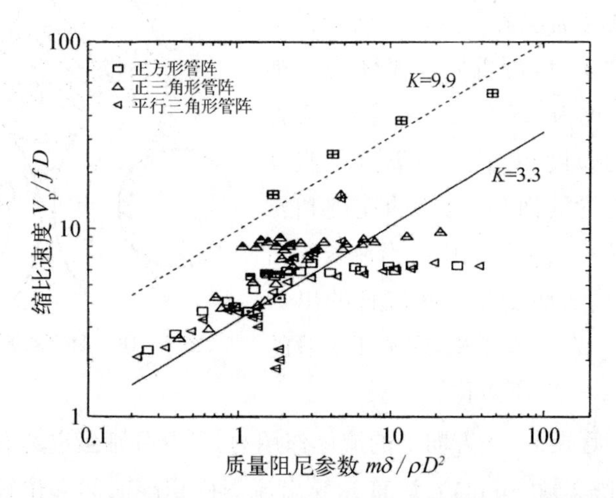

图 2－11　由不同研究者的两相流实验得到的流弹失稳临界流速

图 2－11 中数据来源见表 2－2。

表 2－2　图 2－11 中的数据来源

管阵排列形式	作　者	节径比 P/D	介　质	图中符号	参考文献
正方形管阵	Remy(1982)	1.42	空气-水	⊞	[52]
	Axisa(1985)	1.44	蒸汽-水	⊟	[53]

（续表）

管阵排列形式	作　者	节径比 P/D	介　质	图中符号	参考文献
正方形管阵	Pettigrew 等(1989)	1.47	空气-水	□	[54,55]
	Mann & Mayinger(1995)	1.5	氟利昂 R12	⊡	[56]
正三角形管阵	Pettigrew 等(1989)	1.32	空气-水	△	[54,55]
	Pettigrew 等(1989)	1.47	空气-水	⏃	[54,55]
	Pettigrew & Gorman(1973)	1.5	空气-水	⏄	[57]
	Axisa(1985)	1.44	蒸汽-水	▲	[53]
平行三角形管阵	Pettigrew 等(1989)	1.47	空气-水	◁	[54,55]
	Pettigrew & Gorman(1973)	1.5	空气-水	◁	[57]
	Pettigrew 等(1995)	1.5	氟利昂 R22	◁	[58]
	Axisa(1985)	1.44	蒸汽-水	◀	[53]

Heilker 和 Vincent[59]的横向流实验比较了管束在单相流和空气-水两相流中的响应。他们判断流弹失稳的标准是：对于小 P/D 值，管子发生相互碰撞；对于大 P/D 值，管子碰撞支撑发出咔嗒咔嗒声。他们的判据与其他大部分研究者不同，其他人通常将振幅响应发生急剧上升时的转折点作为发生流弹失稳的临界点，或者将振幅超过某一个特定值作为判据，或者是上述两种判断标准的组合。也许就是因为失稳判据的不同，才导致了他们得到的不稳定系数为 $K=5.0$，而 Pettigrew 等[54,55]得到的值介于 3.3 与 4.0 之间。

Axisa 等[53]最早发表了在空气-水两相流和蒸汽-水两相流中的流弹失稳的结果。他们的实验使用 $P/D=1.44$ 的正方形管阵，并证实了用空气-水两相流作为工作介质模拟蒸汽-水两相流的流弹失稳是合理的。随后，他们又研究了平行三角形、正三角形和正方形管阵在蒸汽-水两相横流中的流弹失稳。Nakamura 等[60,61]也报道了空气-水两相流和蒸汽-水两相流中流弹失稳问题。

Pettigrew 等[54,55]发表的关于空气-水两相流中流弹失稳的文章包含了四种常用的管阵排列形式，节径比 P/D 范围为 1.32～1.47，气-水两相流的空泡份额范围为 5%～99%。水动力质量、阻尼、流弹失稳和湍流激励等在文章中进行了分析。

Feenstra 等[62]发表了单组分混合物氟利昂 R-11 中的流弹失稳结果。用稳定图表示时，氟利昂的结果不如 Pettigrew 等[55]的空气-水两相流结果保守。Feenstra 等用 γ 射线密度计实测得到的空泡份额比用均相流模型预测的值小得多，他们指出使用均相流模型计算空泡份额会影响数据分析结果以及与其他研究结果的比较。随后，Feenstra 等[63]提出了一种空泡份额模型，该模型与氟利昂、气-水两相流和蒸汽-水两相流的实验数据都吻合得较好。

Pettigrew 和 Knowles[64]研究了空泡份额、管子频率和表面张力对阻尼的影响。实验中，水和空气从底部向上注入圆柱体，用以模拟两相流。实验结果表明阻尼随着空泡份额线性增长，但受实验装置限制，实验中的空泡份额不能超过 25%。他们用一种化学表面活性剂降低水的表面张力，以此研究表面张力对阻尼的影响。实验结果并非完全一致，但总体上显示了阻尼随表面张力增长的趋势。

Pettigrew 和 Taylor[65]综述了两相流的两种主要机理：流弹失稳和湍流激振，包括轴向流和横向流问题，并给出了水动力质量和阻尼的测量数据和经验模型。

Pettigrew 等[58]用两相氟利昂 R-22 模拟平行三角形管阵中的横向流，研究了湍流激振、阻尼和流弹失稳。他们发现两相阻尼高度依赖于空泡份额，并且两相流流型对流弹失稳有明显的影响。Mann 和 Mayinger[56]进行了两相氟利昂 R-12 横向冲刷正方形管阵的实验。实验中设定的压力使氟利昂的密度比接近于典型电厂中真实的蒸汽-水两相流的密度比。他们用光学探针测量局部空泡份额，而没有用均相流模型计算。通过横向移动光学探针，他们发现管子后面的尾流区域的空泡份额较高。这一结果与 Pettigrew 和 Taylor[65]通过可视化方法得到的结果相反，Pettigrew 和 Taylor 认为在这些相对静止的区域以液体为主。Delenne 等[66]给出了顺排管束在水-氟利昂 13B1 两相横流作用下流致振动结果，推导了用空泡份额和质量流速的函数表示的频率、阻尼和振幅之间的关系式。他们在研究中用多种两相流模型简化数据，如均相流模型、Zuber 和 Findlay[67]的漂移流模型以及 Schrage 等[68]通过气-水两相流得到的空泡份额经验模型。

Pettigrew 等[69]通过实验测量了旋转三角形管阵中的流场和流体力，其中局部空泡份额用光学探针测量，两相流混合物的局部流速和气泡直径或特征长度通过双探针测量得到，动态升力和曳力由安装在圆柱体上的测力计测量。

但为了得到两相流的详细流场参数,实验中管阵中的管子外径为 38 mm,比真实的蒸汽发生器传热管直径大得多。

对于单相流,通常认为 Connors 不稳定系数 $K=3$ 总是保守的。但对于两相流,很多气-水和氟利昂两相流的实验研究证明:在特定的条件下,流弹失稳可以发生在 $K=1$ 的位置。Joly 等[70]的气-水两相流实验就给出了一部分发生在“保守”边界 $K=3$ 以下的不稳定数据。Pettigrew[55]在很早以前就给出过类似的结果。根据 Grant 流型图,上述较低的 K 值均发生在“间歇流”情况下。两相流流型对于流体弹性不稳定机理的影响还需要进一步研究。除此之外,Mureithi[71]、Nakamura[72]、Taylor[73]、Feenstra[29]也给出了一些两相流弹失稳的实验结果。Shariar[74]和 Mureithi[75, 76]等学者探讨了由单相流发展而来的 Price 和 Païdoussis 拟静力模型[77]用于两相流的情况,并通过实验测量了两相流的流体阻尼力系数。姜乃斌等[78]通过将滑速比和界面流速等两相流参数引入到 Yetisir 和 Weaver 的非定常流体力的半解析模型中,得到两相流中管束流弹失稳的半解析模型。

2.2.3　管束流弹失稳半解析模型详解

Lever 和 Weaver[45-47]、Yetisir 和 Weaver[48, 49]、Li Ming[51]、姜乃斌等[78]给出的半解析模型是在一定假设下用比较成熟的数学和力学方法得到的流体弹性力半解析模型,其理论体系比较完备,有利于读者对流弹失稳的理论有更清楚的理解。下面针对这种模型做相对详细的介绍。

1) 基本方程

首先引入“流管”概念,以平行三角形管阵为例,流管模型如图 2-12 所示。曲线坐标 s 用以表示流动路径,流管的平均截面积在整个流管上假设为常数,且等于最小间隙处的面积 A_0。对于图 2-13 中所示的四种常见的管阵形式:

$$A_0=\min(P\cos\theta-D/2,\ P-D) \tag{2-38}$$

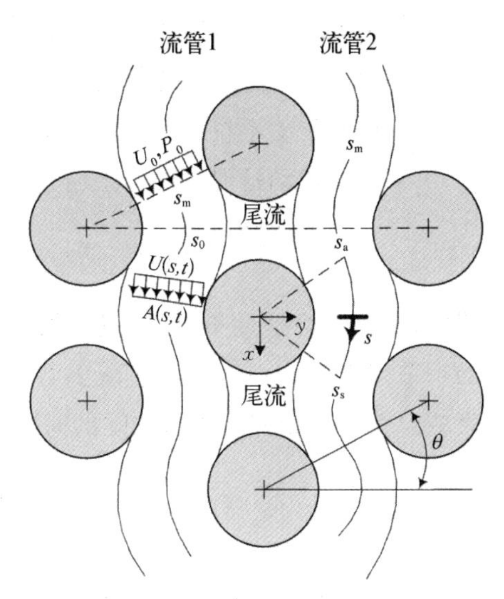

图 2-12　流管模型

瞬时流管面积 $A(s, t)$ 会随着管子的振动而改变，$A(s, t)$ 包含两项：平均项 A_0 和波动项 $a(s, t)$。

$$A(s, t) = A_0 + a(s, t) \tag{2-39}$$

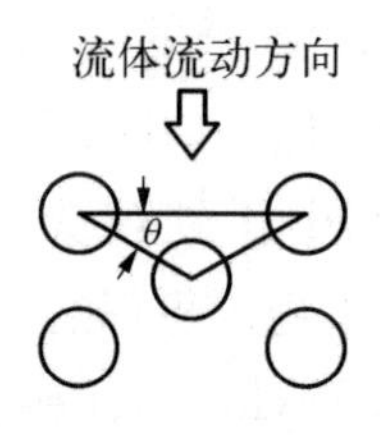

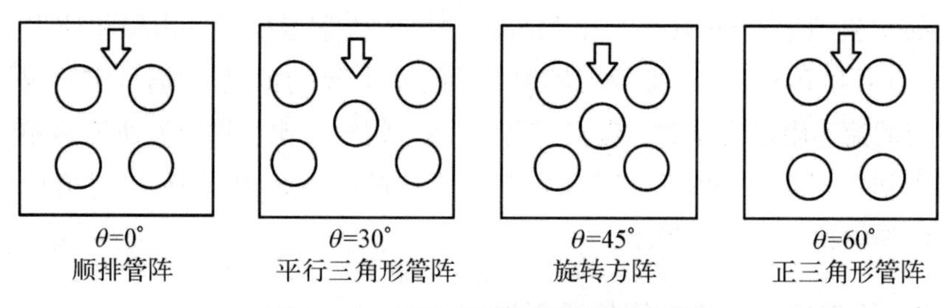

图 2-13　四种典型的管阵排列形式

同样的，速度和压力定义为

$$U(s, t) = U_0 + u(s, t),\ P(s, t) = P_0 + p(s, t) \tag{2-40}$$

然而，在足够远的上游位置 s_1，扰动可以忽略，速度和压力可以分别视为常数 U_0 和 P_0。流管假设在 s_a 位置开始附着于管子，并在 s_s 位置分离。

管子的振动不能立刻影响到流管的其他位置，因此，采用一个相函数 $\varphi(s)$ 来考虑扰动延迟效应。上游扰动函数 $a(s, t)$ 可以表示为

$$a(s, t) = a(s_m, t) f(s) e^{i\varphi(s)} \tag{2-41}$$

式中，$a(s_m, t)$ 是最小间隙位置的面积扰动，是管子几何形状的函数，将在下面章节定义。$f(s)$ 为人工衰减函数，用以表示从弹性管位置到上游点的扰动衰减。管子运动和流体力之间的时间延迟通过相位函数来表示：

$$\varphi(s) = \frac{1}{U_r} \frac{s - s_a}{s_1 - s_a} \tag{2-42}$$

式中，U_r 为折合流速，将在下面的章节中给出具体定义。

对于图 2-14 所示的流管控制体，不可压缩流体的连续方程如下：

$$\frac{\partial}{\partial t}A(s,t)+\frac{\partial}{\partial s}[A(s,t)\boldsymbol{U}(s,t)\cdot\boldsymbol{n}(s)]=0 \quad (2-43)$$

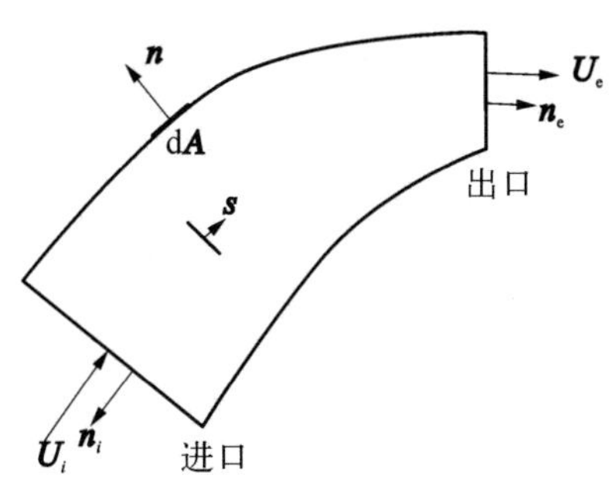

图 2-14　流管中的控制体

式中，$\boldsymbol{U}(s,t)$ 是流体速度向量；$\boldsymbol{n}(s)$ 是垂直于控制体表面的单位向量。

将式(2-39)和式(2-40)代入式(2-43)，假设扰动频率为 ω 的谐波，并从入口 $s=s_i$ 到出口 $s=s_e$ 沿控制体坐标 s 积分，然后消除稳态和高阶项并无量纲化：

$$\frac{1}{U_r}\frac{\omega}{\omega_n}\int_{s_i}^{s_e}\frac{\partial a^*(s^*,t^*)}{\partial t^*}ds^*+l_0^*A_0^*[u^*(s_e^*,t^*)-u^*(s_i^*,t^*)]+l_0^*[a^*(s_e^*,t^*)-a^*(s_i^*,t^*)]=0 \quad (2-44)$$

式中，ω_n 是管子在静水中的固有频率；ω 是振动的复频率；$U_r=U_0/(\omega_n l_0)$ 为折合速度；$l_0=2s_1$（s_1 是从振动管到压力扰动可以忽略的位置的距离）；$t^*=\omega t$；$a^*(s,t)=a(s,t)/D$；$l_0^*=l_0/D$；$A_0^*=A_0/D$；$u^*(s,t)=u(s,t)/U_0$；$s^*=s/D$。根据式(2-44)，可由面积波动项求得任意位置处的速度波动项。

流体的线性动量方程可写为

$$\frac{\partial}{\partial t}\int_{\forall}\boldsymbol{U}(s,t)d\forall+\oint\boldsymbol{U}(s,t)[\boldsymbol{U}(s,t)\boldsymbol{n}(s)]dA=\frac{1}{\rho}\sum\boldsymbol{F} \quad (2-45)$$

式中，$\forall$ 表示控制体，且 $\forall=A ds$。

方程(2-45)的右边项表示每个单位长度的控制体上的作用外力之和，忽略剪力和重力。作用在流管侧面的力沿流管坐标相互平衡，外力之和为

$$\begin{aligned}\sum\boldsymbol{F}&=-\oint P(s,t)\boldsymbol{n}(s)dA\\&=-A(s_i,t)P(s_i,t)\boldsymbol{n}(s_i)-A(s_e,t)P(s_e,t)\boldsymbol{n}(s_e)\end{aligned} \quad (2-46)$$

将式(2-39)和式(2-40)代入式(2-45)，采用以上类似的推导过程，动量方程可以写为

$$
\begin{aligned}
&\frac{\omega}{\omega_n} l_0^* U_r \int_{s_i}^{s_e} \frac{\partial u^*(s^*, t^*)}{\partial t^*} \boldsymbol{n}(s^*) \mathrm{d}s^* + \\
&\frac{\omega}{\omega_n} \frac{l_0^*}{A_0^*} U_r \int_{s_i}^{s_e} \frac{\partial a^*(s^*, t^*)}{\partial t^*} \boldsymbol{n}(s^*) \mathrm{d}s^* + \\
&\left[2l_0^* u^*(s_i^*, t^*) + \frac{l_0^*}{A_0^*} a^*(s_i^*, t^*)\right] l_0^* U_r^2 \boldsymbol{n}(s_i^*) + \\
&\left[2l_0^* u^*(s_e^*, t^*) + \frac{l_0^*}{A_0^*} a^*(s_e^*, t^*)\right] l_0^* U_r^2 \boldsymbol{n}(s_e^*) \\
= &-p^*(s_i^*, t^*) \boldsymbol{n}(s_i^*) - p^*(s_e^*, t^*) \boldsymbol{n}(s_e^*)
\end{aligned}
\tag{2-47}
$$

式中，$p^* = p/(\rho D^2 \omega_n^2)$。根据式(2-47)，通过速度波动和面积波动可计算出压力波动。

通过观察连续方程和动量方程，可以发现任意一点的压力值与最小间隙处的面积扰动成正比，作用在管子上的压力同样如此。为计算方便，最小间隙处的单位面积扰动引起的作用在单位长度管子上的无量纲力表示为 F_x^* 和 F_y^*。在管子与流体附着的面积上（$s_a^* \leqslant s \leqslant s_s^*$）积分压力项，可以得到 F_x^* 和 F_y^*：

$$
\left.
\begin{aligned}
F_x^* &= \int_{s_a^*}^{s_s^*} p^*(s^*, t^*) \sin[\beta(s^*)] \mathrm{d}s^* / a^*(s_m, t) \\
F_y^* &= \int_{s_a^*}^{s_s^*} p^*(s^*, t^*) \cos[\beta(s^*)] \mathrm{d}s^* / a^*(s_m, t)
\end{aligned}
\right\}
\tag{2-48}
$$

式中，$\beta(s^*) = 2s^* D/P$ 为流体附着表面的法向矢量角度。在 Yetisir 和 Weaver 的论文中[48]，错误地将 $\cos[\beta(s^*)]$ 用于计算 F_x^*，将 $\sin[\beta(s^*)]$ 用于计算 F_y^*，从而影响了最终结果。

若通过式(2-48)得到作用在单位长度管子上的力，则 F_x^* 和 F_y^* 还需乘以最小间隙处的面积波动 $a^*(s_m, t)$。将式(2-48)应用于弹性管旁边的其他管子上，同样可以得到由于弹性管振动而作用在其他管上的力。

一般情况下，需要通过试验确定的参数为开始附着和分离的位置。将4种典型管阵排列分为两组(见图2-15)。综合 Weaver[79] 和 Abd Rabbo[80]、Scott[81] 以及聂清德[82] 的试验结果，需要代入模型中的试验参数如表2-3所示。

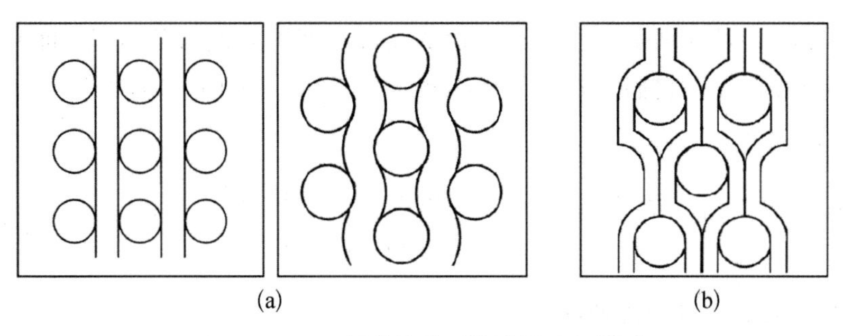

(a)　　　　　　　　　　　　(b)

图 2-15　不同管阵排列的流管几何模型

(a) 第一组，$A_0^* = \dfrac{P}{D} - 1$；(b) 第二组，$A_0^* = \dfrac{P}{D}\cos\theta - 0.5$

表 2-3　模型计算所需的试验参数

	管阵排列	θ	A_0^*	s_1^*	β_1	β_2
第一组	顺排方阵	0°	$\dfrac{P}{D} - 1$	$(P/D)N_{\text{row}}$	10°	10°
	平行三角形排列	30°		$(P/D)\theta N_{\text{row}}$	15°	5°
	旋转方阵（$Pr \leqslant 1.7$）	45°			20°	8°
第二组	旋转方阵（$Pr > 1.7$）	45°	$\dfrac{P}{D}\cos\theta - 0.5$	$(P/D)(\theta + \sin\theta)/2 \cdot N_{\text{row}}$	30°	10°
	旋转三角形排列	60°			30°	10°
$l_0^* = 2s_1^*$，$s_a^* = -\beta_1/2$，$s_s^* = \beta_2/2$，$N_{\text{row}} = 1.5$（单根弹性管）或 2.5（多根弹性管）						

假设弹性管在两自由度方向以相同的固有频率做简谐运动：

$$\left.\begin{aligned} m\ddot{x} + c\dot{x} + kx &= F_x a_1^*(s_m, t) + F_x a_2^*(s_m, t) \\ m\ddot{y} + c\dot{y} + ky &= F_y a_1^*(s_m, t) - F_y a_2^*(s_m, t) \end{aligned}\right\} \tag{2-49}$$

式中，m 是单位长度管的质量（包括附加质量）；F_x 和 F_y 分别为由最小间隙处单位面积扰动引起单位长度管子上的力，其对应的无量纲量为 F_x^* 和 F_y^*：

$$\left.\begin{aligned} F_x &= F_x^* \rho D^3 \omega_n^2 \\ F_y &= F_y^* \rho D^3 \omega_n^2 \end{aligned}\right\} \tag{2-50}$$

式(2-49)中，$a_1^*(s_m, t)$ 和 $a_2^*(s_m, t)$ 分别为 $a_1(s_m, t)$ 和 $a_2(s_m, t)$ 的无

量纲形式，后者分别是流管 1 和流管 2 在最小间隙处的面积扰动（面积变小为正，变大为负），它们由管子几何参数定义（见图 2－16）。对于第一组管阵排列，有

$$\left.\begin{aligned} a_1(s_{\mathrm{m}},\ t) &= x(t)\sin\theta - y(t)\cos\theta \\ a_2(s_{\mathrm{m}},\ t) &= x(t)\sin\theta + y(t)\cos\theta \end{aligned}\right\} \tag{2-51}$$

对于第二组管阵排列，有

$$a_1(s_{\mathrm{m}},\ t) = -\frac{1}{2}y(t),\ a_2(s_{\mathrm{m}},\ t) = \frac{1}{2}y(t) \tag{2-52}$$

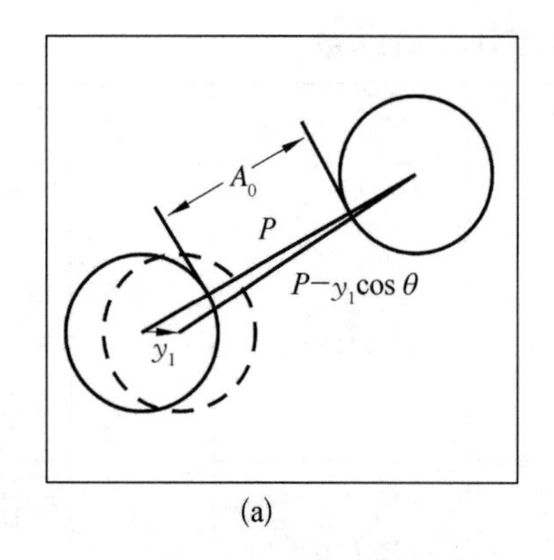

(a)

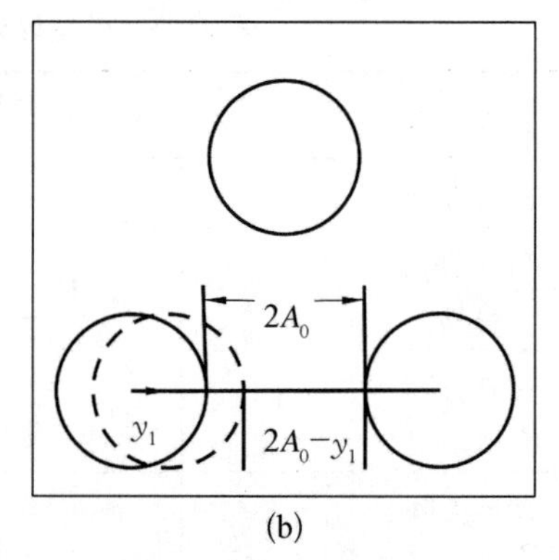

(b)

图 2－16　管子横向移动 y_1 时产生的最小间隙处面积扰动

（a）第一组管阵，最小间隙处面积改变值为 $y_1\cos\theta$；（b）第二组管阵，最小间隙处面积改变值为 $y_1/2$

x 向（阻力方向）和 y 向（升力方向）存在相位差，运动方程的解表示为

$$y(t) = Y\mathrm{e}^{\mathrm{i}\omega t},\ x(t) = X\mathrm{e}^{(\mathrm{i}\omega t+\psi)} \tag{2-53}$$

式中，ω 是振动复频率；ψ 是相位差。根据式（2－53），在两个方向上的运动方程是解耦的，即两个方向的方程可以单独求解。

将式（2－53）代入方程（2－49）中，同时采用无量纲变量 $x^* = x(t)/D$，$y^* = y(t)/D$，并根据结构频率 $\omega_n = \sqrt{k/m}$ 以及阻尼对数衰减率 δ 与阻尼比 ζ 及阻尼系数 c 的关系 $\delta = 2\pi\zeta = \pi c/(m\omega_n)$，可得

$$\frac{m}{\rho D^2}\left[-\left(\frac{\omega}{\omega_n}\right)^2 + \frac{\delta}{\pi}\left(\frac{\omega}{\omega_n}\right)\mathrm{i} + 1\right]x^* = F_x^* a_1^*(s_{\mathrm{m}},\ t) + F_x^* a_2^*(s_{\mathrm{m}},\ t)$$

$$\frac{m}{\rho D^2}\left[-\left(\frac{\omega}{\omega_n}\right)^2+\frac{\delta}{\pi}\left(\frac{\omega}{\omega_n}\right)\mathrm{i}+1\right]y^*=F_y^* a_1^*(s_m,\ t)-F_y^* a_2^*(s_m,\ t) \tag{2-54}$$

很多研究已经证明流体弹性不稳定通常首先在升力方向产生，由上式的 y 方向方程可得

$$\frac{m}{\rho D^2}=\frac{\overline{F}_y^*\left(U_r,\ \frac{\omega}{\omega_n}\right)}{1-\left(\frac{\omega}{\omega_n}\right)^2+\mathrm{i}\frac{\delta}{\pi}\left(\frac{\omega}{\omega_n}\right)} \tag{2-55}$$

式中，$\overline{F}_y^*$ 为 y 方向发生单位位移时，流管1和流管2作用在振动管上的无量纲合力，由式(2-51)和式(2-52)，可得：

第一组管阵：$\overline{F}_y^*\left(U_r,\ \frac{\omega}{\omega_n}\right)=-2\cos\theta F_y^*\left(U_r,\ \frac{\omega}{\omega_n}\right)$　(2-56)

第二组管阵：$\overline{F}_y^*\left(U_r,\ \frac{\omega}{\omega_n}\right)=-F_y^*\left(U_r,\ \frac{\omega}{\omega_n}\right)$　(2-57)

式中，F_y^* 是单位面积扰动引起的单位长度管子在升力方向合力的无量纲值，它是频率比和折合速度 $U_r=U_0/(\omega_n l_0)$ 的函数。根据不可压缩的流体连续关系，有

$$U_0=\frac{U_\infty P\cos\theta}{A_0} \tag{2-58}$$

同时根据节距流速 $U_p=[P/(P-D)]U_\infty$，折合流速 U_r 与折合节距流速 $U_f=U_p/(f_n D)$ 有以下关系：

$$U_r=\frac{U_f}{l_0^* A_0^*}\frac{\cos\theta}{2\pi}\left(\frac{P}{D}-1\right) \tag{2-59}$$

式中，U_∞ 是自由来流速度。

2）失稳判据

通常，复频率 $\omega=\omega_R+\mathrm{i}\omega_I$，实部 ω_R 代表振动频率，而虚部 ω_I 表示振幅的指数衰减或增长。$\omega_I=0$ 为失稳的必要条件，同时 $\omega_R=0$ 对应静力失稳，$\omega_R\neq 0$ 对应动力失稳。该条件可以用于获得最小折合速度 U_f，前提是给定流体和结

构参数，即 ω/ω_n、$m/(\rho D^2)$ 和 δ。此时，将流体力的实部和虚部分离，可以求解特征方程：

$$\left.\begin{aligned}&\frac{\omega}{\omega_n}=-\frac{b}{2}+\left(\frac{b^2}{4}+1\right)^{0.5},\ b=\frac{\delta\overline{F}_R^*}{\pi\overline{F}_I^*}\\&\frac{m}{\rho D^2}=\frac{\pi\overline{F}_I^*}{\delta\dfrac{\omega}{\omega_n}}\end{aligned}\right\}\tag{2-60}$$

$\overline{F}_y^*=\overline{F}_R^*+i\overline{F}_I^*$ 是复数形式表示的流体力，由式(2-60)就可得到发生动力失稳情况下折合节距流速 U_f 和质量阻尼参数 $m\delta/(\rho D^2)$ 之间的关系，但需要通过迭代求解。开始假设频率比 ω/ω_n 为 1，并给定 U_f 值，则可以计算出第一个流体力 $\overline{F}_y^*$，然后通过方程(2-60)求出 $m/(\rho D^2)$ 和 ω/ω_n，如果 ω/ω_n 与初始假设值的差大于一个合理的余量值，则更新 ω/ω_n 后重复计算过程。这样便可计算出各个给定的 U_f 值对应的质量阻尼参数，即可画出稳定性图。

Y-W 模型中，流体力的实部和虚部的计算需要分别对面积波动项、速度波动项和压力波动项求积分，即三重积分，另外还需反复迭代，上述计算过程较容易产生数值误差。下面将探讨模型的解析显式表达。

3）衰减函数

人工衰减函数 $f(s^*)$ 用以考虑从中心管向外的面积扰动，目前没有办法通过实验获得该衰减函数。但 $f(s^*)$ 需要满足以下物理约束的边界条件：

(1) $s_a^*\leqslant s\leqslant s_s^*$，$f(s^*)=1.0$（与管子贴近的区域没有衰减）；

(2) $s^*\to\infty$，$f(s^*)=0$（在距离管子相当远的距离扰动可以忽略）。

Y-W 模型中定义非贴近区的衰减函数为

$$f(s^*)=\frac{1}{1+Bs^{*10}}\tag{2-61}$$

式中，B 为由边界条件确定的常数。

在 Y-W 模型中，采用如式(2-61)所定义的衰减函数，造成该模型不能推导出连续性方程和动量方程的解析积分表达式。根据 Li Ming 的建议[51]，采用以下更简单的线性衰减函数，则可获得 Y-W 模型的解析显式表达：

$$\left.\begin{aligned}&f(s^*)=\frac{s^*-s_1^*}{s_a^*-s_1^*},\quad s_1^*\leqslant s^*\leqslant s_a^*\\&f(s^*)=1,\quad s_a^*\leqslant s^*\leqslant s_s^*\end{aligned}\right\}\tag{2-62}$$

如图 2-17 所示，两种类型的衰减函数都能满足同样的边界条件，最终的计算结果也表明两者之间的差别极小，且新的衰减函数能够得到对面积扰动函数积分的解析表达式。

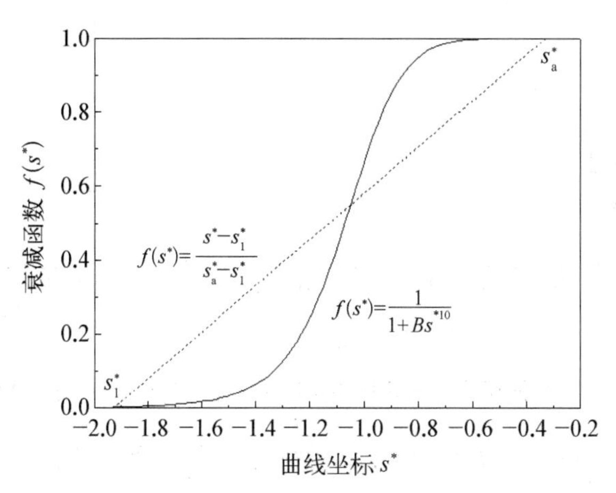

图 2-17　面积扰动衰减函数

4）单根弹性管单元模型的算例分析

采用线性衰减函数，可推导得到单根弹性管单元的流弹失稳模型的解析显式表达式，编制 Fortran 程序计算管束的流弹失稳问题。针对顺排管阵，节距比 $P/D=1.475$，阻尼比 $\zeta=0.02$ 时，管阵的稳定性如图 2-18 所示。另外，采用龙贝格数值积分格式，计算得到的稳定性如图 2-19 所示。在质量阻尼

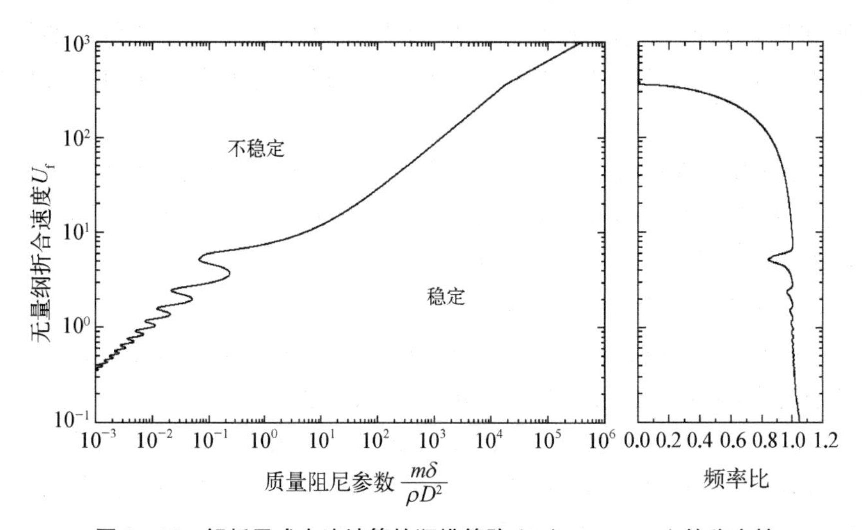

图 2-18　解析显式方法计算的顺排管阵（$P/D=1.475$）的稳定性

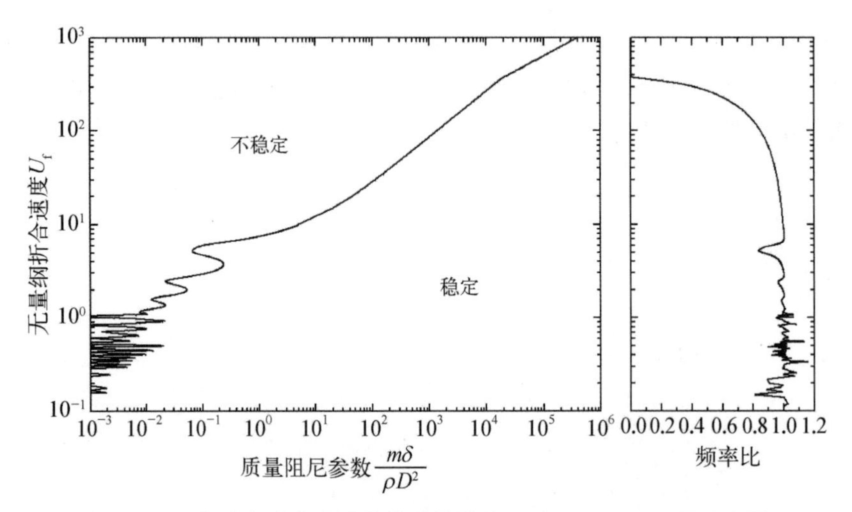

图 2-19　数值积分方法计算的顺排管阵 ($P/D=1.475$) 的稳定性

参数不是特别低 [$m\delta/(\rho D^2)>0.02$] 的情况下，两种方法计算的稳定性边界完全重合，证明了推导的流体力解析显式表达式的正确性。而在质量阻尼参数很低 [$m\delta/(\rho D^2)<0.02$] 的情况下，数值积分方法出现了较严重的数值振荡问题。在同一台计算机上，解析方法只用了不到一秒钟，而数值积分方法耗时超过一分钟。

图 2-18 和图 2-19 同时给出了频率比的计算值。在流速较低情况下，频率比在 1 附近波动，随着流速的增加，频率比在经历一个较大的波动后，迅速向 0 靠近，即从动力失稳向静力失稳过渡。在频率比等于 0 时，结构进入静力失稳，此时稳定性分界线出现一个拐点，在此拐点处分界线由曲线变为直线。这个结果表明 Y-W 模型很好地实现了动力失稳和静力失稳的统一。

分别采用线性衰减函数和 Y-W 模型中的衰减函数计算得到的平行三角形管阵 ($P/D=1.475$) 的稳定性如图 2-20 所示。在大部分范围内，两种衰减函数计算得到的稳定性边界差别不大。

5) 流弹失稳的 5 管单元模型

上述模型只考虑了管束中一根管子振动引起的流体力，如果考虑周围其他管子振动的影响，需要用到多根弹性管单元模型。

将图 2-21 中的 1～5 号管取出来作为一个单元，考虑这 5 根管均为弹性管时，作用在中心 1 号管上的流体力。首先，假设 2～5 号管固定、1 号管振动时，作用在各根管上的流体力可通过矩阵形式表示为

$$
\begin{Bmatrix} F_{y_1} \\ F_{y_2} \\ F_{y_3} \\ F_{y_4} \\ F_{y_5} \end{Bmatrix} = \begin{Bmatrix} C_c \\ -C_u \\ -C_d \\ -C_u \\ -C_d \end{Bmatrix} y_1 \tag{2-63}
$$

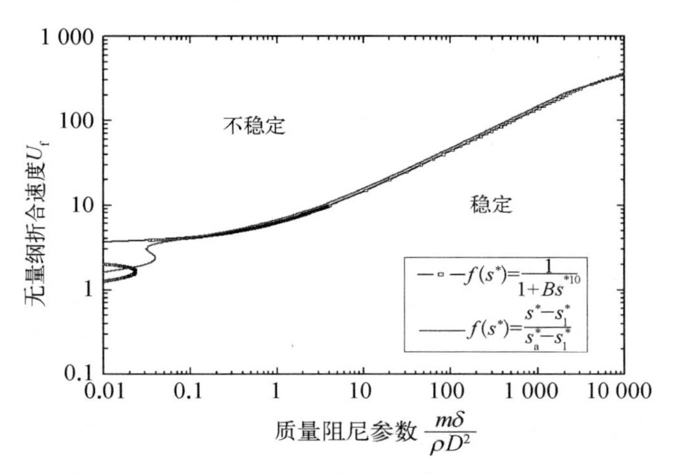

图 2-20　采用不同衰减函数计算的平行三角形管阵 ($P/D=1.475$) 的稳定性

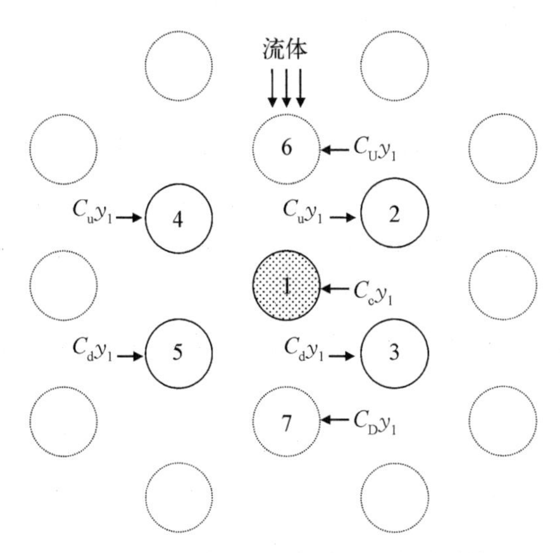

图 2-21　由于 1 号管振动引起的作用在其他管子上的力

式中，C_p 为 y 方向的流体力系数。下角标 p 为 u(上游的 2,4 号管)、c(中心 1 号管)、d(下游的 3,5 号管)、U(上游的 6 号管)、D(下游的 7 号管) 分别代表与振动管的相对位置。

根据各根管的相对位置关系，当 5 根全部振动时，作用在各个管上的流体力为

$$\begin{Bmatrix} F_{y_1} \\ F_{y_2} \\ F_{y_3} \\ F_{y_4} \\ F_{y_5} \end{Bmatrix} = \begin{bmatrix} C_c & -C_d & -C_u & -C_d & -C_u \\ -C_u & C_c & 0 & 0 & 0 \\ -C_d & 0 & C_c & 0 & 0 \\ -C_u & 0 & 0 & C_c & 0 \\ -C_d & 0 & 0 & 0 & C_c \end{bmatrix} \begin{Bmatrix} y_1 \\ y_2 \\ y_3 \\ y_4 \\ y_5 \end{Bmatrix} \tag{2-64}$$

为了简化求解 F_{y_1}，做如下假设：

(1) 同一排内相邻管子的振动振幅相当，并且同相，即 $y_2 = y_4$，$y_3 = y_5$。

(2) 上游和下游相隔一排对应的管子有 180°的相位差，即 $y_3 = -y_2$。

这种振动模式得到最小的临界流速[83]。

假设 2 号管与 1 号管存在一个振动相位差 ψ，即 $y_2 = y_1 e^{i\psi}$，从而作用在中心 1 号管的力可表示为

$$F_{y_1} = [C_c - 2(C_d - C_u)e^{i\psi}]y_1 \tag{2-65}$$

该式用于计算中心管的临界流速，式中流体力系数的计算采用上面提及的单根弹性管流体力的计算方法，不同之处是将中心管流体贴近处和分离处的曲线坐标取为当前管流体贴近处和分离处的曲线坐标。由式(2-60)可知，流体力虚部的最大值对应于最小的折合流速 U_r。计算流体力的过程中需要设计优化算法，选取合适的 ψ 值，使流体力虚部值最大，从而得到最小的临界流速。

式(2-65)适用于平行三角形、旋转正方形、正三角形的管束排列形式，但对于正方形顺排管阵，由于相邻管子的相对位置发生了变化，导致了流体力的计算公式与式(2-65)不同。

对于顺排管阵，式(2-64)变为

$$\begin{Bmatrix} F_{y_1} \\ F_{y_2} \\ F_{y_3} \\ F_{y_4} \\ F_{y_5} \end{Bmatrix} = \begin{bmatrix} C_c & -\frac{1}{2}C_c & -C_u & -\frac{1}{2}C_c & -C_d \\ -\frac{1}{2}C_c & C_c & 0 & 0 & 0 \\ -C_d & 0 & C_c & 0 & 0 \\ -\frac{1}{2}C_c & 0 & 0 & C_c & 0 \\ -C_u & 0 & 0 & 0 & C_c \end{bmatrix} \begin{Bmatrix} y_1 \\ y_2 \\ y_3 \\ y_4 \\ y_5 \end{Bmatrix} \tag{2-66}$$

假设 $y_2 = y_4 = -y_1$，$y_5 = -y_3 = -y_1 e^{i\psi}$，作用在中心管的力为

$$F_{y_1} = [2C_c - (C_d - C_u)e^{i\psi}]y_1 \tag{2-67}$$

6）流弹失稳的 7 管单元模型

上述的 5 管单元模型对于顺排方阵、正三角形管阵和旋转方阵都是适用的，但是对于平行三角形管阵，则需考虑 7 管单元的流弹失稳模型。图 2-21 中的 6、7 号管由于距离 1 号中心管很近，对中心管有显著的影响。每根管上作用的流体力可写为

$$\begin{Bmatrix} F_{y_1} \\ F_{y_2} \\ F_{y_3} \\ F_{y_4} \\ F_{y_5} \\ F_{y_6} \\ F_{y_7} \end{Bmatrix} = \begin{bmatrix} C_c & -C_d & -C_u & -C_d & -C_u & C_D & C_U \\ -C_u & C_c & C_U & 0 & 0 & -C_d & 0 \\ -C_d & C_D & C_c & 0 & 0 & 0 & -C_u \\ -C_u & 0 & 0 & C_c & C_U & -C_d & 0 \\ -C_d & 0 & 0 & C_D & C_c & 0 & -C_u \\ C_U & -C_u & 0 & -C_u & 0 & C_c & 0 \\ C_D & 0 & -C_d & 0 & -C_d & 0 & C_c \end{bmatrix} \begin{Bmatrix} y_1 \\ y_2 \\ y_3 \\ y_4 \\ y_5 \\ y_6 \\ y_7 \end{Bmatrix} \tag{2-68}$$

这里 C_U 和 C_D 分别为 1 号中心管振动作用在 6 号和 7 号管上的流体力系数。根据 Price 和 Païdoussis 的论述[83]，当振动约束条件为 $y_2 = y_4$、$y_3 = y_5$、$y_6 = y_7$ 和 $y_2 = -y_3$ 时，上式可简化为

$$\begin{Bmatrix} F_{y_1} \\ F_{y_2} \\ F_{y_6} \end{Bmatrix} = \begin{bmatrix} C_c & -2(C_d - C_u) & C_D + C_U \\ -C_u & C_c - C_U & -C_d \\ C_U & -C_u & C_c \end{bmatrix} \begin{Bmatrix} y_1 \\ y_2 \\ y_6 \end{Bmatrix} \tag{2-69}$$

y_1 与 y_2、y_6 之间的相位差分别为 ψ_1 和 ψ_2，即 $y_2=y_1\mathrm{e}^{\mathrm{i}\psi_1}$，$y_6=y_1\mathrm{e}^{\mathrm{i}\psi_2}$。作用在 1 号管上的流体力可表示为

$$F_{y_1}=[C_c-2(C_d-C_u)\mathrm{e}^{\mathrm{i}\psi_1}+(C_D+C_U)\mathrm{e}^{\mathrm{i}\psi_2}]y_1 \tag{2-70}$$

将此式用于流体力的计算，可得考虑 7 根弹性管管束的流弹失稳解析模型。

7）多根弹性管单元模型的算例分析

分别用单根弹性管单元模型和 5 根弹性管单元模型计算顺排管阵（$P/D=1.475$）的稳定性，如图 2-22 所示。图中实验数据来源于 Weaver 和 Fitzpatrick 的论文[84]，Yetisir[49] 和 Li Ming[51] 均是利用这些实验数据对自己的数值预测结果进行验证的。5 管单元模型由于考虑了邻近管子的振动影响，计算得到的流体力较单管单元模型大，获得稳定界线比单管模型的界线向右上方移动了一定距离，与实验数据的符合程度也好于单管单元模型。图 2-22 中 5 管单元模型计算的稳定性界线存在一个间断，可认为是由流体阻尼控制型不稳定向流体刚度控制型不稳定的转变。Chen[43] 的研究发现流体阻尼控制型不稳定向流体刚度控制型不稳定的过渡通常发生在质量阻尼参数为 3～5 的区间。该算例显示在质量阻尼参数约大于 3 时，流弹失稳开始表现为流体刚度控制型不稳定。

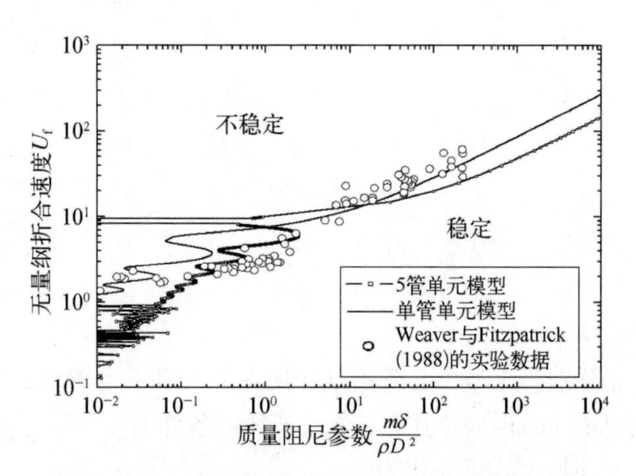

图 2-22 顺排管阵（$P/D=1.475$）的稳定性

旋转方阵和正三角形管阵的稳定性如图 2-23 和图 2-24 所示。这两种管阵的结果与顺排管阵的趋势相同，5 管单元模型比单管单元模型的稳定性界线向右上方移动了一定距离，从而与实验数据的吻合性好于单管单元模型。

特别是正三角形管束的结果，5 管单元模型的失稳界线刚好可以包络住所有实验数据。

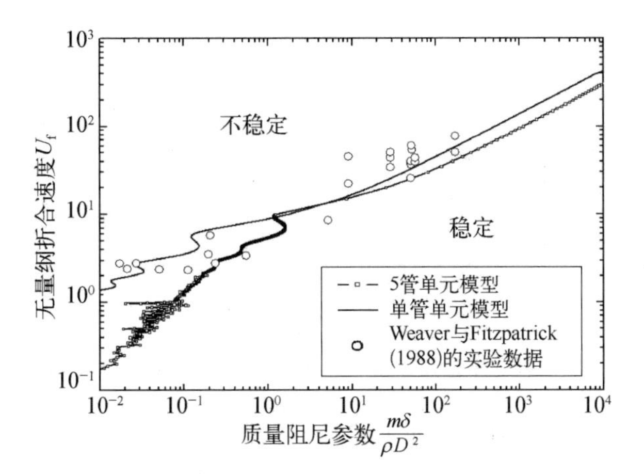

图 2-23　旋转方阵 ($P/D = 1.475$) 的稳定性

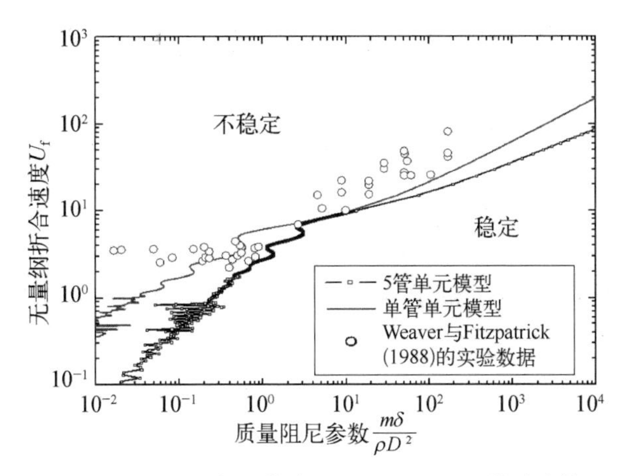

图 2-24　正三角形管阵 ($P/D = 1.475$) 的稳定性

图 2-25 给出了平行三角形管阵的稳定性。7 管单元模型与 5 管单元模型得到的稳定性界线形状几乎完全一致，但由于 7 管单元模型考虑了中心管正上方和正下方两根管振动的影响，比 5 管单元模型的包络性更强。7 管单元模型与实验数据吻合得相当好，刚好能够包络住所有实验数据。

本书流弹失稳半解析模型的理论框架虽然与 Yetisir 和 Weaver(Y-W 模型)以及 Li Ming 模型一致，但数值计算结果却与他们的结果不完全相同。Y-W 模型由于在计算 y 方向流体力时，错将法向矢量角度的余弦值用为正

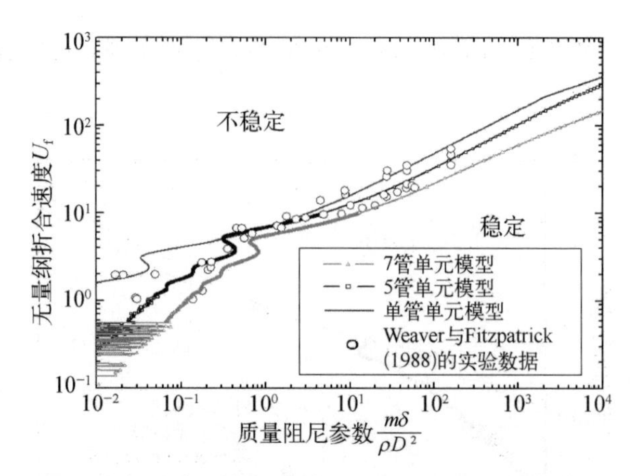

图 2-25 平行三角形管阵 ($P/D=1.475$) 的稳定性

弦值,从而影响了最终结果。而 Li Ming 在论文中给出的表达式中部分参数未做明确说明,无法核对与本书结果不一致的原因。

8) 非均匀流速分布的多跨管束流弹失稳模型

对于流速和液体密度沿多跨管非均匀分布的情况,式(2-60)修改为

$$\frac{\int_0^L m(x)\varphi_i^2(x)\mathrm{d}x\delta}{\int_{l_1}^{l_2}\rho(x)u^2(x)\varphi_i^2(x)\mathrm{d}xD^2}=\frac{\pi\overline{F}_{\mathrm{I}}^*\left(\overline{U},\ \frac{\omega}{\omega_n}\right)}{\frac{\omega}{\omega_n}} \tag{2-71}$$

式中,$\varphi_i(x)$ 为第 i 阶模态的振型函数;L 为管子长度;横向流 $U(x)$分布在管子 $l_1\leqslant x\leqslant l_2$ 区域;流速的均值为 $\overline{U}$,归一化流速分布函数为 $u(x)=U(x)/\overline{U}$。如果管子线密度沿管长均匀分布,横向流速和流体密度在 $l_1\leqslant x\leqslant l_2$ 区域内也是均匀分布的,式(2-71)改写为

$$\frac{m\delta}{\rho D^2 S_i}=\frac{\pi\overline{F}_{\mathrm{I}}^*}{\frac{\omega}{\omega_n}} \tag{2-72}$$

式中,S_i 为能量份额因子:

$$S_i=\frac{\int_{l_1}^{l_2}\varphi_i^2(x)\mathrm{d}x}{\int_0^L\varphi_i^2(x)\mathrm{d}x} \tag{2-73}$$

当横向流沿整个管长上均匀分布时，$S_i=1$。

一些学者给出了横向流作用在管束部分区域的流弹失稳实验数据，本节预测值与这些数据的对比如图 2-26 所示。预测结果与大部分实验数据的下限吻合得较好。其中，Li Ming 的论文[51]中给出了 Weaver 和 Parrondo 的实验数据及他的预测值，本书预测结果与之对比如表 2-4 所示。除 2 号数据外，本书预测值均比 Li Ming 预测值更接近实验数据。

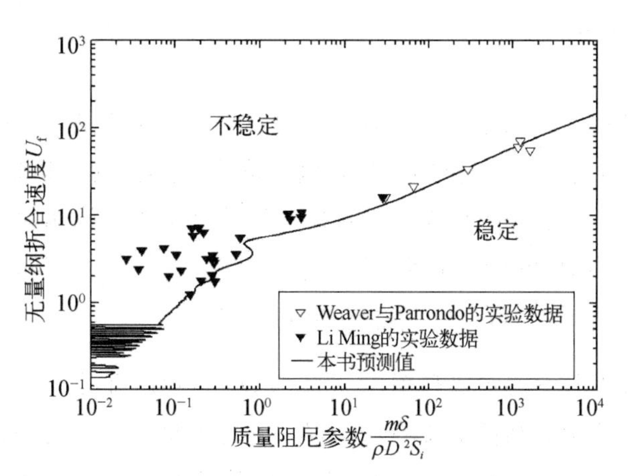

图 2-26　平行三角形管束横向流作用在部分区域的稳定性 ($P/D=1.475$)

表 2-4　Weaver 和 Parrondo 的实验数据及理论计算值

序　号	$\frac{m\delta}{\rho D^2 S_i}$	临界折合流速 U_f		
		实验值	Li Ming 预测值	本书预测值
1	30.4	16.3	13.1	13.4
2	1 602.0	55.9	44.1	72.6
3	1 157.5	60.2	39.4	63.5
4	290.2	33.8	24.3	34.9
5	65.8	21.6	14.4	18.3
6	1 227.6	71.2	40.3	65.1

2.3　旋涡脱落

2.3.1　旋涡脱落现象

旋涡脱落是一种频率与流体速度成线性关系的周期性激励，由自由剪切流的不稳定性引起，经常出现在受横向流作用的结构的下游，并在下游产生波动的尾迹，结构后面形成的交替旋涡会产生脉动的升力与阻力。这些旋涡结构的发展和脱落会产生压力和速度波动，通常情况下，激励水平很低，一般有三种反馈机制：结构振动反馈、声共振反馈和流动冲击反馈。这三种机制可以共存，一旦发生，问题将非常严重。因此旋涡脱落问题及对其尾流的控制引起了大量设计者的关注，尤其与涡致振动相关的结构，如桥梁、高耸建筑、海洋结构、船用电缆等[85]。

1）固定圆柱的绕流

这个经典的流体力学问题包含着复杂的黏性运动机制，涉及一系列理论和实际问题，如流动的非定常分离，旋涡的形成、运动、发展和脱落，剪切层的演化，涡与涡的干扰，层流到湍流的转捩及湍流结构等。旋涡脱落频率通过无量纲斯特劳哈尔数(Strouhal) Sr 可表示为

$$Sr = f_v D/U \tag{2-74}$$

式中，f_v 是旋涡脱落的主要频率；U 是流速；D 是圆柱直径。

图 2-27 所示为圆柱绕流的 Sr 与 Re 的关系曲线[43]，可以看出，在亚临界阶段 $300 \leqslant Re < 3\times10^5$，Strouhal 数基本保持在 0.2 左右，尾流中的旋涡发放比较有规律，当 Re 进一步增加到大约为 3×10^5 时，Sr 依赖于来流的湍流强度，在这个区域内，旋涡脱落要弱得多，Sr 较为分散；当 Re 超出大约 3×10^6 的范围后，Sr 再次保持为一个常数，约为 0.27。

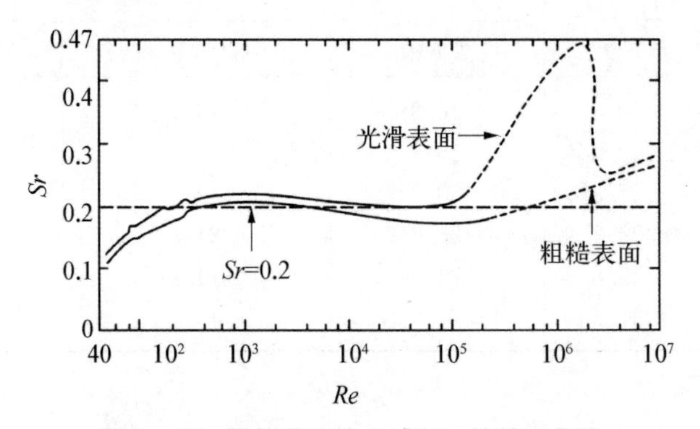

图 2-27　圆柱绕流的 Sr 与 Re 的关系曲线

经过大量实验和理论研究表明，Re 是决定绕流流态的主要参数。如图 2-28 所示，当 $Re < 5$ 时，流动不会产生分离；$5 < Re < 40$ 时，为稳定的驻涡流动，即在圆柱体后面出现一对位置固定的稳定旋涡，随着 Re 的增大，外围

流体带给旋涡的能量越来越大，旋涡也随之增大，继而旋涡开始在圆柱下游左右摆动。当 $Re < 40$ 时，这种状态是稳定的；当 $Re > 40$ 时，振动是不稳定的，在圆柱后有一个旋涡开始脱落，经过一定时间之后另一个也必将脱落，旋涡脱落后在圆柱后面又生成新的旋涡，等到旋涡发展到一定强度后，新的旋涡又开始脱落，旋涡周期性发放在圆柱下游逐渐形成两排交错的旋涡，这就是卡门涡街；$Re < 150$ 的情况下，涡街状态是层流的；$150 < Re < 300$ 时，旋涡由层流向湍流转变；$300 < Re < 3\times10^5$ 时，柱体表面上的边界层为层流，而柱体后面的涡街已完全转变为湍流状态，并按一定频率发放旋涡，称为亚临界区；$3\times10^5 < Re < 3\times10^6$ 时，柱体表面上的边界层也已转变为湍流，阻力显著下降，尾流流动呈现随机性，也没有明显旋涡，称为临界区；$Re > 3\times10^6$ 时，为超临界区，此时重新建立起比较规则的准周期性发放的涡街。

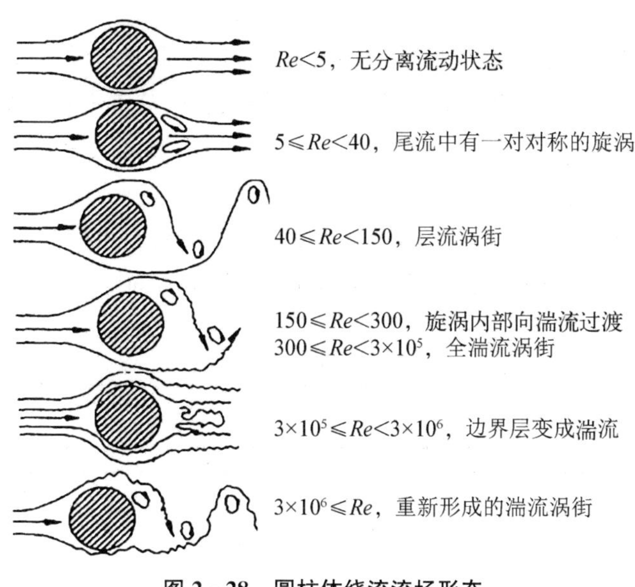

图 2-28　圆柱体绕流流场形态

2）涡激振动

当流速较低时，脱落于钝体的 Karman 涡，产生一个与涡对脱落频率成线性比例的升力和与涡对两倍频率成线性比例的波动阻力。旋涡脱落频率与流动速度和 Strouhal 数（Sr）成比例：$Sr = fD/V$，其中 D 是特征长度；f 是旋涡在流动速度 V 时的脱落频率。随着流速的增加，一般在固有频率±20%的范围内，即可发生“锁定”，在这个流速范围，涡脱频率不再遵循 Strouhal 关系，而是锁定在圆柱的振动频率上（即 $f_v = f_0$），如果涡脱频率接近圆柱的固有频率

f_n,就会发生大幅运动,当旋涡脱落频率与结构的固有频率接近时将发生共振。

3) 旋涡导致的声共振

自从 Howe[86] 发展了一种计算瞬时声功率的有效方法后,关于流体诱发声共振机制的研究取得了巨大进展。管道中的声驻波经常由其里面的非流线型物体激发的旋涡脱落引起。当自由剪切流撞到下游物体时,形成的涡和声场在撞击区域相互作用,产生附加的声源。冲撞流在压力容器设备中能产生非常强的声共振,如换热器的管束、锅炉装置、有旁支或多个孔板的管道系统、安全泄压阀、减压控制阀等。错排管束和顺排管束的激振机理是不同的。错排管束的声共振是由旋涡脱落激发的;对于顺排管束,声共振不仅与旋涡脱落相关,而且与声压有关。

2.3.2 弹性管涡致振动的理论模型

对于经受旋涡脱落激励的管状结构来说,其基本方程可以采用以下途径建立:以图 2-29 中的模型作为研究对象,假设管的位置平行于水平面位置,外流来流方向均垂直于管子轴向方向,即外流为横向流,其中,管的长度为 L,弯曲刚度为 EI,单位长度管的质量为 m_s,管内部为流速 V 的不可压缩流体,其单位长度质量为 m_f,外部流体流速为 U。z 轴为管初始横向挠度为 0 时的轴向中心线,x 轴、y 轴分别为管的流向和横向振动方向。

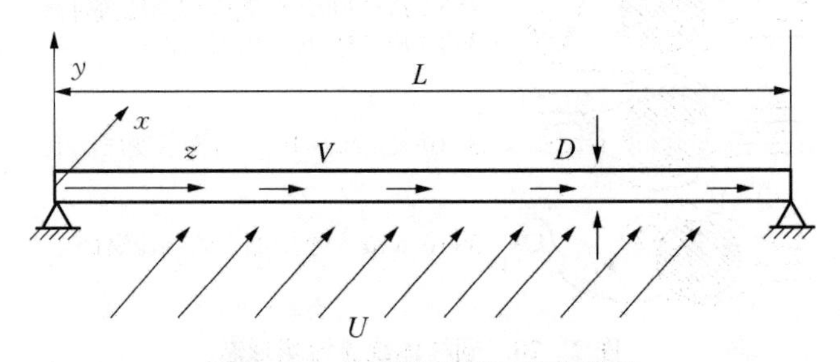

图 2-29 内外流作用下的管模型

首先做以下基本假设:

(1) 将管简化为欧拉-伯努利梁(Euler-Bernoulli beam),不考虑轴向剪力的影响。

(2) 管内外均为无黏性、不可压缩流体。

(3) 管内流速 V 一致。

(4) 重力影响忽略不计。

(5) 管在平面内运动。

1) 平衡方程的建立

下面用微元法分别对流体微元和管微元进行受力分析，通过微元各方向上力和力矩平衡建立运动方程，进而得到内外流作用下管的运动微分方程。流体微元和管微元的受力分析如图 2-30 所示，考察管单元 δz 以及它所包含的流体，设它有小的横向运动 $w(z, t)$。图中，下标 f 代表流单元，下标 s 代表管单元，管单元 z 方向的加速度忽略不计。

流体微元的受力如图 2-30(a)所示，管的内部横截面积为 A，内部流体压力为 P，F 为单位长度管子上的法向流体力，f 为单位长度管子上的切向流体力，δz 为流体单元长度。通过分析，流体单元分别受到：轴向压力，切向流体力，法向流体力，流体自身的轴向、横向惯性力，对流体微元在 y 方向建立如下平衡方程：

$$PA\sin\left(\frac{\partial w}{\partial z}\right)-\left(AP+A\frac{\partial P}{\partial z}\delta z\right)\sin\left(\frac{\partial w}{\partial z}\right)-F\delta z\cos\left(\frac{\partial w}{\partial z}+\frac{1}{2}\frac{\partial^2 w}{\partial z^2}\delta z\right)-$$
$$m_{\mathrm{f}}\left(\frac{\partial}{\partial t}+V\frac{\partial}{\partial z}\right)^2 w\delta z-f\delta z\sin\left(\frac{\partial w}{\partial z}+\frac{1}{2}\frac{\partial^2 w}{\partial z^2}\delta z\right)=0 \quad (2-75)$$

考虑小变形情况，略去二阶以上小量，仅保留一阶小量后得

$$A\frac{\partial}{\partial z}\left(P\frac{\partial w}{\partial z}\right)+F+m_{\mathrm{f}}\left(\frac{\partial}{\partial t}+V\frac{\partial}{\partial z}\right)^2 w+f\frac{\partial w}{\partial z}=0 \quad (2-76)$$

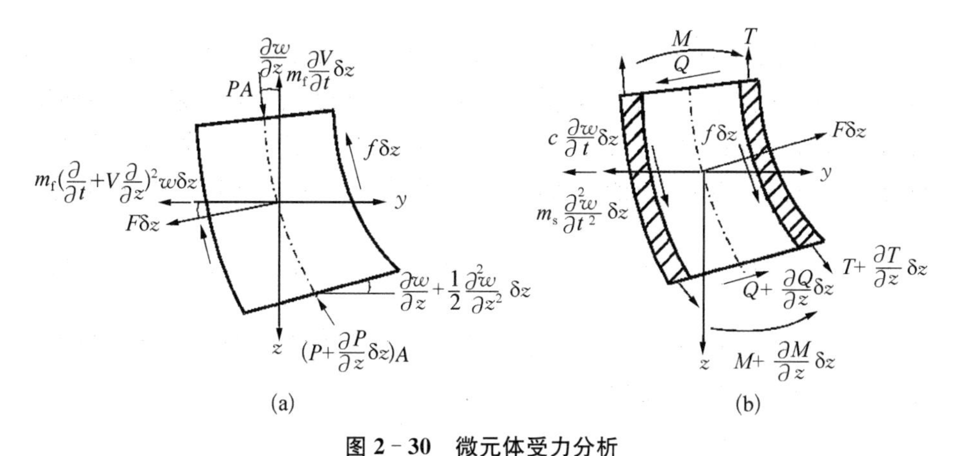

图 2-30 微元体受力分析

(a) 流体微元受力分析图；(b) 管微元受力分析图

类似地，仅保留一阶小量，得到 z 方向的平衡方程为

$$A\frac{\partial P}{\partial z}+f-F\frac{\partial w}{\partial z}+m_{\mathrm{f}}\frac{\partial V}{\partial t}=0 \tag{2-77}$$

管单元受力如图 2-30(b)所示。同理，分别在 y 方向和 z 方向上列出力的平衡方程及力矩平衡方程，可得

$$\frac{\partial Q}{\partial z}+F-m_{\mathrm{s}}\frac{\partial^2 w}{\partial t^2}-c\frac{\partial w}{\partial t}+\frac{\partial T}{\partial z}\frac{\partial w}{\partial z}+f\frac{\partial w}{\partial z}=0 \tag{2-78}$$

$$\frac{\partial T}{\partial z}+f-F\frac{\partial w}{\partial z}=0 \tag{2-79}$$

$$Q=-\frac{\partial M}{\partial z}=-EI\frac{\partial^3 w}{\partial z^3} \tag{2-80}$$

合并式(2-77)和式(2-79)，可得

$$\frac{\partial}{\partial z}(T-PA)=m_{\mathrm{f}}\frac{\partial V}{\partial t} \tag{2-81}$$

合并式(2-76)、式(2-78)和式(2-80)，可得

$$EI\frac{\partial^4 w}{\partial z^4}+\frac{\partial}{\partial z}\left[(PA-T)\frac{\partial w}{\partial z}\right]+m_{\mathrm{f}}\left(\frac{\partial}{\partial t}+V\frac{\partial}{\partial z}\right)^2 w+ m_{\mathrm{s}}\frac{\partial^2 w}{\partial t^2}+c\frac{\partial w}{\partial t}=0 \tag{2-82}$$

假设在管的右端 $z=L$ 处，管受到的拉力为 $\overline{T}$，管内静压为 $\overline{P}$，如果在管的 $z=L$ 这一端为铰支或固支，那么内部的压强作用将导致一个附加的拉伸作用，对于薄壁管，这个作用力等于 $2\nu\overline{P}A$，ν 为材料泊松比，右端轴向运动没有限制时 $\delta=0$，右端轴向不能运动时 $\delta=1$，将式(2-81)从 z 到 L 积分，可得

$$T-PA=\overline{T}-\overline{P}A(1-2\nu\delta)-m_{\mathrm{f}}\frac{\partial V}{\partial t}(L-z) \tag{2-83}$$

对于两端支撑的管，横向运动将导致管子伸长，因此管会产生附加的轴向力，微元段 δz 发生横向变形后，其伸长量为

$$\Delta=\left[\sqrt{1+\left(\frac{\partial w}{\partial z}\right)^2}-1\right]\delta z\approx\frac{1}{2}\left(\frac{\partial w}{\partial z}\right)\delta z \tag{2-84}$$

管子的平均应变为管子总的伸长量与管子初始长度的比：

$$e=\frac{1}{2L}\int_0^L\left(\frac{\partial w}{\partial z}\right)^2\mathrm{d}z \tag{2-85}$$

由应力应变关系可写出由于管横向运动带来的轴向附加力为

$$T^*=EA_\mathrm{p}e=\frac{EA_\mathrm{p}}{2L}\int_0^L\left(\frac{\partial w}{\partial z}\right)^2\mathrm{d}z \tag{2-86}$$

若考虑此附加轴向力，式(2-83)可写为

$$T-PA=\overline{T}-\overline{P}A(1-2\nu\delta)-m_\mathrm{f}\frac{\partial V}{\partial t}(L-z)+\frac{EA_\mathrm{p}}{2L}\int_0^L\left(\frac{\partial w}{\partial z}\right)^2\mathrm{d}z \tag{2-87}$$

将式(2-87)代入式(2-82)可得

$$EI\frac{\partial^4 w}{\partial z^4}+\left[m_\mathrm{f}V^2-\overline{T}+\overline{P}A(1-2\nu\delta)+m_\mathrm{f}\frac{\partial V}{\partial t}(L-z)-\frac{EA_\mathrm{p}}{2L}\int_0^L\left(\frac{\partial w}{\partial z}\right)^2\mathrm{d}z\right]\frac{\partial^2 w}{\partial z^2}+2m_\mathrm{f}V\frac{\partial^2 w}{\partial t\partial z}+(m_\mathrm{s}+m_\mathrm{f})\frac{\partial^2 w}{\partial t^2}+c\frac{\partial w}{\partial t}=0 \tag{2-88}$$

2）谐和形式的流体力

设管的振动位移沿流向和横向的分量分别为 $u(z,t)$ 和 $w(z,t)$，流体与管之间的相对速度为 V_r，基于定常流动，作用在管子上的稳态阻力和升力如图 2-31 所示。

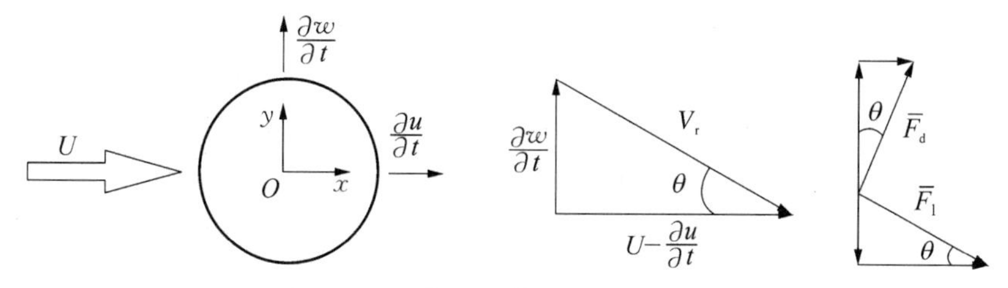

图 2-31　作用于管上的外部流体力

$$\overline{F}_\mathrm{d}=\frac{1}{2}\rho V_\mathrm{r}^2 D\overline{C}_\mathrm{d} \tag{2-89}$$

$$\overline{F}_\mathrm{l}=\frac{1}{2}\rho V_\mathrm{r}^2 D\overline{C}_\mathrm{l} \tag{2-90}$$

式中，$\overline{C}_d$ 为稳态阻力系数；$\overline{C}_l$ 为稳态升力系数。

由图 2-31 可知：

$$\theta=\arctan\left(\frac{\partial w}{\partial t}\Big/\left(U-\frac{\partial u}{\partial t}\right)\right) \tag{2-91}$$

作用在管上 x 和 y 方向的流体力分量可由图 2-31 和式(2-89)、式(2-90)求得：

$$F_x=\frac{1}{2}\rho V_r^2 D(\overline{C}_d\cos\theta+\overline{C}_l\sin\theta) \tag{2-92}$$

$$F_y=\frac{1}{2}\rho V_r^2 D(-\overline{C}_d\sin\theta+\overline{C}_l\cos\theta) \tag{2-93}$$

将式(2-91)代入式(2-92)、式(2-93)，可得 x、y 方向的流体力分别为

$$F_x=\frac{1}{2}\rho UD\left[\overline{C}_d\left(V_r-\frac{V_r}{U}\frac{\partial u}{\partial t}\right)+\overline{C}_l\frac{V_r}{U}\frac{\partial w}{\partial t}\right] \tag{2-94}$$

$$F_y=\frac{1}{2}\rho UD\left[\overline{C}_l\left(V_r-\frac{V_r}{U}\frac{\partial u}{\partial t}\right)-\overline{C}_d\frac{V_r}{U}\frac{\partial w}{\partial t}\right] \tag{2-95}$$

除了稳态流体力分量外，谐和形式的脉动阻力与脉动升力可表示为

$$F'_d=\frac{1}{2}\rho U^2 DC'_d\sin(\omega_D t+\phi_D) \tag{2-96}$$

$$F'_l=\frac{1}{2}\rho U^2 DC'_l\sin(\omega_L t+\phi_L) \tag{2-97}$$

式中，ω_D 为与阻力方向有关的涡脱频率；ω_L 为与升力方向有关的涡脱频率；ϕ_D 为与阻力方向有关的相位角；ϕ_L 为与升力方向有关的相位角。

联合式(2-94)、式(2-95)、式(2-96)和式(2-97)可得到作用在管上的外部流体力为

$$\begin{aligned}F_d&=F_x+F'_d\\&=\frac{1}{2}\rho UD\left[\overline{C}_d\left(V_r-\frac{V_r}{U}\frac{\partial u}{\partial t}\right)+\overline{C}_l\frac{V_r}{U}\frac{\partial w}{\partial t}\right]+\frac{1}{2}\rho U^2 DC'_d\sin(\omega_D t+\phi_D)\end{aligned} \tag{2-98}$$

$$F_l = F_y + F'_l$$
$$= \frac{1}{2}\rho UD\left[\overline{C}_l\left(V_r - \frac{V_r}{U}\frac{\partial u}{\partial t}\right) - \overline{C}_d\frac{V_r}{U}\frac{\partial w}{\partial t}\right] + \frac{1}{2}\rho U^2 DC'_l\sin(\omega_L t + \phi_L) \tag{2-99}$$

对于在均匀流中的圆管来说，稳态升力系数 $\overline{C}_l$ 一般等于 0，此外，由图 2－31 可知，$V_r = \sqrt{\left(\frac{\partial w}{\partial t}\right)^2 + \left(U - \frac{\partial u}{\partial t}\right)^2}$，取其 1 阶 Taylor 展式，有 $V_r \approx U - \frac{\partial u}{\partial t}$，将其代入式(2－98)、式(2－99)，并忽略高阶项影响，可得

$$F_d = \frac{1}{2}\rho U^2 D\overline{C}_d - \rho UD\overline{C}_d\frac{\partial u}{\partial t} + \frac{1}{2}\rho U^2 DC'_d\sin(\omega_D t + \phi_D) \tag{2-100}$$

$$F_l = -\frac{1}{2}\rho UD\overline{C}_l\frac{\partial w}{\partial t} + \frac{1}{2}\rho U^2 DC'_l\sin(\omega_L t + \phi_L) \tag{2-101}$$

合并式(2－88)和式(2－101)，并考虑附加质量，可得内外流作用下管的横向运动微分方程为

$$EI\frac{\partial^4 w}{\partial z^4} + \left[m_f V^2 - \overline{T} + \overline{P}A(1 - 2\nu\delta) + m_f\frac{\partial V}{\partial t}(L - z) - \right.$$
$$\left.\frac{EA_p}{2L}\int_0^L\left(\frac{\partial w}{\partial z}\right)^2 dz\right]\frac{\partial^2 w}{\partial z^2} + 2m_f V\frac{\partial^2 w}{\partial t\partial z} + (m_s + m_f + C_a m_a)\frac{\partial^2 w}{\partial t^2} +$$
$$(c + c_f)\frac{\partial w}{\partial t} = \frac{1}{2}\rho U^2 DC'_l\sin(\omega_L t + \phi_L) \tag{2-102}$$

式中，流体阻尼 $c_f = \frac{1}{2}\rho UD\overline{C}_d$；附加质量 $m_a = \frac{\pi}{4}\rho D^2$；$C_a$ 为附加质量系数，对管状结构，取 $C_a = 1.0$。

综上，只要确定了流体力系数，即可进行振动预测。

3) 边界条件

边界的约束条件主要分为两大类：线性约束和非线性约束。线性约束主要考虑一般支承的梁模型，常见的简支梁或固支梁为一般支承的特殊情况。非线性约束也是较为常见的边界条件，例如在热交换装置中，管固定在折流板

上的预制孔洞中，在设备运行时，由于各方面因素的影响，折流板上的孔径因磨损而变大，进而在管和折流板中间出现缝隙，此时约束不能简化为理想的线性约束，一般通过在运动微分方程中添加非线性约束力来分析，可以将其表达为三次弹簧刚度模型：

$$F_{\mathrm{b}}=F(w)\delta(z-z_{\mathrm{b}})=(kw^{3})\delta(z-z_{\mathrm{b}}) \tag{2-103}$$

式中，k 为三次非线性弹簧刚度；z_{b} 为非线性约束轴向所在位置。

根据式(2-103)，考虑间隙非线性时管的横向运动微分方程可写为

$$EI\frac{\partial^4 w}{\partial z^4}+\Big[m_{\mathrm{f}}V^2-\overline{T}+\overline{P}A(1-2\nu\delta)+m_{\mathrm{f}}\frac{\partial V}{\partial t}(L-z)-\frac{EA_{\mathrm{p}}}{2L}\int_0^L\left(\frac{\partial w}{\partial z}\right)^2\mathrm{d}z\Big]\frac{\partial^2 w}{\partial z^2}+2m_{\mathrm{f}}V\frac{\partial^2 w}{\partial t\partial z}+(m_{\mathrm{s}}+m_{\mathrm{f}}+C_{\mathrm{a}}m_{\mathrm{a}})\frac{\partial^2 w}{\partial t^2}+(c+c_{\mathrm{f}})\frac{\partial w}{\partial t}+F(w)\delta(z-z_{\mathrm{b}})=\frac{1}{2}\rho U^2DC_{\mathrm{l}}'\sin(\omega_{\mathrm{L}}t+\phi_{\mathrm{L}}) \tag{2-104}$$

4）方程的无量纲化

引入如下无量纲量：

$\eta=w/D$，$\xi=z/L$，$\tau=\sqrt{\dfrac{EI}{mL^4}}t=\omega_{\mathrm{n}}t$，$\omega_i=\lambda_i^2\omega_{\mathrm{n}}$，$\Omega_i=\omega_i/\omega_{\mathrm{n}}=\omega_i\sqrt{mL^4/EI}$，$\Omega_{\mathrm{L}}=\omega_{\mathrm{L}}/\omega_{\mathrm{n}}$，$\widetilde{U}=\sqrt{\dfrac{m}{EI}}LU$，$v=\sqrt{\dfrac{m_{\mathrm{f}}}{EI}}LV$，$\Gamma=\dfrac{TL^2}{EI}$，$\Pi=\dfrac{PAL^2}{EI}$，$B=\dfrac{m_{\mathrm{f}}}{m}$，$\gamma=\dfrac{A_{\mathrm{p}}L^2}{2I}$，$2\zeta=\dfrac{c}{\omega_{\mathrm{n}}m}=\dfrac{cL^2}{\sqrt{mEI}}$，$\zeta_i=\dfrac{1}{2}\left(\dfrac{\alpha}{\omega_i}+\beta\omega_i\right)=\dfrac{1}{2}\left(\dfrac{\alpha}{\lambda_i^2\omega_{\mathrm{n}}}+\beta\lambda_i^2\omega_{\mathrm{n}}\right)$，$m=m_{\mathrm{s}}+m_{\mathrm{f}}+m_{\mathrm{a}}$，$\widetilde{\rho}=\dfrac{L^2}{m}\rho$，$U_{\mathrm{r}}=\dfrac{2\pi U}{\omega_1 D}$，$\zeta_{\mathrm{f}}=\dfrac{c_{\mathrm{f}}}{2m\omega_{\mathrm{n}}}=\dfrac{1/2\rho UDL^2\overline{C}_{\mathrm{d}}}{2\sqrt{mEI}}$，$f_{\mathrm{l}}'=\dfrac{1}{2}C_{\mathrm{l}}'\widetilde{\rho}\widetilde{U}^2=\dfrac{1}{2}\dfrac{\rho U^2L^4}{EI}C_{\mathrm{l}}'$，$f(\eta)=\dfrac{F(w)L^4}{DEI}=\dfrac{F(w)}{Dm\omega_{\mathrm{n}}^2}$，

α、β 为结构的 α、β 阻尼系数，λ_i 为第 i 阶无量纲特征值。

将以上无量纲量代入式(2-104)，并考虑间隙支撑作用力，得到无量纲的方程：

$$\frac{\partial^2}{\partial\tau^2}\eta(\xi,\tau)+(2\zeta+2\zeta_{\mathrm{f}})\frac{\partial}{\partial\tau}\eta(\xi,\tau)+2\sqrt{B}v\left[\frac{\partial^2}{\partial\xi\partial\tau}\eta(\xi,\tau)\right]+$$
$$\frac{\partial^4}{\partial\xi^4}\eta(\xi,\tau)+\left\{(1-\xi)\sqrt{B}\dot{v}+(1-2\nu\delta)\Pi+\nu^2-\Gamma-\right.$$
$$\left.\gamma\int_0^1\left[\frac{\partial}{\partial\xi}\eta(\xi,\tau)\right]^2\mathrm{d}\xi\right\}\frac{\partial^2}{\partial\xi^2}\eta(\xi,\tau)-f'_1\sin(\Omega_{\mathrm{L}}\tau)+f(\eta)\delta(\xi-\xi_{\mathrm{b}})=0$$
(2-105)

5）方程的离散

利用Galerkin法将式(2-105)表示的无量纲化的无限维偏微分方程、离散为低阶的便于求解的常微分方程组，根据具体的边界条件取相应的满足位移边界条件和力边界条件的模态函数 $\varphi_i(\xi)$，假设方程的解有如下形式：

$$\eta(\xi,\tau)=\sum_{i=1}^{N}\varphi_i(\xi)q_i(\tau)\tag{2-106}$$

式中，$q_i(\tau)$ 为对应的离散系统的广义坐标，假设序列式(2-106)取 $i=N$ 时，满足精度要求。将式(2-106)代入式(2-105)，然后方程两边同乘 $\varphi_j(\xi)$，在区间 $[0,1]$ 上积分，得

$$\sum_{i=1}^{N}\{\delta_{ji}\ddot{q}_i+[2(\zeta_i+\zeta_{\mathrm{f}})\delta_{ji}+2\sqrt{B}vb_{ji}]\dot{q}_i+$$
$$\left\{\delta_{ji}\lambda_i^4+\left[\sqrt{B}\dot{v}+(1-2\nu\delta)\Pi+v^2-\Gamma-\gamma\sum_{k=1}^{N}(q_k^2c_{kk})\right]c_{ji}-\right.$$
$$\left.\sqrt{B}\dot{v}d_{ji}\right\}q_i-f_{\mathrm{l}j}+f_{\mathrm{b}j}\}=0\quad j=1,2,\cdots,N\tag{2-107}$$

这里利用了特征函数的正交性(即 $\int_0^1\phi_j\phi_i\mathrm{d}\xi=\delta_{ji}$，$\delta_{ji}$ 是Kronecker delta函数)和 $\phi''''_i=\lambda_i^4\phi_i$，$\lambda_i$ 是梁的第 i 阶无量纲特征值。忽略 $\left[\frac{\partial}{\partial\xi}\eta(\xi,\tau)\right]^2$ 中的交叉项 $q_jq_i(j\neq i)$，$f_{\mathrm{l}j}=\int_0^1\varphi_j(\xi)f'_{\mathrm{L}}\sin(\Omega_{\mathrm{L}}\tau)\mathrm{d}\xi$，$f_{\mathrm{b}j}=\int_0^1\varphi_j(\xi)f(\eta)\delta(\xi-\xi_{\mathrm{b}})\mathrm{d}\xi$，$b_{ji}=\int_0^1\varphi_j(\xi)\varphi'_i(\xi)\mathrm{d}\xi$，$c_{ji}=\int_0^1\varphi_j(\xi)\varphi''_i(\xi)\mathrm{d}\xi$，$d_{ji}=\int_0^1\varphi_j(\xi)\xi\varphi''_i(\xi)\mathrm{d}\xi$。

6）算例分析

不考虑内流、内压、轴向伸长、外部轴向力和间隙的作用，由于管在流向和

横向的对称性，由式(2－88)、式(2－100)和式(2－101)，可得横流作用下管的运动方程为

$$
\begin{gathered}
EI\frac{\partial^4 u}{\partial z^4}+(c+2c_{\mathrm{f}})\frac{\partial u}{\partial t}+(m_{\mathrm{s}}+C_{\mathrm{a}}m_{\mathrm{a}})\frac{\partial^2 u}{\partial t^2} \\
=\frac{1}{2}\rho U^2 D\overline{C}_{\mathrm{d}}+\frac{1}{2}\rho U^2 DC'_{\mathrm{d}}\sin(\omega_{\mathrm{D}}t+\phi_{\mathrm{D}}) \\
EI\frac{\partial^4 w}{\partial z^4}+(c+c_{\mathrm{f}})\frac{\partial w}{\partial t}+(m_{\mathrm{s}}+C_{\mathrm{a}}m_{\mathrm{a}})\frac{\partial^2 w}{\partial t^2} \\
=\frac{1}{2}\rho U^2 DC'_{\mathrm{l}}\sin(\omega_{\mathrm{L}}t+\phi_{\mathrm{L}})
\end{gathered}
\tag{2-108}
$$

只要确定了流体力系数，利用方程(2－108)即可计算振动响应，流体力系数一般通过实验得到，这里采用双向流固耦合数值模拟得到[87]，流体力系数及 Sr 数随流速 U 的变化如图 2－32 所示。

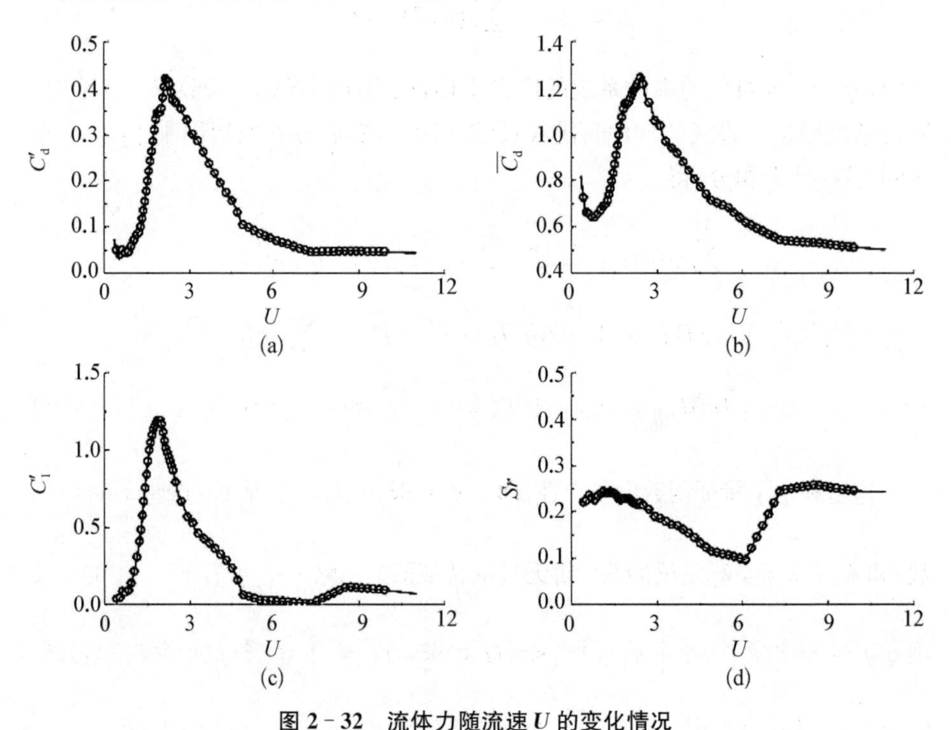

图 2－32　流体力随流速 U 的变化情况

——双向流固耦合模拟结果；○—插值点数据

引入如下无量纲量将方程(2－108)无量纲化：

$\chi=u/D$，$\eta=w/D$，$\xi=z/L$，$\tau=\lambda_1^2\sqrt{\dfrac{EI}{m_sL^4}}t=\omega_n t$，$\Omega_D=\omega_D/\omega_n$，$\Omega_L=\omega_L/\omega_n$，$U_r=\dfrac{2\pi U}{\omega_1 D}$，$\omega_i=\lambda_i^2\sqrt{\dfrac{EI}{mL^4}}$，$\zeta=\dfrac{c}{2\omega_n m_s}$，$\zeta_f=\dfrac{c_f}{2\omega_n m_s}=\dfrac{\overline{C}_d U_r}{8\pi m^*}$，$m^*=\dfrac{m_s}{\rho D^2}$。

将以上无量纲量代入式(2-108)中，得到管在横流作用下的无量纲运动方程：

$$
\begin{aligned}
&\left(1+\frac{\pi}{4m^*}\right)\frac{\partial^2}{\partial\tau^2}\chi(\xi,\tau)+(2\zeta+4\zeta_f)\frac{\partial}{\partial\tau}\chi(\xi,\tau)+\frac{1}{\lambda_1^4}\frac{\partial^4}{\partial\tau^4}\chi(\xi,\tau)\\
&=\frac{\overline{C}_d U_r^2}{8\pi^2 m^*}+\frac{C_d' U_r^2}{8\pi^2 m^*}\sin\Omega_D\tau\\
&\left(1+\frac{\pi}{4m^*}\right)\frac{\partial^2}{\partial\tau^2}\eta(\xi,\tau)+(2\zeta+2\zeta_f)\frac{\partial}{\partial\tau}\eta(\xi,\tau)+\frac{1}{\lambda_1^4}\frac{\partial^4}{\partial\tau^4}\eta(\xi,\tau)\\
&=\frac{C_l' U_r^2}{8\pi^2 m^*}\sin\Omega_L\tau
\end{aligned}
\tag{2-109}
$$

采用前4阶振型函数叠加进行离散，即假设解有如下形式：

$$
\chi(\xi,\tau)=\sum_{i=1}^{4}\varphi_i(\xi)g_i(\tau),\ \eta(\xi,\tau)=\sum_{i=1}^{4}\varphi_i(\xi)h_i(\tau) \tag{2-110}
$$

式中，$g_i(\tau)$、$h_i(\tau)$为对应的广义坐标；$\varphi_i(\xi)$为满足相应位移边界条件和力边界条件的模态函数。将式(2-110)代入式(2-109)，由Galerkin方法可得

$$
\left.
\begin{aligned}
&\left(1+\frac{\pi}{4m^*}\right)\ddot{g}_i+(2\zeta_i+4\zeta_f)\dot{g}_i+\frac{\lambda_i^4}{\lambda_1^4}g_i-f_{di}=0\\
&\left(1+\frac{\pi}{4m^*}\right)\ddot{h}_i+(2\zeta_i+2\zeta_f)\dot{h}_i+\frac{\lambda_i^4}{\lambda_1^4}h_i-f_{li}=0
\end{aligned}
\right\}
\tag{2-111}
$$

式中，$f_{di}=\int_0^1\varphi_i(\xi)[\overline{f_d}+f_d'\sin(\Omega_D\tau-\phi_D)]d\xi$，$f_{li}=\int_0^1\varphi_i(\xi)f_l'\sin(\Omega_L\tau-\phi_L)d\xi$，$\overline{f_d}=\dfrac{U_r^2\overline{C}_d}{8\pi^2 m^*}$，$f_d'=\dfrac{U_r^2 C_d'}{8\pi^2 m^*}$，$f_l'=\dfrac{U_r^2 C_l'}{8\pi^2 m^*}$，$\zeta_i=\dfrac{1}{2}\left(\dfrac{\alpha}{v_i\omega_n}+\beta v_i\omega_n\right)$，

$v_i=(\lambda_1/\lambda_i)^2$，$\lambda_i$ 为第 i 阶无量纲特征值，α、β 为结构的 α、β 阻尼系数。

采用 4 阶 Runge-Kutta 法求解微分方程组(2－111)，即可得到弹性管的振动响应，初始条件均取为

$$h_i(0)=g_i(0)=\dot{h}_i(0)=\dot{g}_i(0)=0.000\,01,\ i=1,\ 2,\ 3,\ 4 \tag{2-112}$$

取表 2－5 中的模型参数进行计算，图 2－33 为横向振幅随 U_r 的变化曲线，从图 2－33 可以看出，采用谐和形式流体力的理论模型能基本预测管的振动幅值及变化趋势，能较好地预测其最大横向振幅、锁定区间，但对锁定状态下的振幅预测较差。

表 2－5　模型参数

参　　数	数　值	参　　数	数　值
弹性模量 E/Pa	10^{10}	传热管密度 $\rho_s/(\mathrm{kg\cdot m^{-3}})$	6 500
传热管外径 D/m	0.01	管内流体密度 $\rho_i/(\mathrm{kg\cdot m^{-3}})$	850
传热管内径 D_i/m	0.009 5	管外流体密度 $\rho/(\mathrm{kg\cdot m^{-3}})$	998
传热管长度 L/m	0.5	泊松比 ν	0.3
结构阻尼 $c/[\mathrm{N\cdot(m\cdot s^{-1})^{-1}}]$	1.14	横向流速 $U/(\mathrm{m\cdot s^{-1}})$	0～10

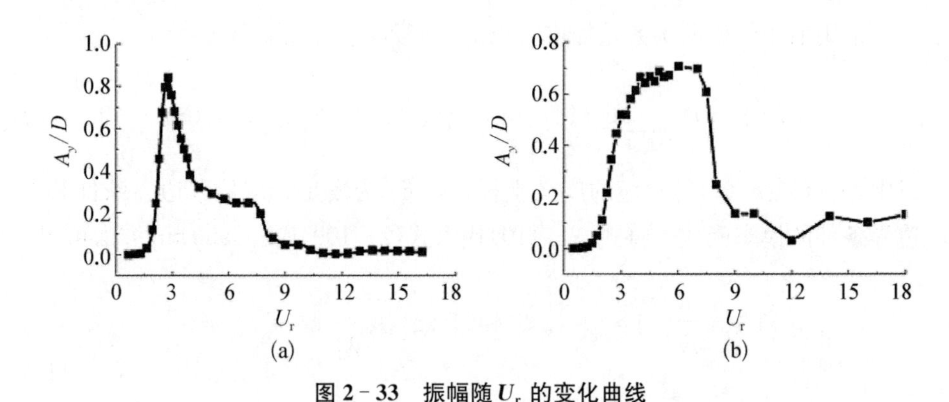

图 2－33　振幅随 U_r 的变化曲线

(a) 理论预测结果；(b) 流固耦合数值模拟结果

图 2－34 与图 2－35 中列出了谐和流体力-梁模型与双向流固耦合数值模拟得到的位移时程、横向位移极限环以及运动轨迹[88]。可以看到，理论模型能较好地预测管的横向振动，但与同时考虑流场和结构相互作用时的数值模型相比，采用谐和形式流体力的理论模型预测得到的结果偏小，这是由于流体力

并不是沿管轴向均匀分布，且升阻力、流向位移相对于横向位移存在相位差所造成的。

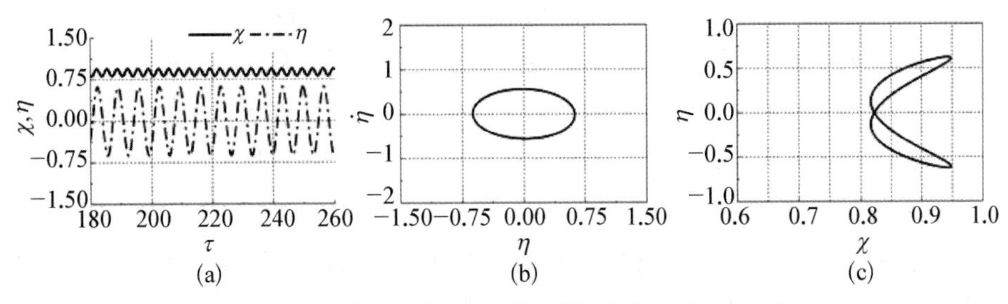

图 2-34　谐和流体力-梁模型的预测结果($U_r=5$)

(a) 位移时程；(b) 横向位移的极限环；(c) 运动轨迹

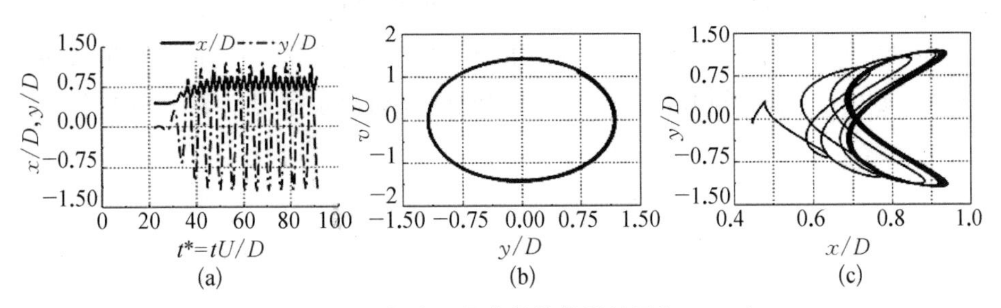

图 2-35　双向流固耦合数值模拟结果($U_r=5$)

(a) 位移时程；(b) 横向位移的极限环；(c) 运动轨迹

2.3.3　预测涡致振动的改进尾流振子模型

从理论上说，承受横向流动的管的响应可以利用方程(2-111)来计算，但事实上，利用这两个方程准确预测管的振动响应是很困难的，主要原因如下：

(1) 流体力系数一般不是常数(即 C_d'，$\overline{C}_d$，C_l'和 Sr 均与结构的响应有关)。

(2) 方程是非线性的。

(3) 与湍流有关的流体量一般是未知的。

因此，本节建立预测弹性管涡致振动的改进尾流振子模型，以模拟旋涡脱落引起的结构振动。

1) 经典尾流振子模型

根据已有的实验结果及数据，尾流振子模型的建立具有以下三个基本特征：

(1) 结构不动时，升力虽然也呈周期性变化，但振幅相对较小，所以振子模型必然是自激且自抑的。

(2) 振子本身的自振频率必须同来流速度成正比，以便满足 Sr 关系 $f_n = SrU/D$。在某一流速变化范围内，Sr 可看做常量，如当 $10^2 < Re < 10^5$ 时，$Sr \approx 0.2$。

(3) 结构的运动应通过一定形式的力函数与振子相耦联。

2) 振子模型

考察图 2－36 所示的支撑在弹簧和阻尼器上的刚性管，在横向流体的作用下，由旋涡脱落引起垂直于来流方向的振动（y 向振动）。来流速度为 U，流体密度为 ρ，结构的质量为 m_s，弹簧刚度为 k，结构的阻尼为 c，所受的外力为升力 F_1。这个系统可以利用一个微分方程组来描述，其中一个方程说明管的运动，另外一个用来描述升力的脉动。引入无量纲时间 $\tau = t\omega_L$ 和位移 $\eta = y/D$，则由结构振子和尾流振子所组成的耦合动力系统可以表示为如下的无量纲形式[89]：

$$\left.\begin{aligned} \ddot{\eta} + \left(2\zeta\Omega_L + \frac{\zeta_f}{m^*}\right)\dot{\eta} + \Omega_L^2\eta = s \\ \ddot{q} + \sigma(q^2 - 1)\dot{q} + q = r \end{aligned}\right\} \tag{2-113}$$

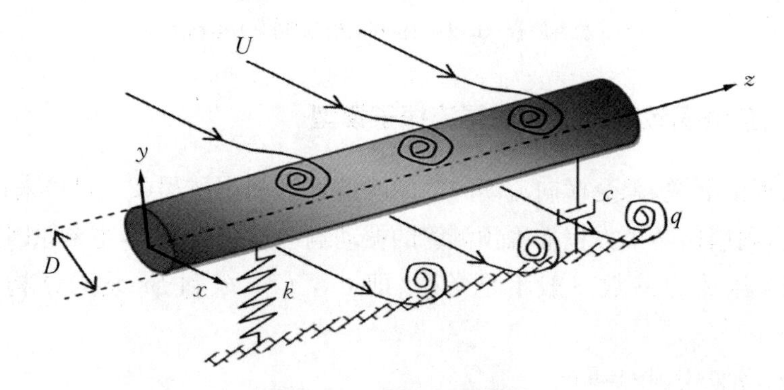

图 2－36　尾流振子模型

式中，˙表示响应变量相对于时间 τ 的导数；考虑到结构质量 m_s 和流体附加质量 m_a，总质量 m 表示为 $m = m_s + m_a$；管的附加质量系数 $C_a = 1$；流体阻尼系数 $\zeta_f = 0.8$，结构的阻尼比 $\zeta = c/(2\omega_n m)$，亚临界 Reynolds 数范围内 $Sr = 0.2$，其中，$m^* = (m_s + m_a)/(\rho D^2)$，$m_a = C_a\rho D^2\pi/4$，$\omega_n = \sqrt{k/m}$，$\omega_L = 2\pi SrU/D$。

$$U_r = \frac{2\pi U}{\omega_n D},\ \Omega_L = \frac{\omega_n}{\omega_L} = \frac{\omega_n}{2\pi Sr(U/D)} = \frac{1}{SrU_r} \tag{2-114}$$

无量纲耦合项为

$$s = \frac{F_l'}{D\omega_L^2 m} = F_l' \frac{D}{4\pi^2 Sr^2 U^2 m} \tag{2-115}$$

通常认为流体对结构的作用为脉动升力,表示为

$$F_l' = \frac{1}{2}\rho U^2 C_l' \tag{2-116}$$

流体变量 q 为旋涡脱落引起的升力系数,$q = 2C_l'/C_{l0}'$,参考升力系数 C_{l0}' 为作用于静止管上的旋涡脱落升力系数,比值 $K = q/2 = C_l'/C_{l0}'$ 为振动管相对于静止管的升力放大因子,因此有

$$s = Mq,\ M = \frac{C_{l0}'}{2}\ \frac{1}{8\pi^2 Sr^2 m^*} \tag{2-117}$$

考虑结构对尾流的影响,r 有几种不同的选择[89],即速度耦合 $r = \Lambda\dot{\eta}$、位移耦合 $r = \Lambda\eta$、加速度耦合 $r = \Lambda\ddot{\eta}$, Λ 为经验参数。

3) 锁定区域

考虑尾流振子在 r 作用下的受迫振动,假设结构响应是振幅为 η_0 和频率为 Ω 的简谐运动,即 $\eta = \eta_0\cos(\Omega\tau)$。 r 的选择取决于耦合模式,其在位移耦合、速度耦合、加速度耦合模式下分别为

$$r = \Lambda\eta_0\cos(\Omega\tau),\ r = -\Lambda\Omega\eta_0\sin(\Omega\tau),\ r = -\Lambda\Omega^2\eta_0\cos(\Omega\tau) \tag{2-118}$$

定义基于外激励频率的折合速度为

$$U_r = \frac{2\pi}{\Omega\omega_L}\ \frac{U}{D} = \frac{1}{\Omega Sr} \tag{2-119}$$

对以上三种耦合模式的尾流振子模型,分别在参数空间(U_r, η_0)上进行响应分析,假设尾流振子的响应为谐响应形式且频率与外激励频率同步,则其解可以表示为 $q = q_0\cos(\Omega\tau + \psi)$, q_0 和 ψ 为与时间无关的幅值和相位。将 q 的表达式代入尾流振子模型(2-113)中,不考虑超过一次的其他高次谐波,则

尾流振子响应的振幅为

$$q_0^6 - 8q_0^4 + 16\left[1+\left(\frac{\Omega^2-1}{\sigma\Omega}\right)^2\right]q_0^2 = 16\left(\frac{\| r \|}{\sigma\Omega}\right) \tag{2-120}$$

式中，$\| r \|$ 为耦合项 r 的幅值。依据 Facchinetti[89]定义的参考锁定状态，即 $\Omega_L = \Omega = 1$；由式(2-119)得 $U_r = 1/Sr$。设升力放大因子 $K = q_0/2$，可由方程(2-120)得到：

$$K = \left(\frac{X}{36}\right)^{1/3} + \left(\frac{4}{3X}\right)^{1/3},\ X = \left(9\frac{\Lambda}{\sigma}\eta_0\right) + \sqrt{\left(9\frac{\Lambda}{\sigma}\eta_0\right)^2 - 48} \tag{2-121}$$

由定义的参考锁定状态可知，耦合模型的选择对 K 的值没有影响，即对所有情况，有 $\| r \| = \Lambda\eta_0$。由式(2-120)可知，升力放大因子与 η_0 和 Λ/σ 相关，利用最小二乘法拟合可得 $\Lambda/\sigma = 40$，如图 2-37 所示。

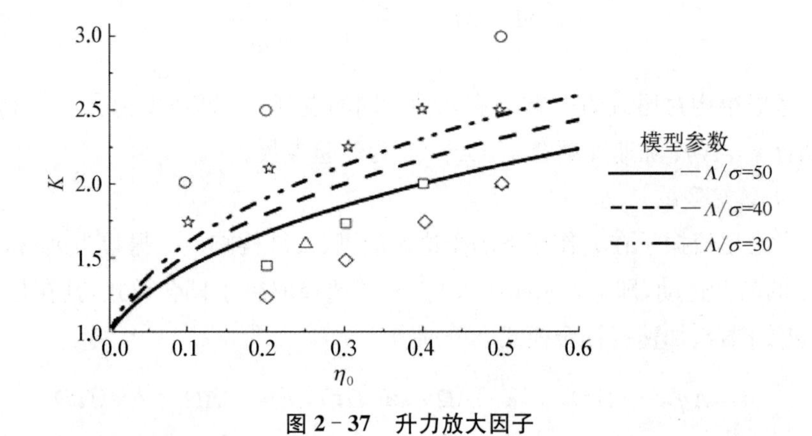

图 2-37　升力放大因子

实验数据来源：□—Bishop 和 Hassan；○—Griffin；△—King；◇—Pantazopoulos；☆—Vickery 和 Watkins

考虑结构的振幅对锁定区域的影响。在不同 U_r 下，由于 q_0 的响应幅值总是小于其极限环幅值 ($q_0 = 2$)，即 $K < 1$，因此尾流振子的自由响应在 $\Omega = 1$ 和 $q_0 = 2$ 表示的锁定区域的边界。通过方程(2-121)，在(U_r，η_0)平面上求 $K = 1$ 的边界，即可获得不同耦合模式的锁定区域(见图 2-38)。保持 $\Lambda/\sigma = 40$ 不变，使方程(2-121)的响应和实验数据相吻合来确定参数 σ，Facchinetti[89]针对这三种耦合模型，得到 $\sigma = 0.3$ 和 $\Lambda = 12$。

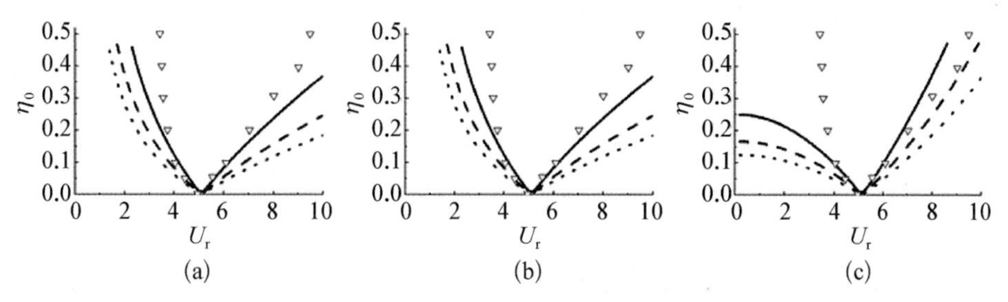

图 2-38　不同耦合模式下的锁定区域边界

(a) 位移耦合；(b) 速度耦合；(c) 加速度耦合

实验数据来源：▽—Blevins[16]；模型参数：——— $\sigma=0.2$；- - - — $\sigma=0.3$；··· — $\sigma=0.4$

4) 响应频率

考虑由式(2-113)给出的流体-结构耦合系统，假设解的形式为谐响应形式：

$$\eta=\eta_0\cos(\Omega\tau),\ q=q_0\cos(\Omega\tau-\psi) \tag{2-122}$$

式中，Ω 为无量纲圆频率；η_0、q_0 为无量纲幅值；ψ 为 η_0 相对于 q_0 的相位差。将式(2-122)代入结构振子方程，可得到幅值和相位：

$$\left.\begin{aligned}\frac{\eta_0}{q_0}&=M[(\Omega_{\mathrm{L}}^2-\Omega^2)^2+(2\zeta\Omega_{\mathrm{L}}+\zeta_{\mathrm{f}}/m^*)^2\Omega^2]^{-1/2}\\ \tan\psi&=\frac{-(2\zeta\Omega_{\mathrm{L}}^2+\zeta_{\mathrm{f}}/m^*)\Omega}{\Omega_{\mathrm{L}}^2-\Omega^2}\end{aligned}\right\} \tag{2-123}$$

再将式(2-123)代入尾流振子方程，仅考虑主要的谐响应项，可得到 q_0 和 Ω 的幅值分别为

$$q_0=\left[2\,\frac{\Lambda M}{\sigma}\,\frac{C}{(\Omega_{\mathrm{L}}^2-\Omega^2)^2+(2\zeta\Omega_{\mathrm{L}}+\zeta_{\mathrm{f}}/m^*)^2\Omega^2}\right]^{1/2} \tag{2-124}$$

$$\begin{aligned}&\Omega^6-[1+2\Omega_{\mathrm{L}}^2-2(2\zeta\Omega_{\mathrm{L}}+\zeta_{\mathrm{f}}/m^*)^2]\Omega^4-\Omega_{\mathrm{L}}^4-\\&[-2\Omega_{\mathrm{L}}^2+(2\zeta\Omega+\zeta_{\mathrm{f}}/m^*)^2-\Omega_{\mathrm{L}}^4]\Omega^2+G=0\end{aligned} \tag{2-125}$$

式中，系数 C 和 G 取决于耦合模型 r。

对于位移耦合：$C=-(2\zeta\Omega_{\mathrm{L}}+\zeta_{\mathrm{f}}/m^*)$，$G=\Lambda M(\Omega_{\mathrm{L}}^2-\Omega^2)$　(2-126)

对于速度耦合：$C=\Omega_{\mathrm{L}}^2-\Omega^2$，$G=\Lambda M(2\zeta\Omega_{\mathrm{L}}^2+\zeta_{\mathrm{f}}/m^*)\Omega^2$　(2-127)

对于加速度耦合：$C=(2\zeta\Omega_{\mathrm{L}}+\zeta_{\mathrm{f}}/m^{*})\Omega^{2}$，$G=\Lambda M(\Omega^{2}-\Omega_{\mathrm{L}}^{2})\Omega^{2}$

(2 - 128)

对任一Ω_{L}，通过4阶Runge-Kutta法求解方程(2 - 113)，即可得到系统的响应，接着利用式(2 - 124)～式(2 - 128)便可得到系统的响应频率。

5）改进尾流振子模型

从图2 - 38中的这三种耦合模式对锁定区的预测来看，不管σ取何值，位移耦合模式只在U_{r}较小时与实验结果吻合较好，而加速度耦合模式则在U_{r}较大时与实验结果吻合较好。为了在整个U_{r}范围内使得尾流振子模型的结果与实验吻合，综合比较图2 - 38中的三种耦合模式，文献[90]联合位移耦合模式和加速度耦合模式，建立了一种改进的尾流振子模型，该模型在低速时采用位移耦合，而在高流速时采用加速度耦合模式，定义临界折合速度$U_{\mathrm{rc}}=1/Sr$为分界点，则在$U_{\mathrm{r}}<U_{\mathrm{rc}}$时采用位移耦合$r=\Lambda\eta$；$U_{\mathrm{r}}\geqslant U_{\mathrm{rc}}$时采用加速度耦合$r=\Lambda\ddot{\eta}$。当采用Facchinetti[89]建议的经验参数取值即$\Lambda=12$，$\sigma=0.3$时，该模型所预测的锁定区域边界与实验数据及经典尾流振子模型[89]的比较如图2 - 39所示。从图中可以看出，改进模型所预测的锁定区域边界与实验数据非常吻合。

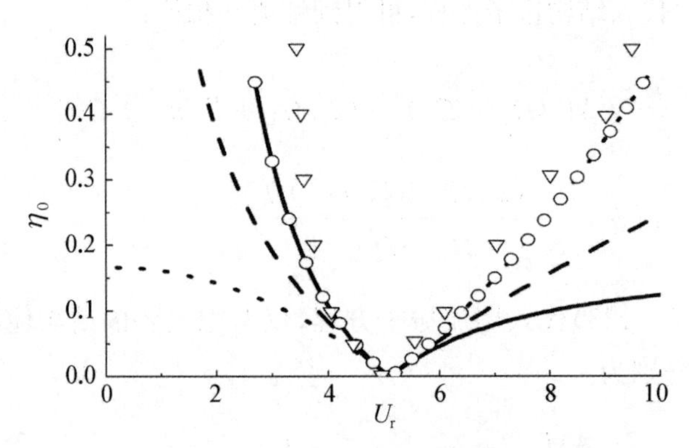

图2 - 39　锁定区域边界比较

实验数据来源：▽—Blevins[16]；模型参数：—— —$\sigma=0.2$；— — —$\sigma=0.3$；……—$\sigma=0.4$；改进模型：○—$\sigma=0.3$

Facchinetti定义的Λ及σ为定常数，实际上，它们均与结构的材料特性有关，将σ定义为S_{G}的函数[91]。Sarpkaya提出结构的振幅与S_{G}间的关系可表示为

$$\eta_{0\max}=\lambda 1.12\mathrm{e}^{-1.05S_{\mathrm{G}}} \tag{2-129}$$

式中，λ 表示无量纲模态因子，对刚性柱体 $\lambda = 1.0$，对弹性柱体 $\lambda = 1.155$。

同时根据前面定义的参考锁定状态 $\Omega = \Omega_L = 1$，由尾流振子和结构振子模型所得到的位移幅值可以表示为

$$\text{位移耦合：}\eta_{0\max} = \frac{C_{l0}/2}{S_G + 4\pi^2 Sr^2 \zeta_f}\sqrt{1 - \frac{\Lambda}{\sigma}\frac{C_{l0}/4}{S_G + 4\pi^2 Sr^2 \zeta_f}} \tag{2-130}$$

$$\text{加速度耦合：}\eta_{0\max} = \frac{C_{l0}/2}{S_G + 4\pi^2 Sr^2 \zeta_f}\sqrt{1 + \frac{\Lambda}{\sigma}\frac{C_{l0}/4}{S_G + 4\pi^2 Sr^2 \zeta_f}} \tag{2-131}$$

联合求解式(2-129)、式(2-130)、式(2-131)，即可得到 σ 的值。

6) 结果分析

将模型的参数 Λ 及 σ 代入耦合的动力系统，采用 4 阶 Runge-Kutta 法求解微分方程(2-113)，取初始条件为 $\eta(0) = \dot{\eta}(0) = \dot{q}(0) = 0$，$q(0) = 2$，即可得到涡致振动的位移、速度等响应。定义无量纲响应频率 $f^* = \Omega Sr U_r$。

为了验证本节模型，首先将计算结果与 Khalak 和 Williamson 的实验结果[92]进行比较，接着将本节改进模型的结果与 Facchinetti 的经典模型[89]得到的结果进行对比。模型的参数为：$\zeta = 5.42 \times 10^{-3}$，$m^* = 2.4$，$U_r$ 的变化范围为 1 ~ 16。计算结果如图 2-40 所示，通过比较发现，改进模型对振幅的预测与实验结果吻合较好，且优于 Facchinetti 的经典模型所得到的结果。

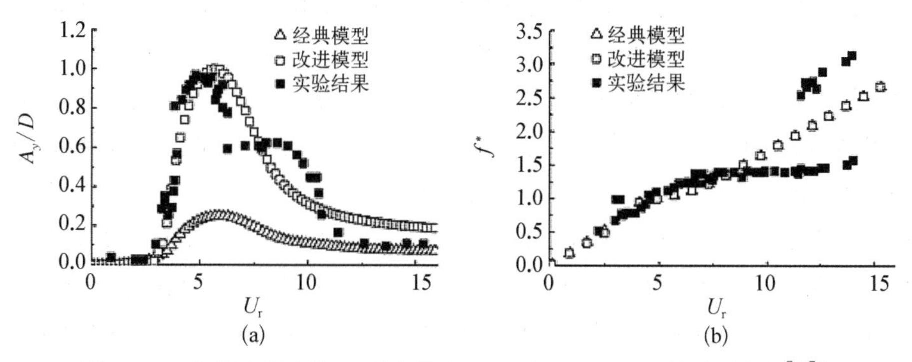

图 2-40　振幅与频率随 U_r 的变化(Khalak 和 Williamson 的模型参数[89])

(a) 振幅；(b) 频率

Govardhan 和 Khalak[93]研究了一种刚度为 0 时的低质量阻尼系统，其质量比 $m^* = 0.52$，阻尼比 $\zeta = 0.0052$，m^*低于通过实验得到的临界质量比 $m_c^* = 0.54$。改进尾流振子模型和 Facchinetti 的经典模型都可以描述这种锁定状态的持续现象，振幅 A_y/D 随 U_r 的变化趋势如图 2-41 所示，可以看出，改进模型能反映这种涡致振动系统的特性，也可以很好地预测其振动幅值，预测结果与实验结果吻合较好，而 Facchinetti 的经典模型不能很好地预测振动幅值大小。

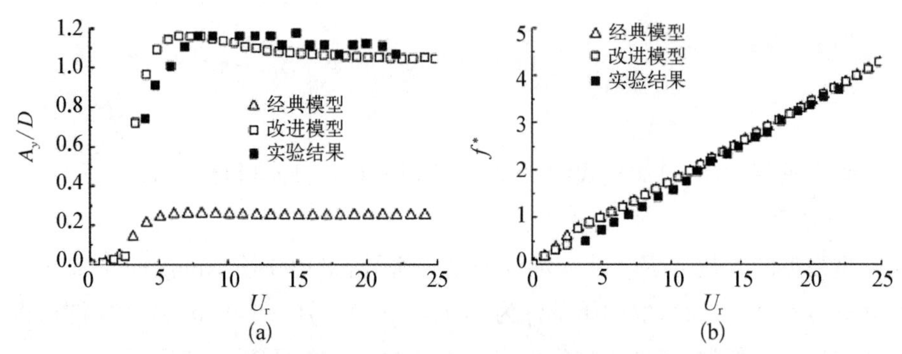

图 2-41　振幅与频率随 U_r 的变化(Govardhan 和 Khalak 的模型参数[93])

(a) 振幅；(b) 频率

为进一步检验提出的改进尾流振子模型，建立了基于计算流体力学和计算结构动力学的双向流固耦合模型，将尾流振子模型与通过流固耦合数值仿真计算得到的结果进行比较。计算速度 U_r 范围为 0～16，计算参数为质量比 $m^* = 1.285$，阻尼比 $\xi = 0.03$。

流固耦合模型联合 CFD 方法耦合单自由度结构振子，仅考虑了横向运动；采用有限体积法离散三维、黏性、瞬态、不可压缩 Navier-Stokes 方程，并联合大涡模拟方法求解流场区域；采用 Newmark 积分方法求解结构振子方程来获得结构的位移、速度等响应。考虑结构运动带来的流场网格的变形问题，采用基于扩散光顺的 Diffusion 方法控制运动边界的网格更新，通过 Fluent 中的 UDF 功能进行结构域和流体域间的数据传递，建立流体-结构交互作用模型[94]。流场计算区域及网格如图 2-42 所示，选用 ICEM CFD 作为网格划分工具，采用六面体结构化网格。图 2-42 中左边入口采用速度入口边界条件，右端出口采用压力出口边界条件，其他外边界按对称边界和固定壁面处理；管壁为流体-结构交界面，设为动网格边界。

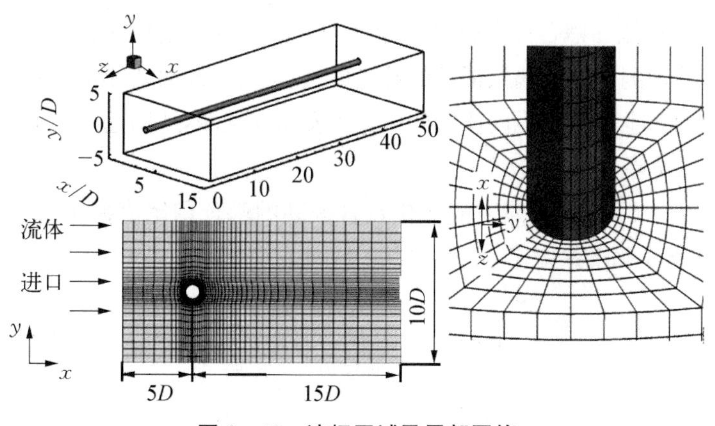

图 2－42　流场区域及局部网格

图 2－43 中分别比较了改进尾流振子模型与流固耦合仿真模型的横向振幅随 U_r 的变化情况。从图中可以看出，改进的尾流振子模型所预测的振幅响应与通过流固耦合数值模拟得到的结果吻合较好。且由于基于尾流振子模型的求解采用 4 阶 Runge-Kutta 法，不需要求解流场，对计算机硬件的要求以及计算耗时比采用直接数值模拟的方法大为降低，因而，它允许对不同条件下的涡致振动进行大量的数值分析。

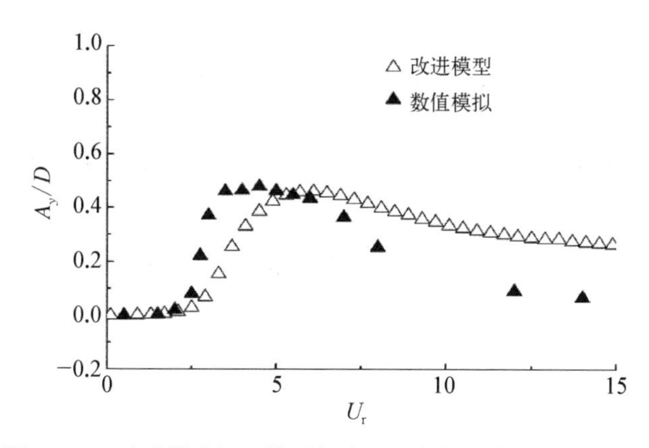

图 2－43　改进尾流振子模型与流固耦合数值模拟结果的比较

2.3.4　用尾流振子模型预测弹性管的振动

经典尾流振子模型主要针对单自由度模型，不能较好地预测低质量阻尼比系统，也不能定量地预测柱体的振动幅值和锁定区域的范围。冯志鹏等[90] 联合位移耦合模式与加速度耦合模式，建立了一种预测涡致振动的改进尾流振子模型；并在流固耦合计算得到的流体力系数以及改进尾流振子模型的基础上，提出一种预测弹性管涡致振动的理论模型，该模型既可用于有内流管的横流诱发振动预测，也可用于无内流管的横流诱发振动预测，适用范围更加广泛。

1）运动方程

由 2.3.3 节可知，流体力的变化及管振动的耦合用尾流振子模型来描述，即满足 van der Pol 方程：

$$\left.\begin{aligned} EI\frac{\partial^4 u}{\partial z^4}+(c+2c_{\mathrm{f}})\frac{\partial u}{\partial t}+(m_{\mathrm{s}}+C_{\mathrm{a}}m_{\mathrm{a}})\frac{\partial^2 u}{\partial t^2}=\frac{1}{2}\rho U^2 D\overline{C}_{\mathrm{d}}+\frac{1}{2}\rho U^2 DC'_{\mathrm{d0}}\frac{q_x}{2} \\ EI\frac{\partial^4 w}{\partial z^4}+(c+c_{\mathrm{f}})\frac{\partial w}{\partial t}+(m_{\mathrm{s}}+C_{\mathrm{a}}m_{\mathrm{a}})\frac{\partial^2 w}{\partial t^2}=\frac{1}{2}\rho U^2 DC'_{\mathrm{l0}}\frac{q_y}{2} \end{aligned}\right\} \tag{2-132}$$

式中，$c_{\mathrm{f}}=\frac{1}{2}\rho UD\overline{C}_{\mathrm{d}}$；$m_{\mathrm{a}}=\frac{\pi}{4}\rho D^2$；$C'_{\mathrm{d0}}$、$C'_{\mathrm{l0}}$为作用于静止管上的脉动流体力系数幅值；$C_{\mathrm{a}}$ 为附加质量系数，对圆管结构取 $C_{\mathrm{a}}=1.0$。

$$\left.\begin{aligned} \frac{\partial^2 q_x}{\partial t^2}+\sigma_x\omega_{\mathrm{D}}(q_x^2-1)\frac{\partial q_x}{\partial t}+\omega_{\mathrm{D}}^2 q_x=\frac{Q_x}{D}\frac{\partial^2 x}{\partial t^2} \\ \frac{\partial^2 q_y}{\partial t^2}+\sigma_y\omega_{\mathrm{L}}(q_y^2-1)\frac{\partial q_y}{\partial t}+\omega_{\mathrm{L}}^2 q_y=\frac{Q_y}{D}\frac{\partial^2 y}{\partial t^2} \end{aligned}\right\} \tag{2-133}$$

式中，q_x、q_y 为引入的无量纲变量；ω_{D}、ω_{L} 为流向和横向的涡脱频率；σ_x、σ_y、Q_x、Q_y 为实验常数。

采用与 2.3.2 节中相同的无量纲量将方程式(2-132)、式(2-133)无量纲化，得到管子仅在横流作用下的无量纲运动方程：

$$\left.\begin{aligned} &\left(1+\frac{\pi}{4m^*}\right)\frac{\partial^2}{\partial\tau^2}\chi(\xi,\tau)+(2\zeta+4\zeta_{\mathrm{f}})\frac{\partial}{\partial\tau}\chi(\xi,\tau)+ \\ &\frac{1}{\lambda_1^4}\frac{\partial^4}{\partial\tau^4}\chi(\xi,\tau)=\frac{\overline{C}_{\mathrm{d}}U_{\mathrm{r}}^2}{8\pi^2 m^*}+\frac{C'_{\mathrm{d0}}U_{\mathrm{r}}^2}{8\pi^2 m^*}\frac{q_x}{2} \\ &\left(1+\frac{\pi}{4m^*}\right)\frac{\partial^2}{\partial\tau^2}\eta(\xi,\tau)+(2\zeta+2\zeta_{\mathrm{f}})\frac{\partial}{\partial\tau}\eta(\xi,\tau)+ \\ &\frac{1}{\lambda_1^4}\frac{\partial^4}{\partial\tau^4}\eta(\xi,\tau)=\frac{C'_{\mathrm{l0}}U_{\mathrm{r}}^2}{8\pi^2 m^*}\frac{q_y}{2} \end{aligned}\right\} \tag{2-134}$$

$$\left.\begin{aligned}&\frac{\partial^2}{\partial\tau^2}q_x(\xi,\tau)+\sigma_x\Omega_{\mathrm{D}}(q_x^2-1)\frac{\partial}{\partial\tau}q_x(\xi,\tau)+q_x\Omega_{\mathrm{D}}^2=Q_x\frac{\partial^2}{\partial\tau^2}\chi(\xi,\tau)\\&\frac{\partial^2}{\partial\tau^2}q_y(\xi,\tau)+\sigma_y\Omega_{\mathrm{L}}(q_y^2-1)\frac{\partial}{\partial\tau}q_y(\xi,\tau)+q_y\Omega_{\mathrm{L}}^2=Q_y\frac{\partial^2}{\partial\tau^2}\eta(\xi,\tau)\end{aligned}\right\}\tag{2-135}$$

2) 方程的离散及求解

设解的形式为 $\chi(\xi,\tau)=\sum_{i=1}^{4}\varphi_i(\xi)g_i(\tau)$，$\eta(\xi,\tau)=\sum_{i=1}^{4}\varphi_i(\xi)h_i(\tau)$，$q_x(\xi,\tau)=\sum_{i=1}^{4}\varphi_i(\xi)p_i(\tau)$，$q_y(\xi,\tau)=\sum_{i=1}^{4}\varphi_i(\xi)q_i(\tau)$，$\varphi_i(\xi)$ 为模态函数，$g_i(\tau)$、$h_i(\tau)$、$p_i(\tau)$、$q_i(\tau)$ 为对应离散系统的广义坐标。将以上式子代入方程式(2－134)、方程式(2－135)，由 Galerkin 方法，可得

$$\left.\begin{aligned}&\left(1+\frac{\pi}{4m^*}\right)\ddot{g}_i+(2\zeta_i+4\zeta_{\mathrm{f}})\dot{g}_i+\frac{\lambda_i^4}{\lambda_1^4}g_i-f_{\mathrm{d}i}-f'_{\mathrm{d0}}\frac{p_i}{2}=0\\&\left(1+\frac{\pi}{4m^*}\right)\ddot{h}_i+(2\zeta_i+2\zeta_{\mathrm{f}})\dot{h}_i+\frac{\lambda_i^4}{\lambda_1^4}h_i-f'_{\mathrm{l0}}\frac{q_i}{2}=0\end{aligned}\right\}\tag{2-136}$$

$$\left.\begin{aligned}&\ddot{p}_i+\sigma_x\Omega_{\mathrm{D}}\int_0^1\varphi_i\Big(\sum_{j=1}^{4}\varphi_jp_j\Big)^2\Big(\sum_{j=1}^{4}\varphi_j\dot{p}_j\Big)\mathrm{d}\xi-\sigma_x\Omega_{\mathrm{D}}\dot{p}_i+\Omega_{\mathrm{D}}^2p_i=Q_x\ddot{g}_i\\&\ddot{q}_i+\sigma_y\Omega_{\mathrm{L}}\int_0^1\varphi_i\Big(\sum_{j=1}^{4}\varphi_jq_j\Big)^2\Big(\sum_{j=1}^{4}\varphi_j\dot{q}_j\Big)\mathrm{d}\xi-\sigma_y\Omega_{\mathrm{L}}\dot{p}_i+\Omega_{\mathrm{L}}^2q_i=Q_y\ddot{h}_i\end{aligned}\right\}\tag{2-137}$$

式中，$i=1, 2, 3, 4$；$\zeta_i=\frac{1}{2}\left(\frac{\alpha}{\omega_i}+\beta\omega_i\right)=\frac{1}{2}\left(\frac{\alpha}{\lambda_i^2\omega_{\mathrm{n}}}+\beta\lambda_i^2\omega_{\mathrm{n}}\right)$；$f_{\mathrm{d}i}=\int_0^1\varphi_i(\xi)f_{\mathrm{d0}}\mathrm{d}\xi$；$f_{\mathrm{d0}}=\frac{\overline{C}_{\mathrm{d0}}U_{\mathrm{r}}^2}{8\pi^2m^*}$；$f'_{\mathrm{d0}}=\frac{C'_{\mathrm{d0}}U_{\mathrm{r}}^2}{8\pi^2m^*}$；$f'_{\mathrm{l0}}=\frac{C'_{\mathrm{l0}}U_{\mathrm{r}}^2}{8\pi^2m^*}$。

若 $\varphi_i(\xi)$ 取为两端简支梁的模态函数，则 $\varphi_i(\xi)=\sqrt{2}\sin(\lambda_i\xi)$，$\lambda_i=i\pi$。

若 $\varphi_i(\xi)$ 取为两端固支梁的模态函数，则有 $\varphi_i(\xi)=\cos(\lambda_i\xi)-\cosh(\lambda_i\xi)+\eta_i[\sin(\lambda_i\xi)-\sinh(\lambda_i\xi)]$，$\lambda_i\approx(i+1.2)\pi(i\geqslant2)$，$\eta_i=-\frac{\cos(\lambda_i)-\cosh(\lambda_i)}{\sin(\lambda_i)-\sinh(\lambda_i)}$。对非线性项采用100点 Simpson 积分法进行数值积分。

3）数值结果

van der Pol 方程参数取值：根据实验数据[89]、文献结果[95]以及流固耦合数值模拟结果[94]，取 $C'_{d0}=0.4$，$C_{d0}=1.0$，$C'_{l0}=0.4$，$\sigma_x=0.3\times4$，$\sigma_y=0.3$，$Q_x=12\times4$，$Q_y=12$。

图 2-44、图 2-45 分别对尾流振子模型和流固耦合模型的预测结果进行了比较，其中图 2-44 为横向振幅随 U_r 的变化情况，图 2-45 为位移时程。从图 2-44 和图 2-45 中位移时程的比较发现，联合欧拉-伯努利梁模型和尾流振子模型，对弹性管涡致振动的振幅、升力方向的“锁定”等特性都能较好地预测，说明将尾流振子模型用于弹性管的旋涡脱落诱发振动预测是可行的和合理的。

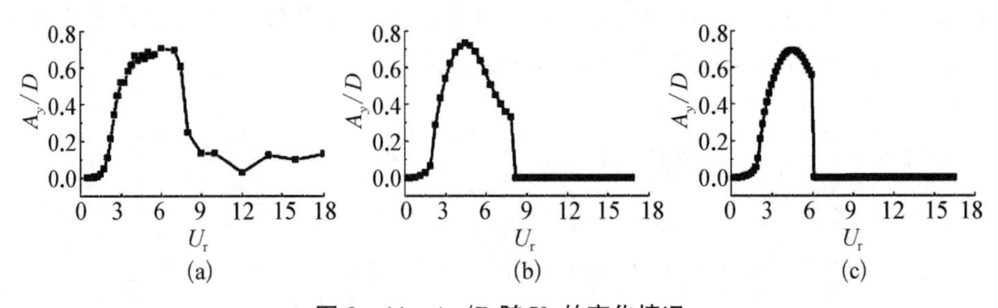

图 2-44　A_y/D 随 U_r 的变化情况

(a) 流固耦合数值模拟结果；(b) 简支梁结果；(c) 固支梁结果

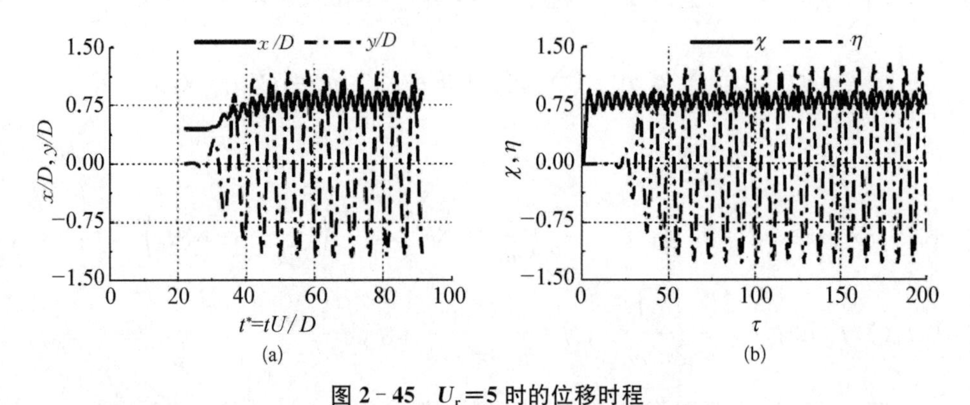

图 2-45　$U_r=5$ 时的位移时程

(a) 流固耦合数值模拟结果；(b) 简支梁结果

2.3.5　内外流作用下管的振动特性

换热器中的传热管连通热段和冷段两部分，以进行热量的传递，因此管内外均有流体流动。内流管在横流作用下的振动预测对于设计评估以及了解弹性体结构与流体之间的基本相互作用来说非常重要[96,97]。

1）流速的影响

本节不考虑几何非线性(即令 $\gamma=0$)，仅考虑内外流激励。

图 2-46 为管的横向振幅随 U_r 的变化情况，其中图 2-46(a)为不计内流的情况(即令方程中的内流密度为 0，内流速度为 0)，图 2-46(b)为内外流体共同作用时的情况。对于给定 U_r，振幅随内流速度 v 的增加而减小，在内流速度远离临界值时，内流速度对振幅的影响不明显，但当内流速度接近临界值时，横向振幅减小较大。对于给定的内流速度 v，振幅随外流速度的增加先增大然后减小，表现了一种跳跃现象，与不考虑内流时圆柱体的实验结果[95]相似。在 $3\leqslant U_r\leqslant 6$ 时，为初始响应分支；在 $6\leqslant U_r\leqslant 10$ 时，为下分支阶段，与已有研究结果及双向流固耦合结果[94]吻合。为了进一步与 2.3.4 节中仅考虑外流作用时的理论预测模型的结果比较，将静止内流密度折算到管的质量中，结果如图 2-46(c)所示。另外，从图 2-46 的比较可以发现，当存在内流时，若 $v=0$，相当于管内部包含静止内流，因此内流对管的影响仅在于增大了其单位长度质量，所以振幅要小于仅横向流体作用时的情形，并且由于质量比的减小，锁定范围比仅考虑横向流体时的大，但振幅随 U_r 的变化趋势与仅考虑横流作用时的结果和流固耦合模拟的结果相同，内流主要影响响应的下分支。

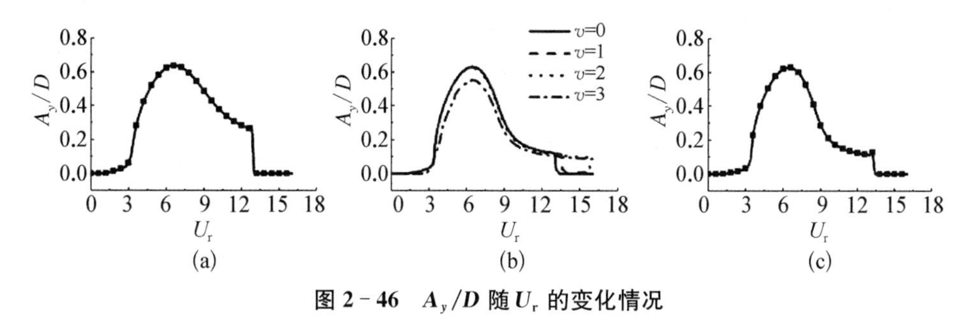

图 2-46　A_y/D 随 U_r 的变化情况

(a) 不计内流 ($v=0$, $\rho_i=0\ \mathrm{kg/m^3}$)；(b) 不同内流速度 v；(c) 仅外流作用

2）内流质量比的影响

取 $\gamma=0$, $v=3$, B 取 0.2、0.32、0.4、0.6、0.8，U_r 的取值范围为 0～16，分别计算不同内流质量比下，管的振幅随外流流速 U_r 的变化情况。图 2-47 为取不同阶数模态截断时的结果，可以看到对管-流体耦合系统而言，2 阶模态截断与 4 阶模态截断的结果基本相同，因此取 4 阶模态截断足以满足精度要

求。从图 2-48 可以看出，对于给定外流速度 U_r，横向振幅随内流质量比 B 的增大而减小，但总体来说，内流质量比在 $0.2 \leqslant B \leqslant 0.8$ 范围内对两端铰支管的横向振幅的影响不大。

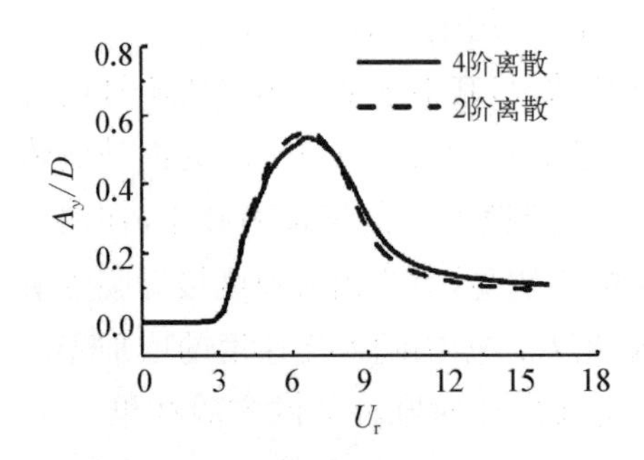

图 2-47 模态截断阶数对结果的影响 ($B = 0.2$)

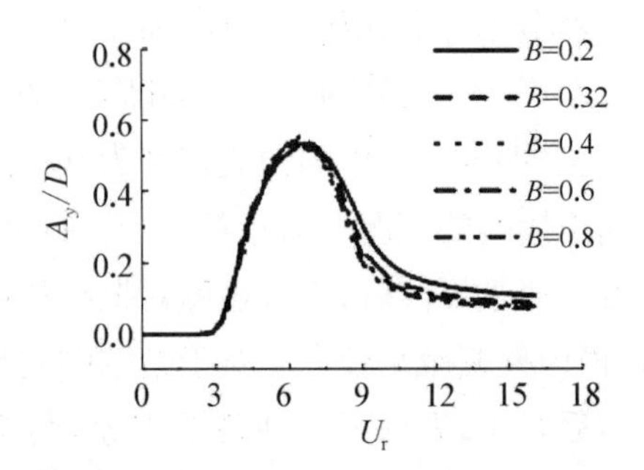

图 2-48 内流质量比对横向振幅的影响

3）参数 γ 的影响

取 γ 为 0、0.5、4.2、10，$v=3$，$B=0.32$，U_r 的取值范围为 0 ~ 18，计算轴向伸长非线性参数 γ 对系统响应的影响。图 2-49 为不同 γ 值下横向振幅随 U_r 的变化情况，可以看出，由轴向伸长引起的非线性参数 γ 对管的响应有重要影响，当 γ 较小时，管在旋涡脱落激励下的响应存在明显的初始分支与下端分支，并表现出明显的锁定区间，与不考虑内流时流固耦合计算得到的结果相同。随着 γ 的增大，响应分支发生了显著变化，当 $\gamma = 4.2$ 时，下端分支几乎不存在，振幅随 U_r 的增加而近似线性增大，达到最大值后急剧下降。随着 γ 的增大，初始分支对应的外流速度 U_r 的范围也逐渐增大。

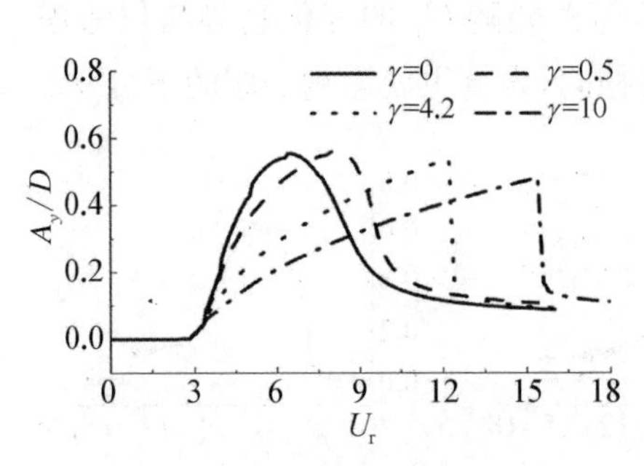

图 2-49 不同 γ 值下横向振幅随 U_r 的变化情况

2.4 声致振动

在反应堆冷却剂流体系统中，流体振荡导致的流致振动总是存在的，激励形式包括离散的旋涡脱落、湍流、流体结构交互作用、泵致压力脉动等，这些激励源如果与反应堆冷却剂系统的声学模态耦合，可以导致共振，将会导致冷却剂环路中某些结构部件产生很高的交变载荷。

20世纪90年代至21世纪初，美国、日本部分沸水堆在提升功率条件运行若干年后发现堆内的蒸汽干燥器出现大量裂纹，这些裂纹迫使电厂计划外停堆或机组降功率运行，蒙受了较大的经济损失。针对这类问题，美国通用电气公司、日本日立公司以及比利时LMS公司开展了一系列模型试验与分析研究，确认损坏的主因是主蒸汽管道安全释放阀支管发生流体流动激励形成了声共振，该脉动压力引起蒸汽干燥器的高周疲劳损坏[98]。

由于沸水堆蒸汽干燥器属于反应堆内部构件，所以美国核管会(NRC)将声共振引起的损伤归属为RG 1.20《预运行和初始启动试验期间堆内构件振动综合评价大纲》(2007)堆内构件流致振动的内容。另外，压水堆蒸汽发生器内部构件(如汽-水分离器、干燥器及防振杆等)虽不属于堆内构件，但设计遵循美国机械工程师协会(ASME)规范NG分卷《堆芯支承件》，因此将主蒸汽管系内的声共振问题也归入RG 1.20 (2007)内。NRC于2006年发布了新版RG 1.20的征求意见稿，2007年正式出版了新版RG 1.20。

新版RG 1.20涉及潜在的不利流体影响，除流体流动引起结构振动机理以外，特别增加了由流动激励的声和结构共振机理的影响等内容。

反应堆冷却剂泵(主泵)是核电站主回路内的主要旋转设备，由主泵引起的脉动压力(声压)使核电站中可能会引起主设备部件疲劳失效。泵致脉动压力产生的机理有：机械不平衡力产生的压力波动，离心泵叶片驱动流体产生的压力脉动。一般认为，主泵导致的脉动压力主要集中在轴频频率(转速)、一次叶片通过频率以及二次叶片通过频率附近。当主泵的脉动压力频率和冷却剂主回路的声学固有频率以及主回路某个结构的固有频率接近时，在主回路结构上会产生大的交变载荷，可使主设备部件疲劳失效。1990年加拿大的Darlington核电厂的一个燃料组件由于过大的振动[98]，导致燃料组件产生损伤，其终端板发生破裂。在随后的检查中发现1/2号机组的燃料棒中有严重的磨损痕迹。之后，Dennier等在Darlington核电厂的3号机组上开展了大量的实测，评价燃料组件在不同流量下的振动响应，最后发现，燃料组件终端板的裂纹是由主泵的叶片通过频率对应的脉动压力引起的。

本质上而言，泵致振动的脉动压力(声压)是叠加在主回路流体压力场上的脉动量，其控制方程可以通过声学理论对流场控制方程进行简化得到，该脉动压力的演化过程遵循声传播规律。因此，泵致脉动压力属于声压的范畴，主回路泵致脉动压力及泵致振动的研究可归结为主回路内声传播、结构声载荷及声致振动的研究。

2.4.1 声波方程

声波(脉动压力)的基本运动方程建立的基础是流体的动量守恒方程与质量守恒方程。当流速较低(马赫数远小于1)时,通过对动量方程进行简化,可以得到以下一维形式的动量方程:

$$\rho \frac{\mathrm{d}\boldsymbol{U}}{\mathrm{d}t}=-\frac{\mathrm{d}P}{\mathrm{d}x}-K\frac{\rho \mid \boldsymbol{U} \mid \boldsymbol{U}}{2L} \tag{2-138}$$

式中,ρ 为流体密度;$\boldsymbol{U}$ 为 X 向的速度;P 为压力;K 为流道形阻系数;L 为流道 X 向的特征长度。

式(2-138)中的最后一项是水力近似项,用于考虑流体黏性、Reynold 应力、空间加速度项的影响。

三维的动量方程为

$$\rho \frac{\mathrm{d}\boldsymbol{U}}{\mathrm{d}t}=-\nabla P-R\boldsymbol{U} \tag{2-139}$$

式中,R 为阻尼系数。

质量守恒方程有以下形式:

$$\frac{\mathrm{d}\rho}{\mathrm{d}t}=-\nabla(\rho\boldsymbol{U}) \tag{2-140}$$

对于声学问题,通过近似关系式 $\mathrm{d}P=C^2\mathrm{d}\rho$ (C 为声速),根据式(2-140)得到以下方程:

$$\frac{1}{C^2}\frac{\mathrm{d}P}{\mathrm{d}t}=-\nabla(\rho\boldsymbol{U}) \tag{2-141}$$

将式(2-141)对时间求导,并对式(2-139)求散度,可得

$$\frac{1}{C^2}\frac{\mathrm{d}^2P}{\mathrm{d}t^2}=-\rho\nabla\frac{\mathrm{d}\boldsymbol{U}}{\mathrm{d}t} \tag{2-142}$$

$$\rho\nabla\frac{\mathrm{d}\boldsymbol{U}}{\mathrm{d}t}=-\nabla^2P-R\nabla\boldsymbol{U} \tag{2-143}$$

由式(2-142)、式(2-143)可以得到有阻尼形式的声波方程为

$$\frac{1}{C^2}\frac{\mathrm{d}^2 P}{\mathrm{d}t^2} = \nabla^2 P + \widetilde{R}\frac{\mathrm{d}P}{\mathrm{d}t} \tag{2-144}$$

式中，$\widetilde{R} = -R/(PC^2)$。

2.4.2　节点流道模型

为了计算脉动压力，将冷却剂环路离散为若干个节点、流道连接的离散系统，流道如图 2-50 所示。

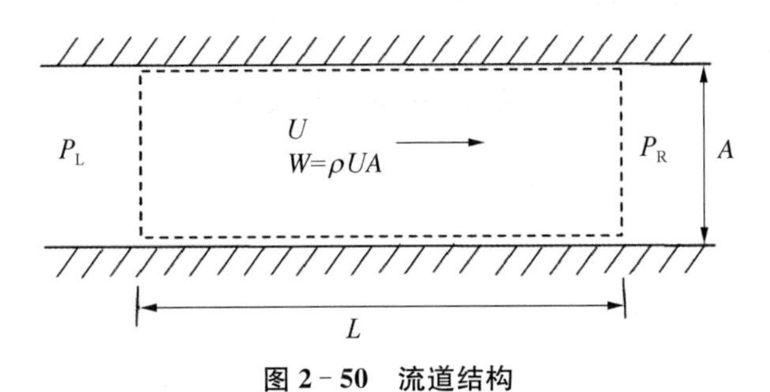

图 2-50　流道结构

基于动量方程(2-138)、质量守恒方程(2-141)，在空间上进行积分。通过积分，式(2-138)可以表示为

$$L\frac{\mathrm{d}W}{\mathrm{d}t} = A(P_L - P_R) - K\frac{|W|W}{2\rho A} + A\Delta P_B \tag{2-145}$$

式中，$W = \rho UA$；ΔP_B 为体力；P_L、P_R 为流道左右两边的压力。

式(2-145)可以进一步写为

$$\frac{L}{A}\frac{\mathrm{d}W}{\mathrm{d}t} = (P_L - P_R) - K\frac{|W|W}{2\rho A^2} + \Delta P_B \tag{2-146}$$

式(2-146)更加方便计算，特别是当流道由一系列不同长度、面积的子流道组成的情况下，如果某个流道由 N 个子流道(见图 2-51)组成时，动量方程将通过累加形式给出：

$$\left(\sum_{i=1}^{N}\frac{L_i}{A_i}\right)\frac{\mathrm{d}W}{\mathrm{d}t} = \sum_{i=1}^{N}(P_L^i - P_R^i) - \frac{|W|W}{2\rho}\sum_{i=1}^{N}\frac{K_i}{A_i^2} + \Delta P_B \tag{2-147}$$

由于 $P_L^i = P_R^{i-1}(i=2, 3, \cdots, N)$，因此，式(2-147)可以写为

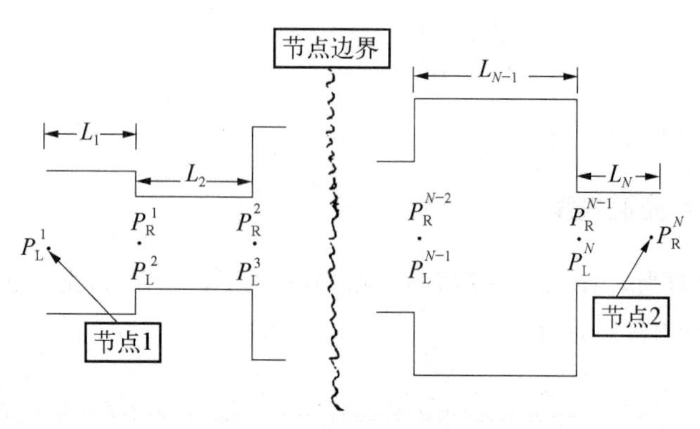

图 2-51 子流道结构

$$\left(\sum_{i=1}^{N}\frac{L_i}{A_i}\right)\frac{\mathrm{d}W}{\mathrm{d}t}=\Delta P-\frac{|W|W}{2\rho}\sum_{i=1}^{N}\frac{K_i}{A_i^2}+\Delta P_{\mathrm{B}} \tag{2-148}$$

式中，$\Delta P=P_{\mathrm{L}}^1-P_{\mathrm{R}}^N$。

方程(2-148)有个内在的假设条件：所有的子流道中的流量 W 必须是相同的。此假设的合理性在于波长，因此流道的长度必须足够小，以便能够模拟空间梯度。通过方程(2-148)可以将复杂的流道简单化。

与动量方程的处理方式相同，对质量守恒方程(2-141)在节点空间 V 上进行积分，可得

$$\frac{\mathrm{d}P}{\mathrm{d}t}=\frac{C^2}{V}\sum_{j=1}^{M}W_j \tag{2-149}$$

式中，W_j 为第 j 个流道流量；M 为流道数量。

在上述方程的建立过程中，波传播问题只与两个独立变量压力 P 和流量 W 有关。节点由体积 V、声速(或是压缩模量和密度)以及变量压力来表征，流道由惯性量(L/A)、损失系数(K/A^2)和变量流量来表征。

2.4.3 近似声学方程

在涉及声产生与传播的问题时，通常不是基于稳态方程式(2-148)、式(2-149)来处理，而是基于可以描述声随时间变化的脉动量来考虑。方程式(2-148)、式(2-149)中的变量是压力 P 和流量 W，将这些变量表示为稳态量和变化量的和：

$$\left.\begin{aligned} P &= \overline{P} + p(t) \\ W &= \overline{W} + w(t) \\ \Delta P_{\mathrm{B}} &= \Delta \overline{P}_{\mathrm{B}} + \Delta p_{\mathrm{B}}(t) \end{aligned}\right\} \tag{2-150}$$

式中，$\overline{P}$、$\overline{W}$、$\Delta\overline{P}_{\mathrm{B}}$ 为稳态量；$p(t)$、$w(t)$、$\Delta p_{\mathrm{B}}(t)$ 是随时间变化的脉动量。将式(2-150)代入式(2-148)、式(2-149)可得

$$\begin{aligned} &\left(\sum_{i=1}^{N}\frac{L_i}{A_i}\right)\left(\frac{\mathrm{d}\overline{W}}{\mathrm{d}t}+\frac{\mathrm{d}w}{\mathrm{d}t}\right) \\ &= \Delta\overline{P}+\Delta p-\frac{|\overline{W}+w|(\overline{W}+w)}{2\rho}\sum_{i=1}^{N}\frac{K_i}{A_i^2}+\Delta\overline{P}_{\mathrm{B}}+\Delta p_{\mathrm{B}} \end{aligned} \tag{2-151}$$

$$\frac{\mathrm{d}\overline{P}}{\mathrm{d}t}+\frac{\mathrm{d}p}{\mathrm{d}t}=\frac{C^2}{V}\sum_{j=1}^{M}(W_j-w_j) \tag{2-152}$$

由于在声学问题中，$w \ll |\overline{W}|$，所以有

$$|\overline{W}+w||\overline{W}+w| \approx |\overline{W}||\overline{W}|+2|\overline{W}|w \tag{2-153}$$

通过近似式(2-153)，可以得到稳态量方程和脉动量方程。

稳态量方程：

$$\Delta\overline{P}=-\frac{|\overline{W}||\overline{W}|}{2\rho}\sum_{i=1}^{N}\frac{K_i}{A_i^2}-\Delta\overline{P}_{\mathrm{B}} \tag{2-154}$$

$$\sum_{j=1}^{M}\overline{W}_j=0 \tag{2-155}$$

脉动量方程：

$$\left(\sum_{i=1}^{N}\frac{L_i}{A_i}\right)\frac{\mathrm{d}w}{\mathrm{d}t}=\Delta p-\frac{|\overline{W}|}{\rho}\left(\sum_{i=1}^{N}\frac{K_i}{A_i^2}\right)w+\Delta p_{\mathrm{B}} \tag{2-156}$$

$$\frac{\mathrm{d}p}{\mathrm{d}t}=\frac{C^2}{V}\sum_{j=1}^{M}w_j \tag{2-157}$$

式(2-154)描述了流道由于水力损失导致的压降，式(2-155)表示节点的质量守恒，式(2-156)、式(2-157)是声学控制方程，式(2-156)右边的第二项是阻尼项，与稳态流速 $|\overline{W}|$ 成正比。

2.4.4 脉动压力谐响应分析

通常在声学系统中的激励源是周期性的，这也是声致振动最关心的问题，通常将时域问题转化到频域内来处理，以求得在激励频率处的系统响应幅值。将脉动量方程中的脉动量 $w(t)$，$p(t)$，$\Delta p_B(t)$ 表示成以下形式：

$$w(t) = w e^{i\omega t} \tag{2-158}$$

$$p(t) = p e^{i\omega t} \tag{2-159}$$

$$\Delta p_B(t) = \Delta p_B e^{i\omega t} \tag{2-160}$$

式(2-158)～式(2-160)右边的 w、p、Δp_B 表示幅值，将式(2-158)～式(2-160)代入脉动量方程式(2-156)、式(2-157)可得

$$\left[\left(i\omega \sum_{i=1}^{N} \frac{L_i}{A_i}\right) + \frac{|\overline{W}|}{\rho}\left(\sum_{i=1}^{N} \frac{K_i}{A_i^2}\right)\right] w - \Delta p = \Delta p_B \tag{2-161}$$

$$i\omega p - \frac{C^2}{V} \sum_{j=1}^{M} w_j = 0 \tag{2-162}$$

方程式(2-161)、式(2-162)中的独立变量为节点和流道的压力与流量，对于一个由 NN 个节点与 MM 个流道组成的系统，将方程式(2-161)、式(2-162)写成矩阵形式，求解的变量矢量可以写成：

$$\boldsymbol{X} = \{p_1 \cdots p_{NN},\ w_1 \cdots w_{MM}\} \tag{2-163}$$

激励源可以施加在节点和流道上，假设有 j 个节点和 k 个流道上有激励源，求解的变量矢量就只有 $(NN - j)$ 个压力幅值，$(MM - k)$ 个流量幅值。施加激励的节点被移到激励矢量 $\{B\}$ 中，方程式(2-161)、式(2-162)可以写成以下矩阵形式：

$$[A_H]\{X\} = \{B\} \tag{2-164}$$

基于式(2-164)，可以对反应堆冷却剂环路在泵激励下的频域响应，得到压力幅值，也可以通过去掉激励矢量 $\{B\}$，对流体系统进行声学模态分析，得到系统的声学频率和振型。

2.4.5 基于有限元法的声致振动分析

随着计算机技术和计算能力的不断提升，出现了很多大型的声学计算软

件，并在不断完善，如 ANSYS、ABAQUS 等，对于核工程中的系统庞大、结构复杂反应堆冷却剂系统，可借助于这些成熟的商用软件，建立庞大、复杂、系统的精细化计算模型，开展声致振动分析。

其基本思路是首先通过有限元模型计算结构的固有频率和振型，然后通过有限元或边界元的办法，对结构内部或外部的声场进行模拟。结构和声场之间的耦合可以通过在声场边界处的力-位移关系矩阵进行描述。在仅考虑声场激励对结构变形贡献的单向耦合中，这个力-位移关系矩阵将作为外加激励项耦合在结构振动的有限元动力方程中。对于考虑结构振动的外声场计算来说，边界元的优势往往较有限元方法更大；而在内声场的计算中，有限元和边界元都可以用来模拟结构内部声压的分布。对于像核反应堆压力容器和堆内构件等核级设备，通常考虑内声场作用下的声振耦合问题。

声振耦合研究的关键是要得到从流体到固体的力-位移传递函数。该传递函数通常可以通过对结构在不同介质（如空气、水或冷却剂）中的流致振动试验而得到，进而作为数值模型校准的依据。对于在空气中进行的流致振动试验，由于被测结构由较厚的不锈钢组成，流体的耦合效应不很明显，因此对于结构的动力响应，仅通过标准的有限元分析方法即可得到与试验结果较好吻合。当结构浸泡在水中进行流致振动测试时，流固耦合效应变得比较明显。为了在计算中能够更好地贴合试验数据，通常的手段是通过对结构的模态分析首先提取出研究流固耦合矩阵的基函数，即归一化之后的振型函数；进而处理结构对流体的激励作用。这样做的主要好处是在不显著改变结构模态的基础上，能够得到与实测结果较吻合的固有频率值。在工程实践中，通过这种方法考虑流固耦合效应时应提取所关心频段上限 1.6～2 倍以内所有模态。这样做的原因是在考虑结构的流固耦合振动时，耦合系统的固有频率通常会向更低的频段迁移。显然，这样简单的对频段上限进行 1.6～2 倍的模态搜集会带来模态截断误差，为了减少这种误差，Dicken 等人提出了一种“模态截断向量”处理方法[99]。该方法和 NASTRAN 等商业软件中广泛使用的残差向量迭代方法的基本思想一致，其实现手段是通过在特定的激励项中引入截断模态的静力贡献项来弥补模态截断导致的动力误差。该方法的一大优点是得到的残差向量满足和其振型函数的模态正交性。考虑到更多模态的需求，这样处理无疑是非常方便的。

在流固耦合系统中，力的传递方式首先通过结构振动使得声场或流场的压力分布受到激励，这种对压力分布的激励反过来又作用在结构本身，使得结构的振动受到流体的作用。结构表面压力产生的流体力体现在结构振动方程中的“流体耦合”矩阵中。该耦合矩阵可以通过计算由于模态基函数而导致的结构表面压力分布而得到,通过适当的坐标变换,可将流体力转化到模态坐标下进行描述。考虑了耦合矩阵的结构振动方程的稳态解实际上就是通过基函数对耦合系统受激励下的响应进行展开。其基本求解方法和振动力学中广泛使用的模态展开法无异。

求解含内声场的声振耦合问题可以采用有限元和边界元两种办法。对于有限元方法,由于流体介质不传递剪力,每一个流体单元节点仅包含一个自由度,即声压。在网格划分时,为保证计算的准确性,应在声场边界处保证结构单元和流体单元的节点一一对应。计算量取决于流体网格的网格数。由于流体充满了整个结构的内腔体,因此流体网格数通常非常庞大。尽管有限元方法所对应的系数矩阵非常庞大,但由于矩阵的稀疏特性,在处理工程中的流固耦合模态分析时还可以借助稀疏矩阵特征值算法进行处理[100,101]。

相比于有限元方法,边界元方法仅需要在流场边界处,也就是流固交界面处划分流体网格即可。这大大简化了模型的复杂度。流体网格可直接在结构有限元模型板或壳单元的基础上,在流固界面处生成节点相互对应的单元。然而,边界元方法产生的声振耦合矩阵为满阵,无法通过稀疏矩阵的算法进行处理。在工程实践中,可以近似地将界面处的耦合用集中参数模型代替,从而减少耦合系统的自由度。这样做的前提是认为结构振动的波长远小于流体介质的声波波长。也就是说,当结构的振动频率远高于流体介质的频率时,集中参数模型可以用来减少边界元方法的计算量[102]。

2.4.6 模态分析的基本原理

在声振/流固耦合模态分析中,首先对结构进行基于有限元的模态分析。本节简要介绍模态分析的基本原理。

真空中的结构模态分析实际上是求解关于结构质量矩阵 $\boldsymbol{M}$ 和刚度矩阵 $\boldsymbol{K}$ 的广义特征值问题:

$$(\boldsymbol{K}-\omega_{\mu}^{2}\boldsymbol{M})\boldsymbol{\varphi}_{\mu}=0 \tag{2-165}$$

式中,ω_{μ} 为结构固有圆频率;$\boldsymbol{\varphi}_{\mu}$ 为对应的振型。为了计算方便,通常将振型对质量矩阵进行归一化处理,归一化后的振型满足 $\boldsymbol{\varphi}_{\mu}^{\mathrm{T}}\boldsymbol{M}\boldsymbol{\varphi}_{\mu}=1$。在没有流体耦合的情况时,无阻尼系统在外加激励下的稳态运动方程为

$$(\boldsymbol{K}-\omega^2\boldsymbol{M})\boldsymbol{d}=\boldsymbol{f} \tag{2-166}$$

式中,ω 为外加激励的圆频率;$\boldsymbol{d}$ 为有限元模型节点位移向量;$\boldsymbol{f}$ 为节点力输入向量。材料的阻尼特性可以通过将固有频率 ω_μ 考虑为复数而实现。在进行结构频响函数的计算时,需对每一个对应频率点下的稳态振动情况进行计算。

1)不考虑流体耦合时的模态叠加法

当结构网格数较多,且在研究频段内的模态数较少时,可通过模态叠加法对系统的动态响应进行近似计算。模态叠加法的基本思想是通过振型函数的正交性,将系统的稳态解表示成振型函数的展开形式,即

$$\boldsymbol{d}=\sum_{\mu=1}^{N}\alpha_\mu\boldsymbol{\varphi}_\mu=\boldsymbol{\Phi\alpha} \tag{2-167}$$

式中,N 为展开的模态数;α_μ 为模态坐标;$\boldsymbol{\Phi}$ 为振型矩阵。将模态展开解代入稳态下系统的振动方程中,可得

$$(\boldsymbol{K}-\omega^2\boldsymbol{M})\boldsymbol{\Phi\alpha}=\boldsymbol{f} \tag{2-168}$$

为利用振型函数的正交性和归一化条件,将方程左乘 $\boldsymbol{\Phi}^{\mathrm{T}}$,即可得到模态坐标的显式表达式为

$$\boldsymbol{\alpha}=\frac{1}{\omega_\mu^2-\omega^2}\boldsymbol{\Phi}^{\mathrm{T}}\boldsymbol{f} \tag{2-169}$$

当模态阻尼确定时,式(2-169)可通过在 ω_μ 中引入虚部而考虑阻尼的作用,固有频率可表示为 $\omega_\mu^2(1-\mathrm{i}\eta_\mu)$,其中 η_μ 为模态损失因子。模态叠加法的优点是在结构的模态分析完成后,结构的其他动力响应都可通过振型函数的形式进行表达,而无须通过有限元软件重新进行直接积分计算。

2)考虑流体耦合时的模态分析

在考虑流体到结构的单向耦合时,首先在结构和流体交界面上构造一个描述节点位移和压力分布关系的耦合矩阵。这个耦合矩阵可以通过在给定外激励频率下求解一个声学边界值问题得出。在声振耦合分析中,该边界值问题的边界条件为结构稳态的振动位移,声压分布则通过求解内腔的波动方程得出。耦合矩阵中的每一列表示当流固界面某一节点的法向位移为单位位移时,且其他节点无法向位移时流固交界面处的声压分布。在给定界面处位移分布时,可以通过耦合矩阵得到节点位置的压力分布,进而得到相对应的节点

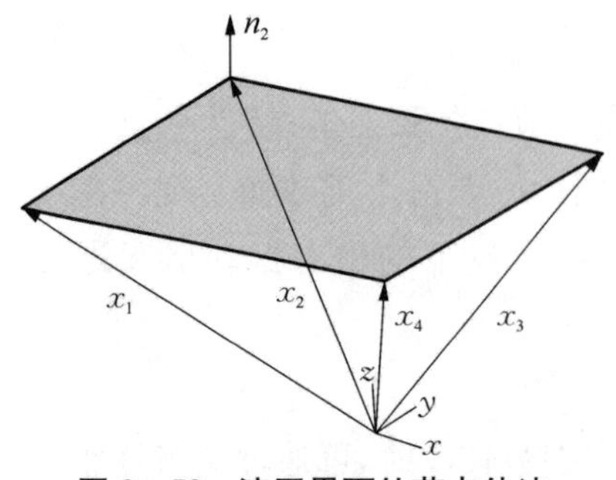

图 2-52 流固界面处节点外法向向量的计算

力。对于每个界面单元，每个节点位置处的外表面单位法向向量可以通过向量叉乘实现，如图 2-52 所示。

图 2-52 中，n_2 节点处的外法向单位向量可表示为

$$\boldsymbol{n}_2=\frac{(\boldsymbol{x}_2-\boldsymbol{x}_3)(\boldsymbol{x}_1-\boldsymbol{x}_2)}{\|(\boldsymbol{x}_2-\boldsymbol{x}_3)(\boldsymbol{x}_1-\boldsymbol{x}_2)\|_2} \tag{2-170}$$

由于通过求解波动方程而得到的流体耦合矩阵是在结构受特定外激励频率下得到的，因此该矩阵为频率的函数，记为 $\boldsymbol{A}(\omega)$。不同于通过变分方法得到的结构刚度和质量矩阵，声振耦合矩阵 $\boldsymbol{A}(\omega)$ 通常为满阵。考虑了流体耦合项之后的结构振动方程为

$$[\boldsymbol{K}-\omega^2\boldsymbol{M}+\boldsymbol{A}(\omega)]\boldsymbol{d}=\boldsymbol{f} \tag{2-171}$$

同样，可以将该方程通过振型函数转化为模态坐标下的描述，即

$$[(\omega_\mu^2-\omega^2)\boldsymbol{I}+\boldsymbol{\Phi}^{\mathrm{T}}\boldsymbol{A}(\omega)\boldsymbol{\Phi}]\boldsymbol{\alpha}=\boldsymbol{\Phi}^{\mathrm{T}}\boldsymbol{f} \tag{2-172}$$

在工程实践中，由于所关心的频段模态数通常远小于结构的自由度数，因此可以通过少量的振型函数对结构在考虑流体耦合效应时的振动进行较为精确的计算，即模态展开方法。

上述的流体耦合思路通常在有限元/边界元混合模型中较为适用。在仅有有限元的模型中，可以通过如下的声振耦合方程对流固耦合现象进行模拟：

$$\left(\begin{bmatrix}\boldsymbol{K}_{\mathrm{s}} & -\boldsymbol{S}^{\mathrm{T}}\\ \boldsymbol{0} & \boldsymbol{K}_{\mathrm{f}}\end{bmatrix}-\omega^2\begin{bmatrix}\boldsymbol{M}_{\mathrm{s}} & \boldsymbol{0}\\ \boldsymbol{S} & \boldsymbol{M}_{\mathrm{f}}\end{bmatrix}\right)\begin{bmatrix}\boldsymbol{d}\\ \boldsymbol{p}\end{bmatrix}=\begin{bmatrix}\boldsymbol{f}_{\mathrm{s}}\\ \boldsymbol{f}_{\mathrm{f}}\end{bmatrix} \tag{2-173}$$

式中，$\boldsymbol{S}$ 为流固耦合矩阵；刚度和质量矩阵中的下标 s 和 f 分别代表结构和流体；$\boldsymbol{d}$ 和 $\boldsymbol{p}$ 分别代表结构振动位移和流场声压；$\boldsymbol{f}$ 代表耦合系统受到的外界激励。流固耦合矩阵可将界面表面的压力分布转化为节点力的分布，即

$$\boldsymbol{f}_{\mathrm{f}}=-\boldsymbol{S}^{\mathrm{T}}\boldsymbol{p} \tag{2-174}$$

在流场不受其他外界激励时，流场声压的分布可写为

$$(\boldsymbol{K}_{\mathrm{f}}-\omega^2\boldsymbol{M}_{\mathrm{f}})\boldsymbol{p}=\omega^2\boldsymbol{S}\boldsymbol{d} \tag{2-175}$$

也就是说，结构内腔声压的分布是由结构本身的振动位移而产生。将声压分布 $\boldsymbol{p}$ 代入耦合方程中，则可得到结构的位移分布，即

$$[\boldsymbol{K}_{\mathrm{s}}-\omega^2\boldsymbol{M}_{\mathrm{s}}-\omega^2\boldsymbol{S}^{\mathrm{T}}(\boldsymbol{K}_{\mathrm{f}}-\omega^2\boldsymbol{M}_{\mathrm{f}})^{-1}\boldsymbol{S}]\boldsymbol{d}=\boldsymbol{f}_{\mathrm{s}} \tag{2-176}$$

观察该式结构，可知流体耦合矩阵 $\boldsymbol{A}(\omega)$ 在有限元框架下的表达式为

$$\boldsymbol{A}(\omega)=-\omega^2\boldsymbol{S}^{\mathrm{T}}(\boldsymbol{K}_{\mathrm{f}}-\omega^2\boldsymbol{M}_{\mathrm{f}})^{-1}\boldsymbol{S} \tag{2-177}$$

同样，可以将耦合方程通过坐标变换在模态坐标下进行求解。

尽管这种基于有限元框架下的流固耦合形式在数学处理时将流体方程和结构振动方程进行了解耦，但在计算 $\boldsymbol{A}(\omega)$ 时需要对流体质量和刚度矩阵进行求逆。值得一提的是，流体矩阵通常是满阵，且耦合矩阵的计算必须遍历所有的频率点，这大大增加了计算量。对此，一个简化的处理办法是将流体近似为不可压缩介质，这样可将耦合矩阵中的惯性项舍去，即

$$\boldsymbol{A}(\omega)=-\omega^2\boldsymbol{S}^{\mathrm{T}}\boldsymbol{K}_{\mathrm{f}}^{-1}\boldsymbol{S} \tag{2-178}$$

由于耦合矩阵中显含 ω^2 项，与结构振动方程中质量矩阵所在的项有同样的形式，因此在不可压缩流固耦合问题中，$\boldsymbol{A}(\omega)$ 又称为附加质量项。当所关心的频率位于声共振基频以下时，该简化耦合矩阵能够较准确地模拟流固耦合现象。对于考虑不可压缩流体的耦合矩阵的简化处理，目前还鲜有报道。工程应用中对 $\boldsymbol{A}(\omega)$ 的简化手段还包括在给定频段对 $\boldsymbol{A}(\omega)$ 进行级数展开和谱分析等，相关研究见文献[103-105]。引入了耦合矩阵的模态分析仍然可通过求解特征值问题得到系统的固有频率和振型[106]。

2.5 输流管道的流固耦合

在核工程领域，为了维护反应堆的正常及安全运行，输流管道系统无处不在。然而这些管道系统中的流体流动与结构发生的耦合振动，将引起管道系统的损伤和疲劳、噪声污染，严重时将导致管系或机械系统损坏，危及反应堆的安全运行。我国在役核电厂运行期间多次发生过安全相关系统由于流体诱发的强烈振动和噪声引起结构破坏的问题，影响了系统的正常运行和安全功能，成为核电站运行的安全隐患。日本、法国、德国和美国核电厂也有相关事件报道，因此输流管道的安全在核工程领域有着十分重要的地位。

由于流体诱发振动和断裂甩击的分析涉及流体的稳定性、结构几何非线

性和材料非线性等因素，使得分析工作相当复杂。而且由于管道结构形式和管道相邻的设备、系统和土建结构多种多样，使得管道断裂甩击防护十分困难。因此无论在现代核电站的设计中，还是现役电厂的运行维护中，深入研究输流管道流致振动的激励特性和动力响应特性，预测管道断裂以后的甩击动力响应，做好管道断裂甩击防护装置的设计等都有其必要性。

由于输流管道在海底输油管道工程、动力水能工程、生物工程、航天工程等诸多领域都有着广泛的应用，所以从 20 世纪 50 年代开始，对于输流管道的研究就不断有新的进展，由流体流动引起管道振动的动力学研究也已有很多成果，本节主要介绍输流管道的动力稳定性以及非线性响应分析方面的研究成果。

2.5.1 管道流固耦合的主要形式

输流管道流固耦合作用的机理主要有 3 种[107, 108]：摩擦耦合、泊松耦合和连接耦合。

摩擦耦合是指流体与管道内壁之间的摩擦、管道内流体的内摩擦相互作用而导致的一种边界层耦合。在一般中低频情况下，摩擦耦合对系统的响应特性影响不大，但在高频范围内，边界层出现“团体状态”的流态，流体摩擦力与运动频率相关特性极为复杂，目前此类耦合效应的研究为数不多。

泊松耦合是指由流体压力脉动与管壁应力之间的一种局部相互作用而导致的一种沿程耦合，因其耦合的强烈程度与管材的泊松比相关而得名。泊松耦合对管道特性影响极为明显，尤其在某些情况下，泊松冲击效应的危害不容忽视。

连接耦合是指流体与管道在某些连接件处由于流体压力突变而发生的较强耦合作用。在管道系统中，存在大量的弯头、异型岔管、阀门等，这些结合部件极易导致流体压力失衡，最终引起流体-结构间耦合，对系统的动力特性产生极为明显的影响。

管道系统的振动问题又称为“典型的动力学问题”，原因是其物理模型简明，数学方程描述简洁，特别是管道系统易于设计和制造，这给理论研究与实验研究的协同发展提供了便利。简单的管道系统涉及流固耦合力学中大多数问题，研究者可以侧重研究流体的某一特性如可压性、流速、压力等对系统特性的影响。输流管道流固耦合的动力学问题主要有两个方面：

(1) 在低频、流速较低情形下，不计流体的科里奥利力(简称科氏力)和离心力对管道振动的影响，研究管道的动力学特性(主要为响应预估模态分析能量流的研究等)。

(2) 在流速较高情形下,流体的科氏力和离心力将会对管道横向振动产生复杂的影响,甚至导致管系运动失稳,因此主要研究不同流体流速时的失稳问题。

由于流速较高情形较为复杂,下面就此展开讨论。

2.5.2　管道线性流固耦合振动分析模型

在流速较高情形下,科氏力和离心力对管道振动影响不容忽略,忽略重力、结构阻尼、管道外部拉压力时,图2-53所示的不同边界条件的输流管道采用直梁模型,建立等直管弯曲的自由振动方程[109, 110]:

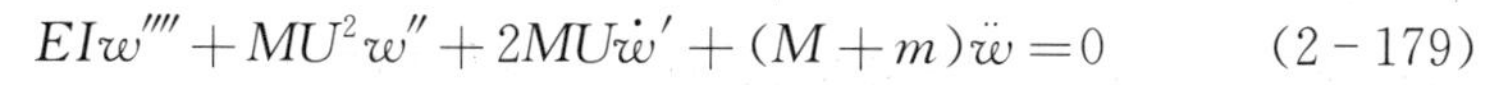

$$EIw'''' + MU^2w'' + 2MU\dot{w}' + (M+m)\ddot{w} = 0 \tag{2-179}$$

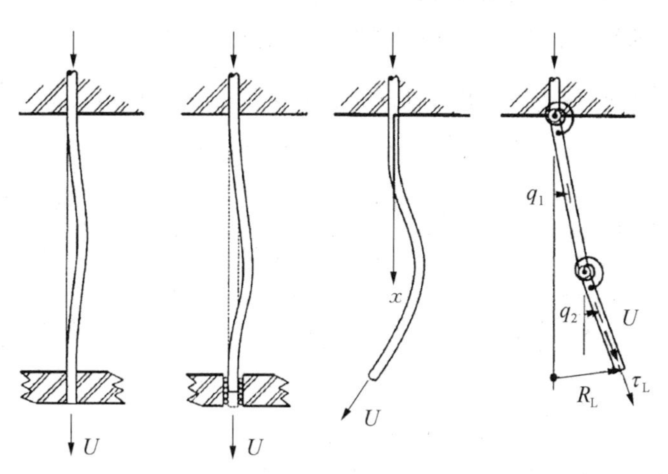

图2-53　不同边界条件的输流管道

式中,上标点和撇分别表示对时间和坐标轴的导数;EI 是管道的弯曲刚度;M 是单位长度流体质量;m 是单位长度管子的质量;U 是流体速度;w 是管道的横向位移。式中的各项物理意义分别为弹性恢复力、离心力、科氏力和惯性力。它们表征了输流管道振动的几个主要因素。与受压管横向振动方程相比,式中离心力项与压杆方程中的压力载荷具有相同的形式,因此从理论上阐明了当流速增大时,系统的固有频率会下降,最终导致屈曲失稳。

20世纪70年代,Païdoussis 等人在方程(2-179)基础上提出了更为一般的方程,考虑了拉压载荷、重力、管道材料阻尼和黏性阻力等,方程的形式为[110]

$$E^{*}I\dot{w}'''' + EIw'''' + MU^{2} + \{T + PA(1 - 2\nu\delta') - [(m+M)g - M\dot{U}](L-x)\}w'' + 2MU\dot{w}' + (M+m)gw' + Kw + C\dot{w} + (M+m)\ddot{w} = 0 \quad (2-180)$$

式中，E^{*} 是材料内阻尼系数；C 是黏性阻尼系数；K 是基础弹性模量；δ' 是指示管端部能否移动的参数，其值非 0 即 1；P 和 T 分别表示管内静压力和轴向外载荷；其余参数含义见式(2-179)。

显然，悬臂管和两端固支管的动力学方程是不同的，这一方程是至今为止公认的较为完善的描述输流管液弹耦合横向振动的方程。不同的支承条件是管道系统中存在不同波速的主要原因，导致了悬臂管和两端固支管在力学特点上有较大的不同。一般情况下，前者可认为轴向不受拉，而后者则不然，它的两端挠度为零，属于保守系统，通常不会发生颤振。

为便于研究，将方程(2-180)进行无量纲处理，可得

$$\alpha\dot{\eta}'''' + \eta'''' + [u^{2} - \Gamma + \Pi(1-2\nu\delta) + (\beta^{1/2}\dot{u} - \gamma)(1-\xi)]\eta'' + 2\beta^{1/2}u\dot{\eta}' + \gamma\eta' + k\eta + \sigma\dot{\eta} + \ddot{\eta} = 0 \quad (2-181)$$

式中，$\xi = X/L$，$\eta = q/L$，$\tau = \left(\dfrac{EI}{m}\right)^{1/2}\dfrac{t}{L^{2}} = \omega_{n}t$，$u = \left(\dfrac{M}{EI}\right)^{1/2}UL$，$\beta = \dfrac{M}{m+M}$，$\gamma = \dfrac{(M+m)L^{3}}{EI}g$，$\Gamma = \dfrac{TL^{2}}{EI}$，$\Pi = \dfrac{PAL^{2}}{EI}$，$k = \dfrac{KL^{4}}{EI}$，$\alpha = \dfrac{I}{E(M+m)}\dfrac{E^{*}}{L^{2}}$，$\sigma = \dfrac{cL^{2}}{[EI(M+m)]^{1/2}}$。

为了便于求解，通常采用 Galerkin 方法将运动偏微分方程式(2-179)和式(2-180)变成运动常微分方程组。再将无量纲化的待求位移函数 $\eta(\xi, \tau)$ 在给定管的模态空间内展开：

$$\eta(\xi, \tau) = \sum_{i=1}^{N}\phi_{i}(\xi)q_{i}(\tau) \quad (2-182)$$

式中，$\phi_{i}(\xi)$ 为管的第 i 阶模态(特定边界条件)；$q_{i}(\tau)$ 为广义坐标；N 为自由度数目，令 $\dot{u}=0$，将式(2-182)代入它的无量纲化方程，再乘以 $\phi_{j}(\xi)$，并从 0 到 1 积分，利用模态的正交关系，经化简整理后得

$$\sum_{j=1}^{N}\{\delta_{ij}\ddot{q}_{j} + [(\alpha\lambda_{j}^{4} + \sigma)\delta_{ij} + 2\beta^{1/2}u\int_{0}^{1}\phi_{i}\phi'_{j}\mathrm{d}\xi]\dot{q}_{j} +$$

$$[(\lambda_j^4+k)\delta_{ij}+(u^2-\Gamma+\Pi(1-2\nu\delta)-\gamma)\int_0^1\phi_i\phi_j''\mathrm{d}\xi+$$

$$\gamma\int_0^1\phi_i\phi_j'\mathrm{d}\xi+\gamma\int_0^1\xi\phi_i\phi_j''\mathrm{d}\xi]q_j\}=0 \tag{2-183}$$

式中，$\delta_{ij}=\int_0^1\phi_i\phi_j\mathrm{d}\xi$；$\lambda_j$ 为第 j 阶梁式无量纲特征值。对于确定的边界条件，定义以下积分，可以得到常数：

$$b_{ij}=\int_0^1\phi_i\phi_j'\mathrm{d}\xi \tag{2-184}$$

$$c_{ij}=\int_0^1\phi_i\phi_j''\mathrm{d}\xi \tag{2-185}$$

$$d_{ij}=\int_0^1\xi\phi_i\phi_j''\mathrm{d}\xi \tag{2-186}$$

通过整理，可以将方程(2-183)写为矩阵形式：

$$\tilde{\boldsymbol{M}}\ddot{\boldsymbol{q}}+\tilde{\boldsymbol{C}}\dot{\boldsymbol{q}}+\tilde{\boldsymbol{K}}\boldsymbol{q}=\boldsymbol{0} \tag{2-187}$$

式中，$\boldsymbol{q}=\{q_1, q_2, \cdots, q_n\}^{\mathrm{T}}$。

为方便研究系统的特征值，可将方程(2-187)转换成一阶方程，一个标准的自洽系统：

$$\hat{\boldsymbol{M}}\dot{\boldsymbol{\eta}}^*+\hat{\boldsymbol{K}}\boldsymbol{\eta}^*=\boldsymbol{0} \tag{2-188}$$

式中，$\hat{\boldsymbol{M}}=\begin{bmatrix}\boldsymbol{0} & \tilde{\boldsymbol{M}}\\ \tilde{\boldsymbol{M}} & \tilde{\boldsymbol{C}}\end{bmatrix}$，$\hat{\boldsymbol{K}}=\begin{bmatrix}-\tilde{\boldsymbol{M}} & \boldsymbol{0}\\ \boldsymbol{0} & \tilde{\boldsymbol{K}}\end{bmatrix}$，$\boldsymbol{\eta}^*=\begin{bmatrix}\dot{\boldsymbol{\eta}}\\ \boldsymbol{\eta}\end{bmatrix}$。

假设方程(2-188)的解为 $\eta^*=A\mathrm{e}^{\lambda\tau}$，可得特征方程为

$$(\lambda I+\hat{\boldsymbol{M}}^{-1}\hat{\boldsymbol{K}})A=0 \tag{2-189}$$

通过计算系统的特征值 $\lambda=\hat{\sigma}\pm\mathrm{i}\hat{\omega}$，特征值的实部与系统的阻尼相关，虚部与系统的频率相关，系统的稳定性将通过特征值的实部、虚部来判断。

1) 两端铰支的输流管道

两端铰支的输流管道为保守系统，在管道的振动过程中，流体力对管道系统做功为零，系统首先将发生发散失稳，不会发生颤振失稳。

假定两端铰支无重力、无阻尼的水平输流管道，取计算参数：$\beta=0.1$，$\gamma=\Gamma=\Pi=k=0$，输流管道的动力学特性随流速 u 的变化而发生改变，从系统特

征值随无量纲流速的变化可以看出(见图 2-54),特征值的虚部与系统的频率相关,实部与系统的阻尼特性相关,由图 2-54 可得到以下结论:

(1) 无阻尼的两端铰支输流管道系统的特征值是纯虚数,且随着无量纲流速增大而减小, $u<\pi$。

(2) 无量纲流速 $u=\pi$, 系统发生一阶模态发散失稳(divergence),对应的虚部(一阶固有频率)为零,特征值变为纯实数。

(3) 无量纲流速 $u=2\pi$, 系统发生二阶模态发散失稳,对应的虚部(二阶固有频率)为零,特征值变为纯实数。

(4) 无量纲流速 $u=3\pi$, 系统发生三阶模态发散失稳,对应的虚部(三阶固有频率)为零,特征值变为纯实数。

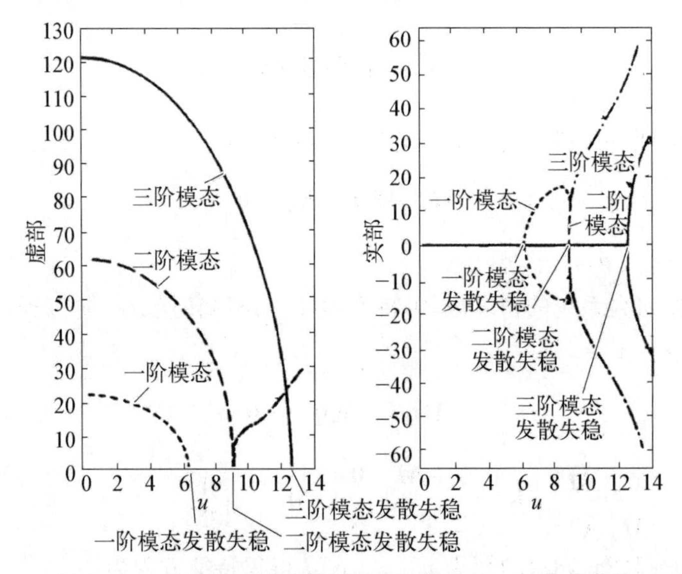

图 2-54　两端铰支输流管道特征值随流速 u 的变化曲线

2) 悬臂输流管道

悬臂输流管道为非保守系统,在管道的振动过程中流体力在管道悬臂端对管道系统做功,系统首先会发生颤振失稳(flutter)。

悬臂输流管道系统的稳定性可以通过线性方程的特征值实部 $\hat{\sigma}$ 的正负来判断,当 $\hat{\sigma}>0$ 时,系统将发生颤振失稳;当 $\hat{\sigma}<0$ 时,系统是稳定的;当 $\hat{\sigma}=0$,对应的流速为临界流速。

取悬臂梁的计算参数 $\gamma=\Gamma=\Pi=k=0$, 改变质量比 β, 计算无量纲临界流速 u_{cr}。

图 2-55 为无裂纹悬臂输流管道稳定图，当质量比 $\beta\in(0,\ 0.386)$，系统发生 2 阶颤振；当 $\beta\in[0.386,\ 0.530)$，发生 3 阶颤振；当 $\beta\in[0.530,\ 0.615)$，发生 2 阶颤振；当 $\beta\in[0.615,\ 1)$，发生 1 阶颤振。

为更加清楚地说明系统发生颤振对应的特征值分支，将各阶颤振下的特征值绘于图 2-56～图 2-58。图 2-56 为系统发生 2 阶颤振情况下 ($\beta=0.2$) 的特征值相图，从图中可以清楚看到随着流速的增大，第二阶特征值分支的实部从负值变为正值，导致系统发生颤振失稳。

图 2-57 为系统发生 3 阶颤振失稳 ($\beta=0.5$) 特征值，随着流速的增大，系统 3 阶特征值的实部由负变为正。

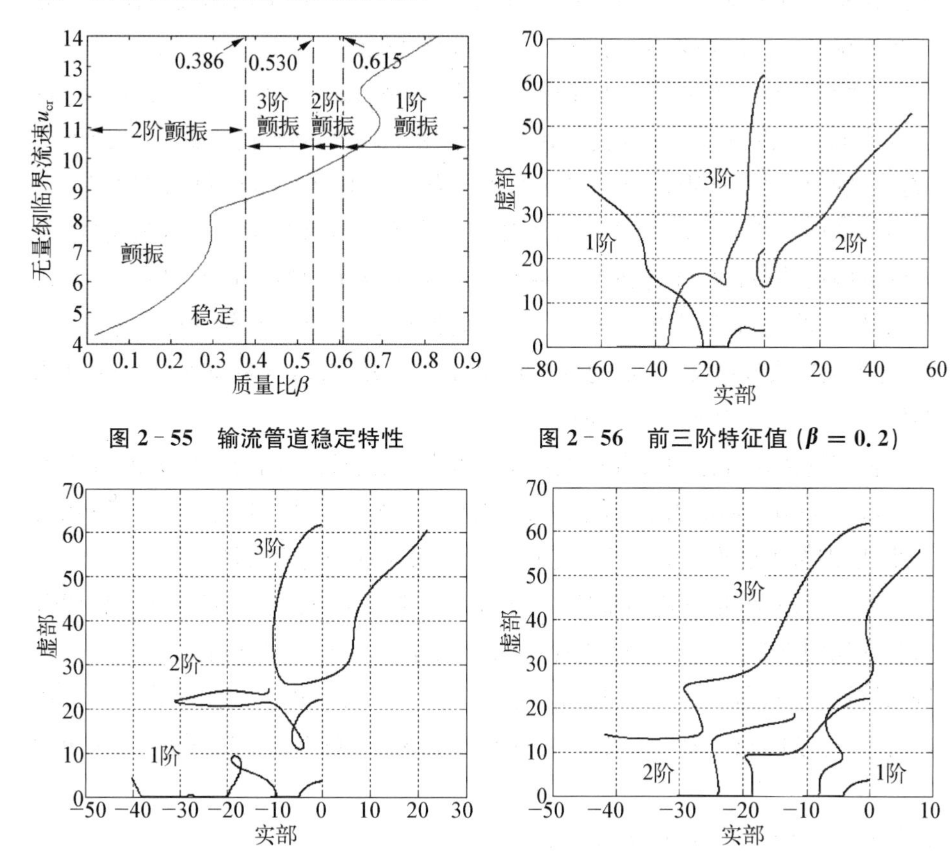

图 2-55　输流管道稳定特性

图 2-56　前三阶特征值 ($\beta=0.2$)

图 2-57　前三阶特征值 ($\beta=0.5$)

图 2-58　前三阶特征值 ($\beta=0.67$)

图 2-58 描述了系统发生 1 阶颤振失稳 ($\beta=0.67$) 特征值，且对应了多个临界流速，对应于稳定图中的“S”段，从特征值相图可清楚看到第一阶特征值曲线与实部为零的直线有三个交点，这表示系统第一次进入颤振失稳后，随着

流速的继续增大，系统又进入稳定状态，然后再次进入颤振失稳。

2.5.3 输流管道非线性运动方程

近几十年来，随着科学技术的飞跃发展和认识的不断深化，人们在输流管道的非线性振动与分叉方面做了不少卓有成效的工作，发现了以往在线性范围内从未得到的一些重要现象。主要工作包括：考虑两端固支条件下由于横向挠度引起的轴向拉力以及大曲率的影响，建立了输流管道的非线性运动微分方程；提出了一些分析非线性动力系统的现代计算方法；研究了定常流和振荡流作用下各种悬臂输流管道的分叉与混沌行为；分析了两端支承输流管道非线性振动的稳定性以及振荡流导致的参数共振。

非线性振动的研究同线性振动相比，有着更重要的意义。这是因为：① 分析输流管道系统时，如何确定解支路径，怎样判断在解支路径上分叉点(奇点)的稳定性，仅研究线性问题无能为力。② 由于非线性因素的存在，系统在周期性干扰力(包括参数激励)作用下会产生异频振动。正因为这样，输流管道因振荡流速作用导致的参数共振有很丰富的内容，可能出现次谐波共振，高次谐波共振或者组合共振。这些共振点有时会给工程设计带来隐患。③ 对于强非线性系统，出现的分叉现象往往十分复杂，在解支路径上还可能会发生多次分叉，从而诱发出混沌。

输流管道耦合振动具有自激振动的特性，是非线性动力学研究的重要内容。Païdoussis 在这方面做了很多开创性的工作。非线性因素主要考虑几何非线性，即考虑管道横向挠度引起的轴向拉力对其动力学特性的影响。

基于梁模型，根据边界条件的不同，可以把输流管道分为两大类：悬臂管道和两端固支管道。由于悬臂管道和两端固支管道在力学特点上有较大差别，悬臂管道轴向不受拉力，通常假定管子是不可伸缩的。而固支管道两端扰度为零，管子的长度要发生变化，属于保守系统，一般不会发生颤振，因此两者须分别建立方程。

2.5.3.1 悬臂管道的非线性运动方程

对于悬臂输流管道，由于流体的流出，在自由端流体力要对系统做功，悬臂输流管道是一非保守系统，基于 Hamilton 原理的能量方程可以写为

$$\delta\int_{t_1}^{t_2} L\,\mathrm{d}t + \int_{t_1}^{t_2} \delta W\,\mathrm{d}t = 0 \tag{2-190}$$

$$\int_{t_1}^{t_2} \delta W \mathrm{d}t = \int_{t_1}^{t_2} \left[MU\left(\frac{\partial r_{\mathrm{L}}}{\partial t} + U\boldsymbol{\tau}_{\mathrm{L}}\right) \cdot \delta \boldsymbol{r}_{\mathrm{L}} \right] \mathrm{d}t \tag{2-191}$$

式中，$L = V_{\mathrm{p}} + V_{\mathrm{F}} - T_{\mathrm{p}} - T_{\mathrm{F}}$，$V_{\mathrm{p}}$ 和 V_{F} 是管道和流体的势能；T_{p} 和 T_{F} 是管道和流体的动能；$\boldsymbol{r}_{\mathrm{L}}$ 和 $\boldsymbol{\tau}_{\mathrm{L}}$ 分别表示管子自由端的坐标矢量和方向矢量。

Semler、Li 和 Païdoussis[110] 基于 Hamilton 原理，导出悬臂管在平面内运动的非线性方程，在建立输流管道的非线性运动方程时，对输流管道做以下基本假设：

（1）流体无黏性、不可压缩。

（2）管道在平面内振动不计剪切变形和界面转动惯量。

（3）管道的轴线不可伸长。

基于以上三点假设，得到较为完善的悬臂输流管道的非线性运动方程：

$$\begin{gathered}(m+M)\ddot{y} + 2MU\dot{y}'(1+y'^2) + (m+M)gy'\left(1+\frac{1}{2}y'^2\right) + \\ y''\left[MU^2(1+y'^2) + (M\dot{U} - (m+M)g)(L-s)\left(1+\frac{3}{2}y'^2\right)\right] + \\ EI[y''''(1+y'^2) + 4y'y''y''' + y''^3] - \\ y''\left[\int_s^L \int_0^s (m+M)(\dot{y}'^2 + y'\ddot{y}')\mathrm{d}s\mathrm{d}s + \right. \\ \left.\int_s^L \left(\frac{1}{2}M\dot{U}y'^2 + 2MUy'\dot{y}' + MU^2 y'y''\right)\mathrm{d}s\right] + \\ y'\int_0^s (m+M)(\dot{y}'^2 + y'\ddot{y}')\mathrm{d}s = 0\end{gathered} \tag{2-192}$$

式中，上标点和撇分别表示对时间和坐标轴的导数；EI 为管道的弯曲刚度；M 为单位长度流体质量；m 为单位长度管子的质量；U 为流体速度；y 为横向位移；s 为沿管轴线的曲线坐标；L 为管子的长度。

2.5.3.2　两端固支输流管道的非线性运动方程

两端固支的输流管道两端的位移为零，管子的长度要发生变化，属于保守系统。基于 Hamilton 原理的能量方程可以写为

$$\delta \int_{t_1}^{t_2} L \mathrm{d}t = 0 \tag{2-193}$$

式中，$L = V_{\mathrm{p}} + V_{\mathrm{F}} - T_{\mathrm{p}} - T_{\mathrm{F}}$，$V_{\mathrm{p}}$ 和 V_{F} 是管道和流体的势能；T_{p} 和 T_{F} 是管道和流体的动能。

Semler、Li 和 Païdoussis[110]基于 Hamilton 原理，建立的两端固支输流管道的非线性运动方程为

$$(m+M)\ddot{x}+M\dot{U}+2MU\dot{x}'+MU^2x''+M\dot{U}x'-EAx''-$$
$$EI(y''''y'+y''y''')+(T_0-P-EA)y'y''-(m+M)g=0 \tag{2-194}$$

$$(m+M)\ddot{y}+M\dot{U}y'+2MU\dot{y}'+MU^2y''-(T_0-P)y''+EIy''''-$$
$$EI(3x'''y''+4x''y'''+2x'y''''+y'x''''+2y'^2y''''+8y'y''y'''+2y''^3)+$$
$$(T_0-P-EA)(x''y'+x'y''+\frac{3}{2}y'^2y'')=0 \tag{2-195}$$

式中，x 和 y 分别是管轴向和横向位移；T_0 和 P 分别是管轴向拉力和流体压力。

Semler、Li 和 Païdoussis 的输流管道非线性方程考虑了管道的初始轴向应变和压力引起的“刚化”效应对系统运动的影响，但未考虑泊松效应、流体黏性耗能及流体压力势能对系统泛函的贡献，也未考虑管道振动对流体喘振的影响。

Lee、Pak、Hong[111]综合了 Païdoussis 和 Wiggert 的管道动力学方程，忽略了管道泊松耦合的影响，提出描述管道非线性流固耦合运动的 4 方程模型。这是第一个描述流固耦合运动的非线性模型，该模型未考虑流体离心力和科氏力对轴向运动的影响以及轴向和横向运动间的耦合，而这些遗漏项被证实正是对管道系统的非线性动力学行为影响的关键因素。在此基础上，Lee 和 Kim[112]考虑了管道泊松耦合，Gorman[113]考虑了管道泊松耦合、管道系统的大变形及管道的径向变形，分别建立了更为复杂的动力学方程，张立翔[114]等采用 Hamilton 变分原理、流体运动的 N-S 方程导出了输流管道全耦合非线性 4 方程模型。

尽管多年来人们对输流管道非线性动力问题进行了极为广泛的研究，但由于管道流固耦合的复杂性，迄今尚没有一个公认的模型，这是由于研究者过分简化了模型，而忽略了一些非线性项，这影响了对系统的非线性振动特性的正确评估。

2.5.3.3 基于扩展的 Lagrange 方程建立输流管道非线性运动方程

多数学者采用 Hamilton 原理或是 Newton 法来推导输流管道的运动方程，2007 年 Michael Stangle 等[115]在 Berzeri[116]的一维二节点单元（基于绝对节点坐标法建立）的基础上，应用 Irschik 和 Holl[117]提出的适用于含非材料体

系统的扩展的 Lagrange 方程推导了悬臂输流管道系统的运动方程。Stangle[118]、蔡逢春[119]等完全采用非线性 Green 应变张量和第二 Piola Kirchhoff 应力张量，应用扩展的 Lagrange 方程推导出了输流管道的运动方程，运动方程没有任何量级近似，且计算结果与经典的非线性运动方程计算结果吻合，这为输流管道运动方程的研究提供了一种新的方法。

1）基于绝对节点坐标(ANCF)法一维两节点梁单元

绝对节点坐标法是 Shabana[120]在 1996 年提出来的一种大变形有限单元法，它采用节点位置坐标和斜率来作为单元节点坐标，其主要的理论基础是有限元和连续介质力学。基于此方法建立系统运动方程的过程中，完全采用有限变形理论，保留了应变应力中的高阶项。目前，绝对节点坐标法已在柔性多体动力学领域得到广泛的应用和发展，该方法已被认为是多体动力学研究历史上的重要进展[121]。

图 2-59 描述了两节点单元的参考构形与瞬时构形，在全局坐标系(X, Y)下，单元上的任意一点的位置用矢量 $\boldsymbol{r}$ 表示，它可由形函数 $\boldsymbol{S}$ 与单元坐标 $\boldsymbol{e}$ 的乘积表示，即

$$\boldsymbol{r}=\begin{bmatrix} r_X \\ r_Y \end{bmatrix}=\begin{bmatrix} X \\ Y \end{bmatrix}=\boldsymbol{S}\boldsymbol{e} \tag{2-196}$$

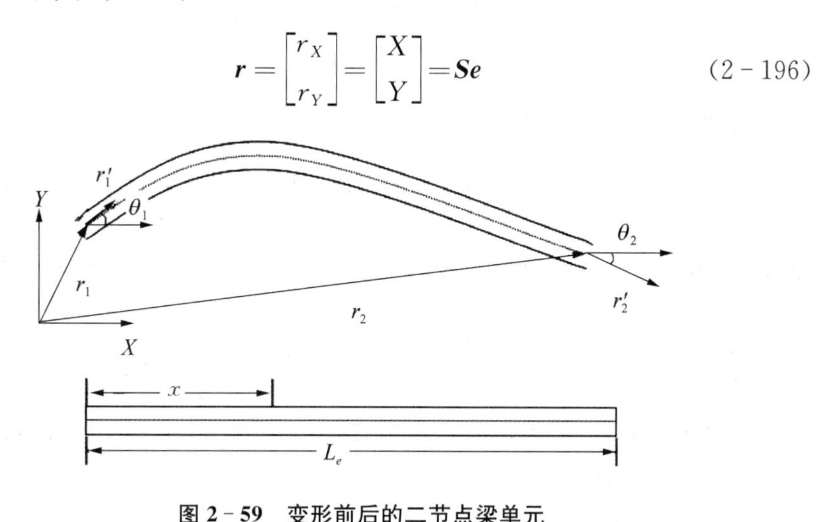

图 2-59　变形前后的二节点梁单元

两节点的平面单元有 8 个自由度，单元坐标为

$$\boldsymbol{e}=[e_1\ e_2\ e_3\ e_4\ e_5\ e_6\ e_7\ e_8]^{\mathrm{T}} \tag{2-197}$$

式中，$e_1=r_X\big|_{x=0}$，$e_2=r_Y\big|_{x=0}$，$e_3=r_X'\big|_{x=0}=\dfrac{\partial r_1}{\partial x}\Big|_{x=0}$，$e_4=r_Y'\big|_{x=0}=$

$\left.\frac{\partial r_2}{\partial x}\right|_{x=0}$，$e_5=r_X\big|_{x=L_e}$，$e_6=r_Y\big|_{x=L_e}$，$e_7=r'_X\big|_{x=L_e}=\left.\frac{\partial r_X}{\partial x}\right|_{x=L_e}$，$e_8=r'_Y\big|_{x=L_e}=\left.\frac{\partial r_Y}{\partial x}\right|_{x=L_e}$。其中，$x$ 为单元局部坐标，L_e 为单元长度。图 2-59 中角度 θ 表示了截面的方向，采用斜率矢量 $\left[\frac{\partial r_X}{\partial x} \quad \frac{\partial r_Y}{\partial x}\right]$ 来描述。很容易得到节点 i 处的截面方向 θ_i 与单元坐标有以下关系：

$$\cos\theta_i=\frac{e_3}{f_i} \tag{2-198}$$

$$\sin\theta_i=\frac{e_4}{f_i} \tag{2-199}$$

式中，$f_i=\sqrt{e_3^2+e_4^2}$。

采用三次插值多项式来描述绝对坐标：

$$\boldsymbol{r}=\begin{bmatrix} r_X \\ r_Y \end{bmatrix}=\begin{bmatrix} X \\ Y \end{bmatrix}=\begin{bmatrix} a_0+a_1x+a_2x^2+a_3x^3 \\ b_0+b_1x+b_2x^2+b_3x^3 \end{bmatrix} \tag{2-200}$$

由此可以确定形函数：

$$\boldsymbol{S}=[S_1\boldsymbol{I}\ S_2\boldsymbol{I}\ S_3\boldsymbol{I}\ S_4\boldsymbol{I}] \tag{2-201}$$

式中，$\boldsymbol{I}$ 为 2×2 的单位矩阵；$S_1=\frac{1}{2}-\frac{3}{4}\xi+\frac{\xi^3}{4}$；$S_2=\frac{L_e}{8}(1-\xi-\xi^2+\xi^3)$；$S_3=\frac{1}{2}+\frac{3}{4}\xi-\frac{\xi^3}{4}$；$S_4=\frac{L_e}{8}(-1-\xi+\xi^2+\xi^3)$。对于 $x\in[0,\ L_e]$，可以通过坐标变换，将 x 换成 ξ，$\xi=2x/L_e-1$，$\xi\in[-1,\ 1]$，这样可以方便地直接应用高斯积分。

2）基于绝对节点坐标(ANCF)法的输流管道方程

Irschik 和 Holl[117] 在 2002 年推导出了适用于含非材料体(non-material volume)系统的 Lagrange 方程，非材料体可以沿材料体表面相对运动，在流体力学里称为控制体。该方程除了含有经典的 Lagrange 方程的所有项，还含有两个曲面积分，该曲面积分是用来处理流进流出系统的运动质量的。这里将基于此扩展的 Lagrange 方程来推导输流管道系统的运动方程，其方程可写为

$$\frac{\mathrm{d}}{\mathrm{d}t}\frac{\partial T}{\partial \dot{q}_i}-\frac{\partial T}{\partial q_i}+\int_{\Gamma}\mathrm{d}a\cdot(V_{\mathrm{F}}-V_{\mathrm{p}})\frac{\partial \widetilde{T}}{\partial \dot{q}_i}-\int_{\Gamma}\mathrm{d}a\cdot\left(\frac{\partial V_F}{\partial \dot{q}_i}-\frac{\partial V_{\mathrm{p}}}{\partial \dot{q}_i}\right)\widetilde{T}-\boldsymbol{Q}_i=0 \tag{2-202}$$

式中，T 为系统的总动能；Q_i 为系统的广义力；q_i 为广义坐标。方程中包含两个曲面积分,用于描述流入流出控制体的质量。Γ 为控制体的边界；$\mathrm{d}a$ 描述曲面 Γ 上的微元方向；V_{F}、V_{p} 分别是流体的速度和管道的速度；$\widetilde{T}$ 是单位体积流体的动能。

蔡逢春[119]基于绝对节点坐标梁单元和上述扩展的 Lagrange 方程建立了输流管道单元的非线性运动方程：

$$\begin{gathered}(m+M)S_{00}\ddot{e}_i+MU(S_{01}-S_{10})\dot{e}_i-MU^2S_{11}e_i+\\ MU\widetilde{S}_{00}(\xi=1)\dot{e}_i+MU^2\widetilde{S}_{01}(\xi=1)e_i-\\ MU\widetilde{S}_{00}(\xi=-1)\dot{e}_i-MU^2\widetilde{S}_{01}(\xi=-1)e_i+\\ \frac{1}{2}EA_{\mathrm{p}}\left(\frac{L_{\mathrm{e}}}{2}\int_{-1}^{1}e_i^T\widetilde{S}_{11}e_i\widetilde{S}_{11}\mathrm{d}\xi-S_{11}\right)e_i+(T_0-PA_F)S_{11}e_i+\\ EI\,\frac{L_{\mathrm{e}}}{2}\left[\int_{-1}^{1}\frac{1}{(e_i^T\widetilde{S}_{11}e_i)^2}\widetilde{S}_{22}\mathrm{d}\xi-\int_{-1}^{1}\frac{2e_i^T\widetilde{S}_{22}e_i\widetilde{S}_{11}}{(e_i^T\widetilde{S}_{11}e_i)^3}\mathrm{d}\xi\right]e_i+(M+m)g\boldsymbol{Q}_{gi}=0\end{gathered} \tag{2-203}$$

式中，$S_{00}=\frac{L_{\mathrm{e}}}{2}\int_{-1}^{1}S^{\mathrm{T}}S\mathrm{d}\xi$；$S_{01}=\int_{-1}^{1}S^{\mathrm{T}}S'\mathrm{d}\xi$；$S_{10}=\int_{-1}^{1}S'^{\mathrm{T}}S\mathrm{d}\xi$；$S_{11}=\frac{2}{L_{\mathrm{e}}}\int_{-1}^{1}S'^{\mathrm{T}}S'\mathrm{d}\xi$；$S_{22}=\left(\frac{2}{L_{\mathrm{e}}}\right)^3\int_{-1}^{1}S''^{\mathrm{T}}S''\mathrm{d}\xi$；$\widetilde{S}_{00}(1)=S^{\mathrm{T}}(\xi=1)S(\xi=1)$；$\widetilde{S}_{01}(1)=\frac{2}{L_{\mathrm{e}}}S^{\mathrm{T}}(\xi=1)S'(\xi=1)$；$\widetilde{S}_{11}=\left(\frac{2}{L_{\mathrm{e}}}\right)^2S'^{\mathrm{T}}S'$；$\widetilde{S}_{22}=\left(\frac{2}{L_{\mathrm{e}}}\right)^4S''^{\mathrm{T}}S''$；$(')$ 表示$\frac{\partial}{\partial\xi}$。

通过引入下列无量纲变量和参数：

$$q_i=\frac{e_i}{L},\ \tilde{g}=\frac{M+m}{EI}L^3g,\ u=\left(\frac{M}{EI}\right)^{1/2}UL,\ \beta=\frac{M}{m+M},$$

$$\Pi=\frac{\overline{P}A_FL^2}{EI},\ \tau=\left(\frac{EI}{m+M}\right)^{1/2}\frac{t}{L^2},\ \Pi_0=\frac{EA_pL^2}{EI},\ \Gamma=\frac{T_0L^2}{EI}$$

将方程(2-203)无量纲化后得到输流管道单元的方程为

$$S_{00}\ddot{q}_i+u\sqrt{\beta}L(S_{01}-S_{10})\dot{q}_i-u^2L^2S_{11}q_i+u\sqrt{\beta}L\widetilde{S}_{00}(\xi=1)\dot{q}_i+u^2L^2\widetilde{S}_{01}(\xi=1)q_i-u\sqrt{\beta}L\widetilde{S}_{00}(\xi=-1)\dot{q}_i-u^2L^2\widetilde{S}_{01}(\xi=-1)q_i+\Pi_0\left(\frac{L_eL^2}{4}\int_{-1}^{1}q_i{}^{T}\widetilde{S}_{11}q_i\widetilde{S}_{11}d\xi-\frac{1}{2}S_{11}\right)q_i+(\Gamma-\Pi)S_{11}q_i+\frac{L_e}{2}\left[\int_{-1}^{1}\frac{1}{(q_i{}^{T}\widetilde{S}_{11}q_i)^2}\widetilde{S}_{22}d\xi-\int_{-1}^{1}\frac{2q_i{}^{T}\widetilde{S}_{22}q_i\widetilde{S}_{11}}{(q_i{}^{T}\widetilde{S}_{11}q_i)^3}d\xi\right]q_i+\widetilde{g}Q_{gi}=0 \tag{2-204}$$

式中,变量上方的一点表示 $\partial/\partial\tau$。

整合式(2-204)中的各项,可写为

$$m_i^e\ddot{q}_i+(c_i^e+c_i^{Le})\dot{q}_i+(k_i^e+k_i^{Le}+k_i^{Ne})q_i=-\widetilde{g}Q_{gi} \tag{2-205}$$

式中,$m_i^e=S_{00}$,$c_i^e=u\sqrt{\beta}L(S_{01}-S_{10})$;$k_i^e=-\left(u^2L^2+\frac{1}{2}\Pi_0\right)S_{11}+(\Gamma-\Pi)S_{11}$;$k_i^{Ne}=\Pi_0\frac{L_eL^2}{4}\int_{-1}^{1}q_i{}^{T}\widetilde{S}_{11}q_i\widetilde{S}_{11}d\xi+\frac{L_e}{2}\left[\int_{-1}^{1}\frac{1}{(q_i^{T}\widetilde{S}_{11}q_i)^2}\widetilde{S}_{22}d\xi-\int_{-1}^{1}\frac{2q_i^{T}\widetilde{S}_{22}q_i\widetilde{S}_{11}}{(q_i^{T}\widetilde{S}_{11}q_i)^3}d\xi\right]$;$c_i^{Le}=u\sqrt{\beta}L\widetilde{S}_{00}(1)-u\sqrt{\beta}L\widetilde{S}_{00}(-1)$;$k_i^{Le}=u^2L^2\widetilde{S}_{01}(1)-u^2L^2\widetilde{S}_{01}(-1)$。

2.5.3.4 数值计算与分析

将基于扩展的 Lagrange 方程和绝对节点坐标法(ANCF)建立的输流管道运动方程,以及 Semler、Li 和 Païdoussis 基于 Hamilton 原理建立的输流管道非线性方程开展数值计算与分析,研究铰支-铰支、固支-固支、固支-铰支、固支-自由条件下的输流管道的动力学特性,并与两种输流管道运动方程的计算结果进行比较。

以无量纲流速 u 作为分岔参数,作不同支承条件下的输流管道的分岔图。对于两端支承条件,当管道中点的速度为零时,记录此时管道中点的位移绝对值,以点的形式记录在分岔图上。对于悬臂输流管道,当管道自由端的速度为零时,记录此时管道自由端的位移绝对值。在作分岔图时,省略初始振动状态,仅记录相对稳定的运动状态。

两端支承条件下,系统参数取 $L=1$,$\widetilde{g}=0.1$,$\beta=0.47$,$\Pi_0=1\,000$,$\Pi=$

$\Gamma=0$。在管道中点施加横向载荷 0.1,平衡后释放载荷,管道开始自由运动,选取管道中点处为记录点,观察此点来研究输流管道的分岔特性。

以无量纲流速为分岔参数,图 2-60、图 2-61 和图 2-62 分别为铰支-铰支、固支-固支和固支-铰支条件下的分岔图,图中分别记录了基于 ANCF 输流管道方程与 Païdoussis 的输流管道运动方程的计算结果。两端支承条件下的输流管道是保守系统,系统首先发生静态发散失稳。由图可知,三种边界条件下的发生超临界叉式分岔对应的无量纲流速为 $u=3.14$、$u=6.28$、$u=4.49$,基于 ANCF 输流管道方程的计算结果与 Païdoussis 经典输流管道方程的计算结果吻合很好。另外,由计算结果可看出:对基于 ANCF 的方程,采用 6 个单元的计算结果就和 Païdoussis 方程的计算结果相符很好,且对于两端铰支情况下,只需 2 个单元就可以得到很好的计算结果,可见该基于 ANCF 的输流管道单元的计算效率较高。

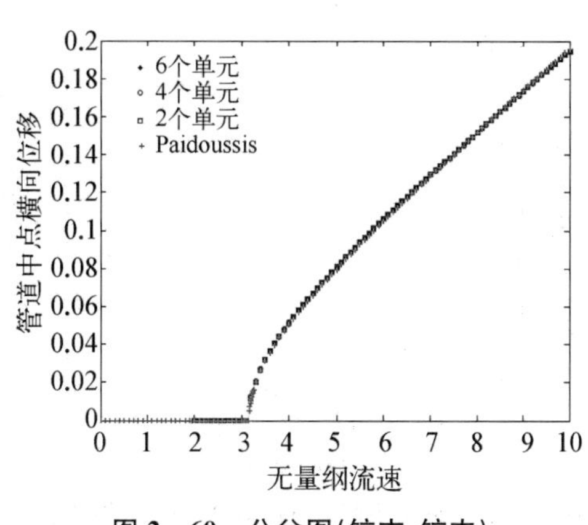

图 2-60　分岔图(铰支-铰支)

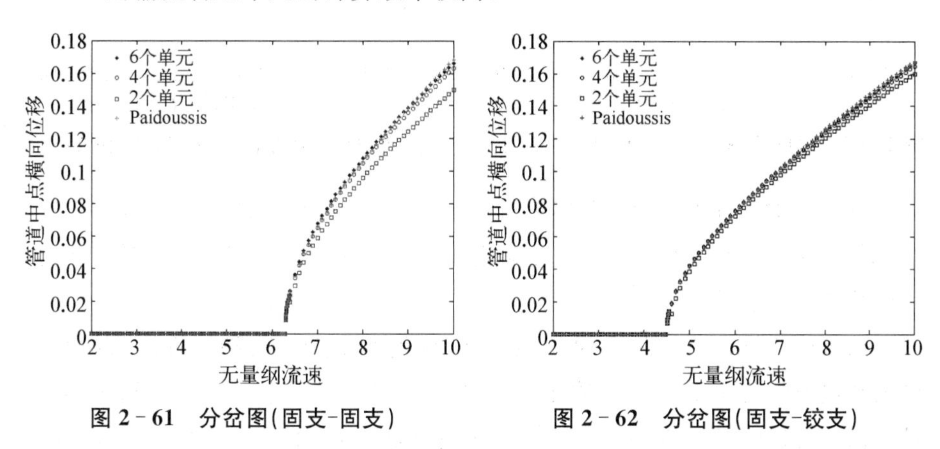

图 2-61　分岔图(固支-固支)　　图 2-62　分岔图(固支-铰支)

为清楚描述两端支承条件下输流管道的动力学特性,图 2-63、图 2-64 给出了铰支-铰支条件下输流管道稳定状态下($u=2$)的管道中点位移随时间的变化,以及相应的相图,可清楚看出,当流速小于临界流速时,系统是稳定的。图 2-65、图 2-66 给出了铰支-铰支条件下输流管道失稳状态下($u=8$)

的管道中点位移随时间的变化，以及相应的相图。可清楚看出，当流速大于临界流速时，系统因屈曲发生静态失稳。

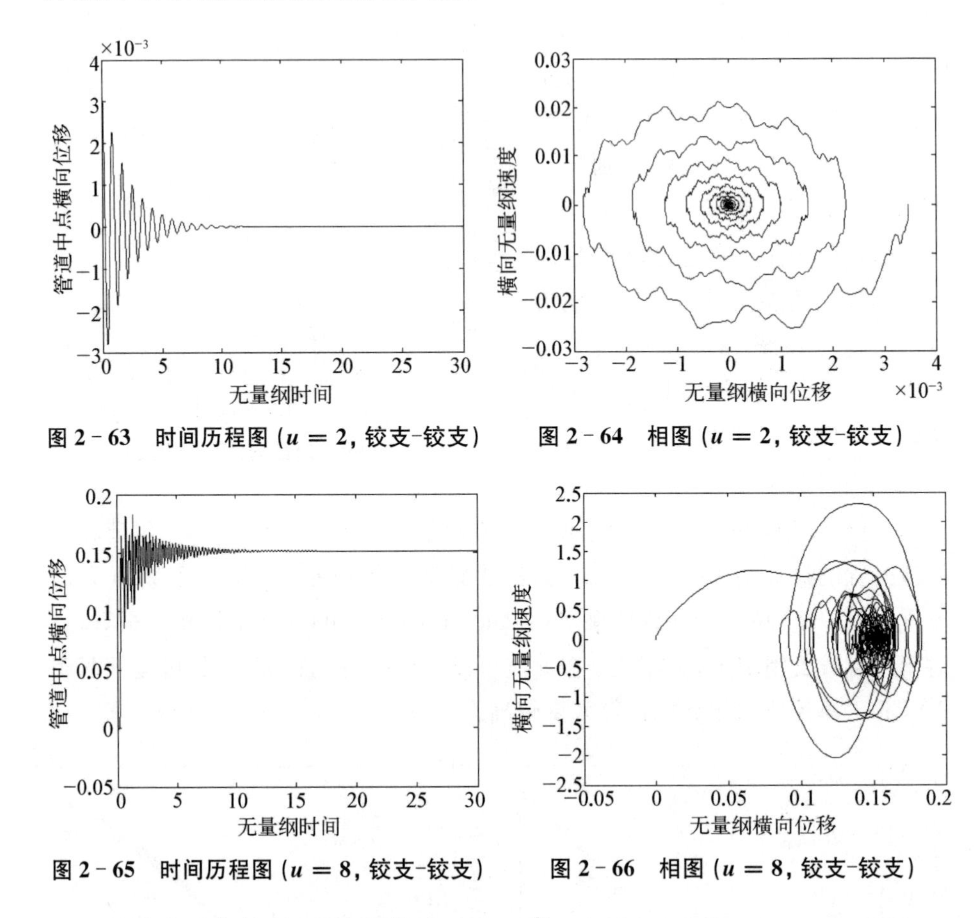

图 2-63　时间历程图（$u=2$，铰支-铰支）

图 2-64　相图（$u=2$，铰支-铰支）

图 2-65　时间历程图（$u=8$，铰支-铰支）

图 2-66　相图（$u=8$，铰支-铰支）

悬臂支承条件下，系统参数取 $L=1$，$\tilde{g}=0$，$\beta=0.2$，$\Pi_0=1\,000$，$\Pi=\Gamma=0$。计算的初始条件为在管道自由端施加横向载荷 0.1，静平衡后，释放载荷，管道开始自由运动。

悬臂输流管道系统为非保守系统，将首先发生颤振失稳。管道自由端的极限环幅值随无量纲流速 u 的变化如图 2-67 所示，图中也给出了 Païdoussis 悬臂输流管道运动方程的计算结果。从图可以看出，在临界流速 $u<5.8$ 时，管道的颤振幅值较小，计算结果与 Païdoussis 的方程的计算结果吻合较好，当 $u>5.8$ 后，管道的颤振幅值较大，极限环幅值明显小于 Païdoussis 的计算结果，这是因为 Païdoussis 采用了无限小应变理论量级近似方法导出系统运动方程，并假设管道轴线不可伸长，而 ANCF 方法完全采用有限变形理论导出的运动方程，并考虑管道的轴线可以自由伸长，以及管道伸长对流速带来的影响。

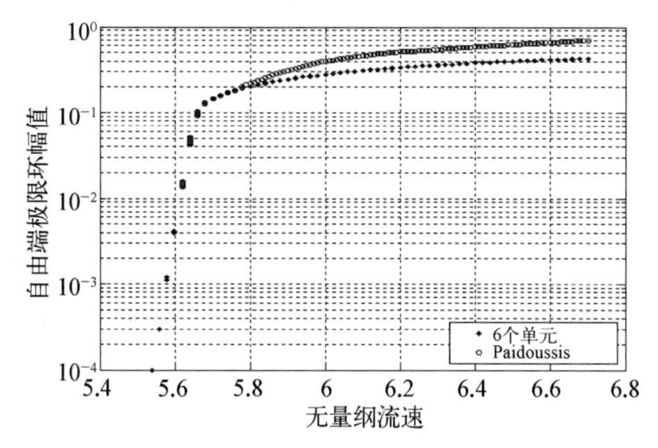

图 2-67 极限环幅值随无量纲流速的变化

为更加清楚描述系统发生颤振失稳后的动力学行为，图 2-68、图 2-69、图 2-70、图 2-71 分别给出了 $u=6.6$ 时，管道自由端的横向、轴向位移随时间（均为无量纲）的变化曲线以及相应的相图，从图可以看出输流管道做等幅简谐振动，形成稳定的极限环。图 2-72 描述了 $u=6.6$ 时，管道在不同时刻的构形。

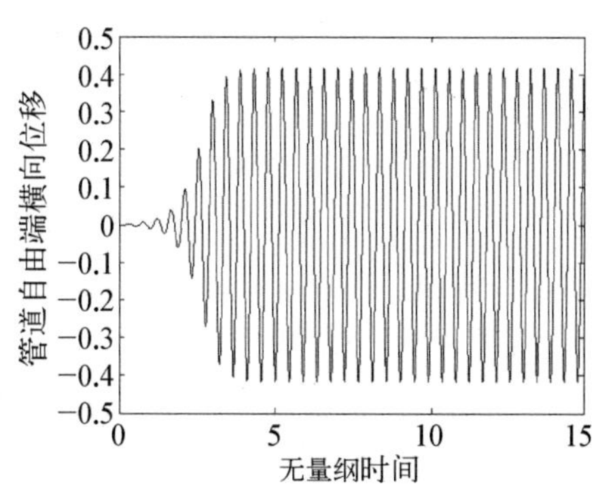

图 2-68 自由端横向位移 ($u=6.6$)

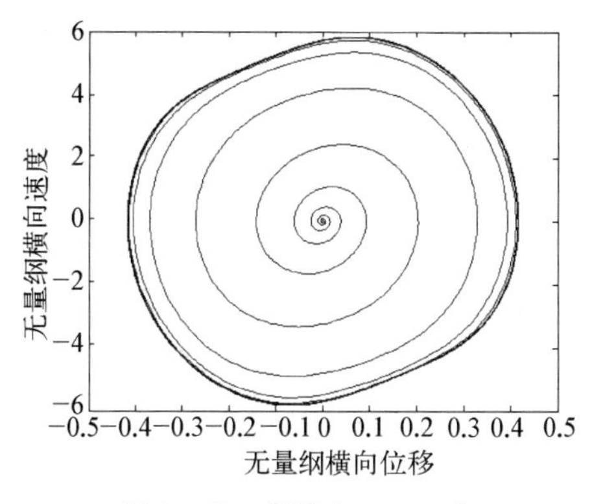

图 2-69 相图 ($u=6.6$)

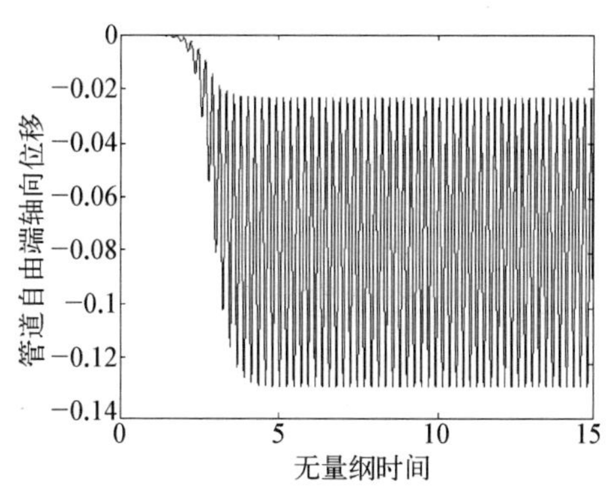

图 2-70 自由端轴向位移 ($u=6.6$)

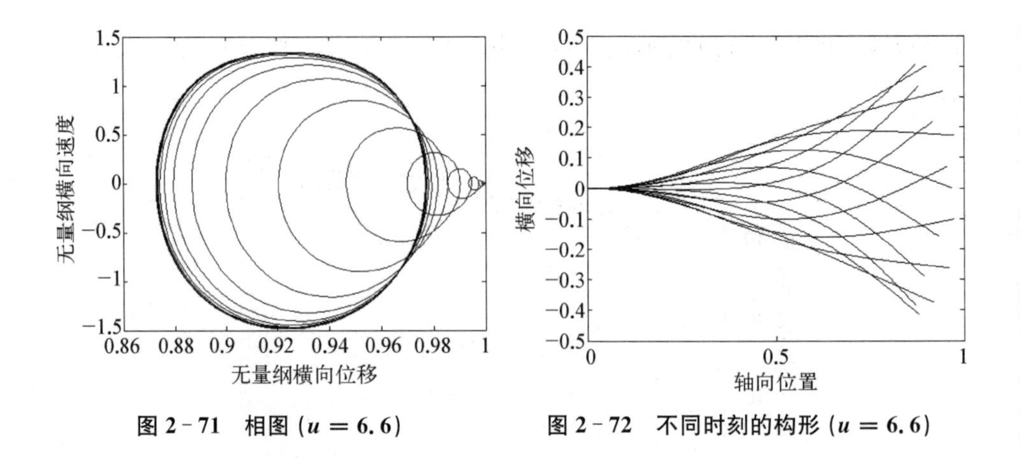

图 2-71　相图 ($u=6.6$)　　**图 2-72　不同时刻的构形 ($u=6.6$)**

2.6　微动磨损

核电站设备多数在流体介质环境下运行，又有引起微动磨损(也称为磨蚀)的各种条件，因此微动损伤普遍存在于整个系统设备中，从传热管、燃料组件、压力容器、管件到螺栓等，无法从根本上避免。核工程中实际发生的磨损可分为两类：第一类与引起间歇性单向滑动的管道回旋有关，而这不是微动；第二类由流体流动引发的振动引起，重要参数有冲击力、结构与支撑间的间隙、支撑板的厚度和振动频率。

微动及其损伤在力学上属于接触问题[122]，在接触问题中，边界条件不是在计算前就可给出，而是计算的结果，两接触体间接触与否，接触面积的大小以及接触压力的分布是未知的，由外载荷、材料、边界条件和其他因素决定，属于边界条件非线性问题，并且大多数接触问题需要计算摩擦，要选择摩擦模型，这些模型都是非线性的，摩擦使问题的收敛变得更加困难，接触力学计算模型，尤其是摩擦、磨损的模型发展缓慢[123]。目前常用的磨损模型有：Archard 模型、磨损深度模型、Frick 方程(包括恒定功率模型、恒定功密度率模型、线性功密度率模型)。

2.6.1　Archard 磨损模型

Archard 模型是工程中广泛接受的磨损模型之一，其形式为

$$V=\frac{SFL}{3H} \tag{2-206}$$

式中，V 是磨损体积；S 是磨损系数；F 是与接触面垂直的接触力；L 是总的滑动距离；H 为材料硬度；3 是适用于半球形磨粒的形状因子。

从 Archard 公式可以总结如下：

(1) 磨损率与载荷成正比。

(2) 磨损率与滑动速度无关。

(3) 磨损率与材料的屈服压力成正比。

这个模型形式简单直观，在工程中得到广泛的应用，但也存在一些实质性的不足，如它不是源于磨损发生的力学原理、磨损系数变化范围大及确定困难等。

2.6.2　磨损深度模型

磨损深度模型基于能量耗散概念[124]，其假设磨损是由接触表面上的能量耗散导致的，其磨损体积是接触面上的摩擦力和滑移距离的乘积：

$$V = KQS \tag{2-207}$$

式中，V 是磨损体积；Q 是接触剪力；S 是滑移距离；K 是磨损系数。

总的磨损体积 V 是所有微元(V_i，i 表示磨损内表面的位置)磨损体积之和，微元的磨损体积为微元磨损面积与磨损深度之积，因此，考查第 i 个微元，其磨损体积为

$$V_i = A_i D_i = KQ_i S_i \tag{2-208}$$

式中，S_i 是 i 位置处的滑移距离；A_i 为微元磨损面积；D_i 为磨损深度。

从方程(2-208)可以得到，i 位置处的磨损深度为

$$D_i = K\frac{Q_i}{A_i}S_i = Kq_i S_i \tag{2-209}$$

式中，q_i 为 i 位置处的剪应力。

考虑如图 2-73 所示的二维磨损时，磨损深度 $D(x)$ 可以表示为

$$D(x) = Kq(x)S(x) \tag{2-210}$$

这里，$q(x)$ 为接触切向摩擦力；$S(x)$ 为点

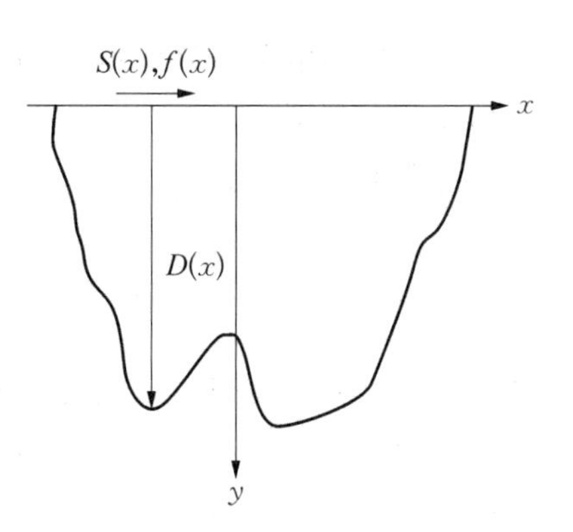

图 2-73　磨损深度 $D(x)$、滑移距离 $S(x)$ 和摩擦力 $f(x)$ 的轮廓

x 处的滑移距离;磨损系数 K 的单位为 Pa^{-1}。

将方程(2-210)两边相对于时间(循环次数)微分,即可得到

$$\frac{\mathrm{d}D(x)}{\mathrm{d}N}=K\frac{\mathrm{d}\{q(x)S(x)\}}{\mathrm{d}N}=K\left[\frac{\mathrm{d}q(x)}{\mathrm{d}N}S(x)+q(x)\frac{\mathrm{d}S(x)}{\mathrm{d}N}\right] \tag{2-211}$$

式中,N 是实验中以恒定幅值滑移的循环次数。式(2-211)右边括号里的项可以简化:$q(x)$在每个滑移周期里均发生变化,与滑移区相关。然而,已有研究表明[125],在少数滑移循环后,切向摩擦力基本保持稳定,因此式(2-211)中括号中的第一项就会消失。在一个滑移周期里,滑移距离等于 4 倍的滑移幅值(δ),式(2-211)可化为

$$\frac{\mathrm{d}D(x)}{\mathrm{d}N}=Kq(x)\cdot(4\delta) \tag{2-212}$$

式中,$q(x)\cdot(4\delta)$ 即一个滑移周期里磨损面上点 x 处的能量密度。每个周期中磨损深度的增加与切向摩擦力和滑移幅度的乘积成比例。这里只关注最大的磨损深度,式(2-212)可写为

$$\frac{\mathrm{d}D_{\max}}{\mathrm{d}N}=Kq_{\max}(4\delta) \tag{2-213}$$

式中,$D_{\max}$ 为最大磨损深度;$q_{\max}$ 是切向摩擦力的最大值。

2.6.3 Frick 方程模型

为了预测格架-燃料棒间的微动磨损,Kim 等基于 Frick 方程,提出了三种微动磨损模型[126]。

经典 Frick 方程[127]为

$$\frac{\mathrm{d}V(t)}{\mathrm{d}t}=k_{\mathrm{v}}\frac{\mathrm{d}W(t)}{\mathrm{d}t}=k_{\mathrm{v}}\frac{\mathrm{d}[F(t)l(t)]}{\mathrm{d}t} \tag{2-214}$$

式中,$V(t)$为磨损体积;k_{v} 为比体积磨损系数;$W(t)=F(t)l(t)$ 为磨损区域上作用的功;$F(t)$为磨损区域的法向荷载;$l(t)$为滑行距离;$\mathrm{d}W(t)/\mathrm{d}t$ 为作用在磨损区域上的功率。

考虑到微动磨损仅在格架-燃料棒之间形成一定间隙后才会发生,所以对 Frick 方程进行修正:

$$\frac{dV(t)}{dt}=0,\quad W(t)\leqslant W_0$$

$$\frac{dV(t)}{dt}=k_v\frac{d[F(t)l(t)]}{dt},\quad W(t)>W_0 \tag{2-215}$$

式中，W_0 为激发磨损的临界功。

$$\frac{dD(t)}{dt}=0,\quad \sigma(t)\leqslant \sigma_0$$

$$\frac{dD(t)}{dt}=k_d\frac{d[\sigma(t)l(t)]}{dt},\quad \sigma(t)>\sigma_0 \tag{2-216}$$

式中，$D(t)$为磨损深度；k_d 为比深度率系数；$\sigma(t)=F(t)/A$ 为磨损区域的应力；A 为接触面积；σ_0 为激发磨损的临界应力。

基于式(2-215)和式(2-216)，可以得到以下三种格架-燃料棒磨损模型，表2-6列出了这几种模型，详细的推导过程见参考文献[126]。

(1) 模型Ⅰ：恒定功率模型。假设功率是恒定的，不管微动磨损过程。

(2) 模型Ⅱ：恒定功密度率模型。假定接触面积、功密度率（$d[\sigma(t)l(t)]/dt$）恒定。

(3) 模型Ⅲ：线性功密度率模型。功密度率线性增加。

表2-6　三种微动磨损模型

模型Ⅰ：恒定功率模型 $V(t)=0\quad t\leqslant t_0$ $V(t)=k_vC_1(t-t_0)=k_{vc}(t-t_0),\quad t>t_0$ 式中，$dW(t)/dt=C_1$ 为常数；t_0 为超过临界功的时间；k_{vc} 为修正的比体积磨损率系数 $D(t)=0,\quad t\leqslant t_0$ $D(t)=\dfrac{k_{vc}(t-t_0)}{A(t)},\quad t>t_0$ 式中，$D(t)$为磨损深度
模型Ⅱ：恒定功密度率模型 $D(t)=0,\quad t\leqslant t_0$ $D(t)=k_dC_2(t-t_0)=k_{dc1}(t-t_0),\quad t>t_0$ 式中，$d[\sigma(t)l(t)]/dt=C_2$ 为常量；t_0 为应力超过临界应力的时间； k_{dc1} 为修正的比深度磨损率系数
模型Ⅲ：线性功密度率模型 $D(t)=0,\quad t\leqslant t_0$ $D(t)=k_dC_3(t^2-t_0^2)=k_{dc2}(t^2-t_0^2),\quad t>t_0$ 式中，$d[\sigma(t)l(t)]/dt=2C_3t$；$C_3$ 为常数；k_{dc2} 为修正的比深度磨损率系数

通过对以上这三种微动磨损模型预测的燃料棒的穿孔时间与电站实际运行的监测结果比较表明，恒定功密度率模型或线性功密度率模型能非常有效地预测磨损导致的燃料棒的失效时间。

第 3 章

流致振动分析参数

流致振动分析涉及流体激励计算以及结构振动响应计算。其中，结构振动响应计算所需确定的分析参数主要包括振动频率、振型函数、阻尼等。流体激励主要表现为流体作用在结构上的力，单相流的流体激励主要由流体速度和密度等参数决定，而两相流的流体激励特性还受空泡份额和流型等参数的影响。

流体作用在结构上的力可以分解为与结构运动有关的流体力和与结构运动无关的流体力。其中，与结构运动有关的流体力一般通过附加质量、流体阻尼和流体刚度的形式叠加到结构运动方程中，而与结构运动无关的流体力，通常作为外载放入结构运动方程右边的激励项。

3.1 基本运动方程

当一个弹性结构全部浸入在流动的流体中或输送流体时，结构就承受了由流体产生的施加在结构上的分布力的作用。对于这种流体诱发力的作用，结构以不同形式产生响应。结构可能：① 静态变形；② 由于流动发散而变得不稳定；③ 随着流动的周期激励而发生共振；④ 对随机流体激励产生响应；⑤ 遭受颤振而引起动力不稳定。

结构与位移之间的动力相互作用由下列方程来描述：

$$\boldsymbol{M}\ddot{\boldsymbol{Q}}+\boldsymbol{C}\dot{\boldsymbol{Q}}+\boldsymbol{K}\boldsymbol{Q}=\boldsymbol{G} \tag{3-1}$$

或

$$(\boldsymbol{M}_{s}+\boldsymbol{M}_{f})\ddot{\boldsymbol{Q}}+(\boldsymbol{C}_{s}+\boldsymbol{C}_{f})\dot{\boldsymbol{Q}}+(\boldsymbol{K}_{s}+\boldsymbol{K}_{f})\boldsymbol{Q}=\boldsymbol{G} \tag{3-2}$$

式中，$\boldsymbol{M}$ 为质量矩阵，它包括结构质量 $\boldsymbol{M}_{s}$ 和附加质量 $\boldsymbol{M}_{f}$；$\boldsymbol{Q}$ 为位移矢量，$\dot{\boldsymbol{Q}}$

为速度矢量，$\ddot{\boldsymbol{Q}}$ 为加速度矢量；$\boldsymbol{C}$ 为阻尼矩阵，它包括结构阻尼 $\boldsymbol{C}_s$ 和流体阻尼 $\boldsymbol{C}_f$；$\boldsymbol{K}$ 为刚度矩阵，它包括结构刚度 $\boldsymbol{K}_s$ 和流体刚度 $\boldsymbol{K}_f$；$\boldsymbol{G}$ 为其他激振力，包括旋涡脱落、湍流以及噪声等。

3.1.1 静力特性

1) 静位移

稳态阻力、升力或频率比结构固有频率低得多的脉动力可以使结构产生静变形。结构位移由下式计算：

$$\boldsymbol{Q}=\boldsymbol{K}^{-1}\boldsymbol{G} \tag{3-3}$$

2) 静力不稳定性(发散)

静力不稳定性是由流体刚性力引起的。结构发生大位移的临界流动速度由下式计算：

$$\det(\boldsymbol{K}_s+\boldsymbol{K}_f)=0 \tag{3-4}$$

两端支承输送定常流体的弹性管道的屈曲是一个典型的静力不稳定例子。

3.1.2 动态特性

1) 动力响应

结构受到各种激励的作用，周期的，如旋涡脱落；或随机的，如湍流。一旦已知激励，就可直接计算结构的响应。

2) 动力不稳定性

高速流动会引起动力不稳定性。典型例子是承受横向流动的管系旋动不稳定性和输送流体的悬臂管颤振。可以把动力不稳定性分为如下两种：

(1) 流体阻尼控制型的不稳定性(单一模态颤振)。与对称阻尼矩阵有关，颤振起因于流体动态力产生的“负阻尼”，即与结构速度同相的流体力起作用。

(2) 流体刚度控制型的不稳定性(耦合模态颤振)。占优势的项与反对称刚度矩阵相联系。因为产生这种不稳定性需要两种模态的最小值，所以称为耦合模态颤振。

若流动是时间的周期性函数，则对应于单一模态颤振和耦合模态颤振就可能存在着参数共振和复合共振。

参数共振：当流动的周期是圆柱体固有频率的倍数时，圆柱体就可能是动力不稳定的。

复合共振：当圆柱体固有频率的和或差除以一个整数后等于流动的周期时，圆柱体也可能产生动力不稳定。

3.2　结构振动频率与振型

结构振动频率和振型是流致振动分析的基础，计算结构的振动频率和振型有两种方法：一种是采用理论分析或通过查询规范，采用相应的理论公式计算得出；另外一种是有限单元法。规范方法一般针对较规则的梁式结构，如管壳式换热器、燃料棒，将结构与规范中的经验公式对应，计算得到固有频率，涉及的规范可参考GB151附录E和TEMA第6章，都给出了相关理论公式。对于核工程中较复杂的结构，如堆内构件、燃料组件等一般采用有限单元法计算结构的频率和振型。

3.2.1　理论公式

梁式结构的振动频率可由下式计算：

$$f=\frac{B}{2\pi}\sqrt{\frac{EI}{ml^4}} \tag{3-5}$$

式中，两端简支 $B=9.87$，一端固定、一端简支 $B=15.4$，两端固支 $B=22.4$；对于管状结构，$I=\frac{\pi}{64}(D^4-D_i^4)$，$E$ 为管材的杨氏模量，l 为跨长，m 为单位长度管子的动质量。

规范中一般将流速等计算参数保守处理，未涉及振型函数平均，只有频率的计算方法，无振型函数相关信息。

3.2.2　有限元方法

对于核工程中较复杂的结构，不能找到对应的理论公式计算频率，同时无法得到振型，一般采用有限元法计算结构的频率和振型。有限元方法的计算步骤为：节点单元划分，确定结构的材料和实常数特性，设置边界条件以及计算固有频率和振型。下面以压水堆蒸汽发生器传热管为例详细介绍采用有限

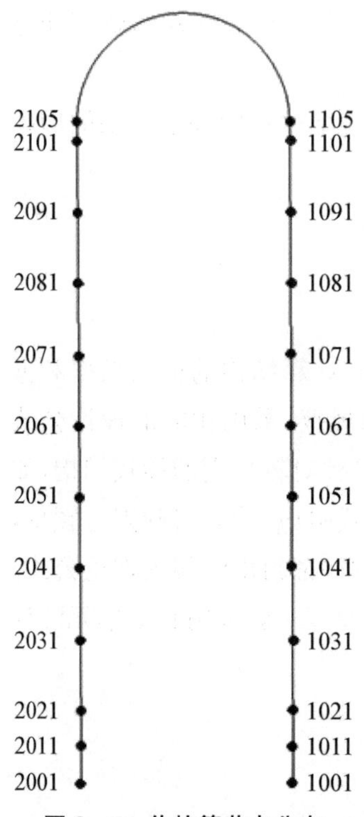

图 3-1 传热管节点分布

元方法计算固有频率和振型的流程。

压水堆蒸汽发生器传热管起始于管板，连通一次侧热段和冷段。每根传热管分为两段直管和一段弯管，沿直管区分布有多层支承板，弯管区布置防振条。选取最内层传热管（第一排，简写为 R_1）建立分析模型，并进行固有振动特性分析。

1）节点单元划分

对蒸汽发生器传热管选用直管单元和弯管单元进行模拟。传热管由管板、支承板、防振条等分割为小段，可根据实际情况建立相应的节点和管单元。传热管的节点分布如图 3-1 所示。

2）传热管温度分布

传热管内一次侧流体从热段流到冷段的过程中，热量不断传递到二次侧流体，使得沿流体流动方向传热管温度不断下降。假定在进出口之间温度线性分布，考虑温度变化对传热管弹性模量的影响。

3）传热管折算密度

传热管管内一次侧流体质量和管外二次侧流体附加质量折算入传热管管单元密度中，折算公式如下：

$$\rho_e = \rho_m + \frac{D_i^2}{D^2 - D_i^2}\rho_p + C\frac{D^2}{D^2 - D_i^2}\rho_s \tag{3-6}$$

式中，ρ_m 为传热管自身密度；ρ_p 为传热管内一次侧流体密度；ρ_s 为传热管外二次侧流体密度；D 为传热管外径；D_i 为传热管内径；C 为管外二次侧流体附加质量折算系数，如何计算详见 3.3 节。

传热管内一次侧流体假定温度在进出口之间线性分布，通过一次侧流体的温度和工作压力可以确定其密度。

传热管外二次侧流体情况相当复杂，通过流场计算可以得到流体密度分布。

4）边界条件

传热管的边界条件即支承情况比较复杂，管子被管板有效地夹持，管子和支承板之间需要有一定的间隙，这既是为了方便组装也是允许一定的热膨胀。管子和中间支承的径向间隙通常为 0.25～0.80 mm，对于大多数核蒸汽发生器，径向间隙通常设计为 0.38 mm，因此，管子和支承之间的相互作用为非线性的。设计较好的热交换器，跨中位置的管子振动响应均方根值通常小于 100 μm，支承附近更小，通常小于 25 μm，远远小于管子的支承间隙。因此，管子通常不会在整个支承间隙中往返振动，而是偏向于支承的一侧，贴近该侧振动。管子不可能同心放置于 0.38 mm 的径向支承间隙中而不碰到支承，有一根管子出现这种情况的概率应该远小于 1%，因此，通常定义管子和支承板之间的支承条件为简支。

核蒸汽发生器 U 形弯管区域经常用到防振条（AVB）。AVB 对限制面外方向的振动很有效，对面内振动的限制作用较小，但是面内振动响应一般远小于面外振动，一般也假设为简支。

综上，对传热管管板位置使用固定约束：

$$U_x = U_y = U_z = 0$$
$$R_x = R_y = R_z = 0$$

对支承板和防振条处使用简支约束：

$$U_x = U_y = U_z = 0$$

式中，U_x、U_y、U_z 分别为 x，y，z 三个方向的平动自由度；R_x，R_y，R_z 分别为 x，y，z 三个方向的转动自由度。

5）固有频率及振型

采用有限元程序可计算传热管 R_1 的振动频率和振型，前 5 阶频率如表 3 - 1 所示，前 5 阶振型如图 3 - 2～图 3 - 6 所示。

表 3 - 1　某蒸汽发生器传热管 R_1 前 5 阶固有频率

模态阶数	频率/Hz
1	37.83
2	37.83
3	38.12
4	38.12
5	41.57

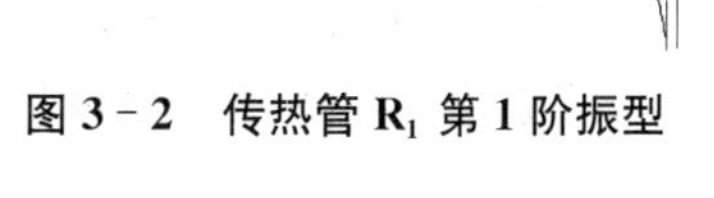

图 3 - 2　传热管 R_1 第 1 阶振型

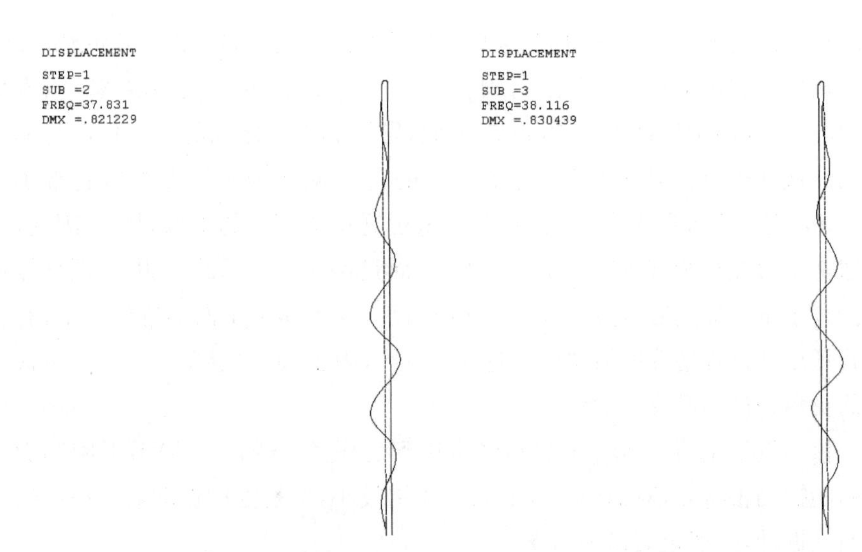

图 3-3　传热管 R_1 第 2 阶振型　　图 3-4　传热管 R_1 第 3 阶振型

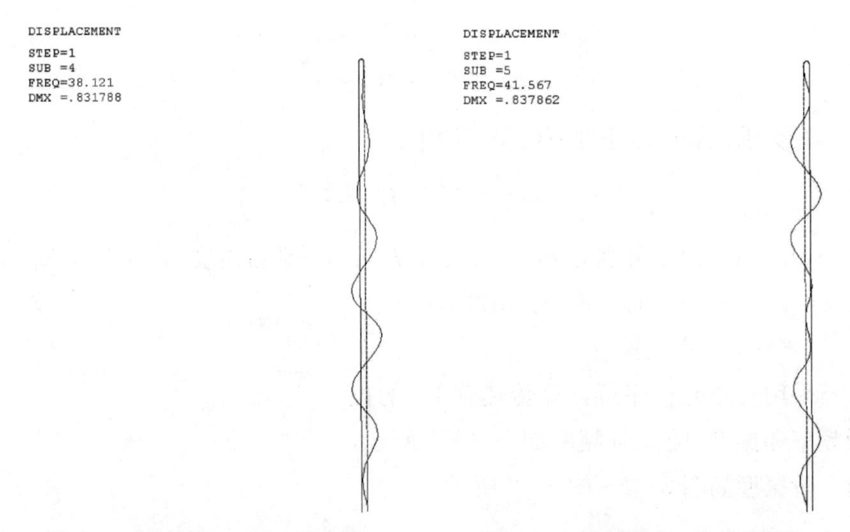

图 3-5　传热管 R_1 第 4 阶振型　　图 3-6　传热管 R_1 第 5 阶振型

3.3　水动力附加质量

3.3.1　传热管的水动力附加质量

水动力质量是随管子一起振动的外部流体的等效动态质量。在液相流中，管束中某一管子的单位长度水动力质量可通过下列方程计算得出：

$$m_{\mathrm{h}}=\left(\frac{\pi}{4}\rho D^{2}\right)\left[\frac{\left(\dfrac{D_{\mathrm{e}}}{D}\right)^{2}+1}{\left(\dfrac{D_{\mathrm{e}}}{D}\right)^{2}-1}\right] \tag{3-7}$$

式中，D_{e} 为周围管子的当量直径；$\dfrac{D_{\mathrm{e}}}{D}$ 比率则为限制效应。对于三角形管束，限制效应计算方程如下：

$$\frac{D_{\mathrm{e}}}{D}=\left(0.96+0.5\frac{P}{D}\right)\frac{P}{D} \tag{3-8}$$

对于正方形管束，限制效应为

$$\frac{D_{\mathrm{e}}}{D}=\left(1.07+0.56\frac{P}{D}\right)\frac{P}{D} \tag{3-9}$$

两相流横掠管束的水动力质量也可通过上述方程计算得出，密度取两相混合物均相密度 ρ_{TP}。图3-7给出了通过水附加质量公式与试验数据的对比结果，纵坐标中 m_{h} 为两相流环境下的水动力质量；m_{l} 为液体环境下的水动力质量。

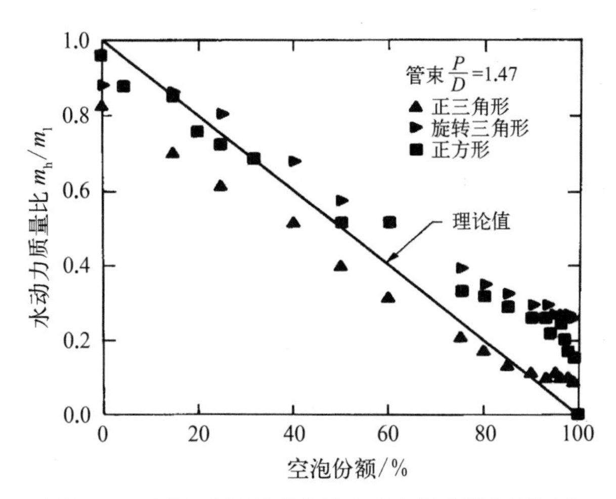

图3-7　在气-水两相横向流中的水动力附加质量的理论值与试验值的对比

管子动态质量总值 m 包括水动力质量 m_{h}、单位长度管子质量 m_{t} 以及管内流体质量 m_{i}。具体表达式如下：

$$m=m_{\mathrm{h}}+m_{\mathrm{t}}+m_{\mathrm{i}} \tag{3-10}$$

3.3.2 反应堆内的水动力附加质量

反应堆中吊篮与压力容器中间形成了一个下降环腔，其附加质量本质上为同心圆筒的环腔水动力质量理论(见图 3-8)，分为无泄漏和有泄漏两种情况。

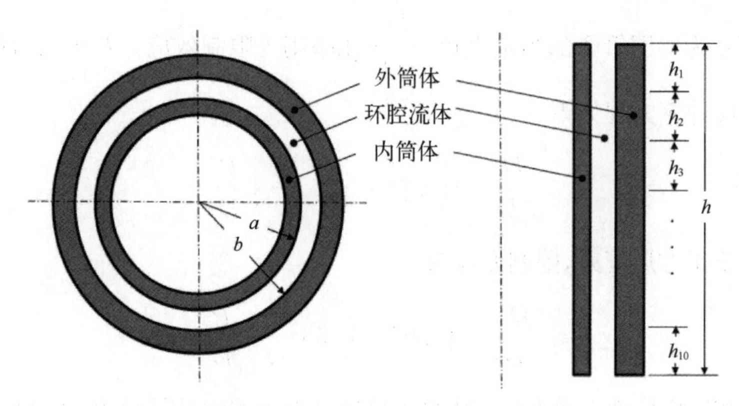

图 3-8 同心圆筒的环腔水动力质量

内筒体排开水的质量：

$$m_1 = \pi\rho a^2 h \tag{3-11}$$

外筒体包含水的质量：

$$m_2 = \pi\rho b^2 h \tag{3-12}$$

对于无泄漏情况，环腔内水动力质量：

$$m_{\mathrm{h}} = m_1 \frac{b^2 + a^2}{b^2 - a^2} \tag{3-13}$$

对于完全泄漏情况，环腔内水动力质量：

$$m_{\mathrm{hL}} = \frac{\dfrac{a}{b-a}\pi\rho a^2 h}{1 + 12\dfrac{a^2}{h^2}} \tag{3-14}$$

式中，ρ 为环腔内水的密度。

对于反应堆筒体与吊篮之间的环腔水动力质量，环腔顶部考虑无泄漏情况，环腔底部考虑为完全泄漏情况，中间位置根据节点的高度进行差分。

在反应堆动力分析模型中，除了需要考虑反应堆筒体与吊篮之间的水动力附加质量，还需要考虑吊篮和燃料组件之间的水动力附加质量。计算方法与上述的计算方法一致，假设在整个通道内均为无泄漏情况，对结构的截面进行了等效处理。

反应堆堆内构件中的二次支撑、导向筒、支承柱等结构，基本为棒状结构，其附加质量的计算方法与管状结构的计算方法相类似。

3.3.3 燃料组件的水动力附加质量

以压水堆燃料组件为例，该燃料组件主要由骨架和燃料棒组成。控制棒导向筒、中子注量率测量管与格架焊接在一起，上、下管座用螺钉与控制棒导向筒连接起来，构成可拆式骨架。燃料元件棒插入格架内，通过格架内的弹簧片夹持固定。

燃料组件浸没在反应堆冷却剂中，在外部载荷激励下，燃料组件会发生运动，从而导致燃料组件周围的冷却剂向外扩散，冷却剂边界使冷却剂反向运动，与燃料组件的运动产生耦合，即流固耦合。

燃料组件为不规则形状，且处于冲刷流体环境，这种情况需通过实验确定水动力附加质量，该质量与内外筒体的结构形式、布置及其间流体的特性等有直接关系。

3.4 阻尼

结构系统中的运动会消耗系统能量，这类能量损失的现象称为阻尼。在结构系统中，能量损失的原因有：结构阻尼，这是由材料内部的摩擦或结构系统元件之间连接处的摩擦引起的；黏性阻尼，这是由流体中的运动引起的；库仑阻尼，是由一物体在另一物体表面的滑动摩擦运动引起的。在复杂的结构系统中，确定不同阻尼形式的精确表达式是极其困难的，分析人员一般通过一个简单的阻尼表达式，假定它们的能量损失相当来解决问题，即在分析中引入的阻尼系统与真实结构具有相当的能量损失。为了确定这个能量系统，通常需要实验数据。如在反应堆系统中的部件，堆内构件、燃料组件以及输流管道等的流致振动阻尼一般通过实验测量确定，对于管束结构，已有大量的实验研究结论。

以下以管束结构为例，详述阻尼研究的相关结论。

3.4.1 阻尼的测量方法

总的来说，阻尼测量方法有三种：① 对数衰减方法；② 正弦扫描方法；

③ 随机响应方法。

对数衰减法是给结构一个初始激励，记录下结构的自由衰减响应时程，得到结构阻尼如图 3－9 所示。

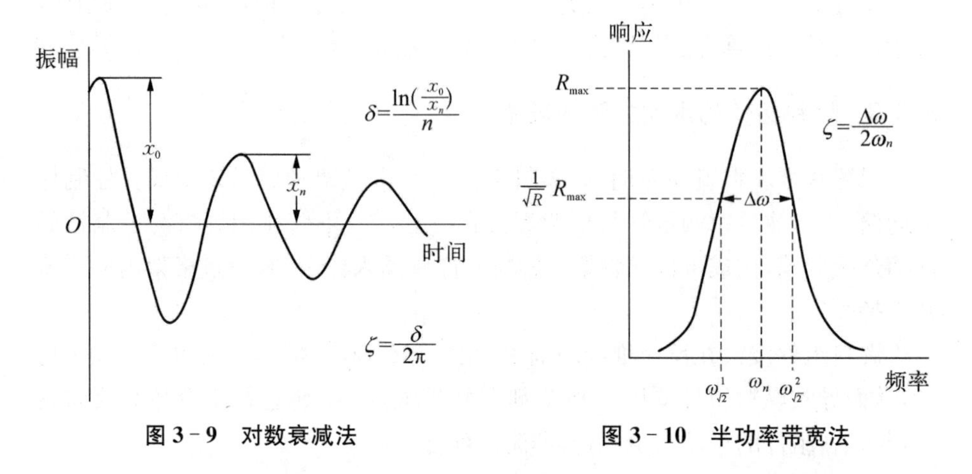

图 3－9　对数衰减法　　　　图 3－10　半功率带宽法

正弦扫描或随机响应方法都是给结构施加激励，记录下结构的振动响应时程，并对响应时程做频谱分析，采用半功率带宽法得到结构阻尼，如图 3－10 所示。这两种方法的区别在于施加的激励不同，一种是正弦激励，一种是随机激励。图 3－10 所示的是理想情况下的频谱图，对于大多数结构来说，频谱分析都不能得到图 3－10 所示的光滑单峰的频谱曲线，因此通常先采用最小二乘法对频谱曲线进行拟合（见图 3－11），再根据图 3－10 的方法得到结构阻尼。

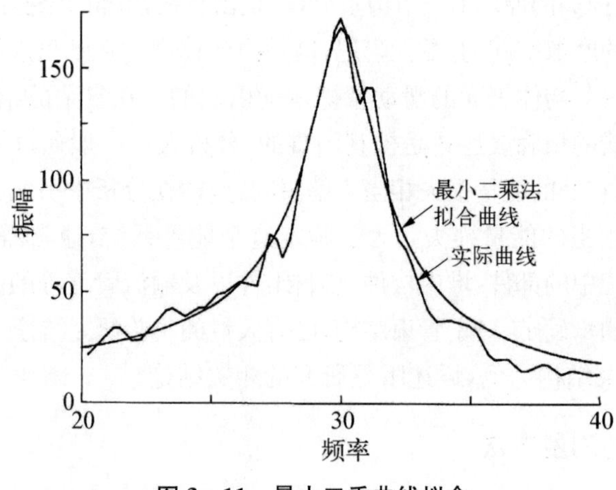

图 3－11　最小二乘曲线拟合

3.4.2 管子在气体中的阻尼

在设计中,管子在气体中的阻尼推荐采用以下公式计算:

$$\zeta=5\left(\frac{N-1}{N}\right)\left(\frac{L}{\ell_{m}}\right)^{\frac{1}{2}} \tag{3-15}$$

式中,N 为跨距总数;L 为支承板厚度;ℓ_{m} 为典型的管跨距长度。

以一个简单的管子为例,$N=5$,$L=15\ mm$,$\ell_{m}=0.6\ m$ 计算其在气体中的阻尼:

$$\zeta=5\left(\frac{5-1}{5}\right)\left(\frac{0.015}{0.6}\right)^{\frac{1}{2}}=0.63\%$$

3.4.3 管子在液体中的阻尼

对壳侧液体中的管子的阻尼有三种重要的能量损耗机理。这些机理为:管液间黏性阻尼、管与管支承之间空隙中的压膜阻尼和在支承处的摩擦阻尼。这样,将实际阻尼与临界阻尼的百分比定义为管子总阻尼比ζ,表示为

$$\zeta=\zeta_{\upsilon}+\zeta_{SF}+\zeta_{F} \tag{3-16}$$

式中,ζ_{υ}、ζ_{SF} 和 ζ_{F} 分别为黏性阻尼比、压膜阻尼比以及摩擦阻尼比。

管液间黏性阻尼与斯托克数 $\pi fD^2/2\upsilon$ 有关,同时也与管束内管子的限制程度 D/D_e 有关,当 $\pi fD^2/2\upsilon>3\,300$ 并且 $D/D_e<0.5$,黏性阻尼比ζ_{υ} 公式简化为

$$\zeta_{\upsilon}=\frac{100\pi}{\sqrt{8}}\left(\frac{\rho D^2}{m}\right)\left(\frac{2\upsilon}{\pi fD^2}\right)^{\frac{1}{2}}\left\{\frac{[1+(D/D_e)^3]}{[1-(D/D_e)^2]^2}\right\} \tag{3-17}$$

式中,υ 为液体运动黏性阻尼;f 为用于分析的管子固有频率。

压膜阻尼比ζ_{SF} 和摩擦阻尼比ζ_{F} 出现在支承上。根据现有实验资料,采用半经验表达式计算压膜阻尼比和摩擦阻尼比。压膜阻尼比计算公式如下:

$$\zeta_{SF}=\left(\frac{N-1}{N}\right)\left[\frac{1\,460}{f}\left(\frac{\rho D^2}{m}\right)\left[\frac{L}{\ell_{m}}\right]^{\frac{1}{2}}\right] \tag{3-18}$$

摩擦阻尼比计算公式为

$$\zeta_F=\left(\frac{N-1}{N}\right)\left[0.5\left[\frac{L}{\ell_{\mathrm{m}}}\right]^{\frac{1}{2}}\right] \tag{3-19}$$

式中，N 为跨距总数；L 为支承板厚度；ℓ_{m} 为管子的特征长度。当第一阶模态和最长的跨主导振动响应时，管子的特征长度为最长的三个跨距的平均值。通常，当高阶模态和较短跨距主导振动响应时，则特征长度就取决于这些较短的跨距，当局部流速较高时，在进出口区的情况即是如此。

因此，管子在液体中的总阻尼比为

$$\zeta=\frac{100\pi}{\sqrt{8}}\left(\frac{\rho D^2}{m}\right)\left(\frac{2\upsilon}{\pi f D^2}\right)^{\frac{1}{2}}\left\{\frac{[1+(D/D_{\mathrm{e}})^3]}{[1-(D/D_{\mathrm{e}})^2]^2}\right\}+$$

$$\left(\frac{N-1}{N}\right)\left[\frac{1\,460}{f}\left(\frac{\rho D^2}{m}\right)\left(\frac{L}{\ell_{\mathrm{m}}}\right)^{\frac{1}{2}}+0.5\left(\frac{L}{\ell_{\mathrm{m}}}\right)^{\frac{1}{2}}\right] \tag{3-20}$$

尽管式(3-20)带有一定的试探性，但因其包含了所有重要的能量耗散机理并且与试验数据吻合得最好，Pettigrew 等[54]推荐该式作为阻尼的设计准则。但是，如果该式计算出的阻尼比小于 0.6%，则取 0.6%。

3.4.4 管子在两相流中的阻尼

Pettigrew 和 Taylor 对两相流中的热交换器管阻尼问题进行过综述[54]。两相流中多跨热交换器管的阻尼包括支承阻尼 ζ_{S}、黏性阻尼 ζ_{υ} 和两相阻尼 ζ_{TP}：

$$\zeta_{\mathrm{T}}=\zeta_{\mathrm{S}}+\zeta_{\upsilon}+\zeta_{\mathrm{TP}} \tag{3-21}$$

根据不同的热工水力条件(即热通量、空泡份额和流量等)，支承可以认为是干的或者是湿的。在热通量很高、空泡份额很大的情况下，支承可认为是干的，此时只有摩擦阻尼存在。这种情况下，支承阻尼与气体中的热交换器管阻尼基本相同。上述这种情况不大可能出现在设计较好的自然循环蒸汽发生器中，但有可能出现在直流蒸汽发生器中。

当管和支承之间存在液体时，支承阻尼 ζ_{S} 既包括压膜阻尼 ζ_{SF} 又包括摩擦阻尼 ζ_{F}。此时与液体中热交换器管类似，支承阻尼可以表示如下：

$$\zeta_{\mathrm{S}}=\zeta_{\mathrm{SF}}+\zeta_{\mathrm{F}}=\left(\frac{N-1}{N}\right)\left[\frac{1\,460}{f}\left(\frac{\rho_{\ell}D^2}{m}\right)\left(\frac{L}{\ell_{\mathrm{m}}}\right)^{\frac{1}{2}}+0.5\left(\frac{L}{\ell_{\mathrm{m}}}\right)^{\frac{1}{2}}\right] \tag{3-22}$$

式中，ρ_{ℓ} 是管与支承间液体的密度；m 是单位长度管子的总质量，包括用两相流均相密度计算的水动力附加质量。

两相流中的黏性阻尼类似于单相流中的黏性阻尼，但在公式中要使用均相参数：

$$\zeta_{\upsilon}=\frac{100\pi}{\sqrt{8}}\left(\frac{\rho_{\mathrm{TP}}D^{2}}{m}\right)\left(\frac{2\upsilon_{\mathrm{TP}}}{\pi f D^{2}}\right)^{\frac{1}{2}}\left\{\frac{[1+(D/D_{\mathrm{e}})^{3}]}{[1-(D/D_{\mathrm{e}})^{2}]^{2}}\right\} \tag{3-23}$$

式中，υ_{TP} 为等效运动黏性系数，McAdams[128]提出以下方法进行计算：

$$\upsilon_{\mathrm{TP}}=\frac{\upsilon_{\ell}}{1+\alpha_{\mathrm{H}}(\upsilon_{\ell}/\upsilon_{\mathrm{g}}-1)} \tag{3-24}$$

当空泡份额超过40%时，黏性阻尼通常很小，因此在计算蒸汽发生器U形弯管区域可以忽略，但在较低的空泡份额情况下，黏性阻尼很重要。

除了黏性阻尼外，两相流中需要考虑两相阻尼。正如Pettigrew等讨论的那样，两相阻尼比很大程度上取决于空泡份额、流体特性以及流型，与约束条件和水动力质量与管子质量的比直接相关，但与频率、质量流速或流速以及管束结构的关系较弱。根据实验数据得到的两相阻尼比的半经验表达式如下：

$$\zeta_{\mathrm{TP}}=4.0\left(\frac{\rho_{\ell}D^{2}}{m}\right)[f(\alpha_{\mathrm{H}})]\left\{\frac{[1+(D/D_{\mathrm{e}})^{3}]}{[1-(D/D_{\mathrm{e}})^{2}]^{2}}\right\} \tag{3-25}$$

空泡份额函数 $f(\alpha_{\mathrm{H}})$ 可以取试验数据的下包络线：

$$f(\alpha_{\mathrm{H}})=1,\quad 40\%\leqslant\alpha_{\mathrm{H}}\leqslant 70\%$$

$$f(\alpha_{\mathrm{H}})=\alpha_{\mathrm{H}}/40,\quad \alpha_{\mathrm{H}}<40\%$$

$$f(\alpha_{\mathrm{H}})=1-(\alpha_{\mathrm{H}}-70)/30,\quad \alpha_{\mathrm{H}}>70\%$$

由于缺少足够的不同两相混合物的阻尼数据，流体特征对两相阻尼的相关性难以评价，流型的影响已经部分地考虑在空泡份额函数中。

虽然不希望管子污垢对阻尼产生较大影响，但是，支承阻尼由于支承内产生的污垢而大大减小。在极限情况下，当管子在支承位置被严重污垢沉积堵塞时，分析中支承阻尼应该取为0.2%。

3.5　空泡份额

在两相流环境的热工水力计算和流致振动分析时，需要用到两相流的一个重要参数——空泡份额。出于方便使用的考虑以及理论模型的限制，目前工程设计和理论研究中，经常用均相流模型(HEM)计算空泡份额。均相流模型假设两相流的两相充分混合，并且密度和温度分布均匀，不存在气相和液相的相对滑移。这种假设对于水平流动的两相流是适用的，但对于竖向流动的两相流，由于气相和液相的密度差，在重力的作用下，气液两相之间将会存在滑移，从而影响到空泡份额的计算。管内两相流的空泡份额模型已有很多相关文献资料，下面仅给出垂直上升横掠水平管束的两相流模型。蒸汽发生器U形传热管的弯管部分的主要流体激励就是管束间存在垂直向上分量的两相横流。

3.5.1　现有的空泡份额模型

1) Feenstra 模型

Feenstra 等学者通过垂直向上横掠水平管束的氟利昂 R11 实验数据给出一种空泡份额计算模型[62]，该模型实质为一种滑速比模型，该类模型忽略了空泡率和两相流速在截面上的不均匀分布，只考虑气液两相间存在的相对滑移，用气液两相的速度比即滑速比 S 考虑其影响。下式给出了使用滑速比模型计算空泡份额 α 的一般计算式：

$$\alpha = 1\bigg/\left(1+\frac{1-X_{\mathrm{a}}}{X_{\mathrm{a}}}S\,\frac{\rho_{\mathrm{g}}}{\rho_{\mathrm{l}}}\right) \tag{3-26}$$

式中，X_{a} 为质量含汽率；ρ_{g} 和 ρ_{l} 分别为气相和液相的密度；滑速比 S 的值由经验关系式给出。Feenstra 等给出滑速比的表达式为

$$S = 1 + 25.7(Ri \times Cap)^{0.5}(P/D)^{-1} \tag{3-27}$$

式中，P/D 为管束相邻管中心距与管子外径的比；Ri 为理查德森数；Cap 为毛细管数，分别定义如下：

$$Ri = \frac{\Delta\rho^{2} g(P-D)}{G_{\mathrm{p}}^{2}} \tag{3-28}$$

$$Cap = \mu_{\mathrm{l}} U_{\mathrm{g}}/\sigma \tag{3-29}$$

式中，$\Delta\rho = \rho_{\mathrm{l}} - \rho_{\mathrm{g}}$；$g$ 为重力加速度；G_{p} 是间隙质量流速；μ_{l} 为液相的绝对黏度；σ 为液体表面张力；气相速度 U_{g} 由下式定义：

$$U_g=\frac{X_a G_p}{\alpha\rho_g}\tag{3-30}$$

由于上式包含待定的空泡份额 α，该模型需要反复迭代求解。

2）均相流模型

均相流模型(HEM)假设两相流的两相充分混合，并且密度和温度分布均匀，不存在气相和液相的相对滑移。在此假设下，空泡份额定义为

$$\alpha_H=1\Big/\left(1+\frac{1-X_a}{X_a}\frac{\rho_g}{\rho_l}\right)\tag{3-31}$$

由于该模型简单，已在工程计算中广泛应用。但对于垂直上升的两相流，由于气液两相密度差的存在，势必存在一个大于1的滑速比 S，而均相流模型假设 $S=1$，导致了其计算的空泡份额偏大。事实上，可以用均相流模型作为空泡份额计算值的理论上限。

如果已知液相和气相的流量或表观速度，也可以通过下式计算均相流空泡份额：

$$\alpha_H=\frac{Q_g}{Q_l+Q_g}=\frac{J_g}{J_l+J_g}\tag{3-32}$$

3）漂移流模型

Zuber[67]认为必须同时考虑两相间的滑移以及截面上空泡份额与流速的不均匀分布，提出了计算截面平均空泡份额的漂移流模型，该模型属二维二速度模型范畴。漂移流模型计算空泡份额的一般公式为如下形式：

$$\alpha=\frac{X_a}{\rho_g}\left[C_0\left(\frac{X_a}{\rho_g}+\frac{1-X_a}{\rho_l}\right)+\frac{u_{gj}}{G_p}\right]^{-1}\tag{3-33}$$

式中，分布参数 C_0 表示由于空泡份额分布不均匀对计算截面平均空泡份额的影响系数，与截面上的流速和空泡份额分布有关；加权平均漂移速度 u_{gj} 主要取决于气相的运动特性和两相流流型。不同漂移流模型计算式间的差别仅为由实验确定的分布参数 C_0 和加权平均漂移速度 u_{gj} 表达式的不同。

Zuber 给出的 $C_0=1.13$，其他研究者调整了该值以使计算值与他们各自的实验数据吻合得更好。例如，Dowlati 等[129]给出的 $C_0=1.035$，而 Delenne 等[66]给出的 $C_0=0.9$。在本书中，选取 $C_0=1$ 与其他模型的计算值进行比较，

以满足 $X_a=1$ 时的边界条件。Delenne 等给出的 u_{gj} 为

$$u_{gj}=1.53(\sigma g\Delta\rho/\rho_l^2)^{1/4} \tag{3-34}$$

用式(3-34)计算得到的常温常压下空气-水两相流的 u_{gj} 为 0.25 m/s，与 Whalley(1987)的实验测量值一致。

4) Dowlati 模型

Dowlati 模型[129]建立在大量的垂直上升空气-水两相流空泡份额实验数据的基础上。实验数据来源于顺排正方形管阵和正三角形管阵排列，节径比分别为 1.3 和 1.75。实验结果表明滑速比随着质量流速的增加而减小。Dowlati 等研究者定义了一个无量纲气相速度 j_g^* 作为控制参数：

$$j_g^*=\frac{X_aG_p}{\sqrt{gD\rho_g(\rho_l-\rho_g)}} \tag{3-35}$$

并用下式计算截面平均空泡份额，得到的结果与他们的实验结果吻合得较好：

$$\alpha=1-(1+C_1j_g^*+C_2j_g^{*2})^{-0.5} \tag{3-36}$$

起初，研究者选取 $C_1=35$，$C_2=1$ 用于顺排管阵的计算，并建议当 $j_g^*>0.2$ 时，$C_2=30$[130]。但在随后发表的文章中，他们又设定了 $C_1=30$ 和 $C_2=50$，以保证对顺排和三角形管阵的空气-水两相流实验数据的整体最佳拟合度。对于 R-113 的实验数据，Dowlati 等[131]发现 $C_1=10$ 和 $C_2=1$ 时与实验数据吻合得最好。

5) Schrage 模型

Schrage 等[68]通过顺排管阵的空气-水两相流实验发现均相流模型严重高估了空泡份额，质量流速对空泡份额的影响非常明显。他们给出空泡份额计算公式如下：

$$\alpha=\alpha_H(1+0.123Fr^{-0.191}\ln(X_a)) \tag{3-37}$$

式中，Fr 为弗劳德数，定义为

$$Fr=G_p\Big/(\rho_l\sqrt{gD}) \tag{3-38}$$

3.5.2 现有模型与实验测量值的对比分析

将上述空泡份额模型的计算值与垂直向上横掠水平管束的气-水两相流

实验的实测值进行对比[132]，对比结果如图 3-12 所示。通过对比可见，Feenstra 模型和漂移流模型与实验数据吻合得较好，其中 Feenstra 模型在中等空泡份额情况下比实测值略高；均相流模型不出所料地高估了空泡份额；Dowlati 模型与实验数据吻合程度较差；Schrage 模型与实验数据的偏差很大，与均相流模型相反，Schrage 严重低估了空泡份额，最大偏差达到 135%，甚至个别空泡份额的计算值出现了负值。

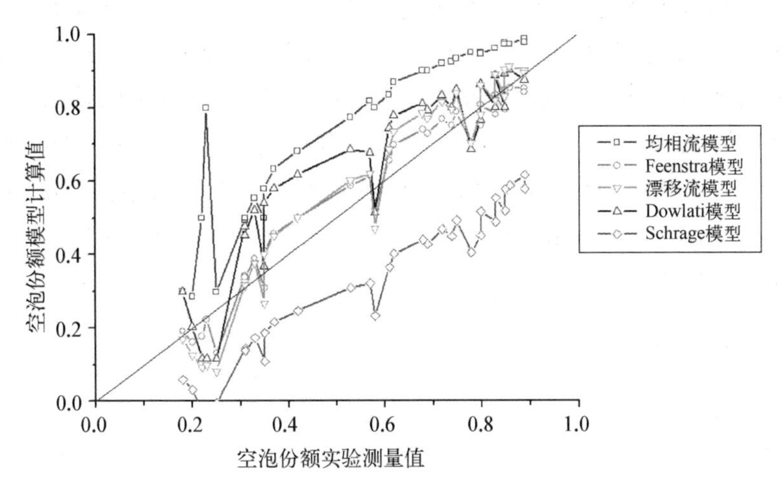

图 3-12　现有空泡份额模型的计算值与实验数据的对比

与实验数据吻合得较好的 Feenstra 模型和漂移流模型中，漂移流模型需要确定合适分布参数 C_0 和合理的加权平均漂移速度 u_{gj} 的定义，而 Feenstra 模型更为简单一些。同时，参考文献[63]中将 Feenstra 模型的计算值分别与空气-水、氟利昂和蒸汽等两相流的实验数据进行了对比，结果表明 Feenstra 模型对不同的两相流工作介质均有很好的适用性。因此，在换热器热工水力计算和流致振动分析中推荐使用 Feenstra 模型，而 Dowlati 模型和 Schrage 模型则需修正后才能使用。

3.5.3　Dowlati 模型和 Schrage 模型的重新拟合

根据上述空泡份额模型的对比分析，选取与实验数据吻合得不好的两种空泡份额计算公式进行了重新拟合[132]。

Dowlati 模型：利用实验测量值对 Dowlati 模型中的两个常数 C_1 和 C_2 进行了重新拟合，得到了以下计算空泡份额的公式：

$$\alpha = 1 - (1 + 19 j_g^* + 21 j_g^{*2})^{-0.5} \tag{3-39}$$

式中 j_g^* 的定义见式(3-35)。

Schrage 模型：对 Schrage 模型的空泡份额公式进行重新拟合，得到的新的公式为

$$\alpha = \alpha_H (1 + 0.05 Fr^{-0.25} \ln(X_a)) \tag{3-40}$$

弗劳德数 Fr 的定义见式(3-38)。

上述两种模型与实验实测值的对比如图 3-13 所示。与原始的 Dowlati 模型和 Schrage 模型相比，重新拟合的模型与实验数据吻合得更好。各种模型的计算值与实验实测值的残差平方和如表 3-2 所示，也可以看出 Feenstra 模型和漂移流模型与实验的符合度高，而相比于原始的 Dowlati 模型和 Schrage 模型，重新拟合的两种模型与实验值的符合程度有很大程度的提高。特别是 Schrage 模型，原始模型与实验值偏差最大，经重新拟合与最好的 Feenstra 模型相当。

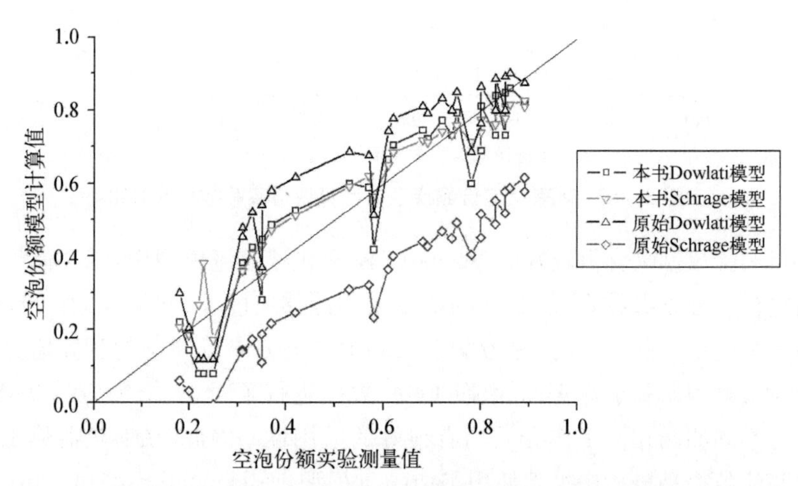

图 3-13　重新拟合的空泡份额模型计算值与实验数据的对比

表 3-2　各种空泡份额模型计算值与实验值的残差平方和

模　型	均相流	Feenstra	漂移流	Dowlati	Schrage	本书 Dowlati	本书 Schrage
残差平方和	1.41	0.08	0.19	0.42	2.14	0.26	0.12

要验证重新拟合的模型合理性，还需要与其他实验数据进行对比分析。从公开文献中选取的其他实验数据的实验参数如表 3-3 所示。在以下与实验数据的对比中，为了显示重新拟合的模型对原始模型的改进，同时给出了原

始的 Dowlati 模型和 Schrage 模型与实验数据的对比结果。另外，也同时保留了均相流模型作为空泡份额模型计算值的理论上限，用以判断是否有模型计算值突破该上限。

表 3-3　实验条件及管阵数据汇总

研究者	管阵排列①	节径比	管子外径/mm	管子数量	实验流体	温度②/℃	气相密度/(kg/m³)	液相密度/(kg/m³)
Dowlati 等[129]	NS，NT	1.3	19.05	5×20	空气-水	25	1.4	997
Dowlati 等[129]	NS，NT	1.75	12.7	5×20	空气-水	25	1.4	997
Noghrehkar[133]	NS，NT	1.47	12.7	5×24	空气-水	22	1.5	997

注：① NS 表示顺排管阵(normal square，in-line)，NT 表示正三角形排列(normal triangular)；② 所有实验压力均为常压。

图 3-14 和图 3-15 给出了空泡份额模型计算值与 Dowlati 等[129]在三种质量流速下的气-水两相横流的实验数据的对比，其中图 3-14 给出的是节距比 $P/D=1.3$ 的结果，图 3-15 对应于 $P/D=1.75$。可以看出，重新拟合的 Schrage 模型与原始 Schrage 模型相比，与实验数据吻合程度大大提高；而重新拟合的 Dowlati 模型计算的空泡份额随含汽率和质量流速的变化趋势与实验数据一致，但与原始 Dowlati 模型相比，与实验数据的吻合度并没有提高，特别是在低质量流速的情况下，毕竟原始 Dowlati 模型是根据这些实验数据提出的。

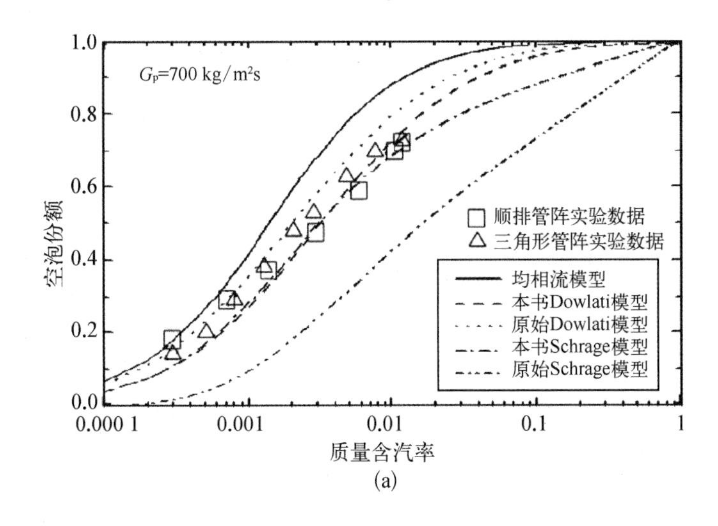

(a)

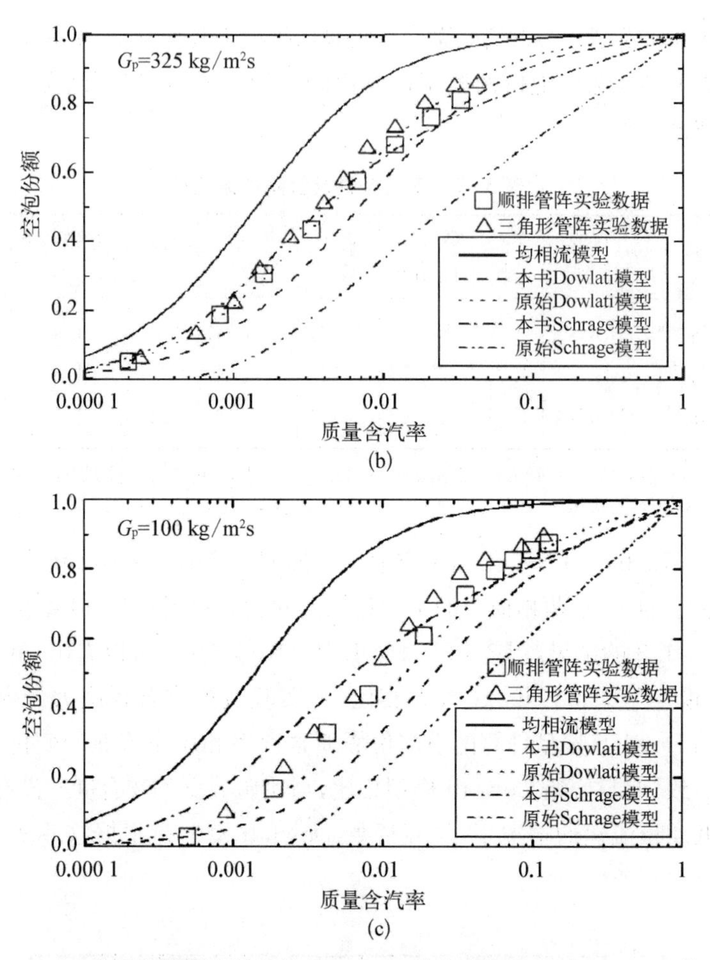

图 3-14 空泡份额模型的计算值与 Dowlati 等实验数据 ($P/D = 1.3$) 的对比

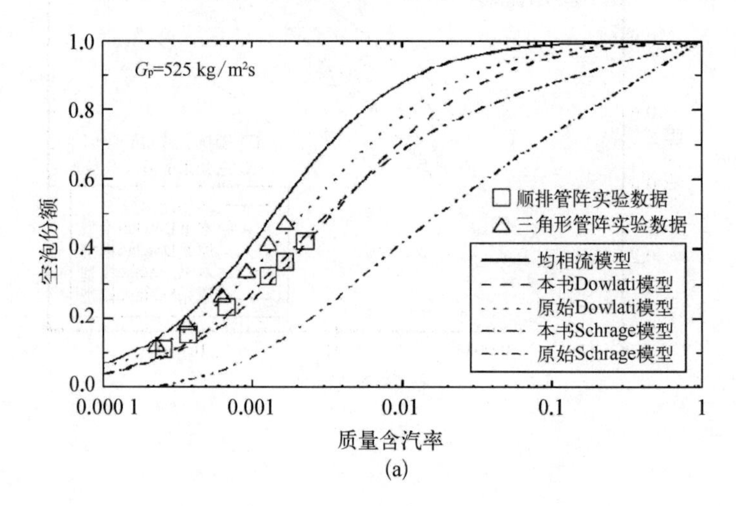

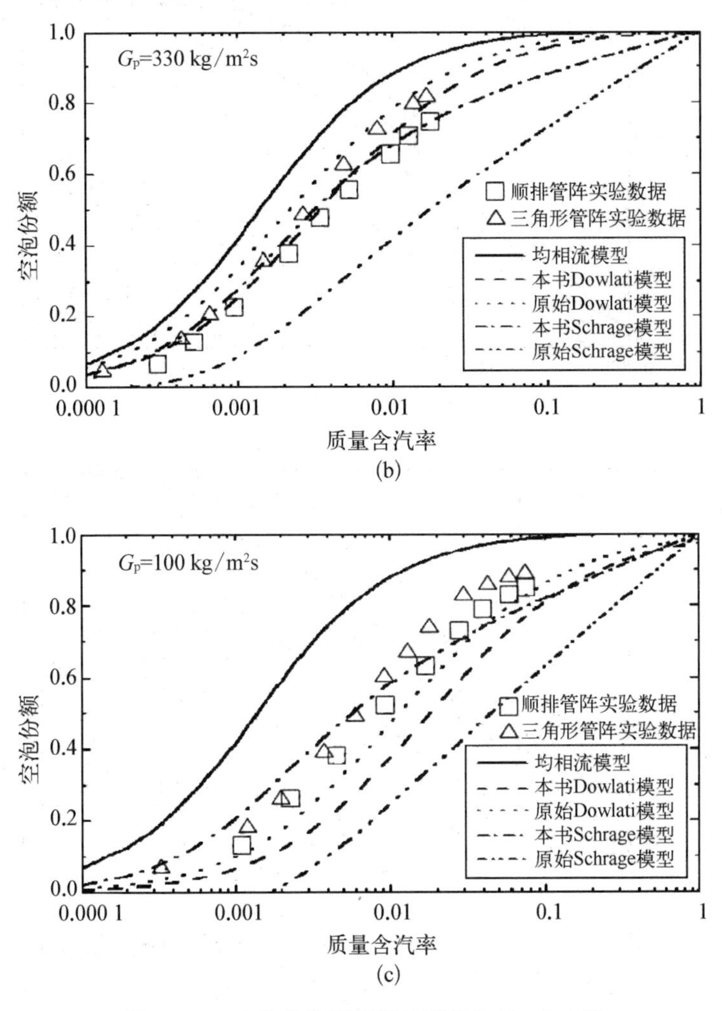

图 3-15　空泡份额模型的计算值与 Dowlati 等实验数据 ($P/D = 1.75$) 的对比

图 3-16 给出了空泡份额计算模型与 Noghrehkar 的实验数据的对比。重新拟合的 Dowlati 模型在三种质量流速下均与实验数据吻合得很好，更优于原始的 Dowlati 模型；重新拟合的 Schrage 模型在中等质量流速情况下(G_p =500 kg/m²s) 与实验数据吻合得很好，在较高的质量流速情况下(G_p =1 000 kg/m²s) 计算值比实验值略低，而在较低的质量流速情况下(G_p =250 kg/m²s) 计算值比实验值高，但在三种质量流速下，重新拟合的 Schrage 模型均比原始的 Schrage 模型更接近实验数据。

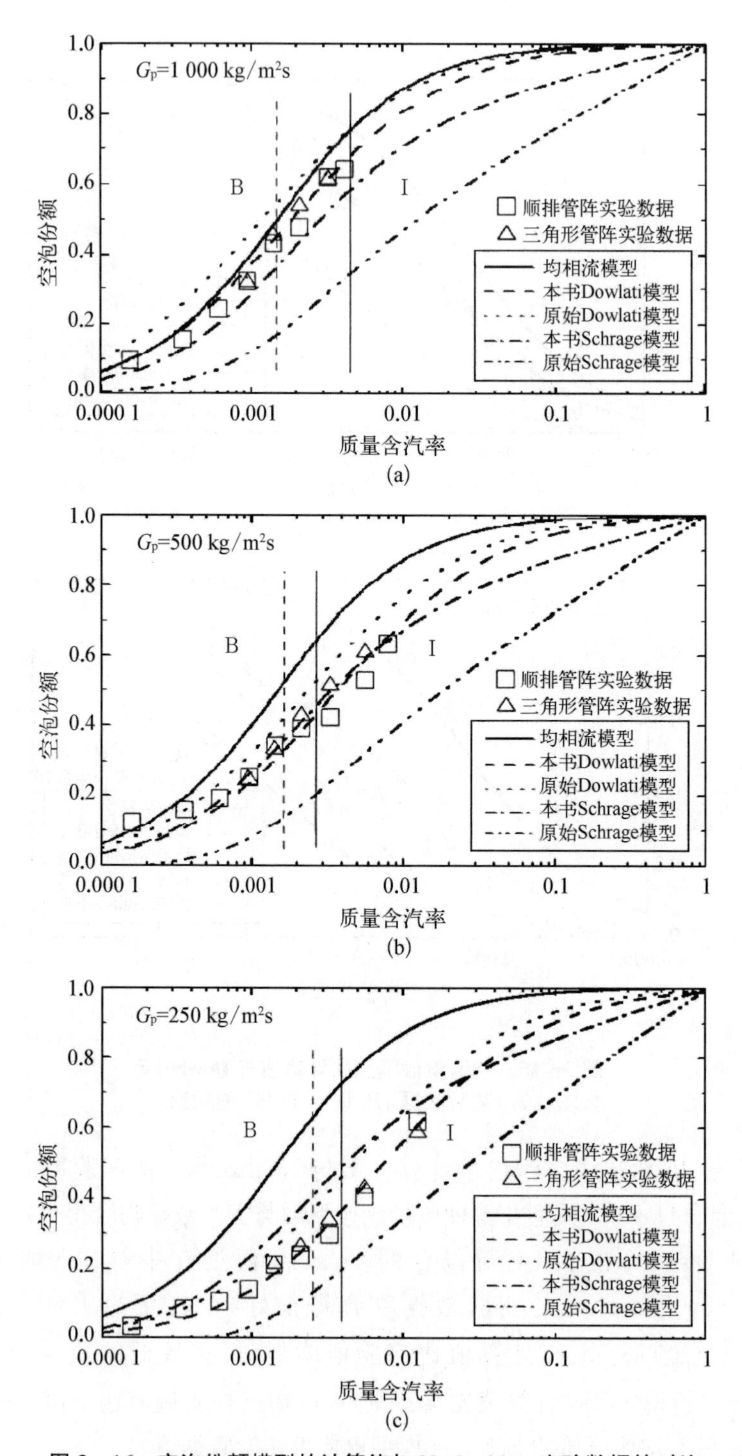

图 3-16　空泡份额模型的计算值与 Noghrehkar 实验数据的对比

经过与其他研究学者实验数据的对比，表明重新拟合的两种空泡份额模型总体上与实验数据吻合得更好，在原始的空泡份额模型的基础上获得了较大程度的改进。

3.6 两相流流型

两相流流型是两相流的结构形式，对于流型形成机制及其特点的认识是两相流的机理及其规律研究的重要内容。流型不同，气液两相流的流体力学特性和传热特性也不相同，研究流型的鉴别方法具有重要意义。另外，国际上越来越多的研究者发现两相流流型对于蒸汽发生器等换热器的流致振动具有重要影响[134]，因此，在管束的两相流致振动研究工作中出现了一个新的研究方向：针对不同的流型，确定不同的两相流体激励规律，从而针对不同的流型，提出不同的分析方法[18, 30]。该研究思路的前提条件是对管束间两相流流型有较为充分的研究。遗憾的是，与管内流型的研究[135, 136]相比，管束间流型的研究还不够丰富[85,137]。

影响流型的重要物理参数有表面张力和重力。表面张力使液体附着于固体表面，并决定了球形的气泡形状；重力导致气相由于浮力在液体中上升。气相和液相的流速比和密度比同样对流型的形成起到重要作用。管内流的主要流型如图 3-17 所示。

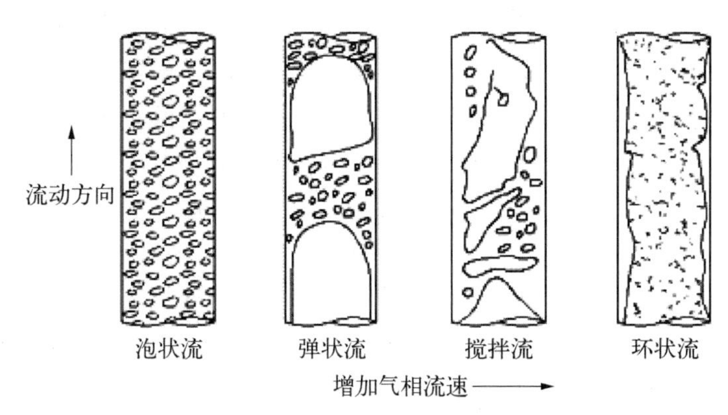

图 3-17 垂直向上的管内流的主要流型

对于管束间的垂直向上的两相流，通常认为可能存在三种典型的流型，即泡状流、间隙流和弥散流(或环状流)。在垂直的管内流中比较常见的弹状流，在管束间的横向两相流中一般不会形成。管束间的泡状流通常在气相流速接近于液相流速的情况下产生，此时气相以离散的气泡形式分布在连续的液相中。在较低的空泡份额情况下，气泡很小而且分散；当空泡份额增大时，气泡开始变大，并可能变形和拉长。泡状流有时被认为是“拟单相”流，因为这种流型的流动行为（速度分布、流动稳定性等）与单相的液体流动并无非常明显的区别。间歇流产生在气相体积流速较大的情况。这种流型的特点表现为混乱无序和大量空泡，散布着周期性的蒸汽振荡和向下的液体回流。环状流产生在气相体积流速比液相流速大得多的情况，液体沿固体表面形成波状薄膜，而连续的气相占据大部分开放空间。如果气相速度足够大则可从液膜中拽出小液滴。

3.6.1 管束间两相流流型图

流型图是用于识别流型及判断流型转换的重要工具之一。Grant 等[138]最早根据空气-水混合物在管束中的观测结果，提出了管束间气液两相流流型图。该流型图可识别三种流型：泡状流、间歇流和雾状流。由于 Grant 是根据相当有限的试验数据下获得的 Grant 流型图，致使该流型图并不适用于大部分其他研究学者的实验数据。

由于早先的两相流流型图研究是立足于油、气和发电行业需要，大多数流型图是针对水平或竖直的管内流建立的，其中较为著名的是 Taitel 流型图[139]。Taitel 等利用每种流型转换的物理机理得到了一种预测管内流流型转换的半解析模型。一些研究者应用 Taitel 流型图确定管束间的两相流流型，尽管该流型图是针对管内两相流提出的，但应用于管束间两相流仍然得到了一些有益的结论，一定程度上弥补了 Grant 流型图的不足。后来，Ulbrich 和 Mewes[140]采用高速摄影机对空气-水混合物垂直掠过壳侧水平管束的流动进行观察，发现存在泡状流、间歇流及弥散流，而经典的弹状流并未出现。他们根据自己的实验数据和其他研究者的大量数据，作出通用流型图，并声称该流型图与现有实验数据的符合率为 85%。图 3-18 为 Ulbrich 和 Mewes 的流型图，为与 Taitel 流型图进行对比，图中同时用虚线（说明文字为斜体加下划线字体）给出了 Taitel 流型图的流型转换界限。

通过实验观察，实验范围内的流型分布与 Ulbrich 和 Mewes 流型图吻合情况较好。根据实验气液两相的表观流速，实验数据主要落在 Ulbrich 和 Mewes 流型图的泡状流和间歇流两个区域。但同时由实验观察得知，在泡状流和间歇流之间还存在一种过渡流型。该流型接近于泡状流，但与真正的泡

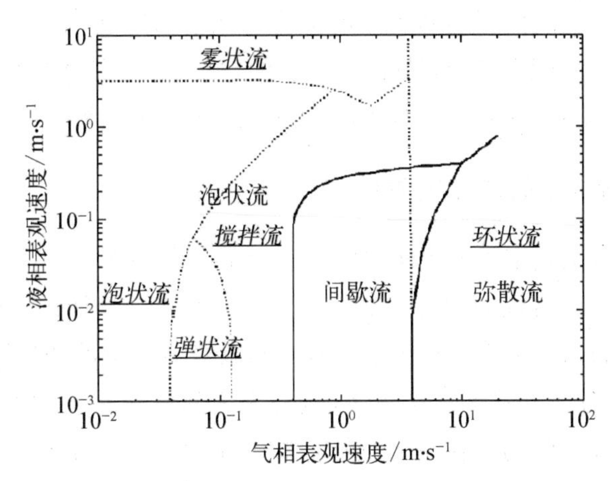

图 3-18　Taitel 和 Ulbrich 与 Mewes 流型图

注：图中实线为 Ulbrich 和 Mewes 流型转换界线，虚线为 Taitel 流型转换界线。

状流相比，该流型的气泡并不十分规则，大气泡中又夹杂些小气泡，有点类似于搅拌流。因此，这里将该流型称为搅拌-泡状流(churn-bubbly flow)。该流型与泡状流的转换界线恰好与 Taitel 流型图中泡状流与搅拌流的分界线一致。这里将 Taitel 流型图的泡状流与搅拌流的分界线加到 Ulbrich 和 Mewes 流型图中，从而得到一种新的流型图，实验数据在该流型图上的分布如图 3-19 所示。图中搅拌-泡状流数据相当于用管束间的 Ulbrich 和 Mewes 流型图判断为泡状流，而用管内的 Taitel 流型图判断为搅拌流。可以理解为在整个管束的尺度来看这部分数据为泡状流，而从管束间的局部流道来看则

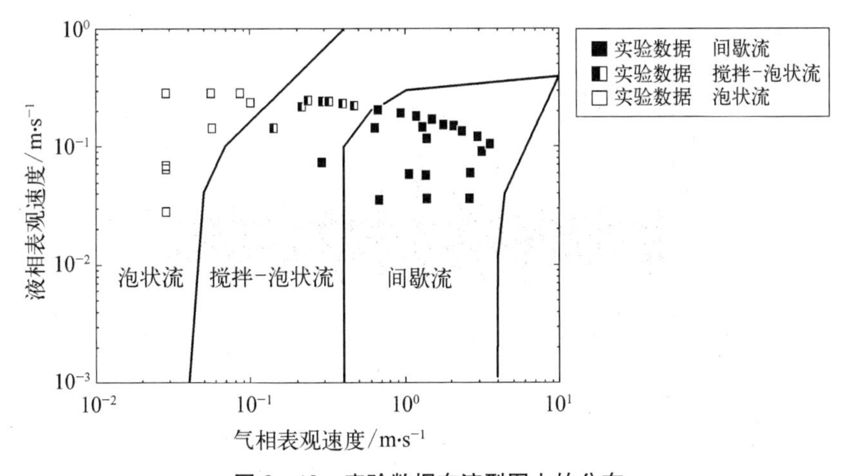

图 3-19　实验数据在流型图上的分布

为搅拌流。根据该流型图判断出来的流型与实验可视化观察基本一致，只有实验 26 的数据由流型图判断是搅拌-泡状流，但根据实测观察，该实验更接近于间歇流，因此在后面的讨论中，将该实验数据视为间歇流。

3.6.2 不同流型下的激振力时程

根据上述讨论确定了各个实验的流型。不同流型下两相流作用于被测量管上的典型激振力时程如图 3-20～图 3-25 所示。其中曳力的时程已经处理为均值为零的脉动曳力。从图中可看出间歇流对管束的作用力比泡状流的波动大，频率成分比泡状流复杂得多，这是因为间歇流是一种不连续流型，比泡状流紊乱。各实验的激振力时程统计数据见表 3-4。表中实验 24 的激振力最小，升力均方根值为 0.124 6 N，曳力均方根值为 0.130 3 N；实验 45 的激振力合力最大，升力均方根值为 0.844 0 N，曳力均方根值为 0.922 4 N。

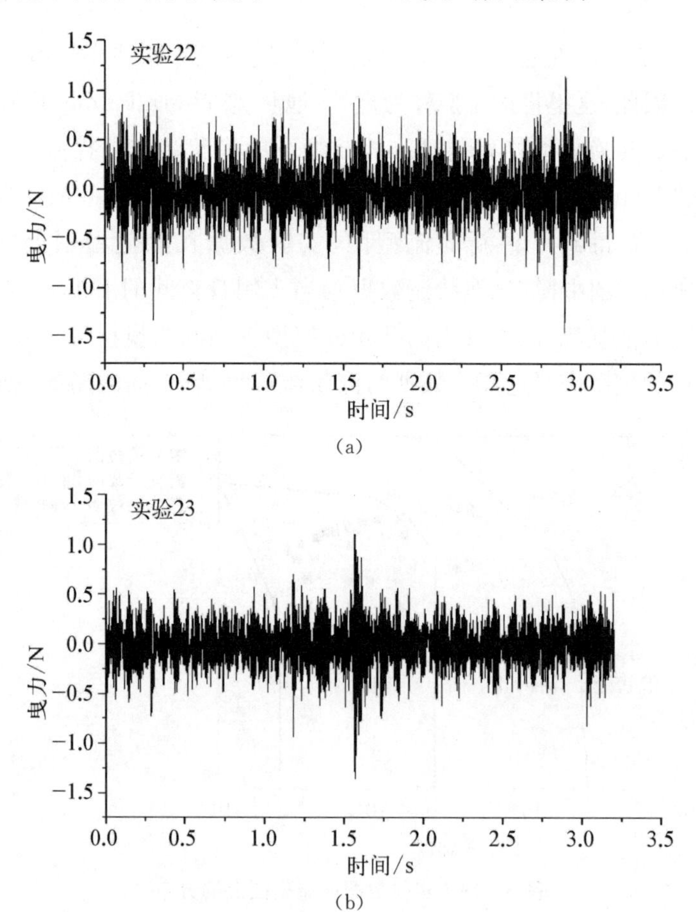

(a)

(b)

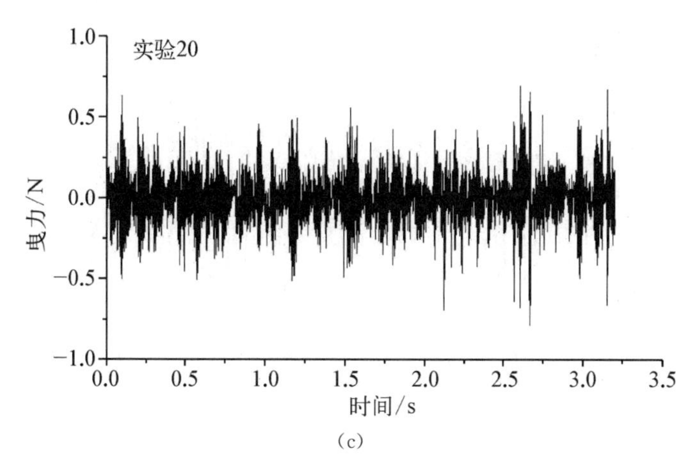

(c)

图 3-20　泡状流下部分实验曳力方向流体激振力时程

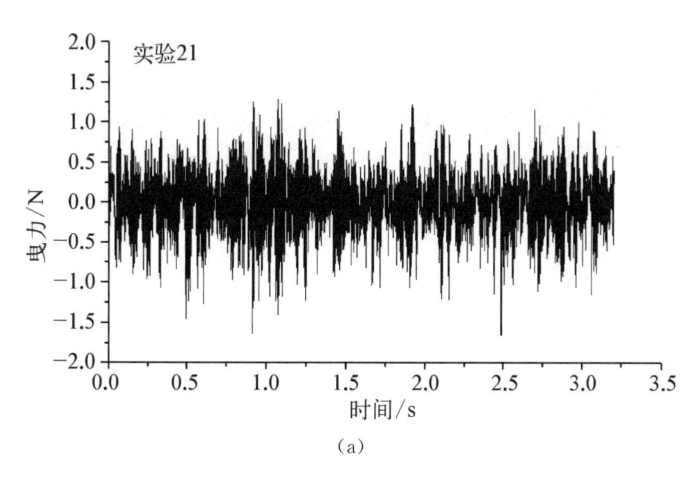

(a)

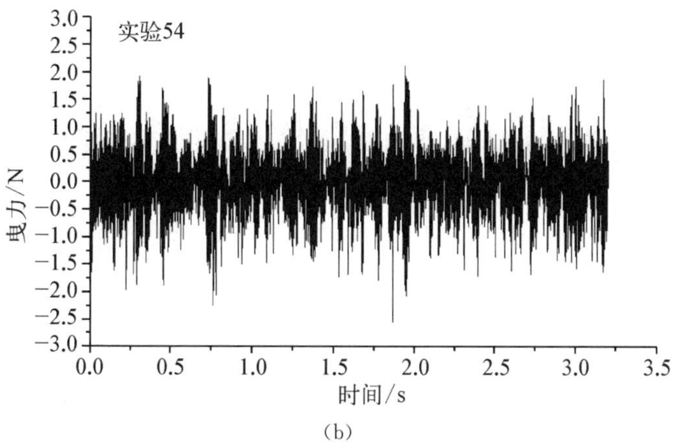

(b)

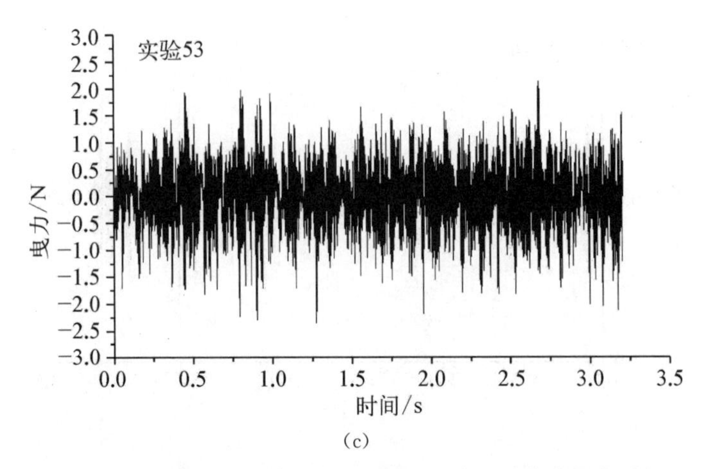

(c)

图 3-21　搅拌-泡状流下部分实验曳力方向流体激振力时程

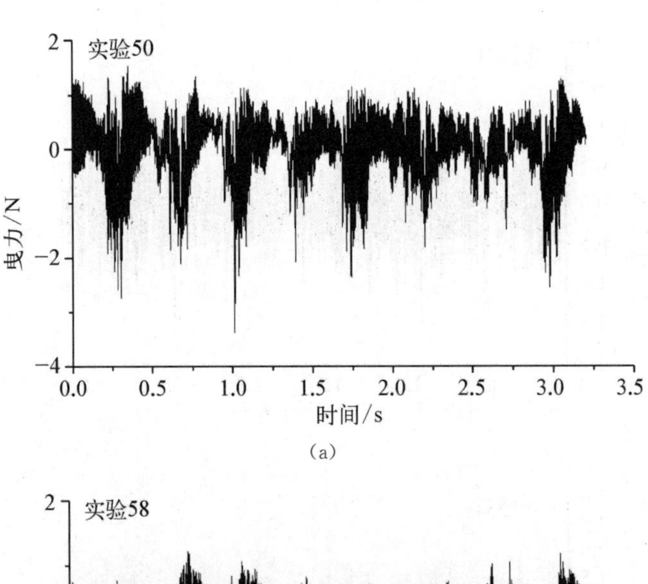

(a)

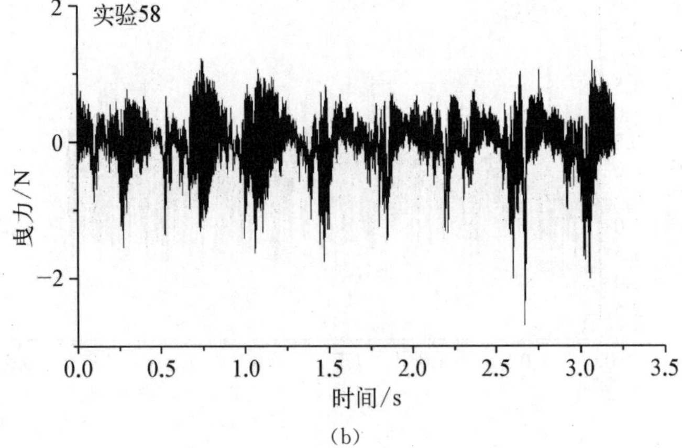

(b)

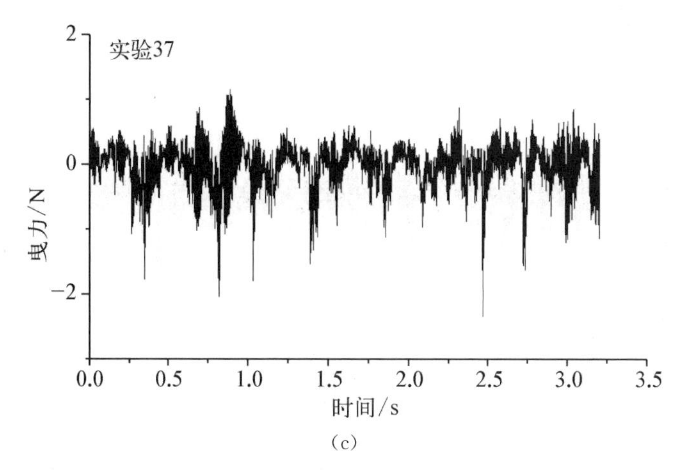

(c)

图3-22　间歇流下部分实验曳力方向流体激振力时程

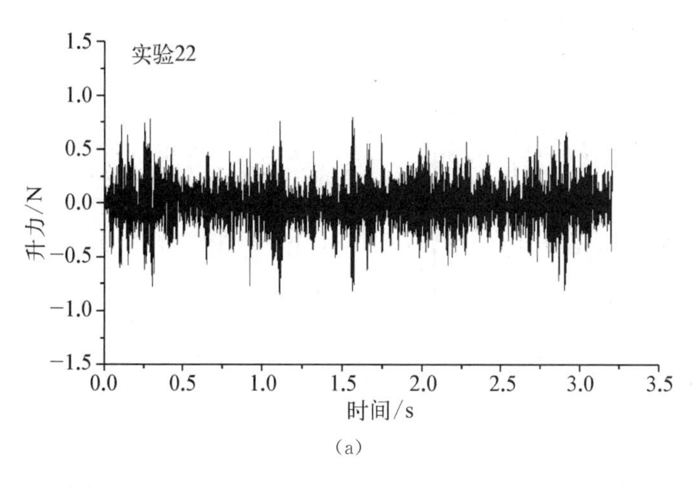

(a)

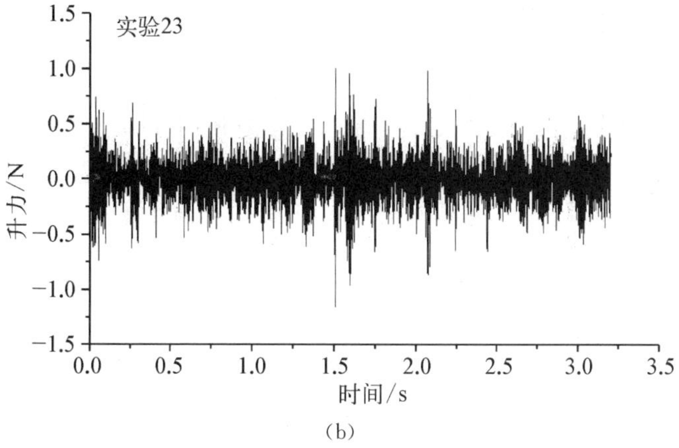

(b)

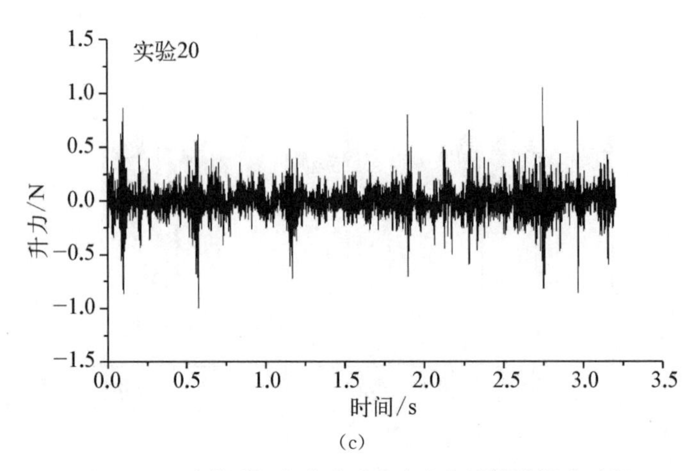

(c)

图 3-23　泡状流下部分实验升力方向流体激振力时程

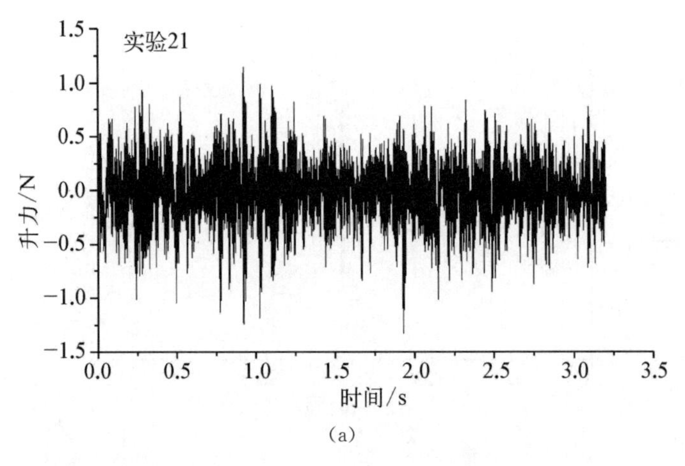

(a)

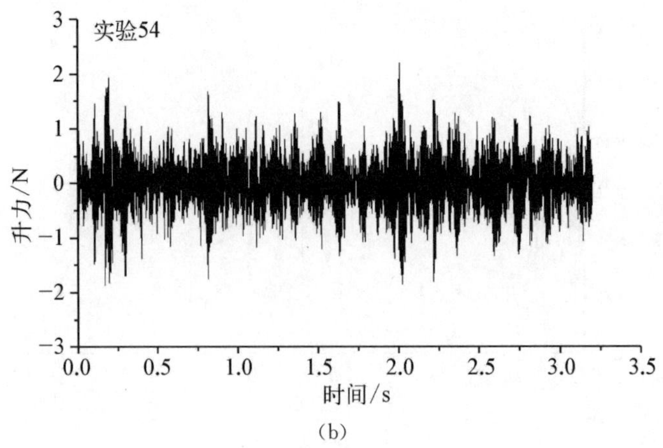

(b)

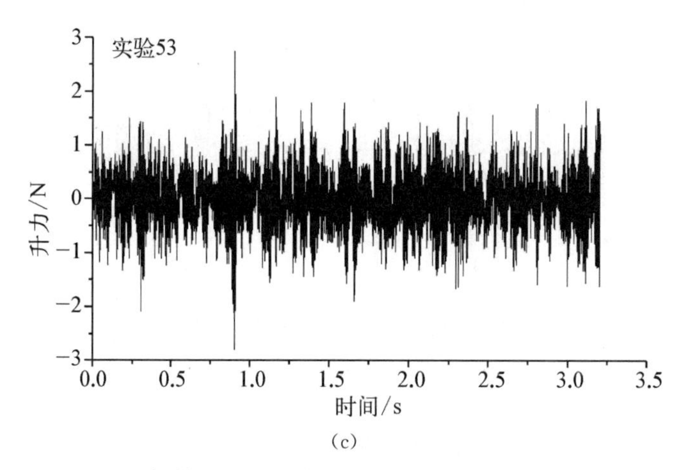

(c)

图3-24　搅拌-泡状流下部分实验升力方向流体激振力时程

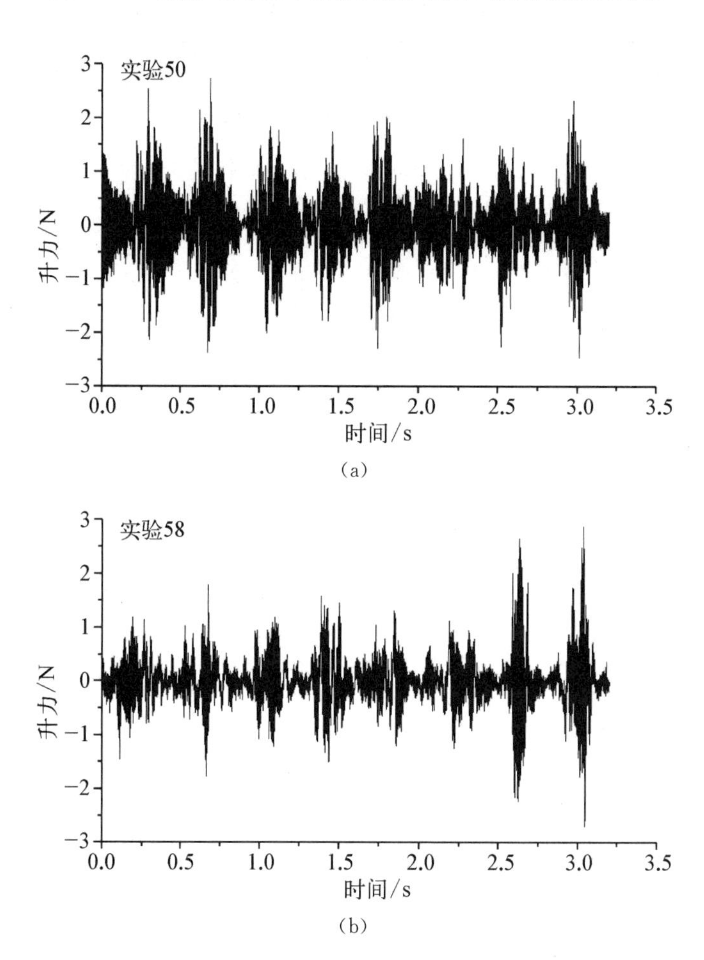

(b)

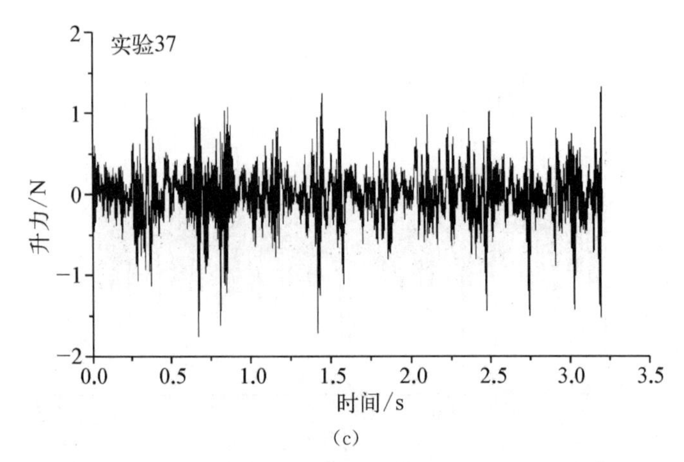

(c)

图 3-25 间歇流下部分实验升力方向流体激振力时程

表 3-4 各试验流体激振力的峰值和均方根值

试验编号	流　型	曳力/N		升力/N	
		峰　值	均方根值	峰　值	均方根值
实验 19	搅拌-泡状流	−2.2542	0.3803	−1.8116	0.3357
实验 20	泡状流	−0.7859	0.1458	1.0503	0.1423
实验 21	搅拌-泡状流	−1.6480	0.3696	−1.3271	0.2810
实验 22	泡状流	−1.4381	0.2572	−0.8399	0.1996
实验 23	泡状流	−1.3546	0.2070	−1.1472	0.1955
实验 24	泡状流	0.8770	0.1303	−0.5393	0.1246
实验 25	泡状流	1.9344	0.2278	1.8971	0.2105
实验 26	间歇流	−2.1088	0.3941	−1.7009	0.3742
实验 27	间歇流	−3.2177	0.5603	2.3457	0.4663
实验 28	间歇流	−4.5274	0.5153	−2.8207	0.4366
实验 29	间歇流	−4.5274	0.5153	−2.8207	0.4366
实验 30	间歇流	−2.2341	0.4063	−3.0921	0.4041
实验 31	间歇流	−3.9836	0.3799	2.1565	0.3399
实验 32	间歇流	−2.7553	0.3222	2.3146	0.2953
实验 36	间歇流	−2.7702	0.4723	−2.1659	0.4458
实验 37	间歇流	−2.3259	0.3312	−1.7467	0.3025
实验 44	搅拌-泡状流	−4.8809	0.9362	2.7527	0.6676
实验 45	间歇流	−3.7195	0.9224	−3.5522	0.8440
实验 46	间歇流	−4.2864	0.8515	−3.7482	0.8757
实验 47	间歇流	−4.9890	0.6140	−2.7231	0.6288
实验 48	间歇流	−3.1895	0.5803	−3.0339	0.6260
实验 49	间歇流	−3.2812	0.6351	3.4886	0.6076

（续表）

试验编号	流　型	曳力/N		升力/N	
		峰　值	均方根值	峰　值	均方根值
实验 50	间歇流	−3.364 0	0.591 9	2.730 0	0.609 6
实验 51	搅拌-泡状流	−4.077 5	0.799 4	3.100 1	0.697 3
实验 52	搅拌-泡状流	−3.581 1	0.801 8	2.378 3	0.588 5
实验 53	搅拌-泡状流	−2.349 2	0.602 3	−2.782 9	0.540 6
实验 54	搅拌-泡状流	−2.544 7	0.585 3	2.201 8	0.468 6
实验 55	间歇流	−2.544 7	0.585 3	2.201 8	0.468 6
实验 56	间歇流	−3.843 1	0.806 5	3.850 5	0.682 0
实验 57	间歇流	−2.604 4	0.690 2	2.881 1	0.681 0
实验 58	间歇流	−2.689 0	0.417 4	2.875 1	0.441 7
实验 59	间歇流	−2.076 0	0.285 6	2.600 1	0.368 0

3.6.3　不同流型下的激振力功率谱密度

各个实验不同流型下两相流作用在管束的激振力功率谱密度（PSD）如图 3－26 和图 3－27 所示。无论从功率谱密度的大小，还是变化趋势及频率分布上，均可看出流型对于流致振动激励的影响。特别是曳力的 PSD 区别更为明显：泡状流下的功率谱密度幅值较小，频率分布较宽；搅拌-泡状流下的功率谱密度幅值较大，最大值分布在 10 Hz 以上区域；间歇流下功率谱密度的幅值更大，能量集中分布在低频区域内，功率谱密度的最大值产生在 10 Hz 以下。

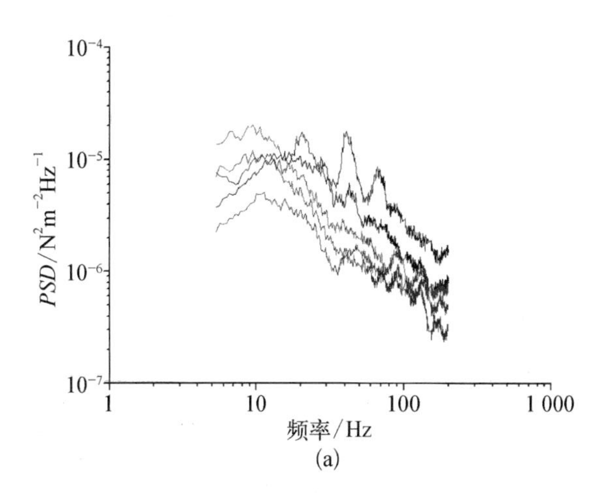

(a)

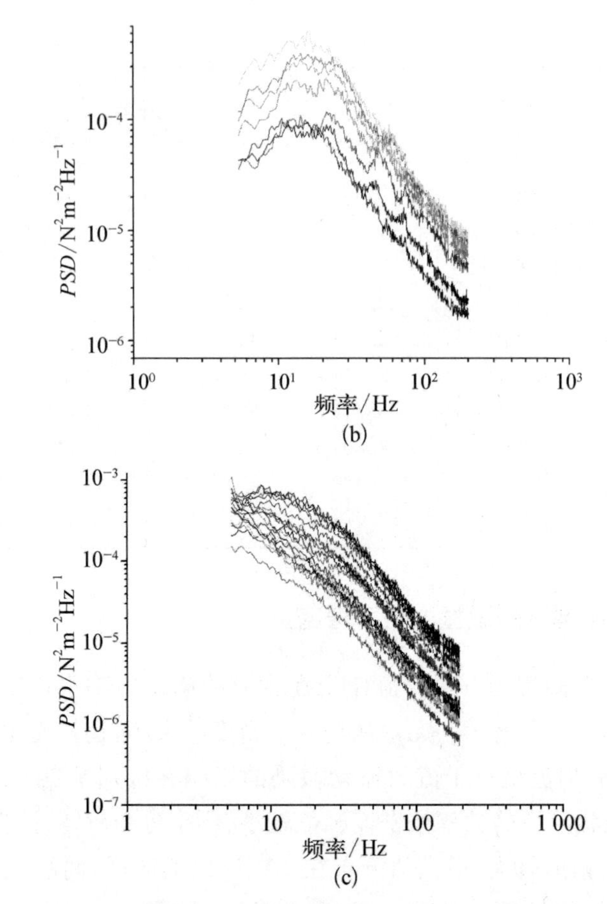

图 3-26　不同流型下作用在单位长度管上的曳力功率谱密度

(a) 泡状流；(b) 搅拌-泡状流；(c) 间歇流

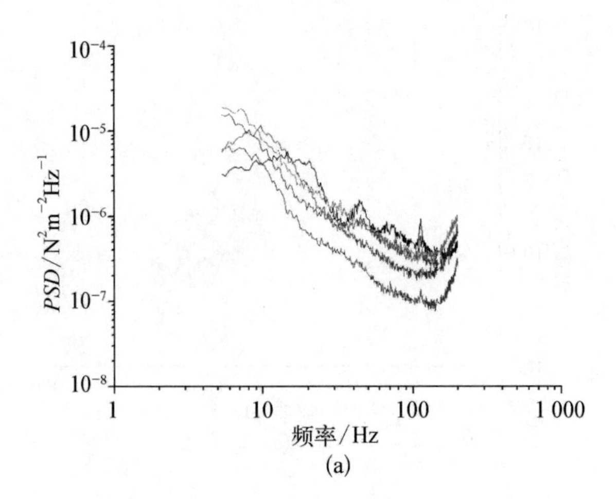

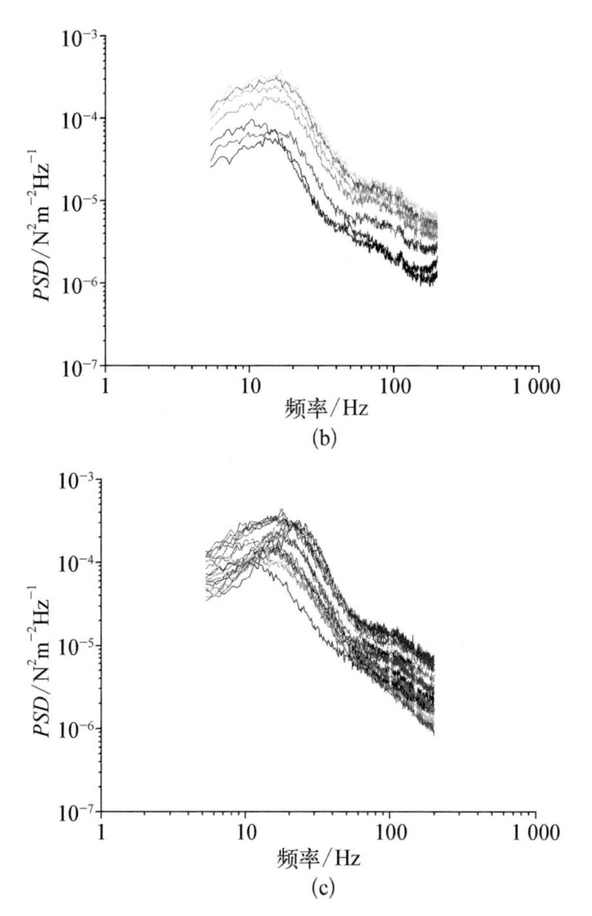

图 3-27　不同流型下作用在单位长度管上的升力功率谱密度

(a) 泡状流;(b) 搅拌-泡状流;(c) 间歇流

第 4 章
管束流致振动特性的数值研究

目前，人们按照各种流致振动机理，运用实验和理论方法，得到一些经验公式来初步估计产生流致振动的临界流速。这些研究工作指导了工程设计，通过限制流速、提高结构固有频率、设置防振隔板等措施提高结构的可靠性，避免发生流致振动。但是经验公式中的一些参数是在一定条件下、针对某一模型得到的，有一定的保守性和不确定性，并不能对所有实际问题给出可靠的临界流速。随着人们对设备性能的要求越来越高，需要用更精确的分析模型来刻画结构和流体的相互作用、管子的非线性支撑、管束中相邻管子的耦合模式等，从而给出临界流速和振动的可靠预测。

数值模拟有很多好处，首先它可以预测在不同流速下结构的响应幅值；其次，它可以计算任意不规则形状结构的响应。采用数值方法进行三维计算分析可以更好地理解各种问题，同时数值仿真方法具有快速、经济性高、无危险和周期短等优点。理论分析仅适用于研究对象较为深刻且问题较为简单的场合，对大多数工业问题无法得到满意的结果。而实验研究方法也存在一定局限性，并非任何情况下都可进行试验。当然，理论分析和试验研究方法也不应忽略，它们对于开发新的物理模型和计算方法必不可少，数值模拟与试验研究具有较好的互补性。

4.1 流固耦合数值模型

流固耦合数值模型是指采用有限体积法离散三维黏性、不可压缩的流体控制方程，并联合大涡模拟方法求解流场区域，利用有限元方法离散结构动力学方程，考虑结构变形以及由变形带来的流场网格的变形问题，采用动网格技术控制运动边界的网格更新，通过流固交界面进行固体域和流体域间的数据传递,建立弹性管流致振动分析的数值模型。

4.1.1 CFD 模型

CFD 模型的建立是耦合模拟中最关键的一环,因为流体模型的好坏直接影响到所得解的合理性。建立好的流体模型需要利用流体力学知识对所处理的问题进行综合分析,根据 Reynolds 数和其他特征建立合适的网格,选择合理的湍流模型和算法。

1) 流体控制方程

本书中的流体为水,且流速较低,可作为不可压缩流体处理。不可压缩牛顿型流体的控制方程是 Navier-Stokes 方程(简称 N - S 方程),在直角坐标系下表示为[141]

连续性方程:

$$\frac{\partial u_i}{\partial x_i}=0 \tag{4-1}$$

动量守恒方程:

$$\frac{\partial u_i}{\partial t}+\frac{\partial u_i u_j}{\partial x_j}=-\frac{1}{\rho}\frac{\partial p}{\partial x_i}+\frac{\partial}{\partial x_j}\left(\frac{\mu}{\rho}\frac{\partial u_i}{\partial x_j}\right) \tag{4-2}$$

式中,ρ 为流体密度(kg/m^3);t 为时间(s);p 为压力(Pa);μ 为动力黏度(Pa・s);$u_i(i=1,2,3)$ 为速度分量(m/s);$x_i(i=1,2,3)$ 为坐标分量。

连续性方程、动量守恒方程具有形式相似的表达式。为此,引入流场通用变量 Φ,则流体控制方程的通用输运方程可写为[141]

$$\frac{\partial(\rho\Phi)}{\partial t}+\mathrm{div}(\rho\boldsymbol{u}\Phi)=\mathrm{div}(\Gamma\cdot\mathrm{grad}\Phi)+S \tag{4-3}$$

式中,$\boldsymbol{u}$ 为速度矢量;Φ 为流场通量;Γ 为扩散系数;S 为源项。如果 Φ 取不同的场变量,对应选取适当的扩散系数及源项表达式,那么可得到不同物理含义的方程,包括连续性方程、动量守恒方程。

2) 湍流模拟

本书主要采用 LES[142] 对湍流流场进行求解。LES 的思想是:大尺度脉动用直接模拟方法计算,只将小尺度脉动对大尺度运动的作用做模型假设。对 N - S 方程式(4 - 1)、式(4 - 2)在物理空间经滤波即可得到大涡的控制方程：

$$\frac{\partial \bar{u}_i}{\partial x_i}=0 \tag{4-4}$$

$$\frac{\partial \bar{u}_i}{\partial t}+\frac{\partial \bar{u}_i \bar{u}_j}{\partial x_j}=-\frac{1}{\rho}\frac{\partial \bar{p}}{\partial x_i}+\frac{\partial}{\partial x_j}\left(\frac{\mu}{\rho}\frac{\partial \bar{u}_i}{\partial x_j}\right)-\frac{\partial \tau_{ij}}{\partial x_j} \tag{4-5}$$

式中，τ_{ij} 为亚格子应力，$\tau_{ij}=\overline{u_i u_j}-\bar{u}_i\bar{u}_j$。由滤波运算产生的亚格子应力是未知的，需要建立模型。采用 Boussinesq 假设，由涡黏形式计算亚格子湍流应力：

$$\bar{\tau}_{ij}-\frac{1}{3}\tau_{kk}\delta_{ij}=-2(\mu_t \bar{S}_{ij}) \tag{4-6}$$

式中，μ_t 为亚格子湍流黏度；$\bar{S}_{ij}$ 是其应变率张量，定义为 $\bar{S}_{ij}=\frac{1}{2}\left(\frac{\partial \bar{u}_i}{\partial x_j}+\frac{\partial \bar{u}_j}{\partial x_i}\right)$。这里采用 WMLES（wall-modeled LES）亚格子应力模式，WMLES 模型结合了混合长度模型、Smagorinsky 模型和壁面函数，克服了 LES 的 Reynolds 数限制，可适用于同样网格分辨率但 Reynolds 数更高的情况。涡黏性系数由下式计算：

$$\mu_t=\min[(\kappa d_w)^2,(C_{Smag}\Delta)^2]\cdot S\cdot\{1-\exp[-(y^+/25)^3]\} \tag{4-7}$$

式中，$\kappa=0.41$；d_w 是离壁面的距离；S 是应变率；$C_{Smag}=0.2$；$\Delta=\min(\max(C_w\cdot d_w, C_w\cdot h_{max}, h_{wn}); h_{max})$，$h_{max}$ 是单元的最大涡长度，h_{wn} 是壁面法向网格间距，$C_w=0.15$。

此外，在研究湍流模型对静止管绕流流动特征的预测能力时，还用到了 RNG $k-\varepsilon$，SST $k-\omega$，雷诺应力模型（Reynolds stress model，RSM），DES 几种湍流模型，可参见文献[142]，此处不再赘述。

3）流场求解的数值方法

有限体积法是目前计算流体力学中应用最广泛的方法，与其他数值计算方法相比，有限体积法得到的离散方程具有能更好地保持原微分方程的守恒性、各项物理意义明确，对计算网格的形状要求不高，方程形式规范等优点。有限体积法的关键步骤是将输运方程在控制体积内进行积分[141]，即

$$\frac{\partial}{\partial t}\int_V \rho\Phi \mathrm{d}V+\int_A n\cdot(\rho \boldsymbol{u}\Phi)\mathrm{d}A=\int_A n\cdot(\Gamma \mathrm{grad}\Phi)\mathrm{d}A+\int_V S\mathrm{d}V \tag{4-8}$$

对于通量 Φ，在任一控制体内，若其边界是运动的，则输运方程积分表达式为

$$\frac{\mathrm{d}}{\mathrm{d}t}\int_V \rho\Phi \mathrm{d}V + \int_A \rho\Phi(\boldsymbol{u} - \boldsymbol{u}_s)\mathrm{d}A = \int_A \Gamma\ \nabla\Phi \mathrm{d}A + \int_V S_\Phi \mathrm{d}V \tag{4-9}$$

式中，V 为控制体积；ρ 是流体密度；$\boldsymbol{u}$ 是流体的速度矢量；$\boldsymbol{u}_s$ 是动网格的网格变形速度；A 为控制体的表面面积；S_Φ 是通量的源项；Γ 是扩散系数。

在方程(4－9)中，第一项可以用一阶向后差分形式表示为

$$\frac{\mathrm{d}}{\mathrm{d}t}\int_V \rho\Phi \mathrm{d}V = \frac{(\rho\Phi V)_{n+1} - (\rho\Phi V)_n}{\Delta t} \tag{4-10}$$

n 和 $n+1$ 代表当前时间步和下一时间步，第 $(n+1)$ 步的体积 V_{n+1} 可由下式得出：

$$V_{n+1} = V_n + \frac{\mathrm{d}V}{\mathrm{d}t}\Delta t \tag{4-11}$$

本书用基于有限体积法的 CFD 程序 Fluent 将流体控制方程及湍流模型的控制方程离散为可以用数值方法解出的代数方程。离散后的控制方程(4－8)可表述为

$$a_i\Phi_i = \sum_{j=1}^{N_i} b_j\Phi_{ij} + S_i \tag{4-12}$$

式中，Φ_i 为第 i 个控制体节点的流场通量；Φ_{ij} 为第 i 个控制体界面 j 的流场通量；S_i 为源项；a_i 为待定系数；b_j 为控制体的界面通量相关系数；N_i 为第 i 个控制体的界面总数；压力速度耦合采用 SIMPLEC 算法，压力项用二阶格式离散以提高精度，动量离散采用基于 NVD 方法[143]和对流有界准则的有界中心差分法。该方法结合了中心差分法、二阶迎风格式、一阶迎风格式的精度和收敛性。

在网格中每一个单元都可以写出相似的方程，这样就产生了具有稀疏系数矩阵的代数方程，用点隐式(Gauss-Seidel)线化方程求解器与代数多重网格方法(AMG)连接起来从而解出这个线性系统，获得流场中包含的速度和压力等未知量。

4) 动网格模型

本书采用扩散光顺法和动态网格层变法两种网格更新方法。

（1）扩散光顺法。其网格运动由式(4－13)中的扩散方程控制：

$$\nabla\cdot(\gamma\nabla \boldsymbol{u}_{s})=0 \tag{4-13}$$

式中，∇为 Laplace 算子；$\boldsymbol{u}_s$ 是网格移动的速度，在变形边界上网格的运动与边界相切；γ 为扩散系数，表示为单元体积的函数，$\gamma=1/V^{\alpha}$，用于控制边界网格对内部网格的影响；α 为控制参数，这里取为 2。单元中心的移动速度 $\boldsymbol{u}_s$ 通过距离加权平均插值到各个网格节点，根据式(4－14)即可更新节点位置：

$$\boldsymbol{x}_{\text{new}}=\boldsymbol{x}_{\text{old}}+\boldsymbol{u}_{s}\Delta t \tag{4-14}$$

（2）动态网格层变法。该动网格模型指定一个理想的高度 h_{ideal}，当网格单元层高度 $h>(1+\alpha_h)h_{\text{ideal}}$ 时，单元将根据预定义的高度条件分裂；当 $h<\alpha_h h_{\text{ideal}}$ 时，这个被压缩的单元层将与邻近的单元层合并，其中 α_h 是全局单元层的分裂/合并因子。

4.1.2　结构分析模型

利用有限元方法离散结构体，管子用三维实体单元模拟，每个单元节点有 6 个自由度，管两端采用固定约束边界条件。从流体计算得到的荷载以矢量形式加到单元节点上，这样就可得到任一时刻离散结构的动力平衡方程：

$$\boldsymbol{M}\ddot{\boldsymbol{x}}+\boldsymbol{C}\dot{\boldsymbol{x}}+\boldsymbol{K}\boldsymbol{x}=\boldsymbol{F}(t) \tag{4-15}$$

式中，$\boldsymbol{M}$、$\boldsymbol{C}$ 和 $\boldsymbol{K}$ 分别为结构的质量矩阵、阻尼矩阵及刚度矩阵，其中阻尼采用 Rayleigh 阻尼，即 $\boldsymbol{C}=\alpha\boldsymbol{M}+\beta\boldsymbol{K}$，$\alpha$、$\beta$ 分别为结构的 α 阻尼系数与 β 阻尼系数；$\boldsymbol{x}$、$\dot{\boldsymbol{x}}$ 和 $\ddot{\boldsymbol{x}}$ 分别为节点位移、速度和加速度矢量；$\boldsymbol{F}(t)$ 为由流体运动引起的载荷。结构的速度和位移的初始条件均设为 0。采用 Newmark 算法求解结构动力学方程(4－15)，即可得到结构的动力响应。

4.1.3　流体-结构间的双向耦合

为解决管束间的流体-结构交互作用，双向耦合分析必不可少。结构域和流体域间的双向耦合作用通过采用相同时间步的结构动力学计算和流体计算依次迭代实现，通过流固耦合交界面进行结构域和流体域间的数据传递，CSD 通过计算结构位移来指定流体域的变形，而 CFD 用来计算作用在结构上的载荷。当流体域和结构域的迭代收敛后，再开始下一时刻的计算，如此循环直到计算结束：

(1) 用 Newmark 算法求解结构动力学方程,得到结构的位移、速度等参数,将结构的位移与速度传递给动网格求解器。

(2) 动网格求解器根据结构位移更新流体域网格。

(3) CFD 求解,得到流场的速度场、压力场等流场参数,并将作用在结构上的流体载荷传递给结构求解器。

(4) 回到(1),进行下一时间步求解。

这里,流体力虽然不是一个连续函数,但在每个时间步结束时,通过流体求解器得到一个瞬时值,从而更新当前结构的位置,并得到下一时间步的流体计算网格。图 4-1 为流固耦合迭代方法的流程。此外,为了能对这种大尺度和复杂的流体-结构交互作用问题进行数值模拟,并行计算是十分必要的。

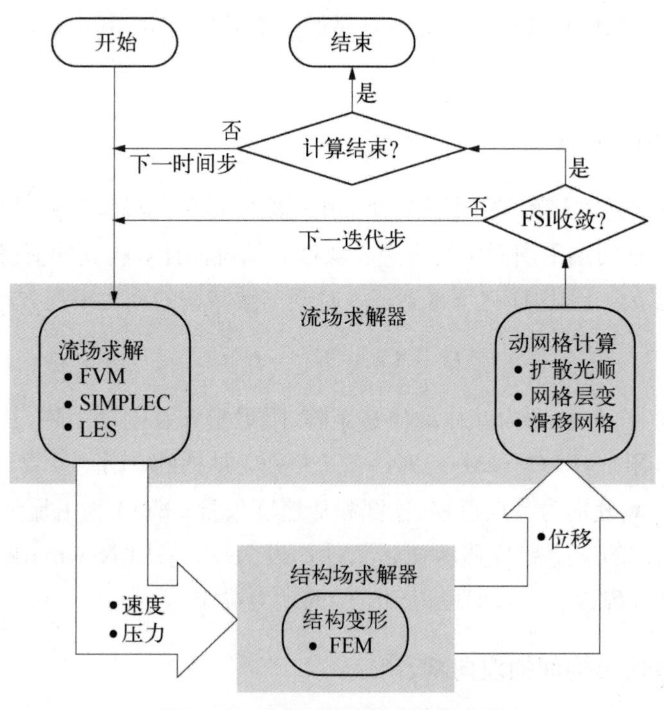

图 4-1 流体-结构耦合迭代流程

4.2 数值模型的验证

在本章的计算中,若无特别指定,均取表 4-1 中的系统参数进行数值计算。

表 4-1　管及流体的物理参数

参　数	数　值	参　数	数　值
弹性模量 E/Pa	10^{10}	管密度 ρ_s/(kg/m^3)	6 500
管外径 D/m	0.01	α 阻尼因子	5.098
管内径 D_i/m	0.009 5	β 阻尼因子	0.000 215
管长度 L/m	0.5	泊松比 ν	0.3
内流体密度 ρ_i/(kg/m^3)	850	流体黏度 υ(Pa·s)	0.001 003
外流体密度 ρ/(kg/m^3)	998	折合速度 U_r	0～18

为表述方便，定义如表 4-2 所示的无量纲量。其中，F_{dRMS}、F_{lRMS} 为阻力 F_d 与升力 F_l 的均方根值；F_{dmax} 为 F_d 的最大值；F'_{dRMS}、F'_{lRMS} 为脉动阻力 F'_d 与脉动升力 F'_l 的均方根值；ρ 为流体密度；U 为来流速度；D 为管外径；A 为所要计算方向上的投影面积；ζ 为阻尼比；f_n 为管的固有频率；f_{ex} 为管的响应频率；t 为时间；p_0 为驻点处的压力；p_θ 为指定角度位置处的静压；x_{RMS}、y_{RMS} 分别为流向位移与横向位移均方根值。

表 4-2　无量纲量

变　量　名	无量纲量
折合速度	$U_r = U/(f_n D)$
真实折合速度	$U_r^* = U/(f_{ex} D)$
流向位移	x/D
横向位移	y/D
流向振幅	$A_x/D = x_{RMS}/D$
横向振幅	$A_y/D = y_{RMS}/D$
阻力系数	$C_d = F_d/(0.5\rho AU^2)$
阻力系数均方根	$C_{dRMS} = F_{dRMS}/(0.5\rho AU^2)$
阻力系数均值	$\overline{C}_d = \overline{F}_d/(0.5\rho AU^2)$
脉动阻力系数均方根	$C'_{dRMS} = F'_{dRMS}/(0.5\rho AU^2)$
阻力系数最大值	$C_{dmax} = F_{dmax}/(0.5\rho AU^2)$
升力系数	$C_l = F_l/(0.5\rho AU^2)$
升力系数均方根	$C_{lRMS} = F_{lRMS}/(0.5\rho AU^2)$
脉动升力系数均方根	$C'_{lRMS} = F'_{lRMS}/(0.5\rho AU^2)$
静止绕流时的阻力系数最大值	C_{d0max}
静止绕流时的脉动升力系数	C'_{l0}
静止绕流时的阻力系数均值	$\overline{C}_{d0}$

（续表）

变　量　名	无量纲量
压力系数 质量比 响应参数	$C_{\mathrm{p}} = 1-(p_0 - p_\theta)/(0.5\rho U^2)$ $m^* = m_{\mathrm{s}}/\rho D^2$ $S_{\mathrm{G}} = 2\pi^3 Sr^2 m^* \zeta$

网格及湍流模型对升阻力及旋涡脱落频率有重要影响，因此，本节研究湍流模型和网格离散对管状结构流场特征的预测能力，为双向耦合模型提供一种合理的三维 CFD 模型。

在本节的研究中，湍流模型用到了两方程模型、LES、DES 以及 RSM。基于大量关于对静止圆柱绕流特性的 CFD 计算分析，选取的两方程模型为 RNG $k-\varepsilon$ 和 SST $k-\omega$，其中 RNG $k-\varepsilon$ 的近壁面函数取为增强壁面函数；分离涡模型的 RANS 为 Realizable $k-\varepsilon$；雷诺应力模型的雷诺应力基于二阶压力应变，近壁面函数取标准壁面函数；LES 的两个亚格子应力模式分别取为 WMLES 和动力 Smagrosky-Lilly。为表述方便，这些模型在以下分别记为 RNG $k-\varepsilon$，SST，RSM，DES，LES(WMLES)，LES(Dynamic S&L)。针对 $Re=3\,900$ 的圆管绕流，Lourenco 和 Shih、Ong 和 Wallace[144] 提供了 $\frac{x}{D}\leqslant 3$、$3\leqslant\frac{x}{D}\leqslant 10$ 处，近尾流区平均流场的实验结果，因此，本节也选择相同的模型来进行网格离散和湍流模型的研究。

4.2.1　网格离散

采用 ICEM CFD 作为网格划分工具，在管周围采用 O 型网格(O-block)，在 O 型网格内，网格在径向以 1.08 的比例因子扩展，在 O 型网格外，网格在径向以 1.4 的比例因子扩展，4 种网格如图 4-2 所示。表 4-3 给出了不同分

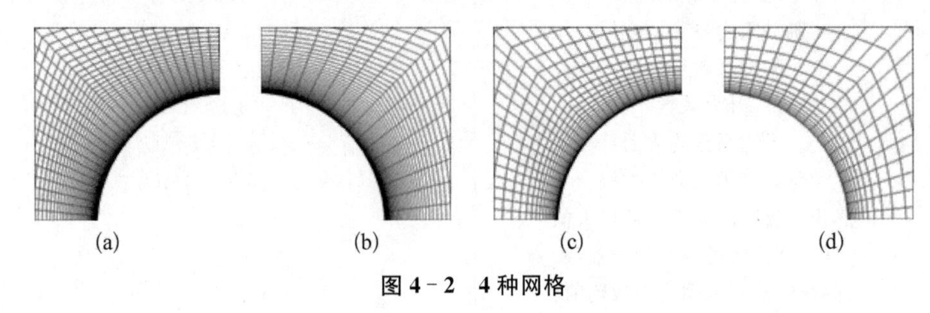

图 4-2　4 种网格

(a) Grid A；(b) Grid B；(c) Grid D；(d) Grid L

辨率网格的详细参数，包括管的周向网格节点数(N_c)、径向网格节点数(N_r)以及最大的 y^+ 值。由表 4-3 可知，四种网格的 y^+ 值均较小($y^+ \approx 1$)，其中，Grid A 的网格分辨率最高，Grid B 测试了周向网格的影响，Grid D 测试了径向网格节点，Grid L 为综合考虑了不同网格分辨率对流场结果的影响后所采用的网格。

表 4-3　网格划分方式及其 y^+ 值

工　况	周向节点	径向节点	y^+
Grid A	128	65	0.293
Grid B	68	65	0.293
Grid D	128	33	0.293
Grid L	84	17	1.467

为得到合理的网格模型，利用 Lourenco 和 Shih、Ong 和 Wallace[144] 对单圆柱绕流的测量数据来比较分析网格离散方式对流场特征的影响，湍流模型分别采用 LES(Dynamic S 和 L)和 LES(WMLES)。表 4-4 为不同网格模型的升阻力及 Sr 情况。通过比较可以看出，在 LES(Dynamic S 和 L)湍流模型下，具有最精细网格分辨率的 Grid A 所得的结果误差最小，Grid L 与 Grid D 最差，原因在于 Dynamic S 和 L 在边界层需要更精细的网格。而对于 LES(WMLES)，由于 WMLES 亚格子应力模式结合了混合长度模型、Smagorinsky 模型和壁面函数，使得其对网格的要求大大降低，并且仅在对数率层激活 RANS 部分，边界层外才用 LES 模拟，因此 Grid D 与 Grid L 的计算精度均好于 Grid A。最后，通过分析尾流场的速度分布(见图 4-3、图 4-4)、管表面压力分布(见图 4-5)，研究网格分辨率对时均流场特征的影响。通过综合分析可知，文中所采用的这 4 种网格均可以满足计算要求，但为了减小计算量，后面的计算均采用 Grid L 网格。

表 4-4　不同网格分辨率下的升阻力

	LES(WMLES)				LES(Dynamic S 和 L)			
	C_{dRMS}	Sr	C_d/%	Sr/%	C_{dRMS}	Sr	C_d/%	Sr/%
Grid A	0.872	0.248	7.20	12.73	1.055	0.223	1.42	1.36
Grid B	0.875	0.229	6.94	4.09	1.140	0.214	9.66	0.47
Grid D	0.918	0.229	2.32	4.09	1.195	0.194	14.86	7.62

（续表）

	LES(WMLES)				LES(Dynamic S 和 L)			
	C_{dRMS}	Sr	$C_d/\%$	$Sr/\%$	C_{dRMS}	Sr	$C_d/\%$	$Sr/\%$
Grid L	0.906	0.229	3.60	4.09	1.209	0.203	16.25	3.33
Norberg[145]：C_{dRMS}	0.99±0.05							
Ong 和 Wallace[144]：Sr	0.215±0.005							

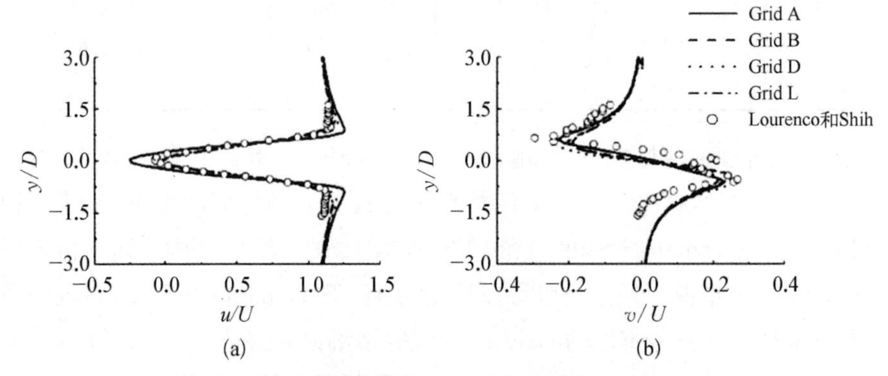

图 4-3　尾流区不同位置上的时均流向、横向速度分布

(a) 流向速度分布；(b) 横向速度分布

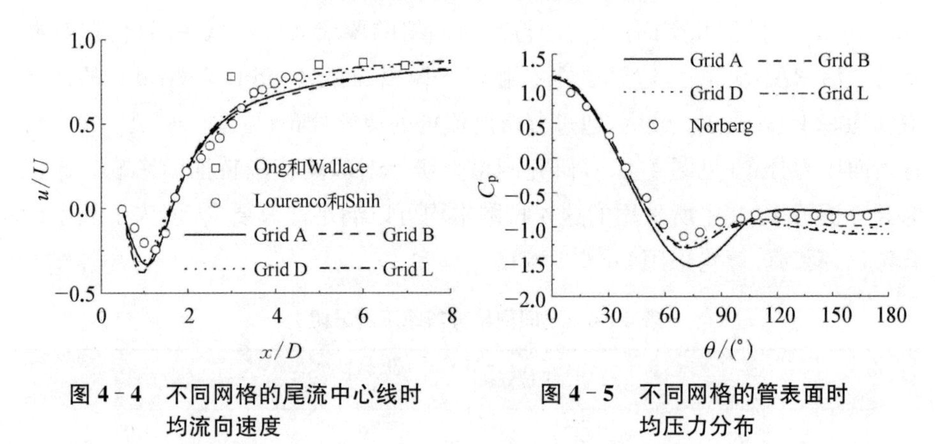

图 4-4　不同网格的尾流中心线时均流向速度

图 4-5　不同网格的管表面时均压力分布

4.2.2　湍流模型比较

首先，分析 RNG $k-\varepsilon$，SST，RSM，DES，LES（WMLES），LES

(Dynamic S 和 L)6 种湍流模型对静止管绕流流动特征的预测能力。

表 4－5 为不同湍流模型下的升阻力特性比较，其中%(C_d) 和%(Sr)分别表示相应湍流模型下得到的阻力系数 C_{dRMS}、Strouhal 数 Sr 相对于实验数据的误差。从阻力系数来看，LES(Dynamic S 和 L)的结果与实验最为接近，RNG $k-\varepsilon$ 的误差为 4.89%，而 DES 与 LES(WMLES)具有 7.2%的误差，SST 计算得到的阻力系数误差最大。从 Sr 的情况来看，RNG $k-\varepsilon$、LES(Dynamic S&L)、RSM、SST 所得的 Sr 均与实验结果非常相近，而采用 LES(WMLES)和 DES 计算得到的 Sr 偏大。

表 4－5　不同湍流模型下的流体力特性比较

湍流模型	C_{dRMS}	Sr	C_d/%	Sr/%
LES(Dynamic S 和 L)	1.051	0.223	1.42	1.36
LES(WMLES)	0.868	0.248	7.20	12.73
RNG $k-\varepsilon$	0.893	0.210	4.89	0.00
SST	1.204	0.223	18.38	1.36
RMS	1.170	0.223	14.13	1.36
DES	0.868	0.248	7.20	12.73
Norberg[145]：C_{dRMS} Ong & Wallace[144]：Sr	0.99±0.05	0.215±0.005	—	—

由不同湍流模型得到的管表面时均压力系数分布如图 4－6 所示，其中，LES(Dynamic S 和 L)得到的压力分布与实验最为吻合，尤其是在分离区附近(50°～108°)，其他几种湍流模型均不能准确地预测压力分布；而在远离分离区域时，LES(WMLES)与实验数据也吻合较好。

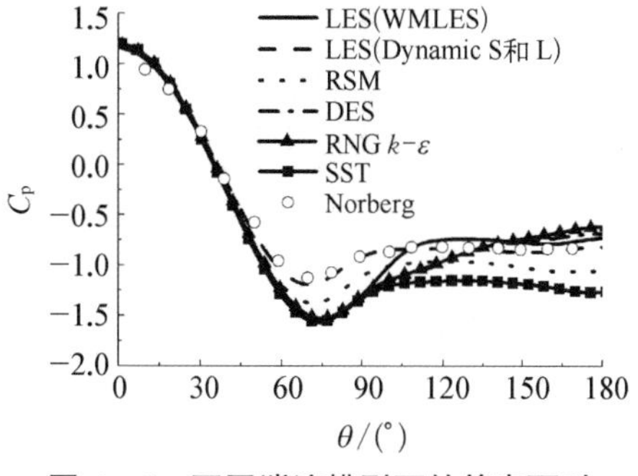

图 4－6　不同湍流模型下的管表面时均压力分布

管尾部的速度分布对管束流致振动的准确模拟也非常重要。图 4－7 显示了管尾部流向的平均速度分量。同样地，由 LES(Dynamic S 和 L)和 LES(WMLES)计算得到的速度分布与实验数据最为接近，由 LES(WMLES)得到的回流区长度与实验数据吻合最好，而 LES(Dynamic S 和 L)所预测的回流区长度比实验数据约大 18%。其他几种湍流模型所得到的回流区长度均小于实验值。图 4－8 为管尾流区 $x/D=1.54$ 处的时均流向速度分布，在流向速度峰值区域，LES(Dynamic S 和 L)明显优于其他湍流模型，但在峰值区域外，LES(WMLES)要比 LES(Dynamic S 和 L)好，原因在于 WMLES 亚格子应力模型仅在对数率层激活 RANS 部分，边界层外用 LES 模拟，因此，LES(WMLES)在湍流充分发展的区域的流场预测能力更强；SST 的预测值总是最小，远低于实验数据，因此也导致由 SST 得到的升阻力最大。

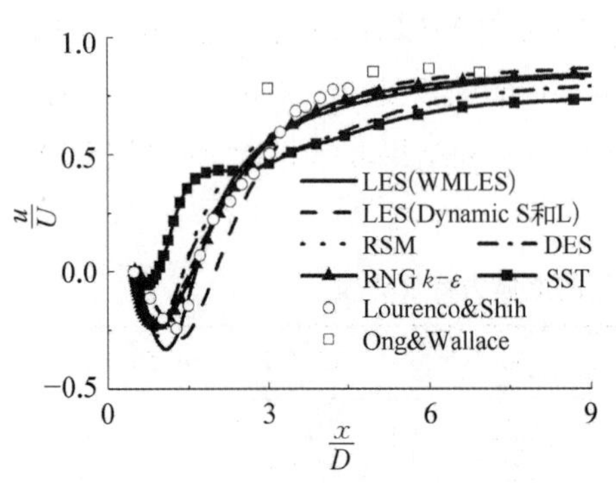

图 4－7　尾流中心线时均流向速度

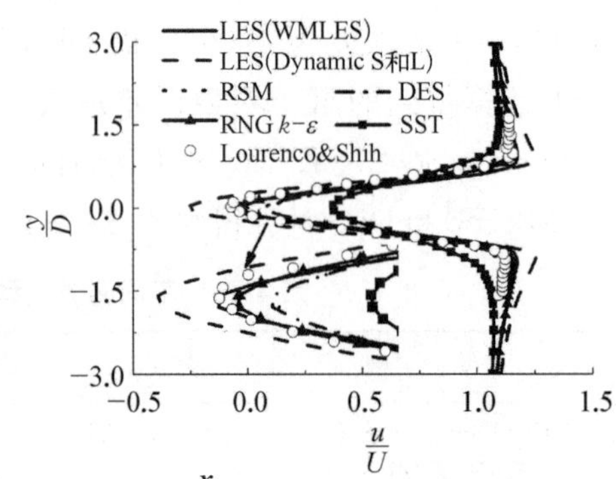

图 4－8　$\frac{x}{D}=1.54$ 处的时均流向速度

4.2.3　弹性单管的流致振动响应

为验证所建立的流致振动数值模型，首先计算了一根三维弹性管在横流作用下的涡致振动，并与实验结果[146]进行了比较，计算输入与实验条件一致(见表 4－1)。流场区域及网格如图 4－9 所示，左边入口采用速度入口边界，右端出口采用压力出口边界，其他流场外边界设为固定壁面，管壁面为流-固耦合交界面，设为动网格边界。时间步长取为 0.000 25 s，进口流速在 0.05 s 内采用 UDF 控制使其线性加载到 U_r(＝0.5 ～ 17)。图 4－10 中分别就数值计算得到的管的响应频率 f_{ex} 与固有频率 f_n 之比 $\frac{f_{ex}}{f_n}$ 及横向振幅 $\frac{A_y}{D}$ 随来流

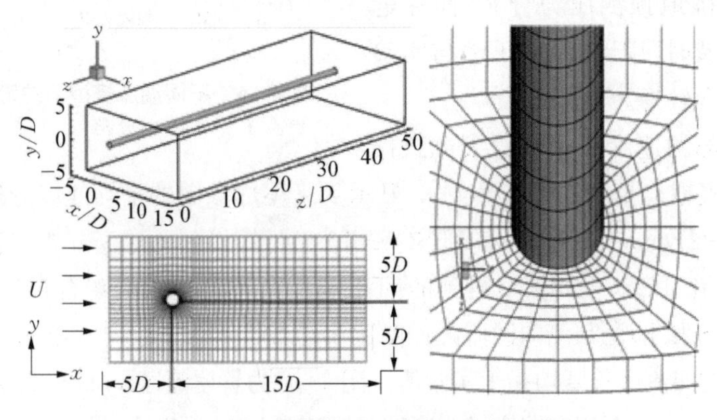

图 4－9　单管的流场区域及局部网格

x—流体流动方向；y—弹性管的横向振动方向；z—弹性管的轴向

速度 U_r 的变化情况与已有的实验结果[146]进行了比较，从图中可以看到，两者在趋势和数值上吻合较好。图 4－11(a)为计算得到的管的运动轨迹，与实验结果[146]一致[见图 4－11(b)]，说明了模型的正确性。

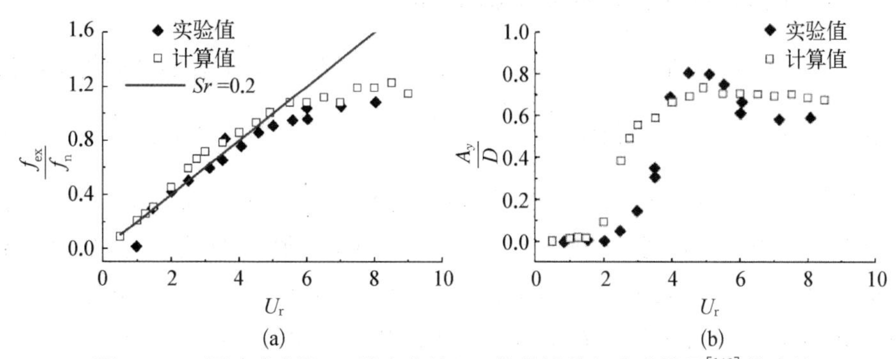

图 4－10　振动响应随 U_r 的变化情况：数值计算与实验结果[146]的比较

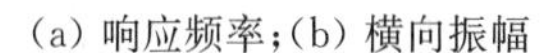

(a) 响应频率；(b) 横向振幅

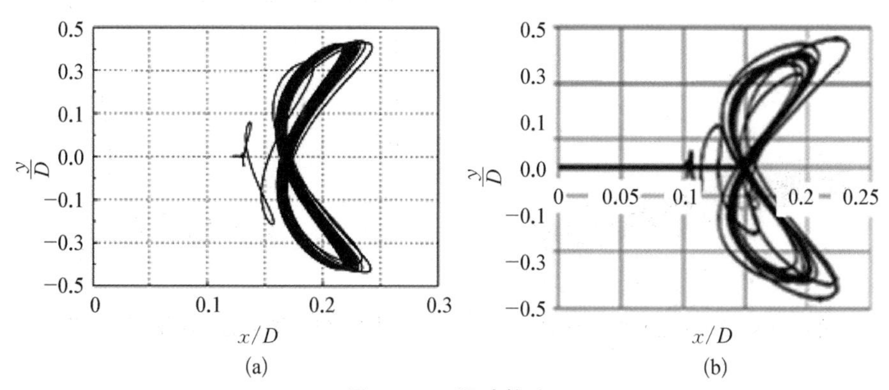

图 4－11　运动轨迹

(a) 计算结果；(b) 实验结果[146]

其次，为了进一步验证数值模型，比较了两端固支管在空气中受脉冲载荷时的瞬态响应与耦合振动响应，其中激振力作用于管中间，大小为 10 N，沿 y 方向，作用时间为 0.1 s。由于空气的密度及黏性均较小，其附加质量与流固耦合效应可以忽略，因此通过流固耦合计算得到的结果应该与瞬态动力学计算的结果相同。图 4－12 比较了由

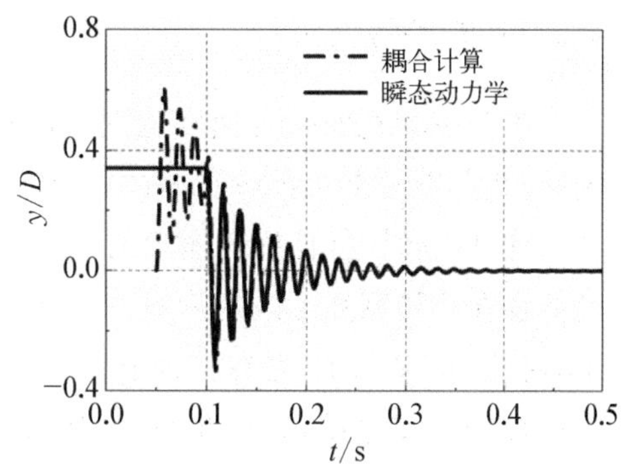

图 4－12　流固耦合与瞬态动力学结果比较

这两种方法得到的 y 向位移时程，可以看出，耦合计算结果和瞬态动力学计算结果在数值和变化趋势上吻合，进一步说明所用的流致振动模型是合理的和正确的。

4.2.4 正方形排列管束的流致振动响应

为了进一步验证模型，计算了节径比为 1.5 的 3×3 正方形排列管束的流致振动。图 4-13 为节径比 $\frac{P}{D}=1.5$ 的 3×3 正方形排列管束的计算模型示意图，图 4-14 为其横向振幅随间隙流速的变化曲线，并与实验值[146]进行了比较，从图中可以看到，数值计算给出的结果与实验值[146]吻合较好，数值模型基本给出了弹性管束流致振动响应的合理预测。说明所建立的管状结构流致振动数值模型耦合了计算流体动力学和计算结构动力学程序，可用于实际工程问题的流致振动仿真计算(见图 4-15)。

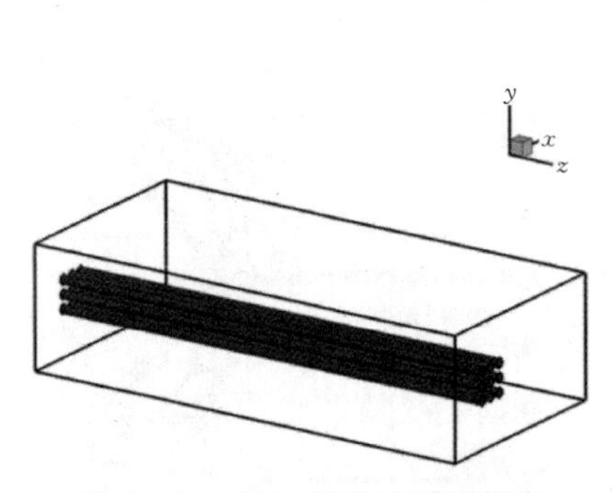

图 4-13 3×3 正方形排列管束

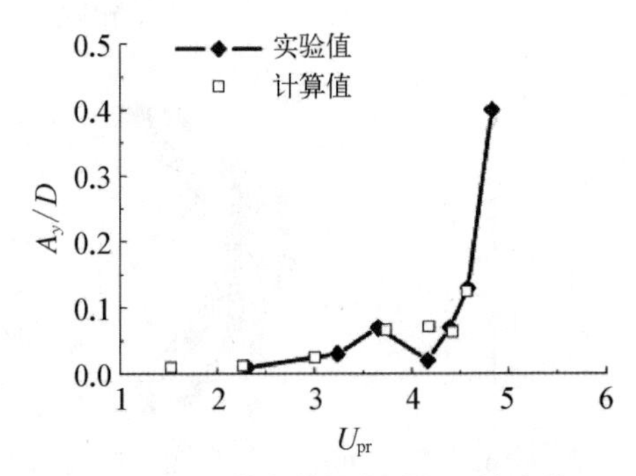

图 4-14 管束的振幅随 U_{pr} 的变化

4.3 单弹性管的流致振动特性

4.3.1 响应特性

本节在较宽的折合速度范围内，通过响应分支、Lissajou 图、运动轨迹、相位差、相图以及 Poincare 截面图，分析不同响应阶段的响应特性。

弹性支撑圆柱体横向振动的实验结果显示，根据质量阻尼参数($m^*\zeta$)的高低存在两种截然不同的响应[92]。Khalak 和 Williamson[92](简称 K-W)指出，对低 $m^*\zeta$ 系统，存在三种响应模式，分别为初始分支、上端分支和下端分支；对高 $m^*\zeta$ 系统，只存在两个响应分支，即初始分支和下端分支。本节的流体-弹性管耦合系统的质量比 $m^*=6.5$，质量阻尼参数 $m^*\zeta=0.31$，属于小质

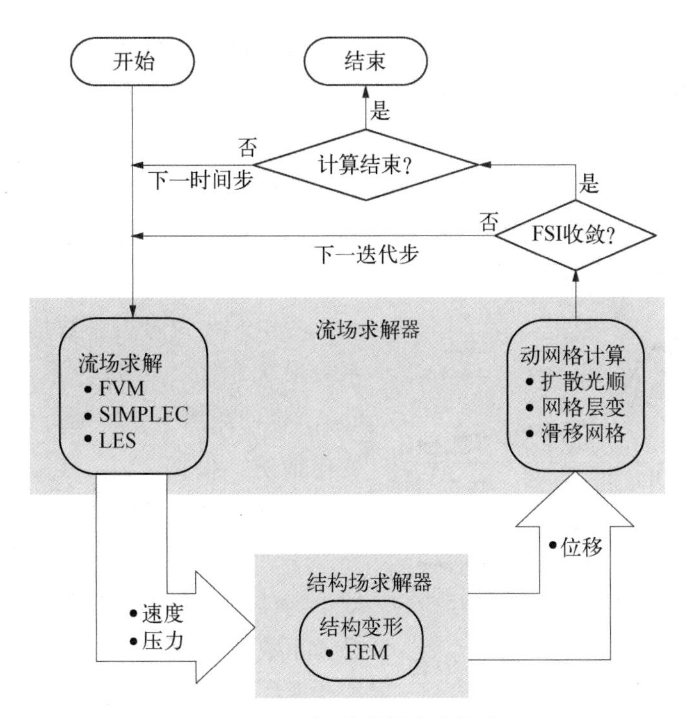

图 4－15　流体-结构耦合迭代流程

量比高 $m^*\zeta$ 系统[147]，响应参数 $S_G=2\pi^3 Sr^2 m^*\zeta=0.757$。从图 4－16 中横向振幅随 U_r 的变化曲线可以看到，本节的高 $m^*\zeta$、低 m^* 弹性管耦合系统的响应有所不同，与低 $m^*\zeta$、高 m^* 系统的响应相比，上端分支虽然没有出现，但其表现为 A_y/D 随 U_r 的增加有一个平稳的增加，本节称为拟上端分支，与 K－W($m^*\zeta=0.013$, $m^*=10.1$) 的响应图相比，由于本节的质量比 $m^*=6.5$，小于 K－W 的 10.1，因此具有更宽的同步区域。进一步将本节的振幅峰值绘入图 4－17 中的 Griffin 图中，并与 Skop 和 Balasubramanian[148] 的实验结

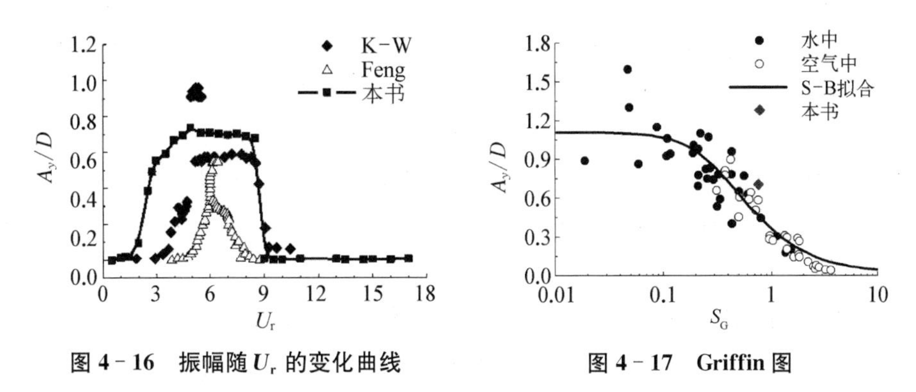

图 4－16　振幅随 U_r 的变化曲线　　**图 4－17　Griffin 图**

果及拟合曲线(简称为 S-B)进行对比,可以看出,三维弹性管的振幅略大于二维刚性圆柱体所得到的幅值。

1) 响应分支

不同响应分支可通过:① 振幅与U_r的关系曲线;② 升力与位移间的相位角 ϕ;③ 升力相对于位移的 Lissajou 图 $C_l(t)$ 和 $y(t)/D$;④ 相图 $y(t)/D$ 和 $v(t)/U$ 来表征。

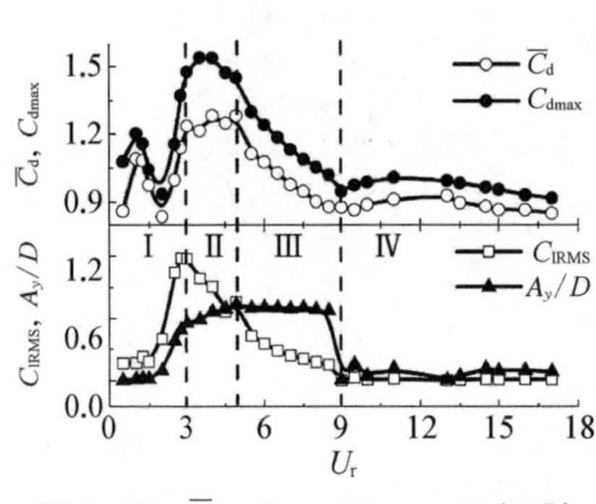

图 4-18 $\overline{C}_d$、C_{dmax}、C_{lRMS}、A_y/D 随 U_r 的变化情况

图 4-18 为阻力系数均值 $\overline{C}_d$、阻力系数最大值 C_{dmax}、升力系数均方根值 C_{lRMS}、横向振幅 A_y/D 随折合速度 U_r 的变化情况。根据 C_{lRMS}、C_{dmax}、$\overline{C}_d$ 以及 A_y/D 随 U_r 的变化特性,可将响应分为如图 4-18 所示的 4 个阶段,分别记为阶段Ⅰ、阶段Ⅱ、阶段Ⅲ、阶段Ⅳ。综合比较升力系数、阻力系数及横向振幅随 U_r 的变化曲线可以清晰地分析这 4 个阶段的振动特性及流体力与响应间的关系。

在初始分支阶段 Ⅰ($U_r \leqslant 3$),$\overline{C}_d$、C_{dmax} 随 U_r 的增加先减小再增大,在 U_r 约为 2 时达到最小值,因此根据阻力系数的变化曲线可将该阶段分为两个不同的变化区间,即:$U_r \leqslant 2$ 和 $2 < U_r \leqslant 3$。当流速较小时 ($U_r \leqslant 2$),管发生非常小的振动响应,C_{lRMS} 非常小,主要是由流动中的湍流激发了这种运动;当 $2 < U_r \leqslant 3$ 时,随着流动速度的逐渐增加,振动响应与流体力系数迅速增大。

在拟上端分支阶段 Ⅱ($3 < U_r \leqslant 5$),C_{lRMS} 在阶段Ⅰ与阶段Ⅱ的转换点(U_r 约为 3 时),达到最大峰值,然后随 U_r 的增加迅速减小;与升力系数不同的是,阻力系数尤其是阻力系数均值 $\overline{C}_d$ 在阶段Ⅱ基本保持恒定,横向振幅 A_y/D 随 U_r 的增加而缓慢增加。

在下端分支阶段 Ⅲ($5 < U_r < 9$),横向振幅达到最大,且保持在 $A_y/D \approx 0.7$;阻力系数、升力系数随流速增加逐渐下降,这时,从流动中输入的能量与圆柱体吸收的能量相平衡,管的横向振幅保持恒定,发生了横向响应的锁定。同时联合图 4-19 的涡脱频率,可以看到,在拟上端分支与下端分支发生了“频率锁定”。

在非相干阶段 Ⅳ($U_r \geqslant 9$),流动速度的进一步增加导致横向振幅与升力系数的下降,两者的值均趋于 0,由此也可以看出旋涡脱落强度是自限定的;阻力系数维持在一个比较恒定的值。

从图 4 - 18 中还可以看到，阻力和升力的峰值并不是同时出现的，升力峰值先于阻力峰值出现。C_{lRMS} 曲线的显著特征是存在一个尖峰，其正好出现在初始分支与拟上端分支的转换处，在转换前，升力急剧增加，而当响应模式发生转换后，升力迅速下降，因此就导致了这样一个尖峰。

2）频率锁定

图 4 - 19、图 4 - 20 分别给出了弹性管的旋涡脱落频率 f_{vs} 和振动响应频率 f_{ex} 与固有频率 f_n 之比 f_{vs}/f_n 和 f_{ex}/f_n 随折合速度 U_r 的变化情况。图中对角线代表静止管的涡脱频率，即 $Sr=0.2$，水平线代表固有频率，即 $f_{ex}=f_n$，实点指功率谱中的主频峰值。随着 U_r 的增加，频率的改变如下：

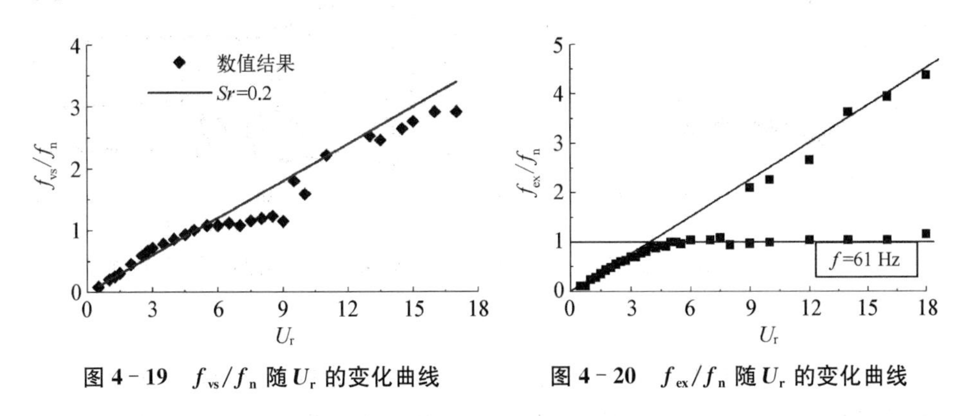

图 4 - 19　f_{vs}/f_n 随 U_r 的变化曲线　　　**图 4 - 20　f_{ex}/f_n 随 U_r 的变化曲线**

在初始分支，升力与横向位移的频率与静止管的涡脱频率 f_{st} 相同，遵循 $Sr=0.2$ 的线性关系。

当进入拟上端分支和下端分支阶段时，旋涡脱落被升力方向的运动所控制，从图中可以看出，旋涡脱落频率与振动频率偏离了 $Sr=0.2$ 这条线，基本上等于管的固有频率，即 $f_{ex}/f_n\approx 1.0$，即此时发生了“频率锁定”，同步区域为 $3<U_r<9$。

继续增加 U_r，当速度高于一定值时(约 $U_r\geqslant 9$)，振动进入非相干阶段，响应频率发生了跳跃，如图 4 - 20 所示，此时的响应频率显示了明显的双峰特征，其中一个近似对应静止管的涡脱落频率 f_{st}，另一个对应管的固有频率 f_n。

3）相位差

弹性管的流致振动特性还可以通过升力与位移间的相位角 ϕ 来表征有关响应信息，ϕ 定义为升力相对于横向位移的相位差，ϕ 与时间的函数通过 Hilbert 变换得到。

图 4-21 为 ϕ 随 U_r 的变化情况，可以明显地看到，当 $U_r = 9 \sim 13$ 时，相位差经历了从同相到反相的改变，相位差的这种跳跃称为“相位开关”，是一种典型的非线性现象。图 4-22 中列出了几种典型 U_r 下的相位角时程，通过综合分析各响应阶段的相位角时程，发现当 $U_r < 9$ 时，相位角时程的变化趋势类似，ϕ 接近于 0°，其时程非常恒定(如 $U_r = 1.75$)；在相位差的转变阶段(如 $U_r = 10$)，ϕ 的时程开始变得紊乱，也不再接近于 0°；而当流速超出“频率锁定”的临界速度，处于高 U_r 时，ϕ 在 360°范围内变化，时程变得非常紊乱(如 $U_r = 16$)。

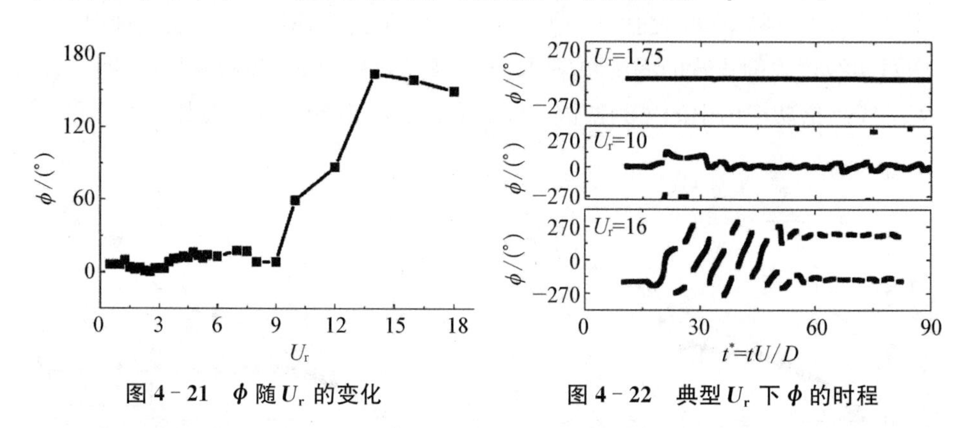

图 4-21　ϕ 随 U_r 的变化　　**图 4-22　典型 U_r 下 ϕ 的时程**

4) Lissajou 图

对不同折合速度下管的各种振动行为的比较分析发现，根据“频率锁定”发生的区间，Lissajou 图、相图及 Poincare 截面图表现为 3 种不同的形式，针对本节的三维弹性管，选择具有代表性的 3 个速度来进行研究：$U_r = 1.25$、$U_r = 6$、$U_r = 15$。

Lissajou 图表示了管运动与流体间的能量传递，其倾角则给出了位移与升力间相位角的估计。图 4-23 为不同折合速度 U_r 下的 Lissajou 图：当 $U_r \leqslant 3$ 时，Lissajou 图如图 4-23(a)所示，相位差接近 0，升力与位移同相；随着折合速度的增大，管从流场中不断吸收能量，从而使其横向振幅逐渐提高，并在锁定区达到最大值，相应的流体力也明显增大，Lissajou 图如图 4-23(b)所示，为类似椭圆的平行四边形；在非相干阶段 ($U_r \geqslant 9$)，升力系数与位移间的相位也由同相变为反相，如图 4-23(c)所示，流场不再向圆柱输入能量，即使流速继续增大，升力、振幅仍逐渐减小。

5) 相图与极限环

系统的相图是分析响应的一个非常有用的工具，极限环则是非线性振动

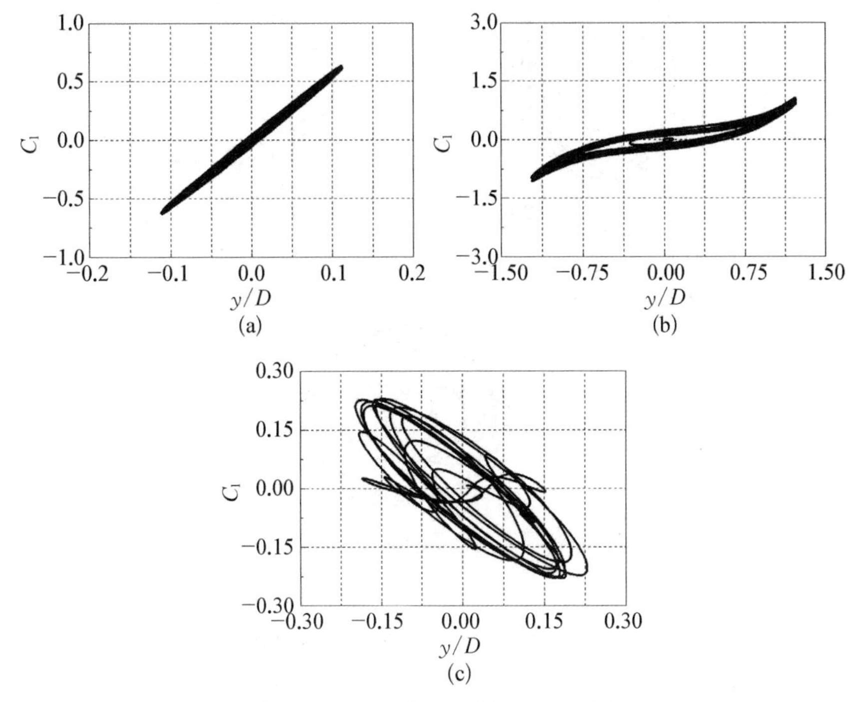

图 4-23　不同 U_r 下的 Lissajou 图

(a) $U_r = 1.75$; (b) $U_r = 6$; (c) $U_r = 16$

的最主要特征，图 4-24 和图 4-26 分别显示了 U_r 在 0.5～18 时的横向位移与升力系数的相图，图 4-25 和图 4-27 分别为横向位移与升力系数的 Poincare 截面，其中，C_l'代表升力系数的导数，C_l'用中心差分方法计算，v 为弹性管的横向振动速度，Poincare 截面的周期取为旋涡脱落的周期。

当 $2 < U_r < 9$ 时，即在初始分支、拟上端分支、下分支阶段，横向位移与升力系数的相图非常规则，其中横向位移的相图为极限环，是一个椭圆，升力系数的相图为复杂的几何图形，它们在 Poincare 截面上均仅有一个点；而当 U_r 为其他值时，升力系数和横向位移的相图变得非常复杂，在 Poincare 截面上有许多点，形成了一种复杂的情况，但由于其不依赖于初始条件，因此并不是混沌运动。通过对不同流速下横向位移与升力的极限环与 Poincare 映射图的分析可知，与出现周期解分叉的 $Re = 200$ 时的二维振动圆柱体有所不同[149]，在均匀湍流流动作用下，三维弹性管的升力与横向位移在 $U_r = 0.5 \sim 18$ 时的折合速度范围内并未出现周期解的分叉。

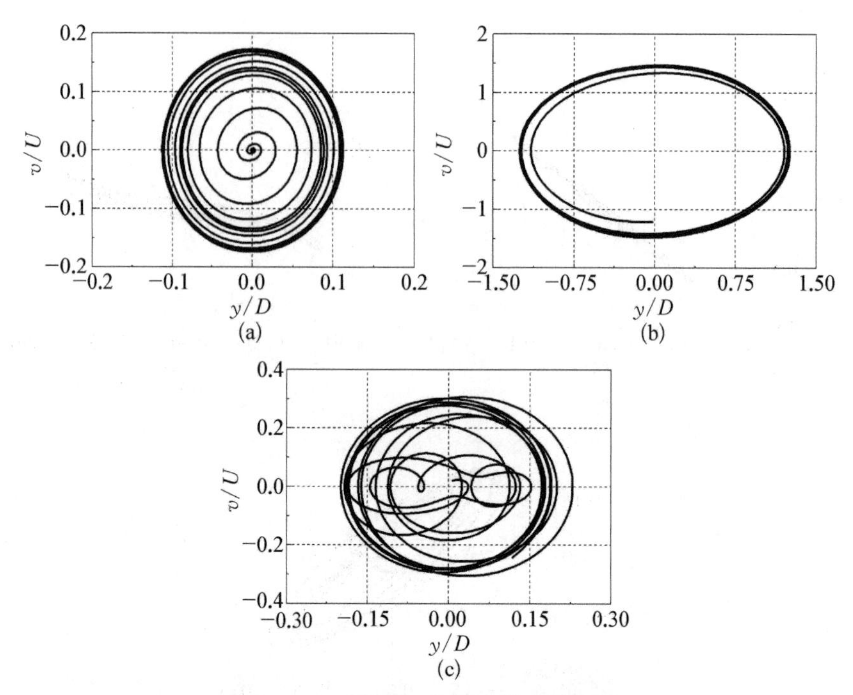

图 4-24　不同 U_r 下横向位移的相图

(a) $U_r = 1.75$; (b) $U_r = 6$; (c) $U_r = 16$

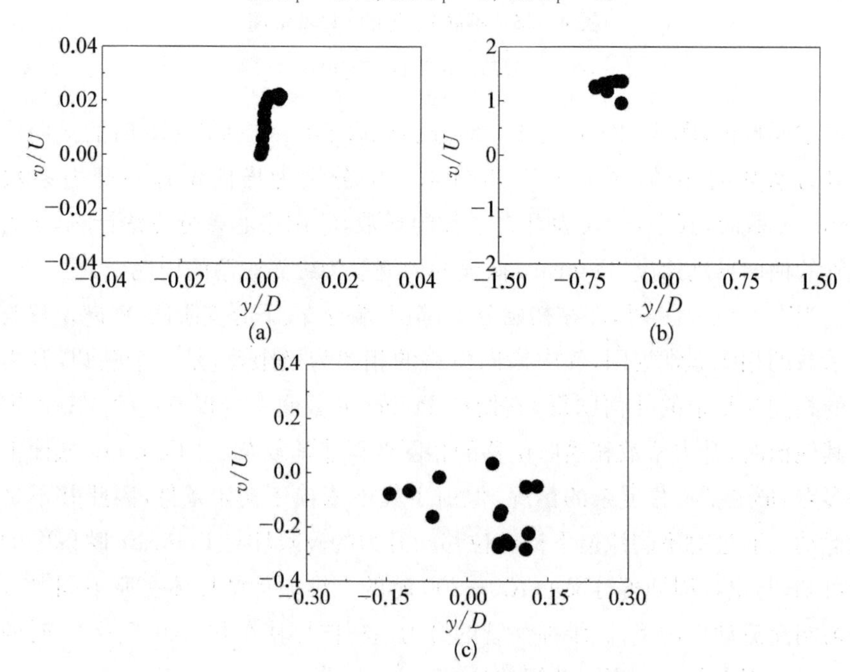

图 4-25　不同 U_r 下位移的 Poincare 截面

(a) $U_r = 1.75$; (b) $U_r = 6$; (c) $U_r = 16$

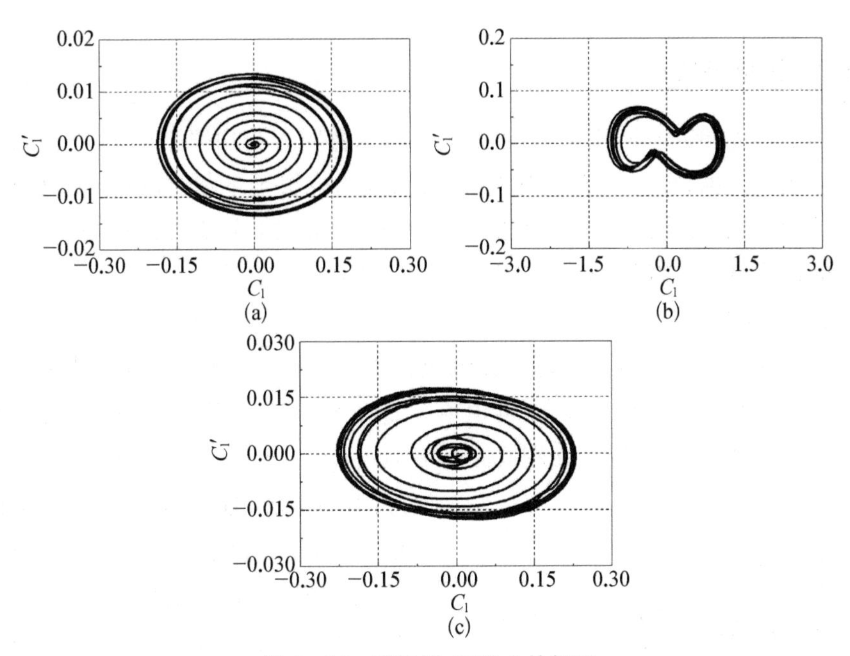

图 4 - 26　不同 U_r 下升力的相图

(a) $U_r = 1.75$；(b) $U_r = 6$；(c) $U_r = 16$

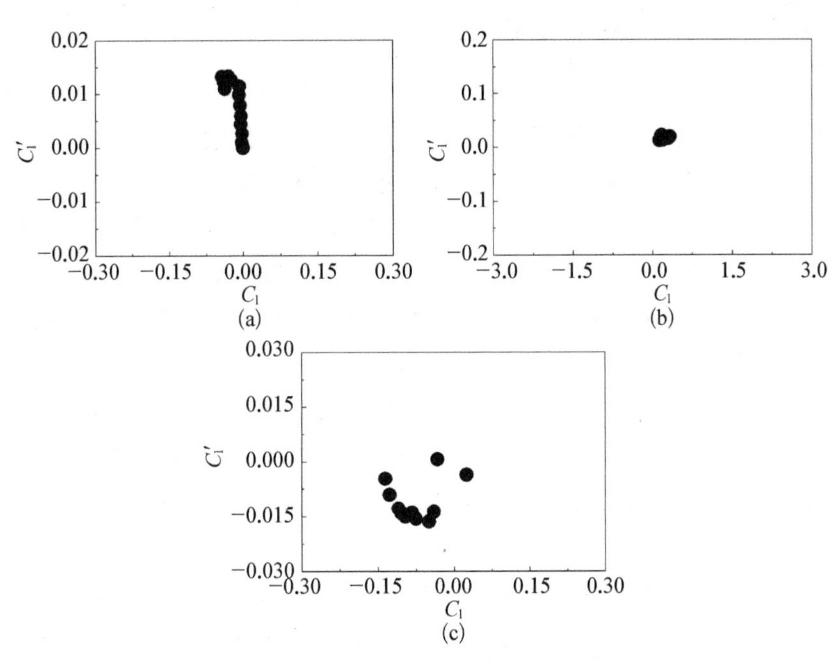

图 4 - 27　不同 U_r 下升力的 Poincare 截面

(a) $U_r = 1.75$；(b) $U_r = 6$；(c) $U_r = 16$

4.3.2 流场特性

本节首先研究不同流速下，管的流体力系数时程与功率谱特征；其次通过阻力系数最大值、阻力系数平均值、升力系数均方根等参数，分析振动对流体力的放大作用；最后研究振动对流场特性，如尾涡结构、管表面的压力分布、尾流区的速度分布、雷诺应力分布等流场特征参数的影响。

1）流体力随 U_r 的变化

管在流场中的受力特性是研究流致振动的基础，包括升阻力及其频率特性。图 4-28 给出了阻力系数均值 $\overline{C}_d$、升力系数均方根 C_{lRMS} 和横向振幅 A_y/D 随 U_r 的变化情况。在较低流速下 ($U_r \leqslant 2$)，C_{lRMS}、A_y/D 随 U_r 的增加而增加，$\overline{C}_d$ 随 U_r 的增加先减小再增大，当 U_r 达到 3 时，C_{lRMS} 达到最大值，然后随着 U_r 的增加逐渐减小；在 $2 < U_r < 5$，A_y/D 随着 U_r 的逐渐增加，振动响应迅速增大，当 $5 \leqslant U_r < 9$ 时，A_y/D 达到最大值，并维持恒定直到 $U_r \geqslant 9$；当 $U_r \geqslant 9$ 时，C_{lRMS}、A_y/D 均趋于 0，流速的进一步增加导致横向振幅的下降，由此也可以看出旋涡脱落强度是自限定的。

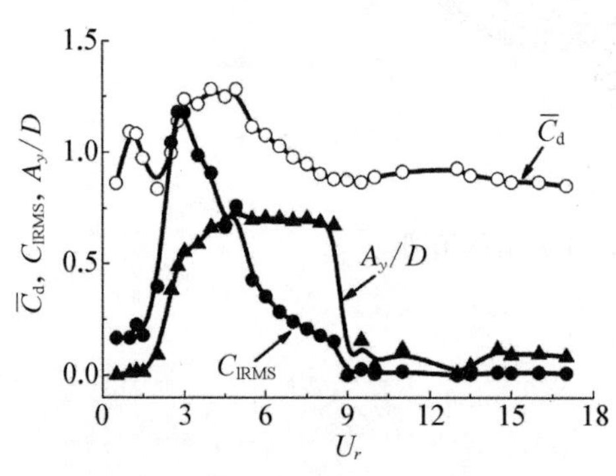

图 4-28 $\overline{C}_d$、C_{lRMS}、A_y/D 随 U_r 的变化情况

图 4-29 为管在不同 U_r 时的升力系数、阻力系数与横向位移的时程曲线。可以看出，在流速较低时 ($U_r \leqslant 2$)，管的横向振幅很小，升力系数频谱特性如图 4-30(a)所示；锁定发生时的时程曲线如图 4-29(b)所示，横向振幅明显增大，管的振动开始影响尾涡形态，其升力系数频谱显示双峰特性，如图 4-30(b)所示，其中一个峰值对应涡脱频率，另一个对应弹性管的第二阶固有频率；当 $U_r \geqslant 9$ 时，升阻力系数、振幅时程如图 4-29(c)所示，升力系数、横向振幅急剧衰减，其升力功率谱的频率范围更宽，如图 4-30(c)所示。

2）振动对流体力的放大

弹性支撑刚性圆柱体涡致振动的研究表明，振动对流体力系数有明显的放大作用[147]。Sarpkaya[150]指出，对于强迫振动，阻力系数均值的放大因子可以近似地表示为振幅 A_y/D 的线性关系：$(\overline{C}_d)/(\overline{C}_{d0}) = 1 + 2(A_y/D)$。图 4-31 中列出了相关文献中针对刚性圆柱体在自由振动和受迫振动时的流体

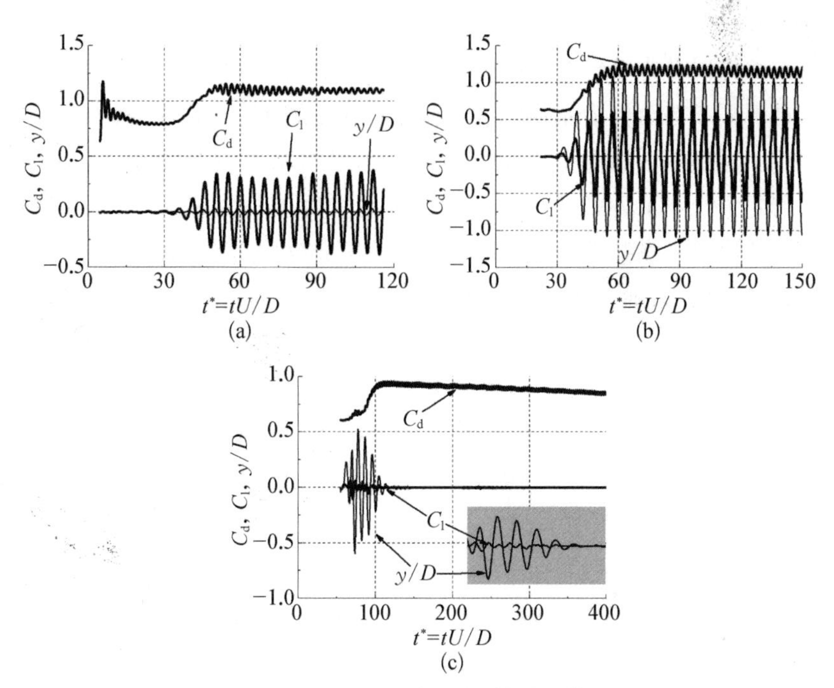

图 4-29　C_l、C_d 与 y/D 的时程曲线

(a) $U_r = 1.25$; (b) $U_r = 6$; (c) $U_r = 15$

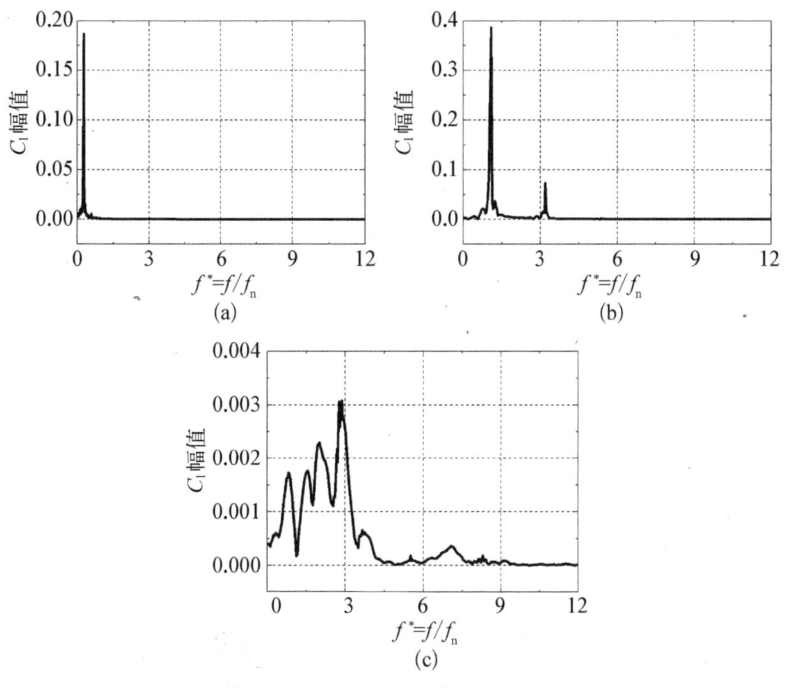

图 4-30　C_l 功率谱

(a) $U_r = 1.25$; (b) $U_r = 6$; (c) $U_r = 15$

力系数放大比以及本节针对三维弹性管所得到的流体力系数的放大比。从图中可以看出振动对流体力系数的放大作用，对三维弹性管来说，阻力系数最大值 C_{dmax} 与平均值 $\overline{C}_d$ 是静止管的 2～2.5 倍，升力系数均方根值 C_{lRMS} 是静止管的 6 倍。由于本节中弹性管的振幅取为管中间的最大位移，所以相同振幅下对应的各流体力系数的放大比偏小，略小于文献中针对刚性圆柱所得到的值，但从流体力系数随振幅的变化曲线可以看出，变化趋势与针对刚性圆柱体得到的结果相似。

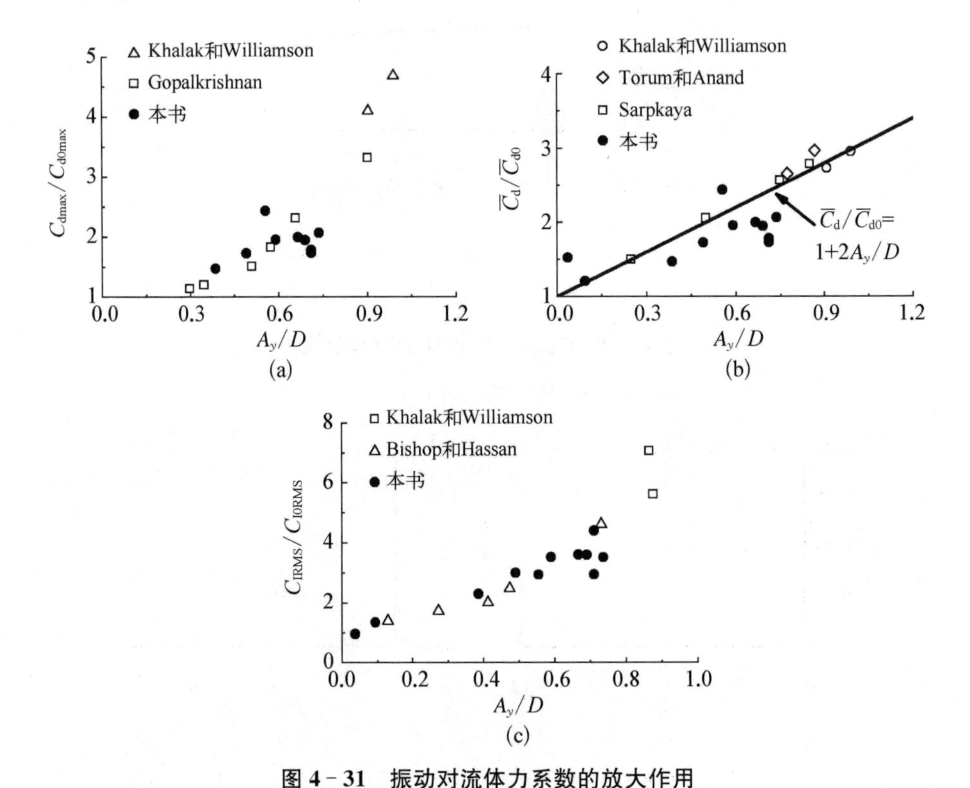

图 4-31　振动对流体力系数的放大作用

(a) 最大阻力系数；(b) 阻力系数均值；(c) 升力系数均方根

3）尾涡模态

尾涡模态非常重要，因为其影响升力的相位、流体与结构间的能量转移。为了研究不同时刻的流场特征，取一个涡脱周期中的 5 个时刻进行分析：t_0、$t_1=t_0+1/4T$、$t_2=t_0+2/4T$、$t_3=t_0+3/4T$、$t_4=t_0+T$，T 为涡脱周期。

图 4-32、图 4-33 分别是静止管与弹性管在一个涡脱周期的尾涡结构。对于弹性管，当 $t=t_0$ 时，在管尾部上侧开始形成一个涡，当 $t=t_0+1/4T$ 时该

旋涡已经从管表面脱落，接着在 $t=t_0+2/4T$ 时尾部下侧又形成一个涡，并向先前已脱落的上部涡与正在形成的涡中间插入，当 $t=t_0+3/4T$ 时，下部涡已经完全从管表面脱落，当 $t=t_0+T$ 时，尾涡结构变得与 $t=t_0$ 时的完全相同。静止管的尾涡脱落特性与弹性管的相似，但其尾涡的横向间距较小。对比图 4－32 和图 4－33 发现，由于弹性管的流体-结构交互作用，使得弹性管后面的旋涡横向间距增大，流向间距变小。

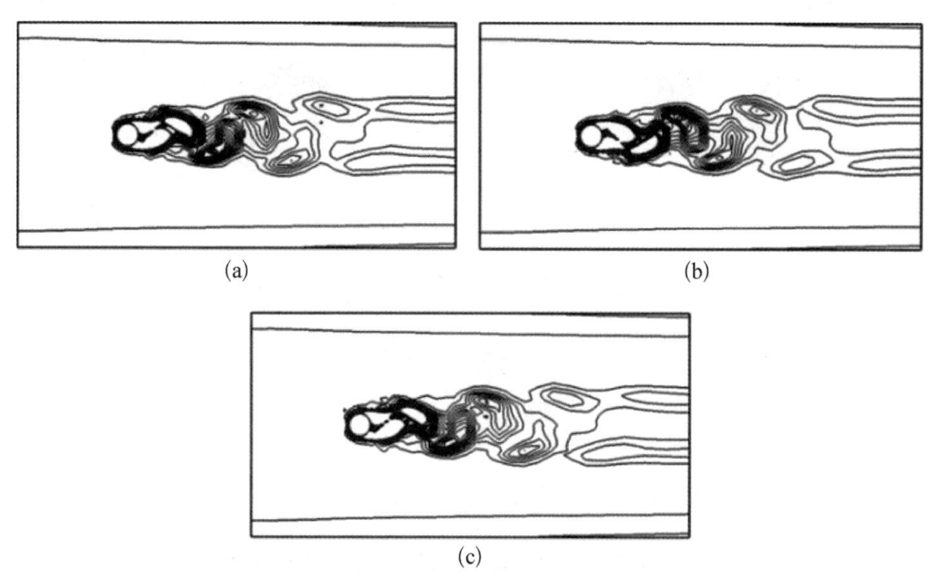

图 4－32　静止管在一个周期的旋涡脱落特性 ($Re=3\times10^4$)

(a) $t=t_0$；(b) $t=t_0+2/4T$；(c) $t=t_0+T$

针对本节的弹性管，选择具有代表性的 3 个速度研究其涡脱模式。图 4－34(a)所示为较低速度时的旋涡泄放形式，表现为周期性交替泄放的湍流旋涡。随着 U_r 的增大，振幅逐渐增大，管的振动开始影响其尾流区的涡脱形态，由于结构与流场的耦合作用使得涡脱落频率变大，涡的流向间距明显变小而横向间距逐渐拉大，如图 4－34(b)所示，此时旋涡脱落频率锁定在结构的固有频率上。当 U_r 进一步增加到导致升力方向振幅下落的流动速度时，管后面旋涡的流向间距增大，横向间距变小，如图 4－34(c)所示，此时管的横向振幅亦逐渐减小。

在本节的流速范围内，尽管横向响应的最大幅值处于下端分支上，但没有出现 Khalak 等[147]所指出的下端分支应该对应的 2P 模式（指管后面有两个平行涡对），如图 4－34 所示，而是仅出现了 2S 模式（指管后面有两个交替的旋

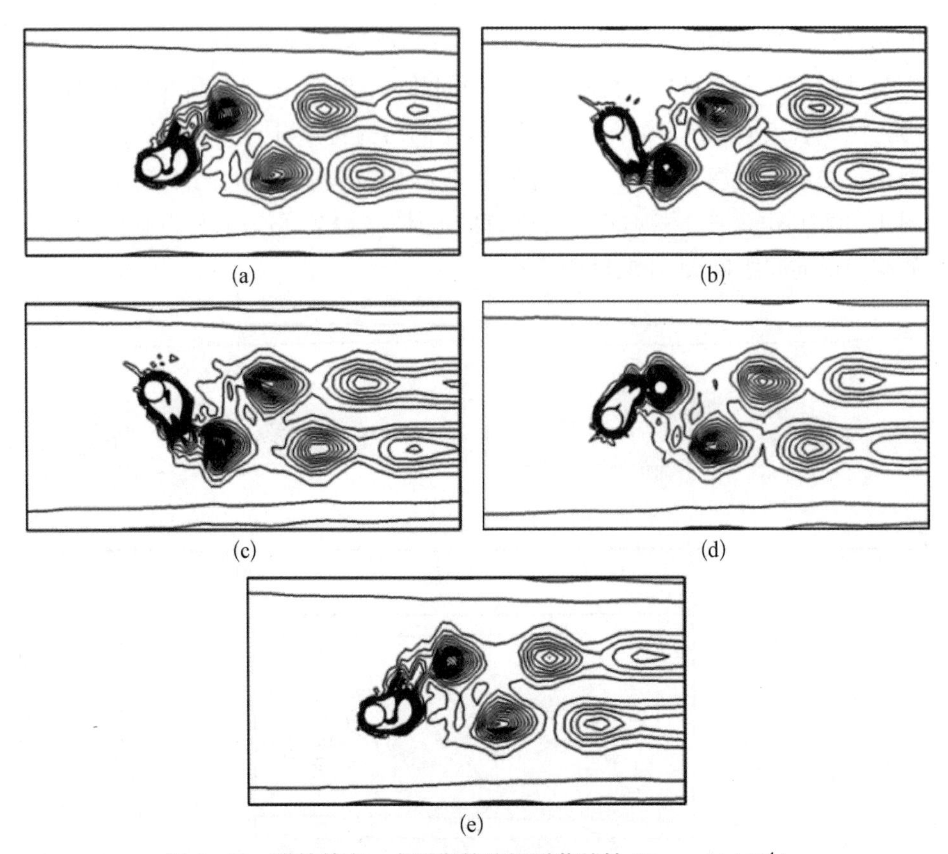

图 4-33　弹性管在一个周期的旋涡脱落特性 ($Re = 3\times 10^4$)

(a) $t = t_0$; (b) $t = t_0 + 1/4T$; (c) $t = t_0 + 2/4T$; (d) $t = t_0 + 3/4T$; (e) $t = t_0 + T$

涡脱落)。这主要是由于 2P 模式仅存在于正弦振动情况下，当振动不是纯正弦形式时，流体诱发的弹性管振动使得流体-结构交互作用系统缺乏恒定的振幅和相位角，导致涡不能重复形成，抑制了标准涡模态的形成，因此 2P 尾涡模态结构没有完全建立。

4) 表面压力分布

由图 4-32、图 4-33 可知，t_0 与 $t_4 = t_0 + T$ 时刻的尾涡相同，因此以下取 t_0、t_1、t_2、t_3 时刻进行分析。图 4-35 为 t_0、t_1、t_2、t_3 时刻振动的弹性管中间截面的周向压力分布，从图 4-35 可以看到，t_0 时刻与 t_2 时刻、t_1 时刻与 t_3 时刻的最大正压系数分别处于 336°与 27°、315°与 52°处，周向压力分布形状以 0°～180°轴线呈近似对称形状，这主要是由于 t_0 与 t_2 时刻，管子分别位于最大正位移处与最大负位移处，而 t_1 与 t_3 时刻则分别对应管子在平衡位置处向上

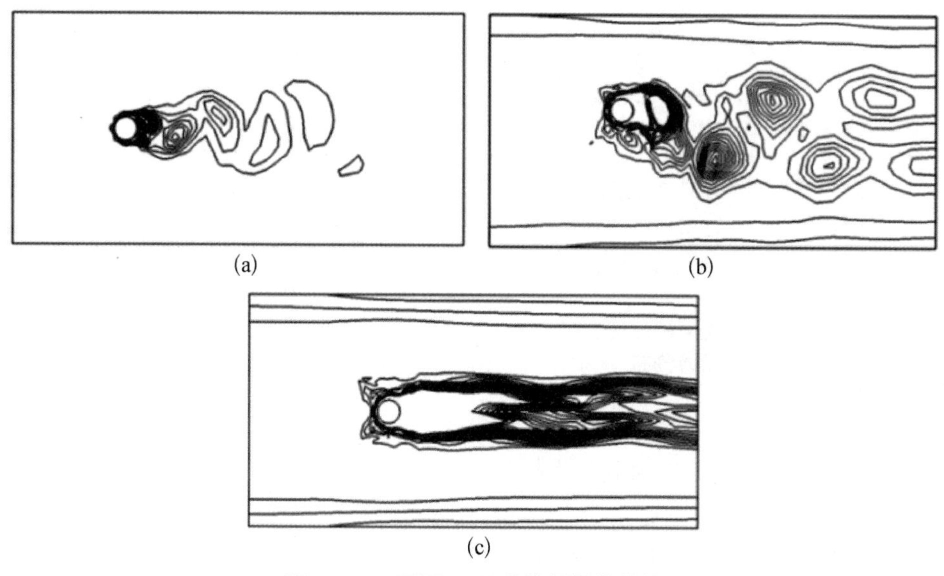

图 4 - 34　不同 U_r 下管的涡量等值线

(a) $U_r = 1.25$; (b) $U_r = 6$; (c) $U_r = 15$

运动时刻与平衡位置处向下运动时刻。同时从图 4 - 35 中可以看到，在 t_1 与 t_3 时刻，管周向的压力分布约以 50°～230°轴线两边对称，因此压差较小，此时升力系数也达到最小，而在 t_0 与 t_2 时刻，周向压力分布不再对称，流向与横向的压力均很大，相应地，升力系数此时也达到最大值。在整个振动过程中，如此反复变化。

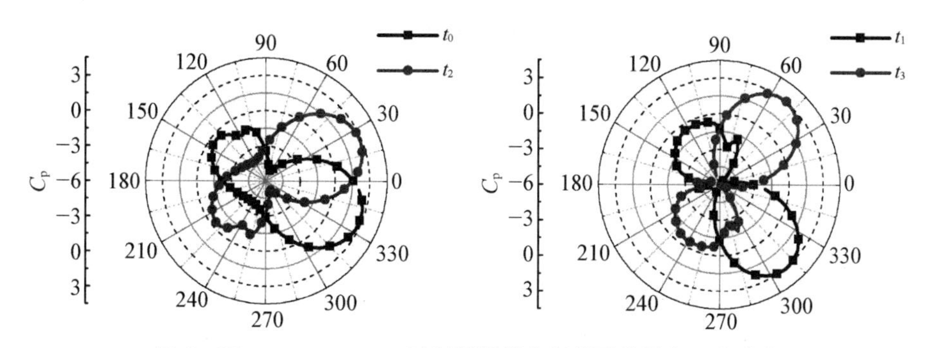

图 4 - 35　t_0、t_1、t_2、t_3 时刻弹性管中间截面的周向压力分布

对静止管来说，t_0、t_1、t_2、t_3 时刻的周向压力分布差别不大，并以 0°～180°轴线呈对称形状(见图 4 - 36)，与振动弹性管的压力分布明显不同。通过比较分析可以看出，由于流体-结构相互作用，使得管周向的压力发生了很大

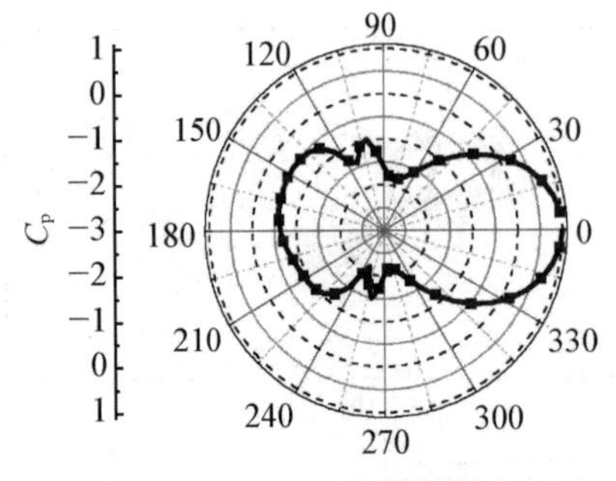

图 4-36　静止管中间截面的周向压力分布

变化，振动使得管的上下两边压差较大，因此导致考虑流体-结构相互作用时的升力远大于静止管绕流时的升力。虽然由于管发生变形而使得驻点、分离点随着时间和沿管纵向发生变化，但总体来说，管表面的最大正压位于正对来流处，并随着向管周围扩展，压力值减小，达到最小值后很快增大到一个较为稳定的值并在管背后形成平坦的稳态压力分布。

5）尾流区的时均量分布

管尾部的速度分布对其流致振动的准确模拟是非常重要的，图 4-37 显示了管尾部流向的时均速度分布。可以看到，当流速较小时，管的横向振动较小，尾流中心线上的时均速度分布与静止管绕流的类似，回流区（流向速度小于 0）长度约为 $1D$；在锁定区，如图 4-37 中的 $U_r=6$，由于旋涡脱落频率与结构固有频率同步，振动开始影响流场结构，管子尾流区基本不存在回流区，随着折合速度的进一步增加，回流区重新出现，且由于管在流向发生了较大的变形而使得其向下游移动。

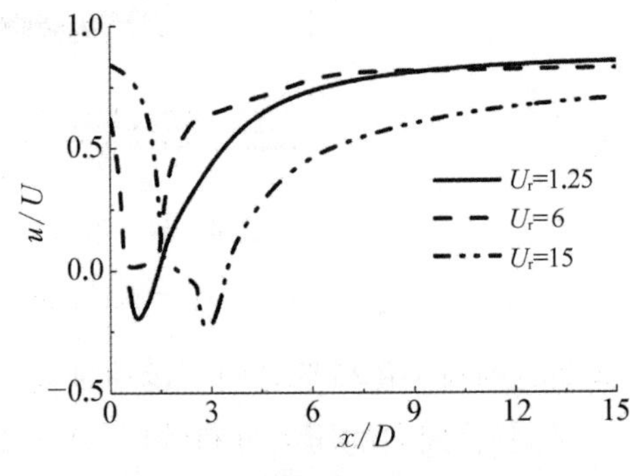

图 4-37　尾流中心线上的时均流向速度分布

图 4-38 为管尾流区（$x/D=4$ 处）的流向时均速度、横向时均速度、雷诺应力分布情况。静止管的分布曲线都是以 $y/D=0$ 为对称轴而呈对称（流向速度 u）或反对称（横向速度 v、雷诺应力 $u'v'$）分布；弹性管由于发生了变形而使得各变量的峰值位置均发生了一定的偏移。通过比较尾流区弹性管与静止管的流向速度与横向速度的分布情况，可以发现，在尾流区的相同位置，静止管的尾流速度更大，这也说明流体对结构振动具有诱导及约束双重作用。

4.3.3　单向耦合与双向耦合的比较

利用已建立的 CFD 模型及结构动力学模型，对单向耦合与双向耦合进行了比较分析。单向耦合时，首先将作用于管表面的分布力向其形心积分，得到

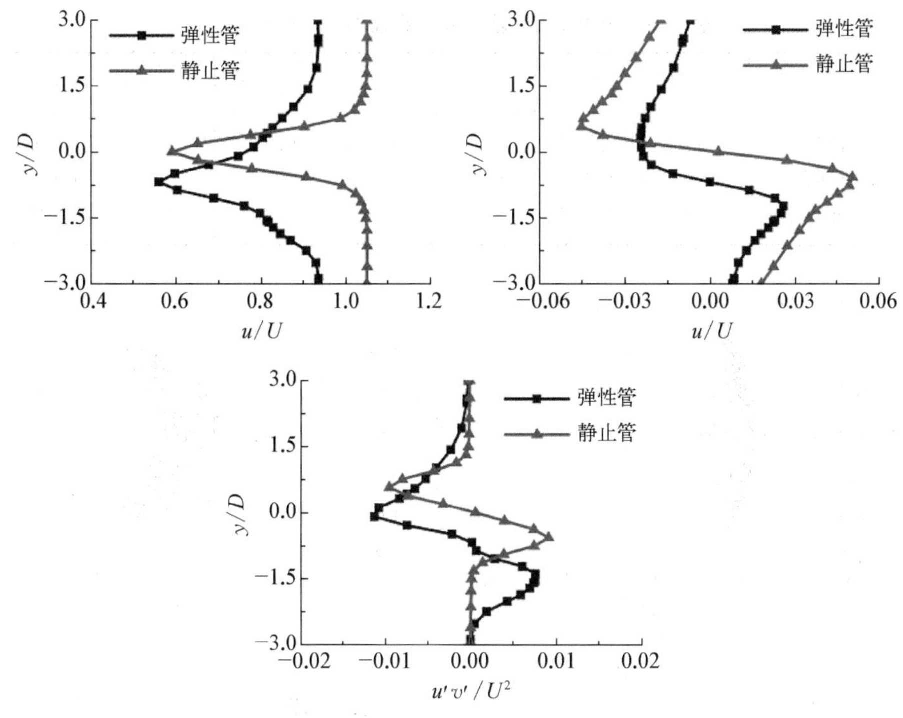

图 4-38　$x/D=4$ 处时均流动量的分布

阻力与升力,然后将其作用于结构,通过求解结构动力学方程(4-15),即可得到管的响应。单向耦合时分别考虑以下两种情况:① 将作用于静止管的流体载荷加载到结构进行动力学计算,即单向耦合 1;② 将双向耦合得到的流体载荷加到结构进行动力学计算,即单向耦合 2。

表 4-6 列出了流速为 3.0 m/s 时,管的阻力、升力与位移情况。双向耦合时管的升力系数均方根为单向耦合 1 的 2.6 倍,阻力系数均值为 1.6 倍,脉动阻力系数为 4.5 倍,可以看到,流体-结构的相互作用明显增大了流体载荷与振动位移。

图 4-39 为流速 $U=3.0$ m/s 时,这三种情况下管的运动轨迹,双向耦合时,管的运动轨迹是阻力方向和升力方向频率比为 2 的“8”字形图[见图 4-39(c)],是典型的 Strouhal 型激振;当加载不考虑流体结构相互作用的流体载荷时,管不会发生 Strouhal 型激振,表现在管的运动轨迹上[见图 4-39(a)];单向耦合 2 中管的运动轨迹[见图 4-39(b)]也为如图 4-39(c)所示的 Strouhal 型激振,但其流向与横向位移均小于双向耦合时的,说明管的振动与流场的耦合效应不容忽略。

表 4-6　单向、双向耦合间的比较 ($U = 3.0$ m/s)

	$\overline{C}_d$	C_{dRMS}	C'_{dRMS}	C_{lRMS}	x_{RMS}/D	y_{RMS}/D	Sr
单向耦合 1	0.682	0.685	0.065	0.219	0.436	0.622	0.236
单向耦合 2	1.099	1.136	0.29	0.579	0.632	0.624	0.194
双向耦合	1.099	1.136	0.29	0.579	0.72	0.7	0.194

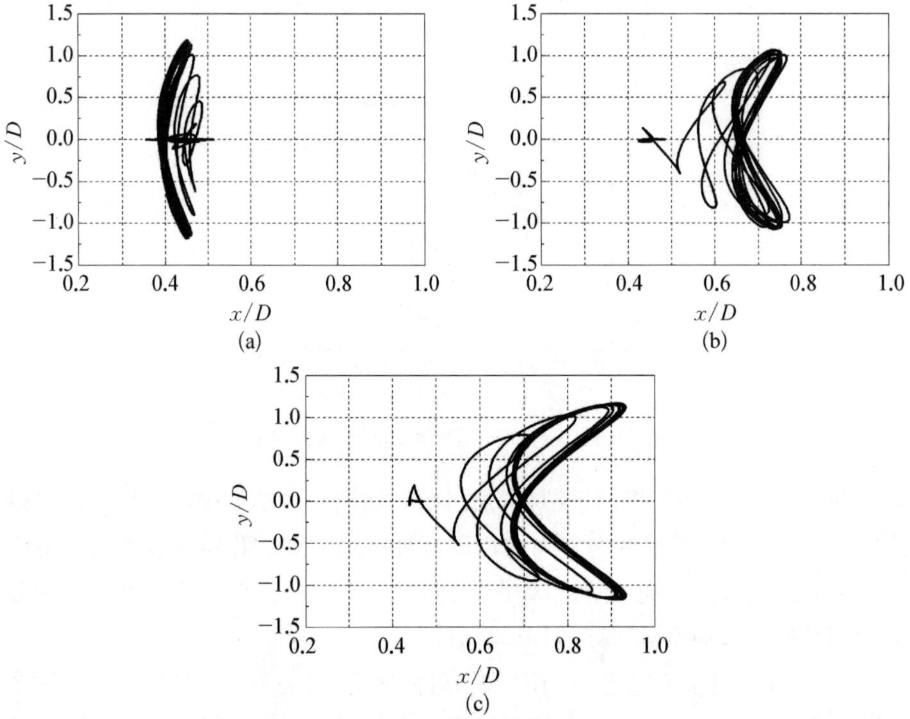

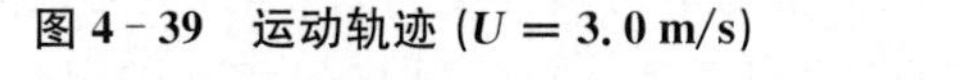

图 4-39　运动轨迹 ($U = 3.0$ m/s)

(a) 单向耦合 1 的运动轨迹；(b) 单向耦合 2 的运动轨迹；(c) 双向耦合的运动轨迹

4.3.4　与弹性支撑管的比较

为了比较分析弹性支撑刚性管与弹性管的流致振动特性，图 4-40 中列出了单自由度刚性管(1DOF)、两自由度刚性管(2DOF)以及弹性管的 C_{dRMS}、C_{lRMS}、A_y/D、ϕ 随 U_r 的变化情况，其中 1DOF 表示仅考虑横向振动，2DOF 表示同时考虑流向振动和横向振动。

流体与运动的刚性管之间的耦合通过嵌入式程序接口用户自定义函数

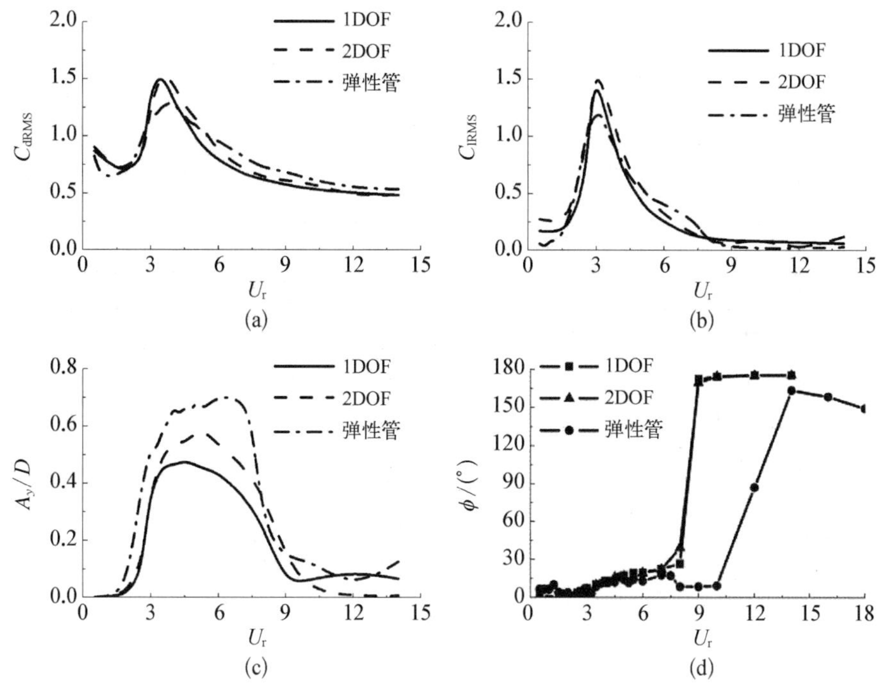

图4-40　1DOF、2DOF与弹性管的振动特征量比较

(a) C_{dRMS};(b) C_{lRMS};(c) A_y/D;(d) ϕ

(UDF)来实现。UDF是用Fluent做流固耦合的关键,它是用户自主开发的程序,是Fluent用来提供可扩展功能的框架,可以动态连接到Fluent求解器上。UDF采用标准C语言的库函数、预定义宏,在每次迭代的基础上调节计算值。同时由于固体-流体边界要移动,流体网格必须改变,需要运用动网格技术。此时建模的时候需要将动网格区域和不动网格区域分开。在程序编写的时候还需要注意Fluent求解流固耦合问题的流程,Fluent必须作为整个过程的主导程序,如图4-41所示。

本节UDF程序中,主要用到以下宏,其中宏DEFINE_EXECUTE_AT_END实现每个迭代步的控制操作,宏DEFINE_CG_MOTION进行动网格控制,宏Compute_Force_And_Moment计算作用在结构上的流体力。需要注意的是在并行计算时,网格被分为多个区,每个区之间的交界面上的face会重复计算,为了防止这种情况发生,需要用PRINCIPAL_FACE_P判断是否为该face实际存在于当前的区里。主节点与各计算节点间的数据传递采用node_to_host_real来实现。

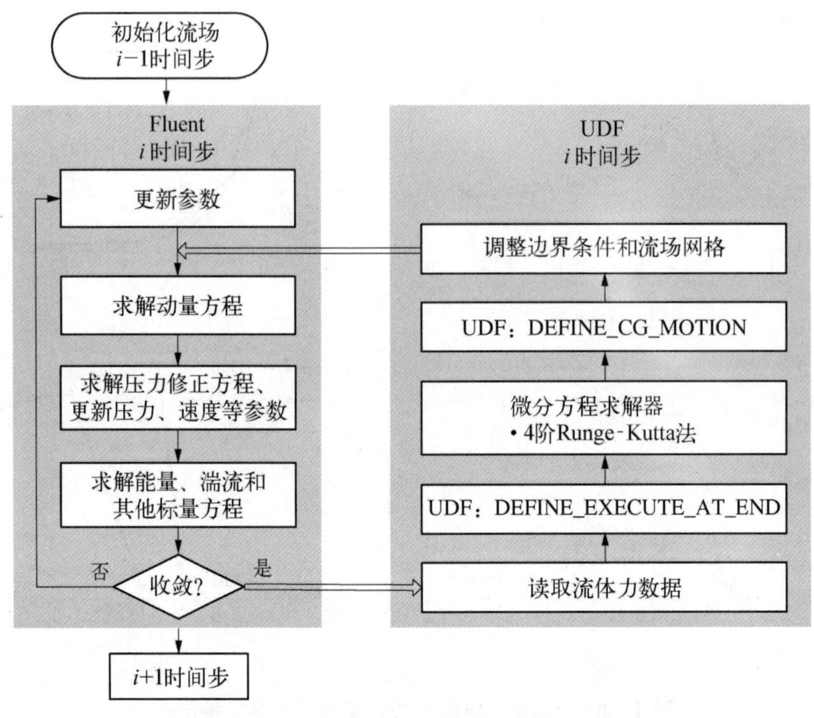

图 4-41　Fluent 求解流固耦合问题的流程

综合分析图 4-41 可知，1DOF 与 2DOF 的 C_{dRMS} 基本相同，2DOF 略大于 1DOF，但 2DOF 的横向振幅的最大值比 1DOF 的大 23%，说明流向自由度对横向振动有显著影响。而弹性管的升阻力系数均比弹性支撑刚性管的小，但其最大的横向振幅比 1DOF 与 2DOF 的分别大 32.9%和 17%。1DOF 与 2DOF 发生相位开关的折合速度 $U_r=8$，而弹性管发生相位开关的折合速度 $U_r=10$，弹性支撑刚性管的相位开关发生的折合速度会提前。说明将弹性管简化成弹性支撑刚性管，忽略了管自身的弹性，不能考虑结构的弹性变形与流体流动的相互影响，增大了与实际情况的差异。

4.4　双弹性管的流致振动

4.4.1　计算模型

双弹性管的流场区域及网格如图 4-42 所示，图 4-42 中左边入口采用速度入口边界条件，右端出口采用压力出口边界条件，其他外边界按固定壁面处理。

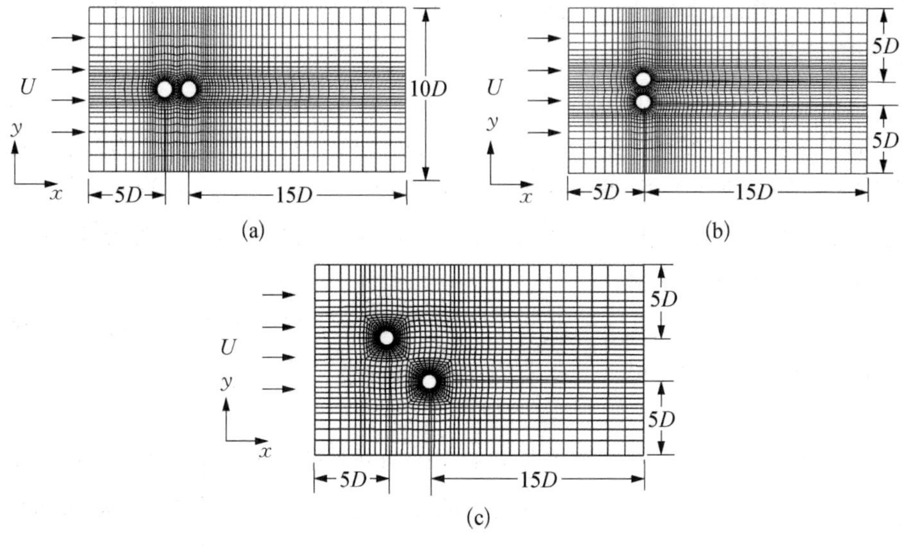

图 4-42　流场区域及网格

(a) 串列管；(b) 并列管；(c) 交错管

4.4.2　临界节径比

1）串列管

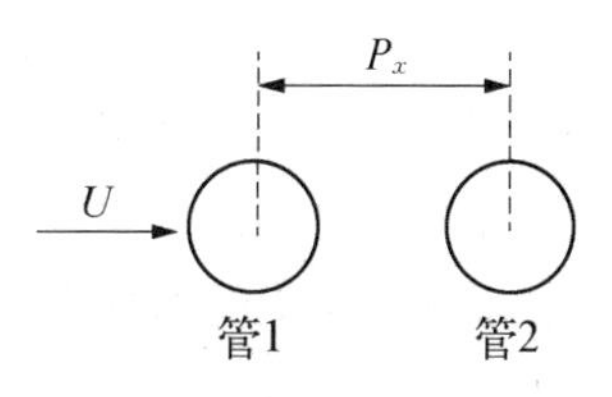

图 4-43　串列管

为研究两串列管的交互作用，建立了如图 4-43 所示的串列管模型，其中流向间距 P_x 的变化范围为 1.2D～4D，管 2 位于管 1 的尾部。

从图 4-44、图 4-45 中所给出的 C_{dRMS} 与 C_{lRMS}、A_x/D 与 A_y/D 随 P_x/D 的变化情况以及管 1、管 2 与单管间的相互比较分析可以发现：

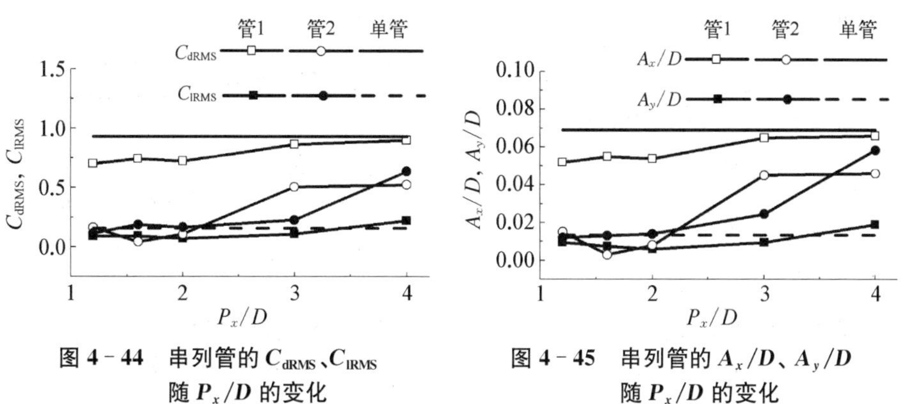

图 4-44　串列管的 C_{dRMS}、C_{lRMS} 随 P_x/D 的变化

图 4-45　串列管的 A_x/D、A_y/D 随 P_x/D 的变化

(1) 振幅随节径比的变化趋势与流体力随节径比的变化趋势相同，串列管的临界节径比为 2。

(2) 当 $P_x/D > 2$ 时，管 1 几乎不受管 2 的影响，其流体力、振幅与单管接近，管 2 的 C_{dRMS} 远小于管 1 与单管的，但随着 P_x/D 的增加，管 2 的 C_{dRMS} 迅速增加到单管的 0.5 倍；由于管 1 尾流的影响，管 2 的 C_{lRMS} 与 A_y/D 均大于管 1 的，且随 P_x/D 的增大而增大，当 $P_x/D=4$ 时，管 2 的 C_{lRMS} 约是管 1 的 4 倍，振幅约是管 1 的 5 倍。

(3) 当 $P_x/D \leqslant 2$ 时，串列管的 C_{lRMS} 与 A_y/D 均接近单管，而其 C_{dRMS} 则小于单管的，管 1 约为单管的 0.8 倍，管 2 仅为单管的 0.1 倍。

2) 并列管

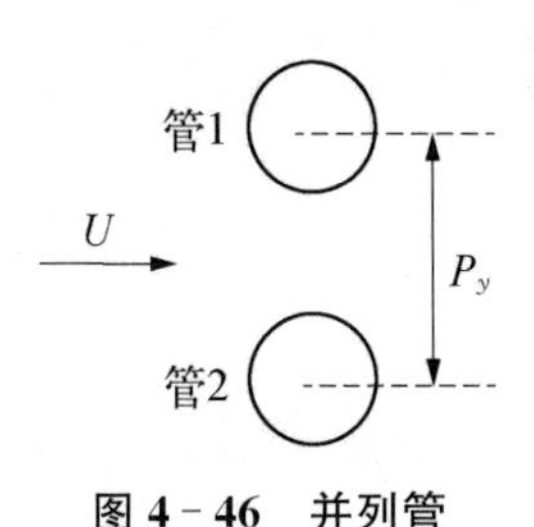

图 4-46 并列管

为了研究横流中两并列管之间的相互作用，建立了如图 4-46 所示的参数完全相同的两并列管，横向间距记为 P_y。

由于并列管中管 1 与管 2 的升力与横向振幅相等、相位相反，阻力与流向振幅基本相同，因此只取管 1 进行分析。图 4-47 显示了两并列管的 C_{dRMS}、C_{lRMS} 随 P_y/D 的变化情况，图 4-48 显示了 A_x/D、A_y/D 随 P_y/D 的变化情况，并分别与单管的进行了比较。可以看到，C_{dRMS}、C_{lRMS} 随着 P_y/D 的减小而增加，振幅随着间距的增加而呈非线性趋势减小，同时还发现当节径比大于临界值 ($P_y/D=3$) 后，两管间的相互影响基本消失，C_{lRMS}、A_y/D 与单管的接近。当节径比小于临界节径比时，两管间的流场强烈耦合，旋涡脱落诱发振动和流体弹性不稳定性都可能导致两管相互碰撞。

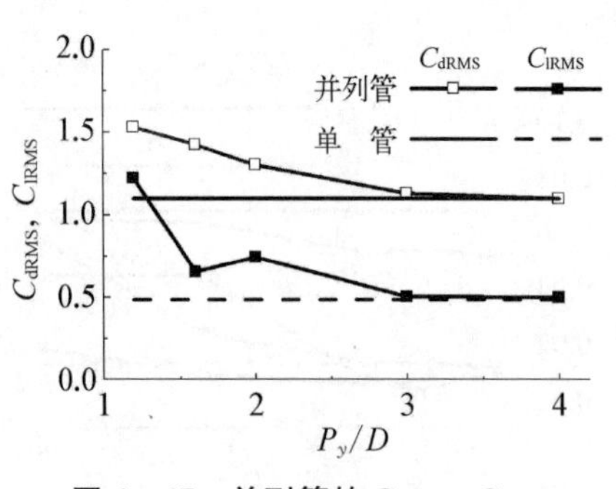

图 4-47 并列管的 C_{dRMS}、C_{lRMS} 随 P_y/D 的变化

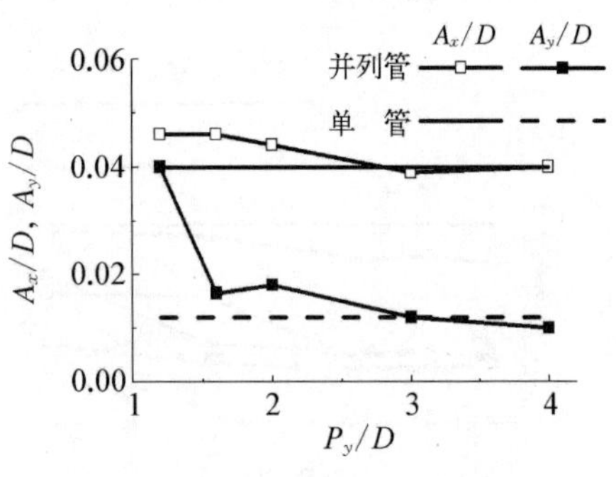

图 4-48 并列管的 A_x/D、A_y/D 随 P_y/D 的变化

3）交错管

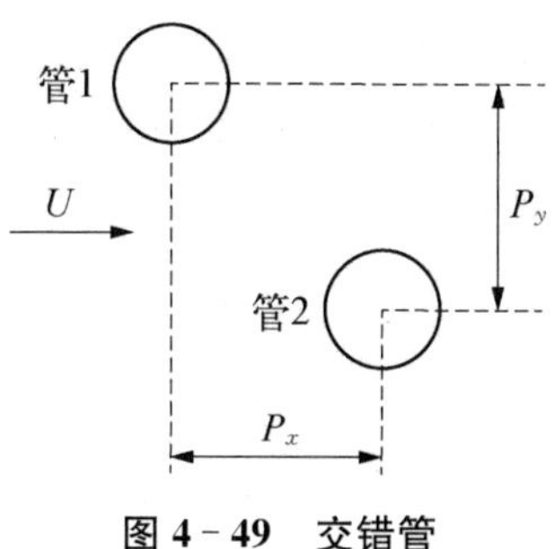

图 4-49　交错管

图 4-49 为两交错管示意图，其中，$P=P_x=P_y$。图 4-50 和图 4-51 分别显示了两交错管的 C_{dRMS} 与 C_{lRMS}、A_x/D 与 A_y/D 随 P/D 的变化情况，并分别与单管的流致振动结果进行了比较。从图 4-50、图 4-51 中可以看到，对交错管来说：

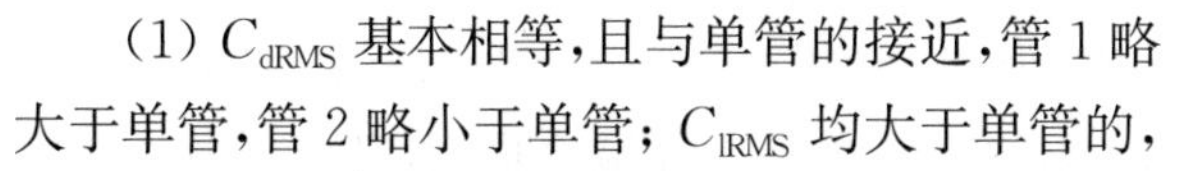

（1）C_{dRMS} 基本相等，且与单管的接近，管 1 略大于单管，管 2 略小于单管；C_{lRMS} 均大于单管的，管 1 与单管比较接近，管 2 的 C_{lRMS} 随 P/D 的增大而逐渐减小，当 $P/D>2$ 时，其不再继续减小而接近单管。

（2）当 $P/D>2$ 时，A_y/D 基本不随节径比的变化而变化，A_y/D 均大于单管的；当 $P/D\leqslant 2$ 时，管 2 的 A_y/D 随节径比的增大而迅速减小，而管 1 则随着节径比的增大而增大。

（3）当 $P/D\leqslant 2$ 时，A_x/D 接近于单管，管 1 略大于单管，而管 2 略小于单管，均随着 P/D 的增大而小幅减小；当 $P/D>2$ 后，A_x/D 急剧减小，当 $P/D=3$ 时，达到最小值，然后随节径比的增大而增大，最后当 $P/D=4$ 时，A_x/D 与单管的相等。

综合分析图 4-50、图 4-51 可知，当 $P/D\leqslant 2$ 时，管 1 与管 2 的振幅及流体力随 P/D 的变化较大，而当 $P/D>2$ 时，两管的响应量基本保持恒定，两交错管的临界节径比为 2。

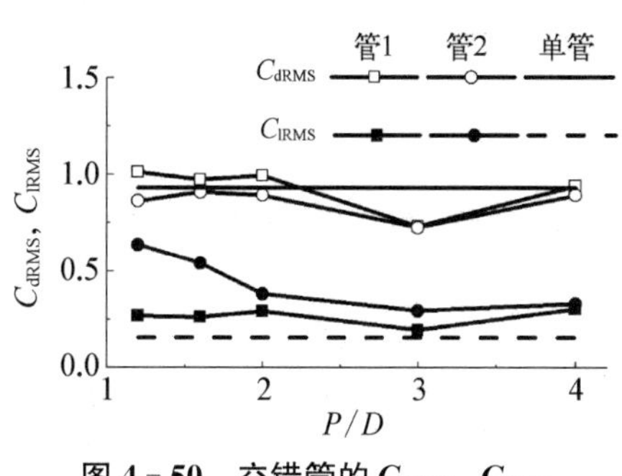

图 4-50　交错管的 C_{dRMS}、C_{lRMS} 随 P/D 的变化

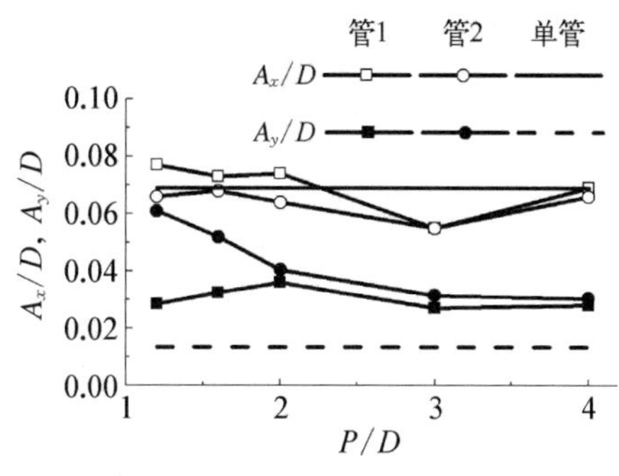

图 4-51　交错管的 A_x/D、A_y/D 随 P/D 的变化

4.4.3　临界流速

1）并列管与串列管

通过对不同节径比的串列管、并列管、交错管的分析发现，双弹性管的振

动特性会在其临界节径比发生较大的转变，以下分别以 $P/D=1.6$ 与 $P/D=3$ 为例来分析流速与振动间的关系，其中 $P/D=1.6$ 的并列管在 $U_{pr}>4$ 时发生碰撞，因此不再计算 $U_{pr}>4$ 的情况。

图 4-52 为串列管与并列管的 C_{dRMS} 随间隙流速 U_{pr} 的变化情况，其中 $U_{pr}=U_rP/(P-D)$，$U_r=U/f_nD$，U 为来流速度，f_n 为管的固有频率。可以看到，C_{dRMS} 随着 U_{pr} 的增加先减小再增加到一个较恒定的值。图 4-53 为串列管与并列管的 C_{lRMS} 随 U_{pr} 的变化情况。$P/D=3$ 的两串列管、$P/D=1.6$ 与 $P/D=3$ 的两并列管的 C_{lRMS} 随着 U_{pr} 的增加先减小再增加，达到最大值后迅速下落；而对 $P/D=1.6$ 的两串列管，其 C_{lRMS} 随 U_{pr} 的增加而增加，达到最大值后迅速下落。

图 4-54 与图 4-55 分别为串列管与并列管的 A_x/D 与 A_y/D 随 U_{pr} 的变化情况。通过分析图 4-52～图 4-55 可以得出，$P/D=3$ 的串列管 1、并列管的 C_{dRMS}、C_{lRMS}、A_x/D、A_y/D 与串列管 2 的 C_{lRMS}、A_y/D 开始急剧增加的速度为 $U_{pr}=3$，只有处于下游的串列管 2 的流向变量——C_{dRMS} 与 A_x/D 开

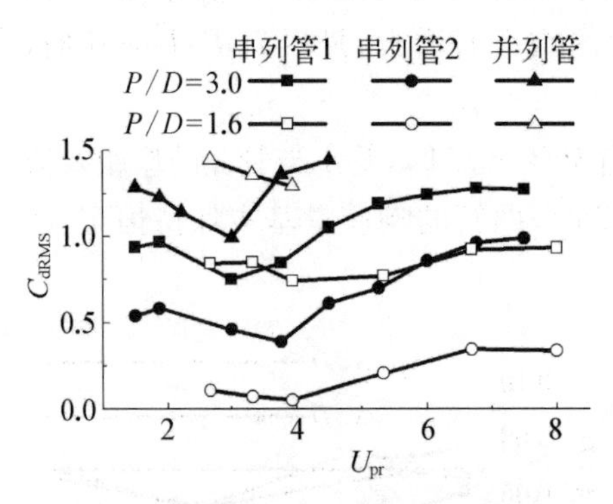

图 4-52　串列管与并列管的 C_{dRMS}

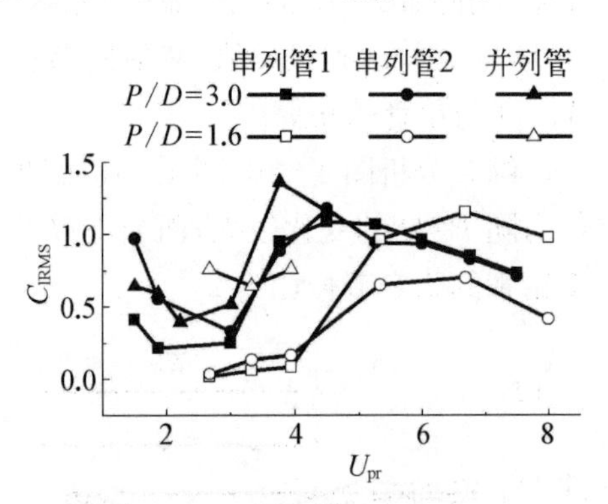

图 4-53　串列管与并列管的 C_{lRMS}

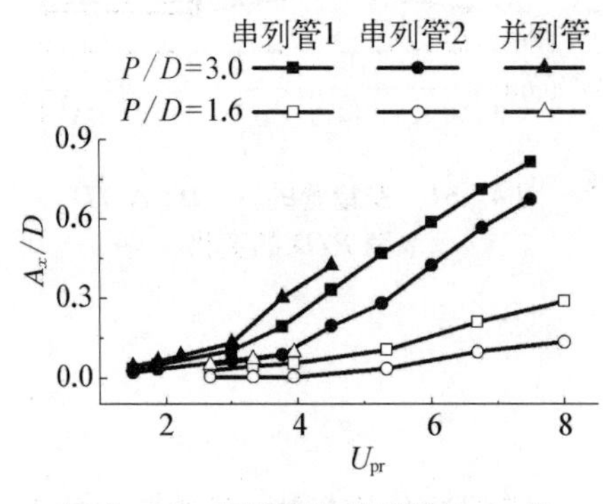

图 4-54　串列管与并列管的 A_x/D

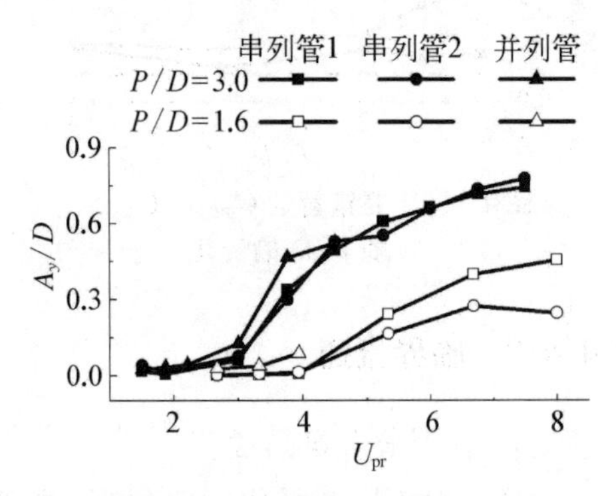

图 4-55　串列管与并列管的 A_y/D

始大幅增加的速度发生在 $U_{pr}=4$。$P/D=1.6$ 的串列管与并列管的 C_{dRMS} 最小值均出现在 $U_{pr}=4$，C_{lRMS}、A_x/D、A_y/D 开始急剧增加的速度也在 $U_{pr}=4$。因此，$P/D=3$ 的串列管与并列管的临界流速为 $U_{pr}=3$，$P/D=1.6$ 的串列管与并列管的临界流速为 $U_{pr}=4$。

2）交错管

通过对不同节径比的两交错管的分析发现，其振动特性会在临界节径比处发生较大的转变，以下分别以 $P/D=1.6$ 与 $P/D=3$ 为例来分析流速对两交错管振动的影响。

图4-56为管1、管2的 C_{dRMS} 随 U_{pr} 的变化情况。可以看到，对不同节径比的交错管来说，C_{dRMS} 随着 U_{pr} 的变化规律不同。当两管的节径比小于临界节径比时，管1的 C_{dRMS} 大于管2的，且 C_{dRMS} 随 U_{pr} 的增大先减小再增大，约在 $U_{pr}=4$ 处达到最小值；而当两管的节径比大于临界节径比时，管2的 C_{dRMS} 略大于管1的，其 C_{dRMS} 均随着 U_{pr} 的增大而增大，当 $U_{pr}\leqslant 2.2$ 时，C_{dRMS} 变化缓慢，当 $U_{pr}>2.2$ 后，交错管的 C_{dRMS} 随 U_{pr} 的增大迅速增大，在 $U_{pr}\approx 6.8$ 时不再增大，C_{dRMS} 保持为一恒定值。

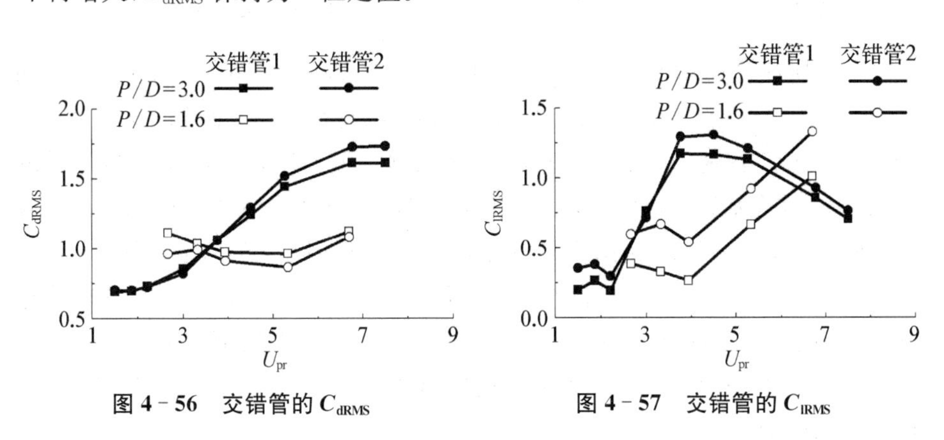

图4-56　交错管的 C_{dRMS}　　**图4-57　交错管的 C_{lRMS}**

各管的 C_{lRMS} 随 U_{pr} 的变化趋势如图4-57所示。从图中可以看到，管2的 C_{lRMS} 均大于管1的，且对节径比小于临界节径比的两交错管，其 C_{lRMS} 随 U_{pr} 的增大先减小再增大，也在 $U_{pr}=4$ 处达到最小值。但与 C_{dRMS} 的变化趋势不同的是，当 $U_{pr}>4$ 后，两管的 C_{lRMS} 迅速增大。而对节径比大于临界节径比的情况，其 C_{lRMS} 均随着 U_{pr} 的增大而遵循减小—增大—减小的变化规律。

图4-58与图4-59分别为交错管1、交错管2的 A_x/D、A_y/D 随间隙流速 U_{pr} 的变化情况。通过综合比较图4-56、图4-57、图4-58、图4-59可

以得出，$P/D=3$ 的交错管的 C_{dRMS}、C_{lRMS}、A_x/D、A_y/D 开始急剧增加的速度为 $U_{pr}=2.2$，$P/D=1.6$ 的交错管的 C_{dRMS} 最小值均在 $U_{pr}=4$，C_{lRMS}、A_x/D、A_y/D 开始急剧增加的速度也在 $U_{pr}=4$。因此，$P/D=3$ 的交错管的临界流速为 $U_{pr}=2.2$，$P/D=1.6$ 的交错管的临界流速为 $U_{pr}=4$。

通过仔细比较两交错管在相同条件下的流体力系数及振幅可以发现，相同节径比情况下，处于下游的交错管 2 的 A_x/D、A_y/D 与 C_{lRMS} 略大于处于上游的管 1，而管 1 的 C_{dRMS} 则略大于管 2 的。

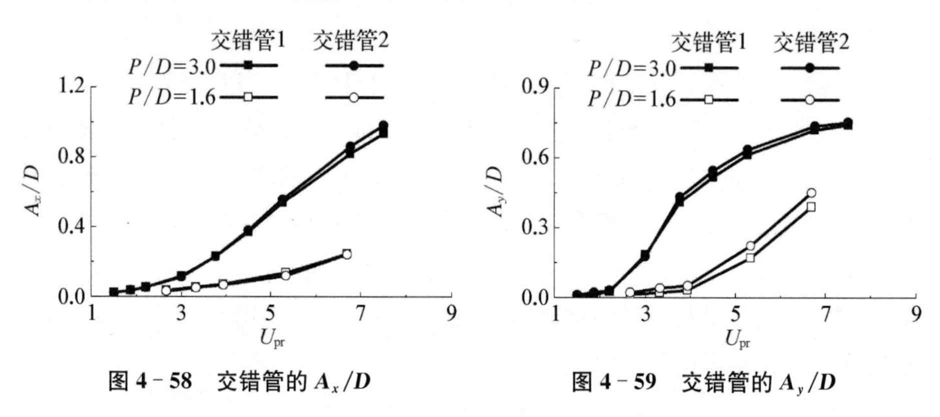

图 4-58　交错管的 A_x/D　　**图 4-59　交错管的 A_y/D**

综上所述，当节径比大于临界节径比时(如 $P/D=3$)，两弹性管的 C_{lRMS} 随 U_{pr} 的变化曲线存在一个最小值，并通过与振幅随流速的变化曲线的比较可以发现，此时对应的流速即为临界流速，在临界流速以下，流体力系数随着间距的减小而增大，而在临界流速以上，C_{dRMS} 则随着 U_{pr} 的增加先减小再增加到一个较恒定的值，C_{lRMS} 随着 U_{pr} 的增加先减小再增加，在达到最大值后迅速下落。

当节径比小于临界节径比时(如 $P/D=1.6$)，C_{dRMS} 随 U_{pr} 的变化曲线存在一个最小值，其随着 U_{pr} 的增加先减小再增加到一个较恒定的值，而 C_{lRMS} 随着 U_{pr} 的增加而增加，在达到最大值后迅速下落。A_x/D 与 A_y/D 均随 U_{pr} 的增加而增加。

通过仔细比较串列管、并列管与交错管在相同节径比与流速下的流体力系数及振幅，可以发现双管的临界速度与节径比相关，而排列方式对其影响不大。相同节径比情况下，并列管的振动比串列管强烈，受到的流体力最大，交错管次之，串列管最小。

4.4.4　运动轨迹

通过流体力系数及振幅随 U_{pr} 的变化情况可知，$P/D=3.0$ 和 $P/D=1.6$

的串列管与并列管的临界流速分别为 $U_{pr}=3$ 和 $U_{pr}=4$，因此以下分别取低于临界速度和高于临界速度两种情况进行分析：对 $P/D=3$，取 $U_{pr}=2.2$ 与 $U_{pr}=3.8$；对 $P/D=1.6$，由于两并列管在 $U_{pr}>4$ 时发生碰撞，因此取 $U_{pr}=2.7$ 与 $U_{pr}=4$。对交错管，$P/D=3$ 和 $P/D=1.6$ 两种节径比的临界流速分别为 $U_{pr}=2.2$ 和 $U_{pr}=4$，因此取 $U_{pr}=1.9$ 与 $U_{pr}=6.7$。

1）串列管

对不同间距的两串列管来说，当流速低于临界流速时，两管的振动很小，运动轨迹紊乱；当流速高于临界流速时，两管开始在流向和横向发生大幅振动，运动轨迹为“8”字形图，如图 4 - 60(b)所示，阻力使得运动轨迹向下游方向弯曲，上游管 1 的振幅比下游管 2 的大。另外，通过比较图 4 - 60 可以发现，当间距大于临界间距后，两管的运动轨迹与相同情况下单管的类似，两管间的相互影响较弱，而当间距小于临界间距时，两管间的相互作用明显比较强烈，如图 4 - 60(a)所示。

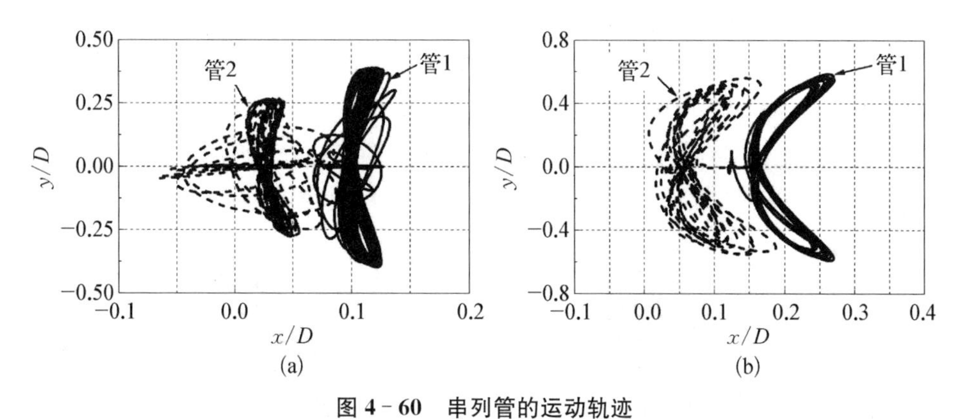

图 4 - 60　串列管的运动轨迹

(a) $P_x/D=1.6$, $U_{pr}=4.0$; (b) $P_x/D=3$, $U_{pr}=3.8$

2）并列管

不同间距的两并列管在临界流速内的响应特征与串列管类似，为无规则的随机振动，但当流速高于临界流速时的运动轨迹与两串列管明显不同，且与节径比相关。临界节径比内（如 $P_y/D=1.6$）的两并列管在较高流速时的运动轨迹为如图 4 - 61(a)所示的椭圆形；而临界节径比外的两并列管（如 $P_y/D=3$），其在高于临界流速的横流作用下的运动轨迹如图 4 - 61(b)所示，与相同情况下两串列管的不同，其轨迹不是“8”字形，而为类似“小雨滴”的形状。从图 4 - 61 中也可以看到，两并列管的横向运动相位相反，幅值相等。

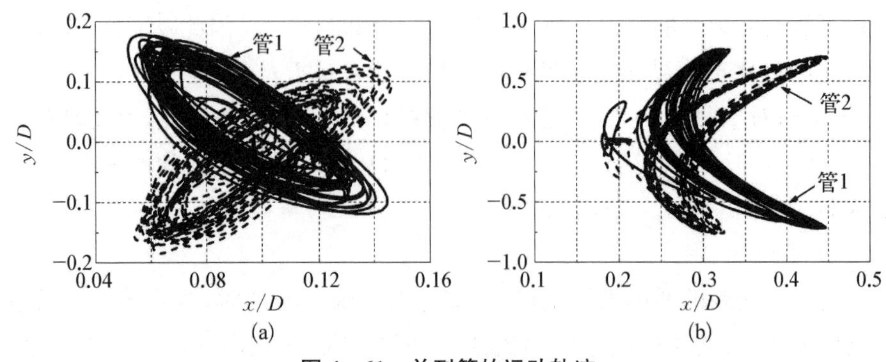

图 4-61 并列管的运动轨迹

(a) $P_y/D=1.6$, $U_{pr}=4.0$; (b) $P_y/D=3$, $U_{pr}=3.8$

3) 交错管

图 4-62 显示了两交错管的运动轨迹，当流速较低时，运动轨迹比较紊乱，为无规则的随机振动。当流速超过临界流速后，两管开始在流向和横向发生了较规律的大幅振动，且根据间距的不同表现为不同的运动形状。当间距小于临界间距时(如 $P/D=1.6$)，两交错管的运动轨迹如图 4-62(a)所示，运动轨迹呈较紊乱的“小雨滴”形，而当间距大于临界间距($P/D=3$)时的运动轨迹为不对称的“8”字形，如图 4-62(b)所示，轨迹向下游方向弯曲，结合了并列管与串列管的运动特征，且由于两交错管的相互作用，使得其运动轨迹不再对称。

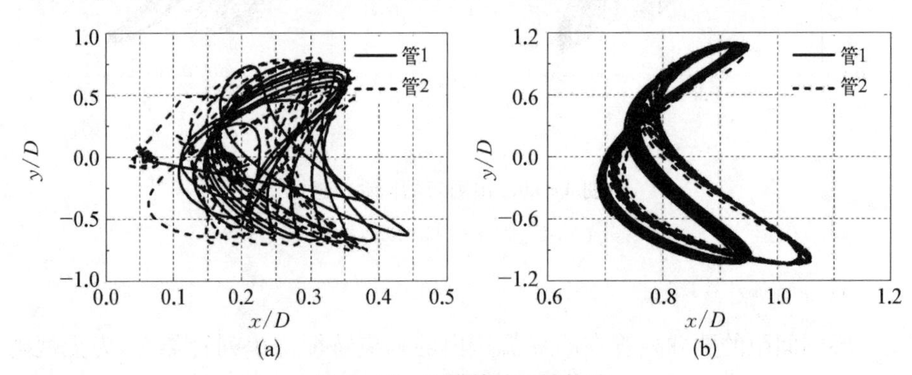

图 4-62 交错管的运动轨迹

(a) $P/D=1.6$, $U_{pr}=6.7$; (b) $P/D=3$, $U_{pr}=6.7$

4.4.5 尾涡结构

1) 串列管

当节径比小于临界间距比时，两串列管的尾涡结构如图 4-63 所示，在临界节径比内(如 $P_x/D=1.6$)，两串列管的流场场结构与单管的类似，旋涡间距较小，强度较低，尾涡尺度随着流速的增加而增大，上游管 1 尾部没有稳定的旋涡脱落。当节径比大于临界节径比时，两管后都有旋涡脱落，且尾涡结构会在临界流速发生显著改变，如图 4-64 所示为 $P_x/D=3$ 的两串列管在 $U_{pr}=2.2$ 和 $U_{pr}=3.8$ 流动速度下的尾涡结构，在低速时，串列管 2 后的尾涡结构与单管的类似，但当流速较高时，在串列管 2 的后面出现了两排平行的涡，尾涡的横向间距明显增大。

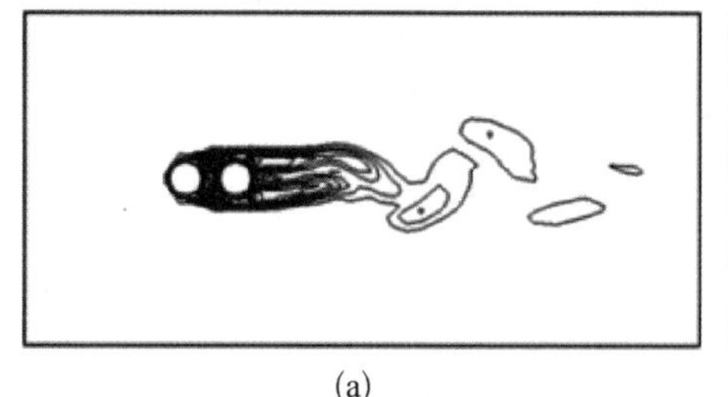

(a)

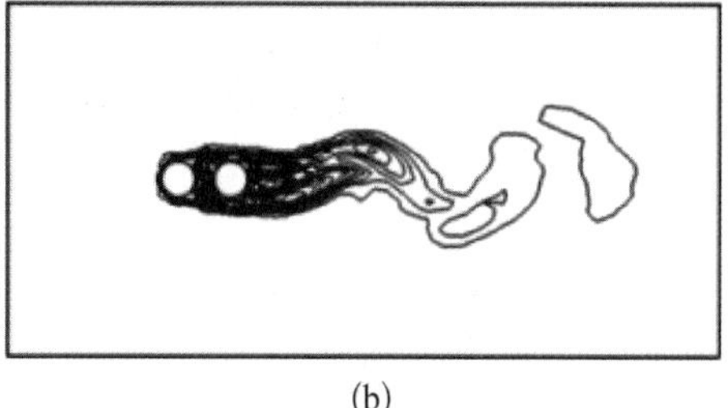

(b)

图 4-63　$P_x/D=1.6$ 串列管的尾涡结构

(a) $U_{pr}=2.7$；(b) $U_{pr}=4.0$

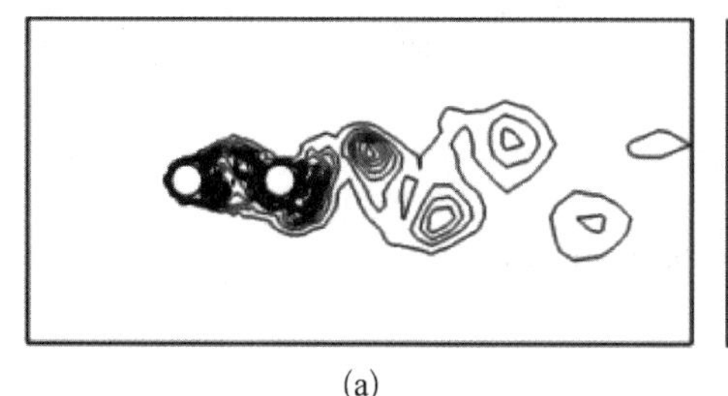

(a)

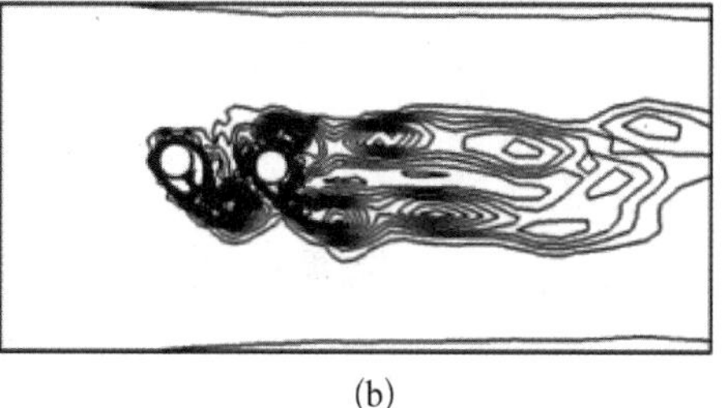

(b)

图 4-64　$P_x/D=3$ 串列管的尾涡结构

(a) $U_{pr}=2.2$；(b) $U_{pr}=3.8$

2) 并列管

图 4-65 为 $P_y/D=1.6$ 的两并列管的尾涡结构。当 $U_{pr}=2.7$ 时，旋涡分别在管 1 与管 2 各自尾部的 1.5D 范围内形成和脱落，并沿着流向发展，尾涡之间相互干扰并合并，约在 1.5D 后，尾涡合并为单排的、交替的旋涡。与图 4-66 中 $P_y/D=3$ 时并列管的尾涡结构明显不同，从图 4-65、图 4-66 中可以发现，流速较低时，在管 1 与管 2 的后面形成几乎独立的涡街，而当流速较高时，管 1 与管 2 会在其尾部分别形成两排平行的旋涡，且两管后面的涡会在尾流中间相互挤压和干扰，涡的横向间距也明显增大。从尾涡结构中也可

以看到并列管尾涡相位相反的信息。

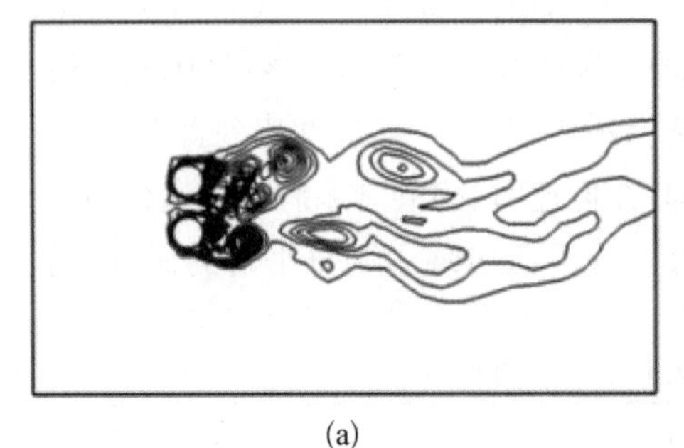
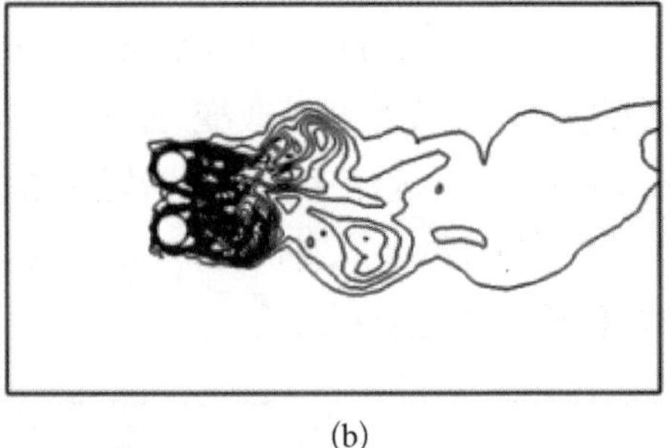

(a) (b)

图 4-65　$P_y/D=1.6$ 并列管的尾涡结构

(a) $U_{pr}=2.7$；(b) $U_{pr}=4.0$

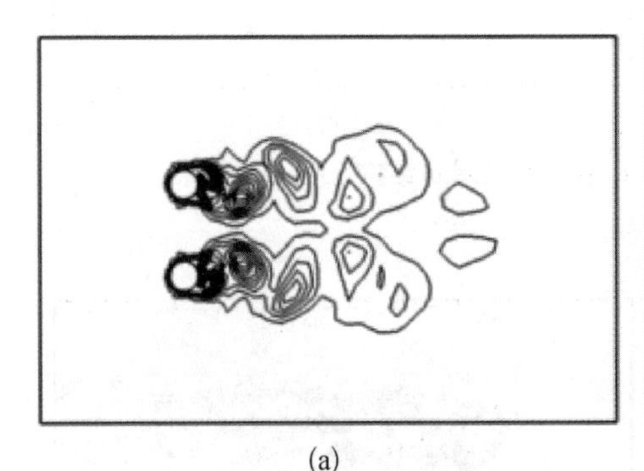
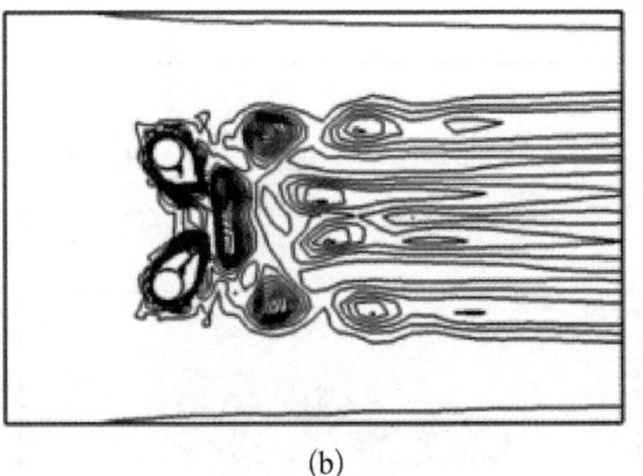

(a) (b)

图 4-66　$P_y/D=3$ 并列管的尾涡结构

(a) $U_{pr}=2.2$；(b) $U_{pr}=3.8$

3）交错管

图 4-67 为 $P/D=1.6$ 的两交错管的尾涡结构。在流速较低时，流场结构与单管的类似，旋涡强度较低；当流速高于临界流速时，两管尾部的涡街相互干扰，没有形成较独立的旋涡，且两管的尾涡尺度也大于低于临界速度时的情况。$P/D=1.6$ 时的尾涡不论流速大小，均存在相互干扰，即间距小于临界间距时，交错管的尾涡相互干扰。图 4-68 为 $P/D=3$ 的两交错管的尾涡结构，可以看到，间距大于临界间距时，当流速低于临界流速，在两管尾部分别形成独立的涡街，几乎无干扰，在尾部形成两排平行的涡街；而当流速高于临界流速时，两管后的旋涡结构发生了较大变化，两交错管的涡街在尾流中间相互挤压和干扰，尾涡的横向间距明显增大。

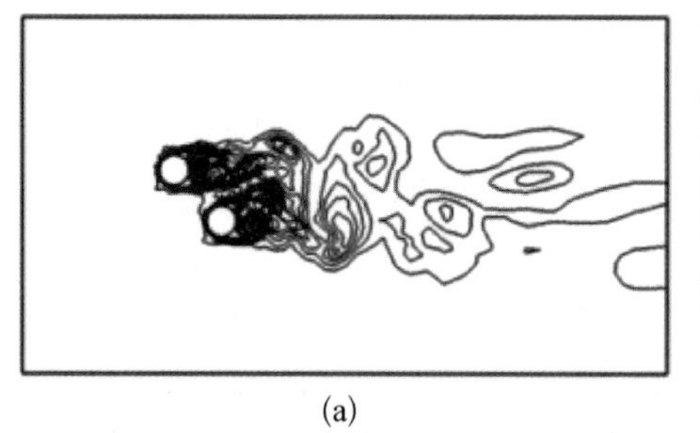

(a)

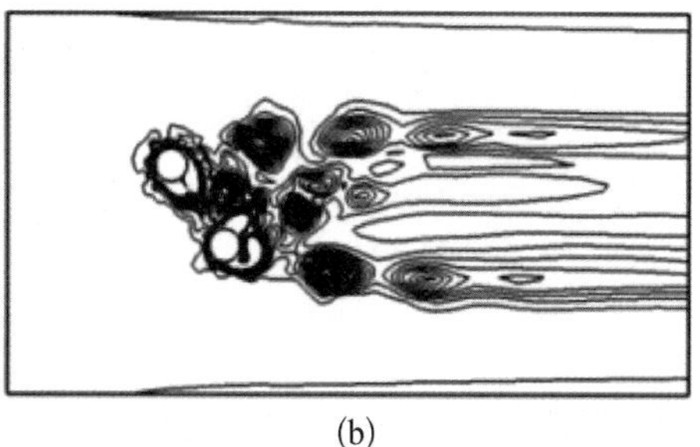

(b)

图 4-67　$P/D=1.6$ 交错管尾涡模态

(a) $U_{pr}=3.3$; (b) $U_{pr}=6.7$

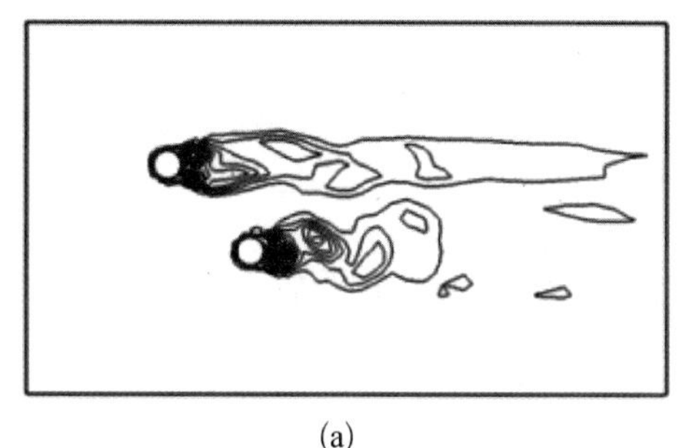

(a)

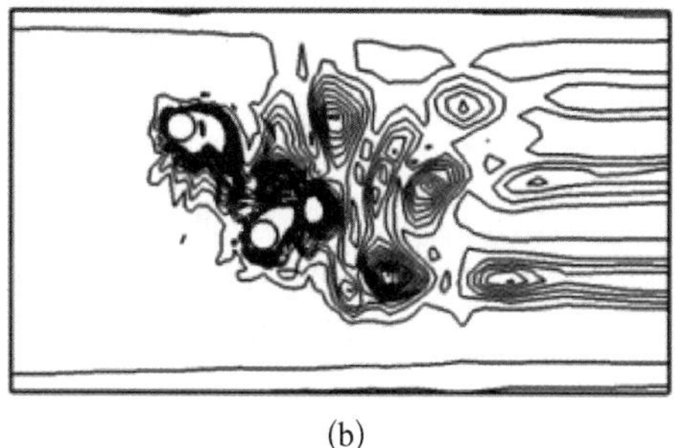

(b)

图 4-68　$P/D=3$ 交错管尾涡模态

(a) $U_{pr}=1.9$; (b) $U_{pr}=6.7$

4.5　管束的流致振动

常见的管束排列方式有正方形管阵、旋转方阵、正三角阵、旋转三角阵(见图 4-69)。本节以正方形排列管束为例,利用数值分析手段来研究其流致振动特性。

4.5.1　数值模型

管束结构为 3×3 正方形顺排排列,间距 $P=P_x=P_y$,计算域如图 4-70 所示。流体入口距离第一列管的中心线为 $5D$,第三列管排距离下游出口为 $15D$,第一行与第三行管的中心线距离上下两侧各 $5D$。流体域采用结构化网格进行离散,对管表面和尾流区等参数梯度变化较大的计算敏感区进行局部网格加密。为了方便表述,将 3×3 正方形排列的管束进行标记,图 4-71 是

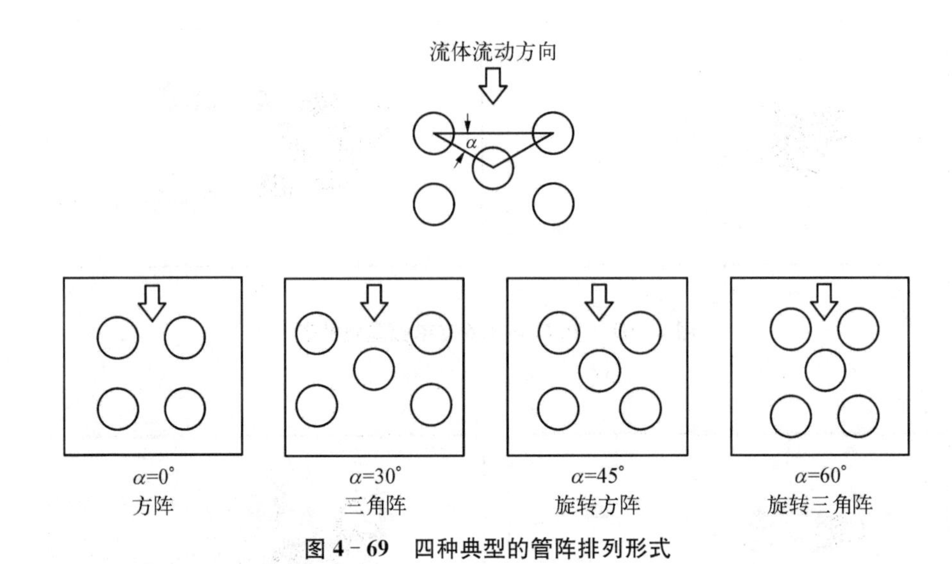

图 4-69　四种典型的管阵排列形式

节径比为 1.5 的初始时刻的局部网格及各管的编号，分别记为管 1、管 2、管 3、管 4、管 5、管 6、管 7、管 8、管 9。

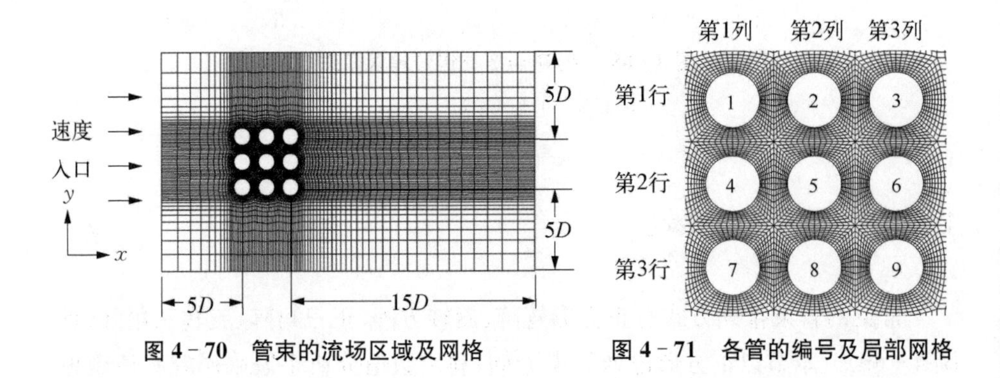

图 4-70　管束的流场区域及网格　　图 4-71　各管的编号及局部网格

4.5.2　失稳流速计算

本节的目的是根据对不同流速作用下管束的流致振动计算，通过分析各管的振幅、流体力，以确定管束的临界流速。图 4-72 为节径比 $P/D=1.5$ 的 3×3 正方形排列管束的 A_x/D、A_y/D(取各管流向与横向振幅的最大值)随间隙流速 U_{pr} 的变化曲线，图 4-73 为管束的 C_{dRMS}、C_{lRMS}(取各管流体力系数的最大值)随 U_{pr} 的变化情况，图 4-74、图 4-75 分别为失稳前和开始失稳时各管的流体力系数以及位移时程。

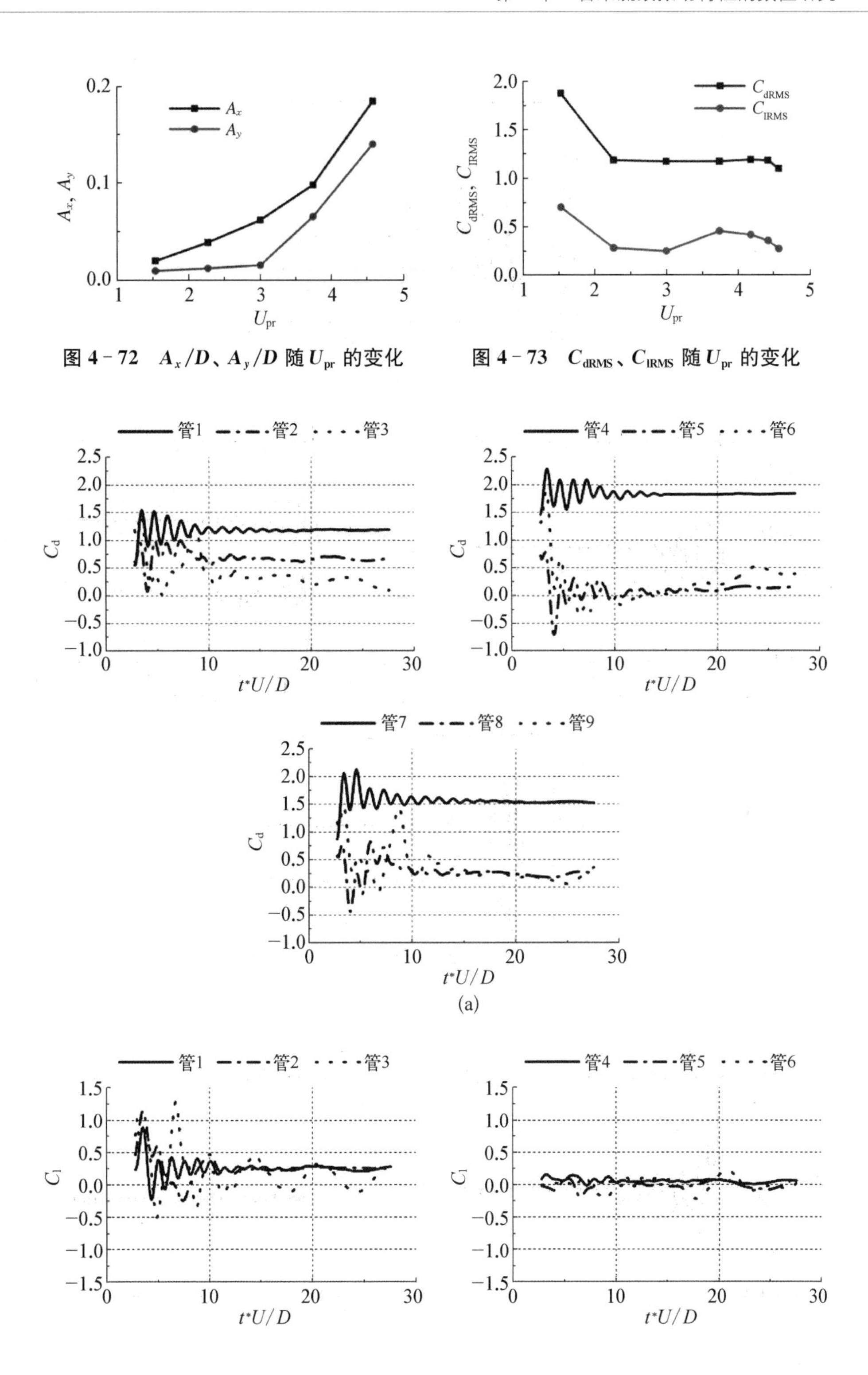

图 4-72　A_x/D、A_y/D 随 U_{pr} 的变化

图 4-73　C_{dRMS}、C_{lRMS} 随 U_{pr} 的变化

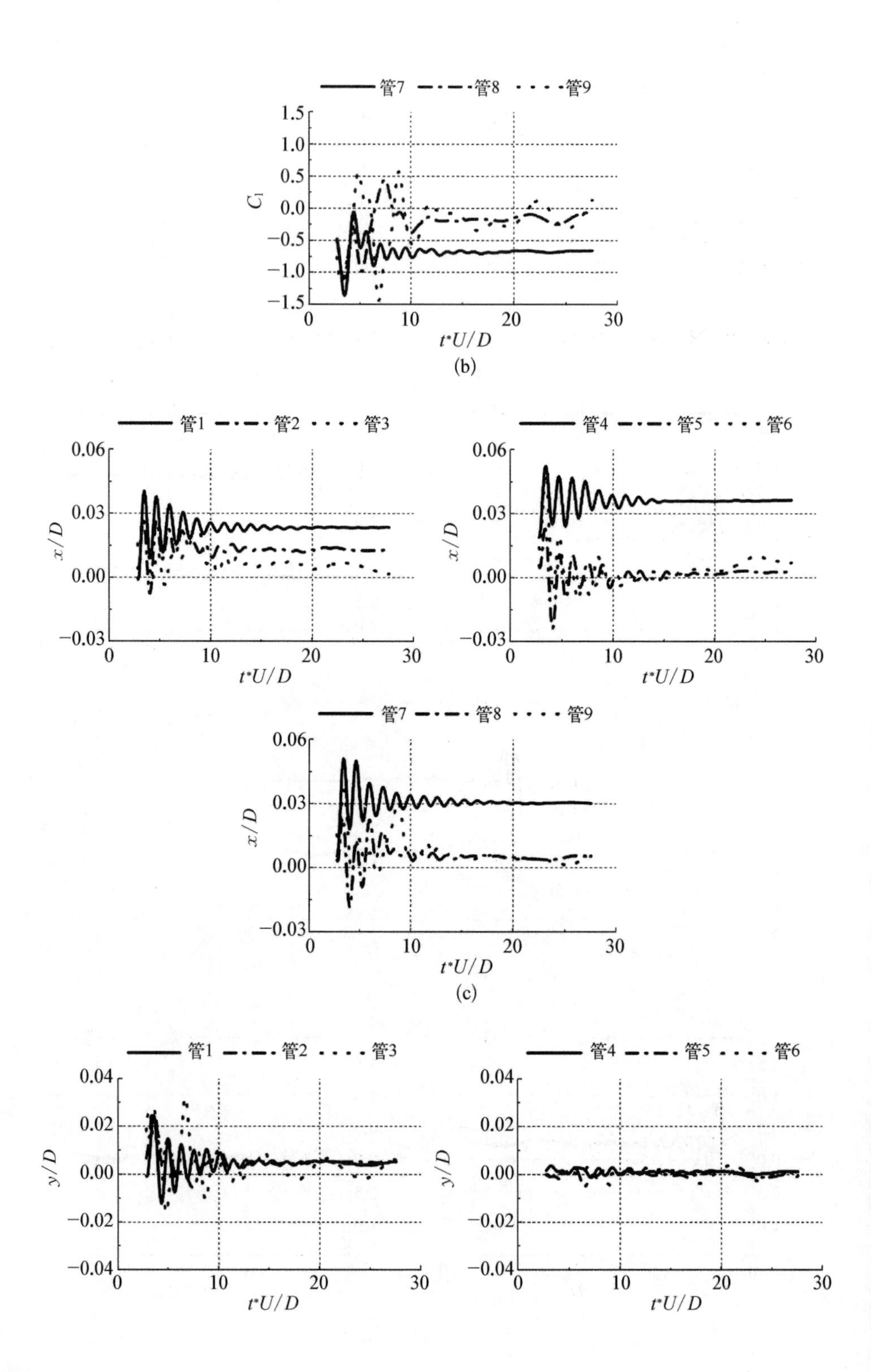

(b)

(c)

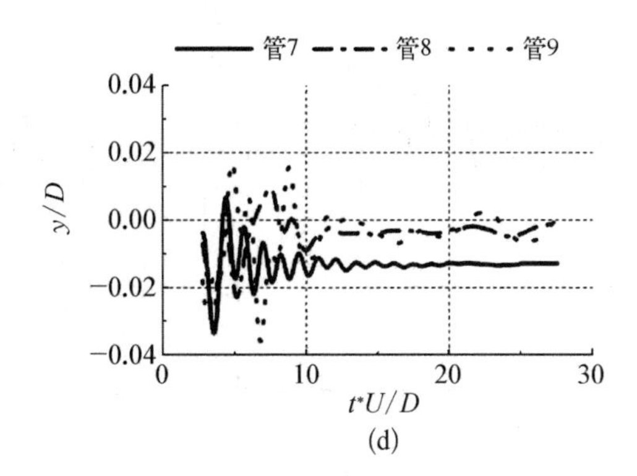

(d)

图 4 - 74　失稳前各管的运动特征 (U_{pr} = 2.3)

(a) 各弹性管的阻力系数时程；(b) 各弹性管的升力系数时程；
(c) 各弹性管的流向位移时程；(d) 各弹性管的横向位移时程

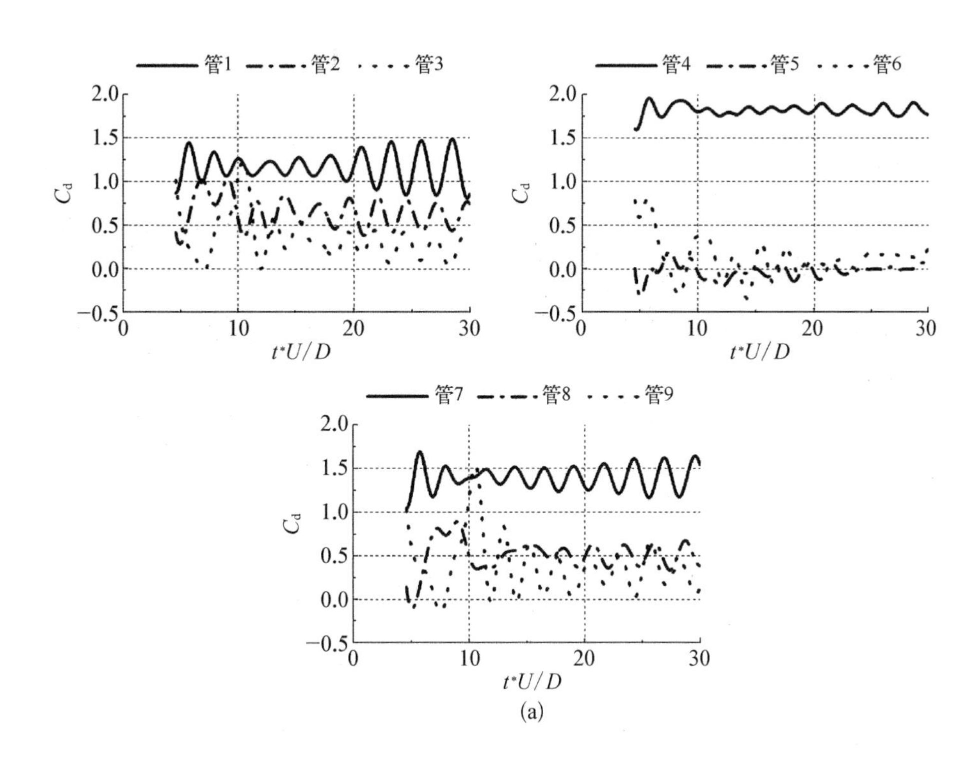

(a)

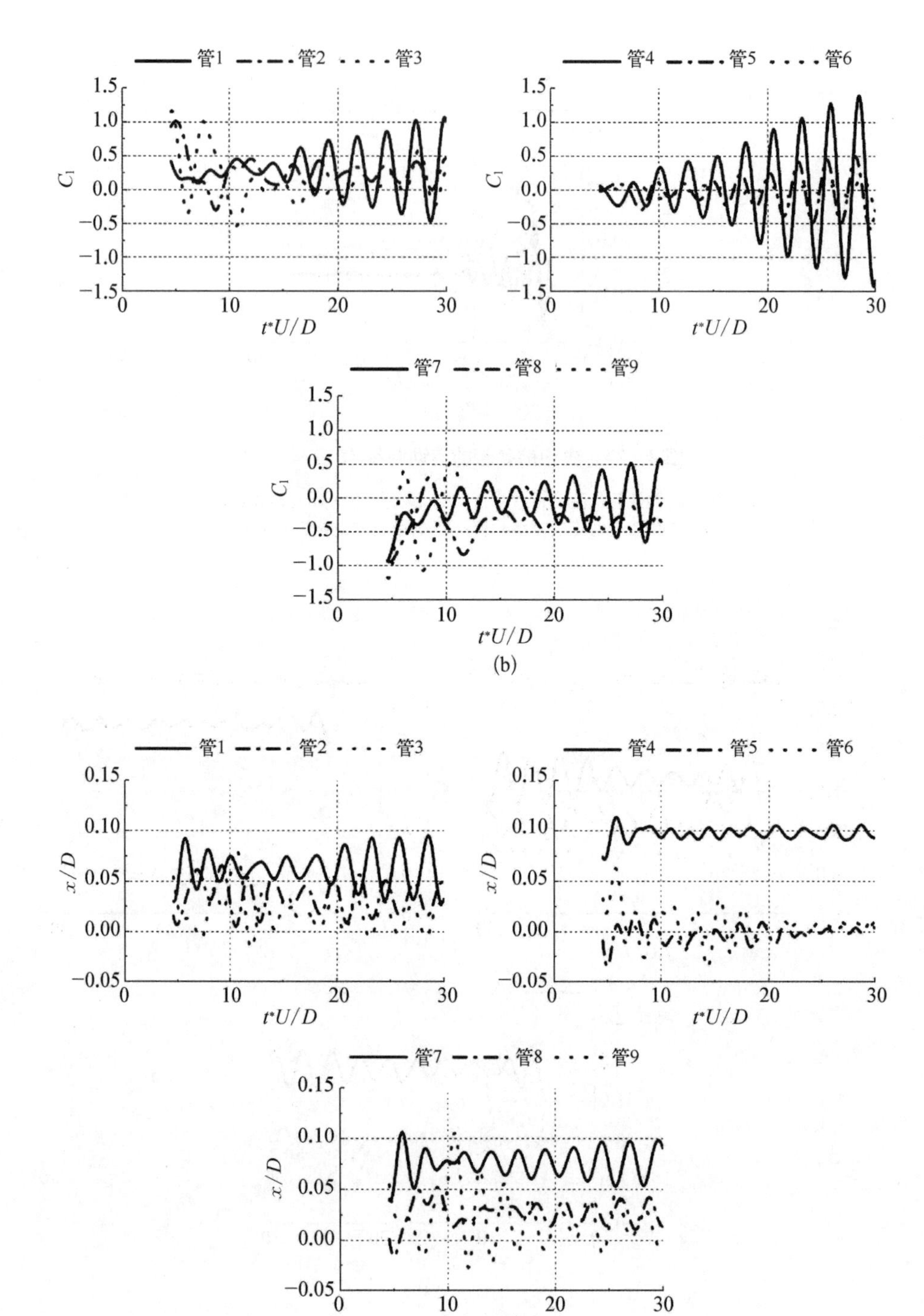

(c)

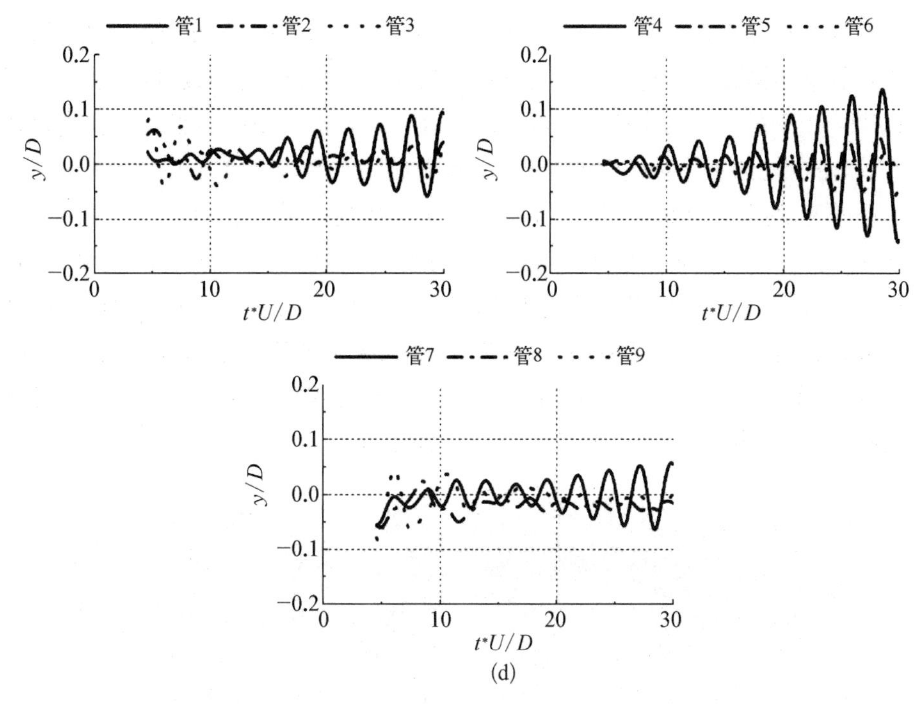

图 4-75　开始失稳时各管的运动特征 ($U_{pr}=3.7$)

(a) 各弹性管的阻力系数时程；(b) 各弹性管的升力系数时程；
(c) 各弹性管的流向位移时程；(d) 各弹性管的横向位移时程

通过综合分析图 4-73、图 4-74、图 4-75 可知，当 $U_{pr}\geqslant 2.3$ 时，C_{dRMS}、C_{lRMS} 随 U_{pr} 变化较小，几乎保持恒定，而 A_y/D 随着 U_{pr} 增大而增大；当 $U_{pr}\geqslant 4.2$ 时，流体力均有小幅下降，而振幅则迅速增大。另外从图 4-74、图 4-75 可以看出，当流速较小时，各管的流体力系数及响应随着时间逐渐回到稳定状态，且振动响应较小；而当流速超过一定值时，各管的流体力系数及位移随时间逐渐增大，管束开始失稳。比较图 4-74 和图 4-75 可知，当流速较小时，各管均做无规律的随机振动，第一列管(管 1、管 4、管 7)的阻力及流向位移最大，远大于其他两列管，后两列管的流体力及位移基本相同。由于第一行管与第三行管对第二行管的约束作用，使得处于管束中间的第二行的三根管(管 4、管 5、管 6)的横向位移最小。而当管束开始失稳时，各弹性管的流体力系数及位移均随时间开始急剧增大，尤其是第一列管(管 1、管 4、管 7)。

4.5.3　管束模型研究

本节主要研究管束中的弹性管数目对其流致振动特性的影响，旨在通过数值计算和分析，得到可以表征弹性管束流致振动特性的最小弹性管数目，以进行管束结构流弹失稳的计算与分析。为此，按照弹性管的数目，分别建立了 $P/D=1.5$ 的 4 种管束模型，如图 4－76 所示，其中图中的阴影部分管代表弹性管，空白处的管表示刚性的静止管，各管的编号与 4.5.1 节中 3×3 正方形排列管束的编号相同。第 1 种模型为全弹性管束，记为 3×3 管束，如图 4－76(a)所示；第 2 种模型称为单管模型，如图 4－76(b)所示，认为 3×3 管束中仅管 5 是弹性管，其他管均为静止管，该模型常见于流弹失稳的理论模型研究；第 3 种模型称为 5 管模型，认为 3×3 管束中的管 1、管 3、管 7、管 9 为静止管，如图 4－76(c)所示；第 4 种模型称为 5 管模型－Ⅱ，如图 4－76(d)，通过去掉 3×3 管束中的管 1、管 3、管 7、管 9 而得到。

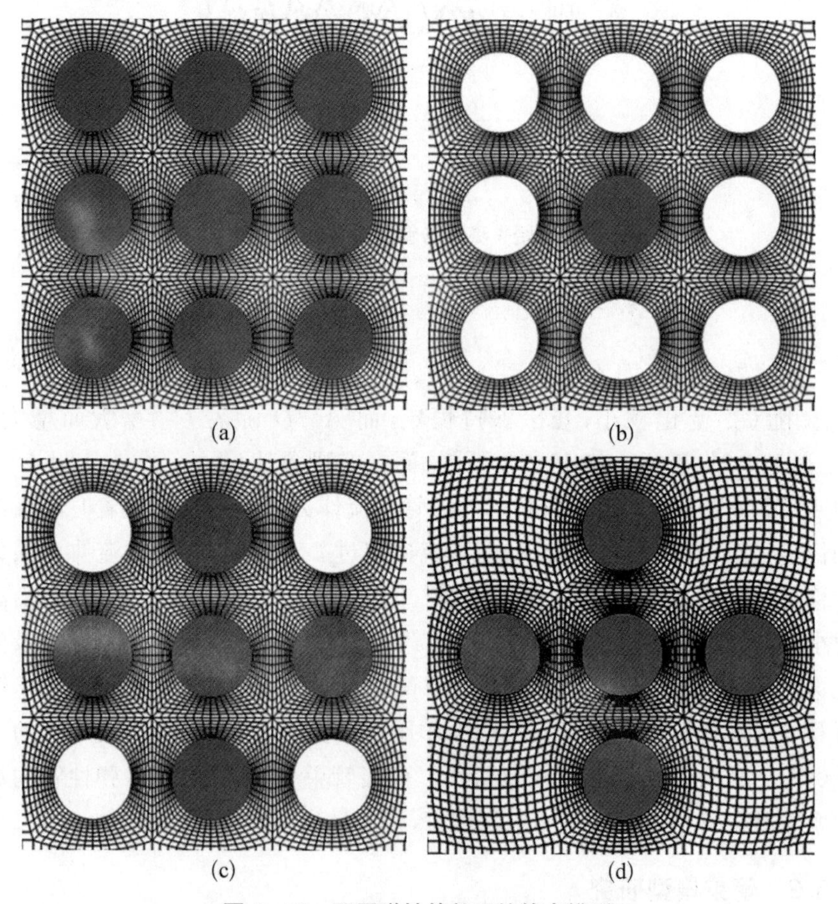

图 4－76　不同弹性管数目的管束模型

(a) 3×3 管束；(b) 单管模型；(c) 5 管模型；(d) 5 管模型－Ⅱ

1) 3×3 管束

图 4-77 为 3×3 弹性管束中各管的 C_{dRMS}、C_{lRMS} 随 U_{pr} 的变化情况，对 C_{dRMS} 来说，第一列管的 C_{dRMS} 最大，且位于第一列中间的管 7 的 C_{dRMS} 大于其两侧的管 1 与管 2 的，第二列与第三列管的 C_{dRMS} 相差不大，处于管束中心的管 5 的 C_{dRMS} 最小；对 C_{lRMS} 来说，各管间的差别并不非常显著，处于第一列中间的管 4，当 $U_{pr}>3$ 时急剧增大，上游的管最易发生不稳定振动。图 4-78 为 3×3 管束的最大振幅随 U_{pr} 的变化情况，管束的最大流向振幅比横向振幅大，且随着流速的增大而增大，当 $U_{pr}>3$ 时，横向振幅急剧增大，进一步说明管束发生了不稳定振动。

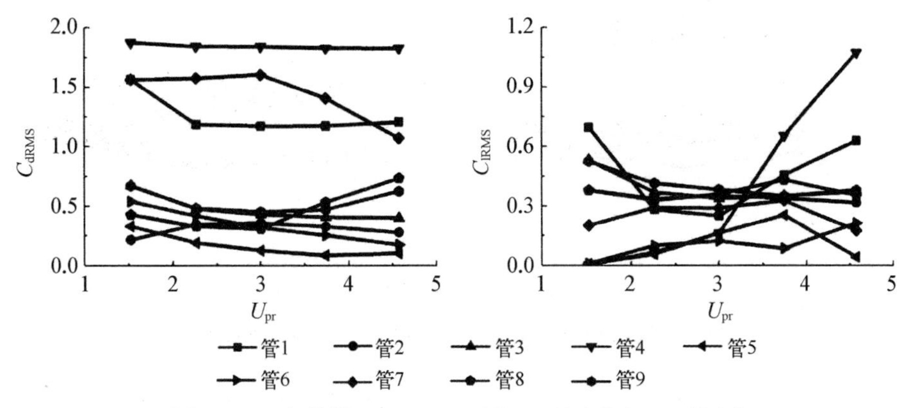

图 4-77　各管的 C_{dRMS}、C_{lRMS} 随 U_{pr} 的变化(3×3 管束)

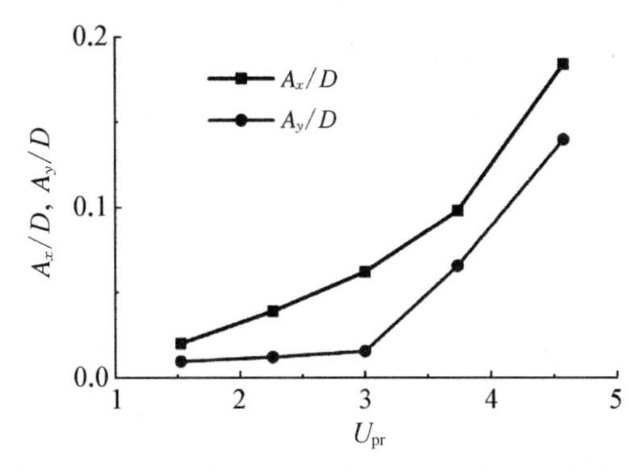

图 4-78　3×3 管束的 A_x/D、A_y/D 随 U_{pr} 的变化

2) 单管模型

图 4-79 列出了单管模型中各管的 C_{dRMS}、C_{lRMS} 随 U_{pr} 的变化情况，从图中可以看出，处于迎流面的第一列管的 C_{dRMS} 最大，这是由于作用在这列管上的周

向压力梯度很大，使管的前后间产生很大的压差而造成的，其中，位于第一列中间的管 7 的阻力大于其两侧管的，第二列和第三列管的 C_{dRMS} 相差不大，但位于中间的第二列管的 C_{dRMS} 略小于第三列的，总体上，C_{dRMS} 随 U_{pr} 的增大而小幅下降。对 C_{lRMS} 而言，当流速较小时，第二行管的 C_{lRMS} 均小于其他两行管的，而当发生不稳定振动后，第二行管的 C_{lRMS} 急剧增大；第二行管的 C_{lRMS} 随着 U_{pr} 的增大先减小再增大，而第一行管与第三行管的 C_{lRMS} 均随 U_{pr} 的增大而减小，且弹性管 5 的变化最为明显，这也说明了管束发生了流体弹性不稳定振动。

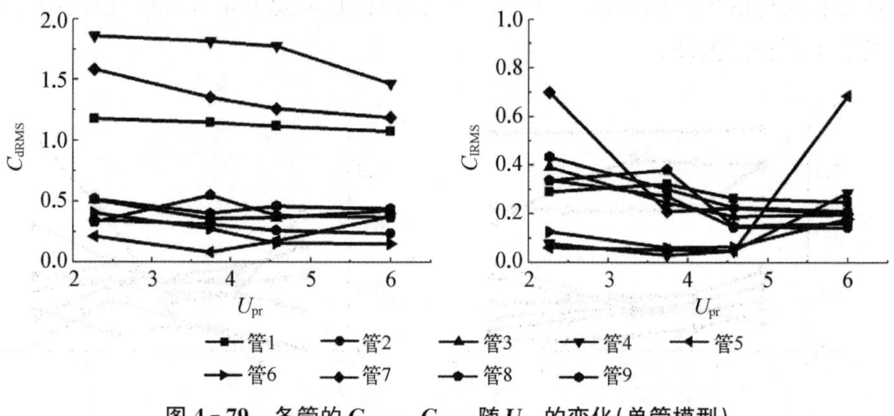

图 4-79　各管的 C_{dRMS}、C_{lRMS} 随 U_{pr} 的变化(单管模型)

图 4-80 为单管模型的 A_x/D、A_y/D 随 U_{pr} 的变化情况，可以看到，当 $U_{pr}>4.6$ 时，A_y/D 迅速增大，预示着管束结构发生了不稳定振动，A_x/D 也随 U_{pr} 的增加而有所增加，单管模型预测的 A_x/D 较小。通过比较分析全弹性管束与单管模型的流体力及振幅，可以看到，单管模型能定性地反映全弹性管束的流致振动特征。

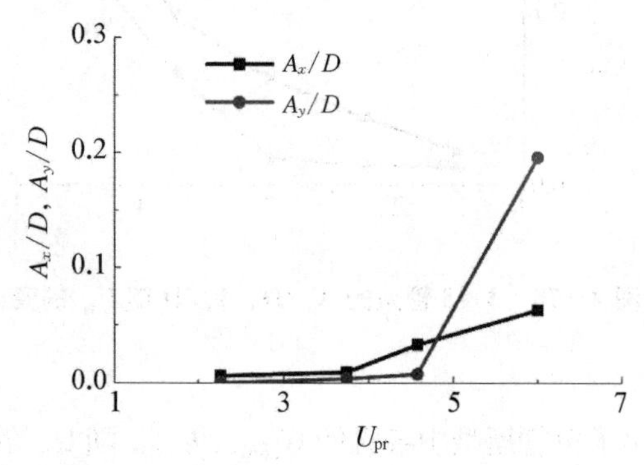

图 4-80　单管模型的 A_x/D、A_y/D 随 U_{pr} 的变化

3）5管模型

图4-81、图4-82为5管模型的计算结果，流体力系数与全弹性管束和单管模型的变化规律类似，同样地，当流速达到一定值时，处于上游第一列中间的管4的升力系数急剧增大。5管模型所预测的振幅与3×3管束模型所预测的趋势基本相同，能基本反映正方形排列全弹性管束的流致振动特性。

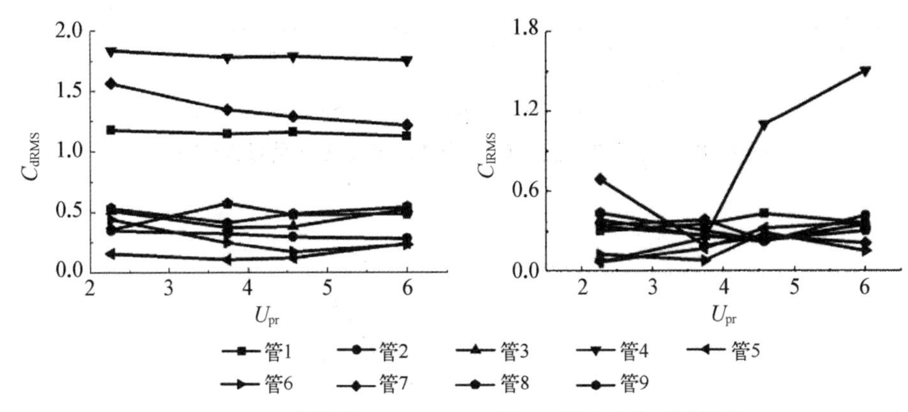

图4-81　各管的C_{dRMS}、C_{lRMS}随U_{pr}的变化（5管模型）

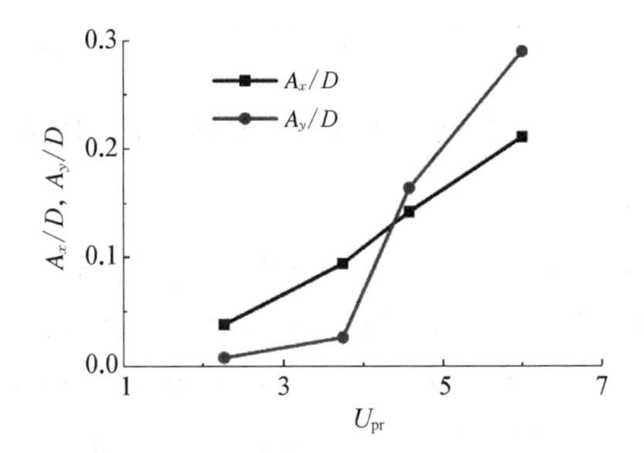

图4-82　5管模型的A_x/D、A_y/D随U_{pr}的变化

4）5管模型-Ⅱ

通过5管模型-Ⅱ的流体力系数（见图4-83）与振幅随（见图4-84）U_{pr}的变化情况可以看出，与单管模型、5管模型相比，由5管模型-Ⅱ得到的结果与3×3全弹性管模型的结果相差较大，实际上，5管模型-Ⅱ为交错排列管阵，排列形式与前面的三种模型的顺排管阵截然不同，因此其流体诱发振动特性表现出了明显的差别，说明管束的排列方式对其流致振动特性的影响非常显著。

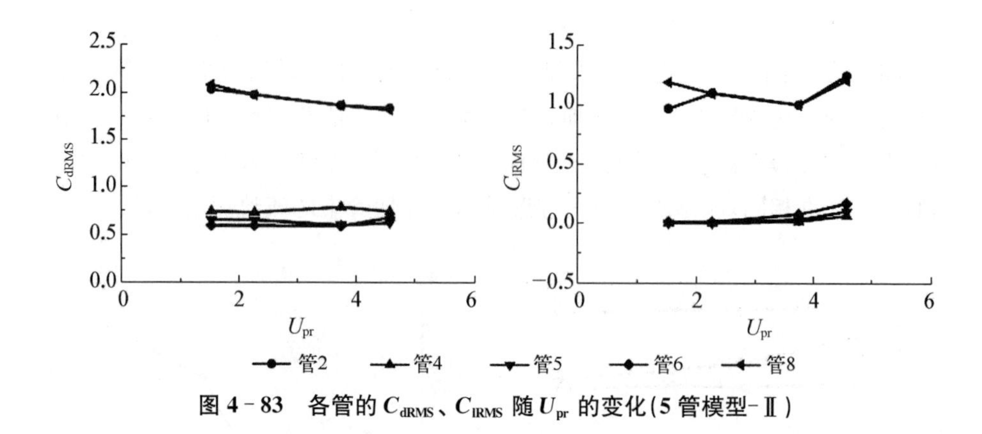

图 4-83 各管的 C_{dRMS}、C_{lRMS} 随 U_{pr} 的变化(5 管模型-Ⅱ)

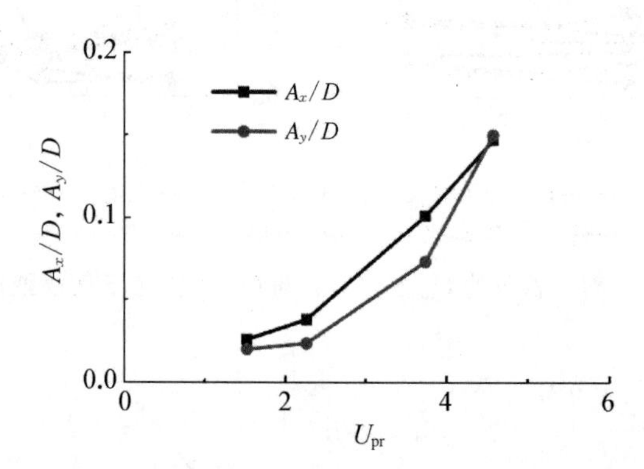

图 4-84 5 管模型-Ⅱ的 A_x/D、A_y/D 随 U_{pr} 的变化

5) 不同管束模型的比较

选取位于管束中间的管 5 作为研究对象,分析具有不同弹性管数目的管束模型对其流致振动特性的影响。图 4-85 和图 4-86 中分别列出了这几种模型的流体力系数和振幅的比较。从图 4-85 和图 4-86 中的比较可知,3×3 管束模型、单管模型、5 管模型得到的阻力相差不大,而 5 管模型-Ⅱ得到的 C_{dRMS} 远大于其他三种模型,主要是由于其排列方式为交错阵,不同于其他三种的顺排管阵,这也说明管阵的排列方式对流体力的影响巨大;单管模型的 C_{lRMS} 随 U_{pr} 的变化趋势最能说明管束的不稳定振动行为;A_x/D 的变化趋势与 C_{dRMS} 的类似,5 管模型-Ⅱ的最大,其他三种模型的结果相差不大;对 A_y/D 来说,当流速较小时,A_y/D 非常小,但当流速超过一定值后,其值迅速增大,对应的流速即为临界流速。从图中可以看到,由单管模型所预测的临界流速最大,而 5 管模型的结果与 3×3 管束的结果基本相同,由于 5 管模型-Ⅱ实际

上为交错阵，预测的临界流速与3×3管束的结果相差较大。

综上所述，采用5管模型能基本真实反映全弹性正方形排列管束的振动特性，单管模型预测的临界速度较大，但其也可以定性地反映节径比为1.5的正方形排列管束的流致振动特性，且现象明显，适用于正方形顺排排列管束结构流弹失稳的定性研究。

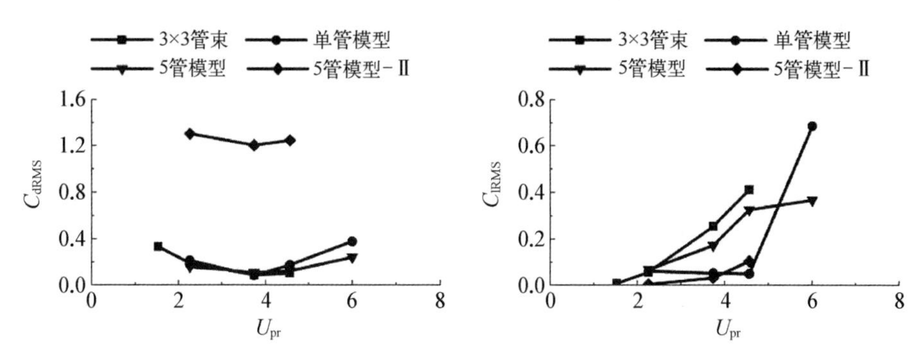

图4-85　不同管束模型中管5的C_{dRMS}、C_{lRMS}随U_{pr}的变化

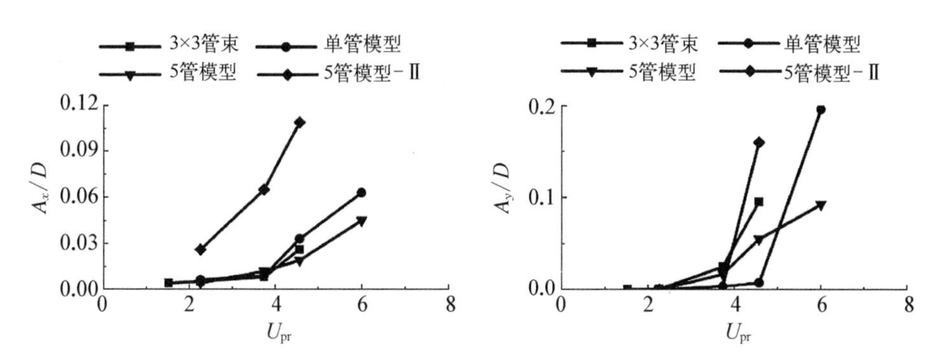

图4-86　不同管束模型中管5的A_x/D、A_y/D随U_{pr}的变化

下篇　工程应用

第5章
蒸汽发生器流致振动分析与评价

由于蒸汽发生器中的传热管受横向流冲刷，容易出现流致振动问题，早期针对蒸汽发生器的流致振动分析评价主要以传热管为对象。20世纪90年代至21世纪初，美、日等国部分沸水堆在提升功率运行若干年后，发现主蒸汽管道上安全释放阀支管的流动激励形成的声共振，导致堆内的蒸汽干燥器出现大量裂纹。由此，美国核安全管理委员会(NRC)在2007年3月发布的《预运行和初始启动试验期间堆内构件振动综合评价大纲》(第3版)[98]中，要求增加对沸水堆蒸汽发生器系统和压水堆蒸汽发生器内部构件的流致振动评价，同时要求考虑泵致振动和声共振等影响因素。

5.1 管束湍流激振分析

5.1.1 非均匀横向流作用下的管束湍流激振响应计算

为表述方便，前文假设作用在管束上的横向流为均匀一致的。而蒸汽发生器传热管的二次侧流体流动为非均匀分布的，且横向流主要作用在U形弯管部分，直管段除管束入口区域外，大部分区域均为轴向流。对于非均匀横向流作用下，二次侧流体横向流流速和密度沿整个传热管上的分布可表述为

$$\left.\begin{aligned} U(s) &= \overline{U} \times u(s) \\ \rho(s) &= \overline{\rho} \times r(s) \end{aligned}\right\} \tag{5-1}$$

式中，$\overline{U}$ 和 $\overline{\rho}$ 分别为横向流流速和流体密度的平均值；而 $u(s)$ 和 $r(s)$ 为流速和密度的分布函数。此时，模态相关系数 a_n 为

$$a_n = \frac{1}{\lambda_c L}\int_0^L\int_0^L [\varphi_n(s_1)\varphi_n(s_2)u^2(s_1)u^2(s_2)r(s_1)r(s_2)e^{-|s_2-s_1|/\lambda_c}]ds_1 ds_2 \tag{5-2}$$

如果 λ_c/L 足够小，模态相关系数近似为

$$a_n = \frac{2}{L}\int_0^L \varphi_n^2(s)u^4(s)r^2(s)\mathrm{d}s \tag{5-3}$$

振动模态 n 的位移均方根响应为

$$y_n(s) = \left[\frac{\varphi_n^2(s)L^2 a_n}{64\pi^3 f_n^3 M_n^2 \zeta_n}\left(\frac{L_0}{L}\right)\left(\frac{D}{D_0}\right)\frac{(p_0 D)^2}{f_0}[\overline{\Phi}_{\mathrm{E}}^0]_{\mathrm{U}}\right]^{1/2} \tag{5-4}$$

对于基于单相流的 PSD 包络谱：

$$\left.\begin{aligned} p_0 &= \frac{1}{2}\bar{\rho}\overline{V}_{\mathrm{p}}^2 \\ f_0 &= \overline{V}_{\mathrm{p}}/D \end{aligned}\right\} \tag{5-5}$$

对于基于均相流速的 PSD 包络谱：

$$\left.\begin{aligned} p_0 &= \bar{\rho}_1 g D_{\mathrm{w}} \\ f_0 &= \overline{V}_{\mathrm{p}}/D_{\mathrm{w}} \end{aligned}\right\} \tag{5-6}$$

对于姜乃斌等[25, 26]提出的基于界面流速的 PSD 包络谱：

$$\left.\begin{aligned} p_0 &= \bar{\rho}_1 g D_{\mathrm{w}} \\ f_0 &= \overline{V}_{\mathrm{i}}/D_{\mathrm{w}} \end{aligned}\right\} \tag{5-7}$$

式中，$\overline{V}_{\mathrm{p}}$ 和 $\overline{V}_{\mathrm{i}}$ 分别为用均相流混合物流速和界面流速表示的混合物流速的平均值，前面模态相关系数 a_n 的计算公式中的流速分布函数 $u(s)$ 也需要改为相应的均相流混合物流速和界面流速的分布函数；$\bar{\rho}_1$ 为液相密度的平均值。

沿管子分布的总的位移均方根响应为各阶模态响应的叠加：

$$y(s) = \left[\sum_n y_n^2(s)\right]^{1/2} \tag{5-8}$$

以下通过一具体算例，计算上述三种 PSD 包络谱作为激励的蒸汽发生器 U 形传热管的随机振动响应。

5.1.2 结构模型

传热管的几何尺寸见表 5-1，材料属性见表 5-2。传热管的有限元模型

表 5-1　传热管的几何尺寸

外径/mm	壁厚/mm	节距/mm	节径比	U形段弯曲半径/mm	直管段总长度/mm	相邻支承板之间的距离/mm
19.05	1.09	27.43	1.44	1 501.36	9 169.00	998.25

表 5-2　传热管的材料参数

温度/℃	杨氏模量/Pa	密度/(kg/m³)	泊松比
300	2.020×10^{11}	8 190	0.3

如图 5-1 所示。相对于 U 形传热管的面内振动，面外振动响应更大。本算例只考虑传热管的面外振动。模型节点有三个自由度，z 方向位移 U_z、x 方向和 y 方向的转动 R_x 和 R_y。如图 5-1 所示，节点的约束条件如下。

与管板在同一水平面的节点，固支：$U_z=R_x=R_y=0$。

与支承板在同一水平面的节点，简支：$U_z=0$。

位于抗振条位置的节点(44、48、52、56、60、64 号节点)，简支：$U_z=0$。

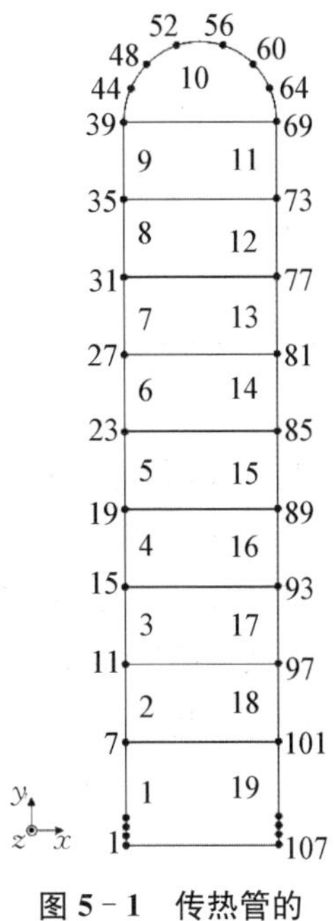

图 5-1　传热管的模型

5.1.3　热工水力参数

通过热工水力计算得到相应的一次侧和二次侧的主要热工水力参数，然后可以确定模型各分区的质量含汽率、一次侧和二次侧流体密度，及对应的管等效密度如表 5-3 所示。

表 5-3　传热管模型各分区的密度参数

分　区	二次侧流体密度/(kg/m³)	管等效线密度/(kg/m)
1	707.7	0.906
2	635.5	0.879
3	563.2	0.852
4	491.0	0.825
5	418.7	0.799

(续表)

分　区	二次侧流体密度/(kg/m³)	管等效线密度/(kg/m)
6	346.4	0.772
7	274.2	0.745
8	201.9	0.718
9	129.7	0.692
10	120.7	0.688
11	267.6	0.743
12	323.6	0.763
13	379.6	0.784
14	435.7	0.805
15	491.7	0.826
16	547.7	0.846
17	603.8	0.867
18	659.8	0.888
19	715.8	0.909

蒸汽发生器的传热管直管段除入口区域外其余部分的二次侧流体主要为轴向流，横向流主要作用在U形弯管部分。由于入口区域与U形弯管部分相比，横向流速较低，作用长度较小，传热管的位移响应主要由弯管部分的横向流引起。本算例只计算由U形弯管部分(分区10)的横向流引起的振动响应。该部分的横向流速分布如图5-2所示，其平均值为2.87 m/s；空泡份额等两相流参数如表5-4所示。

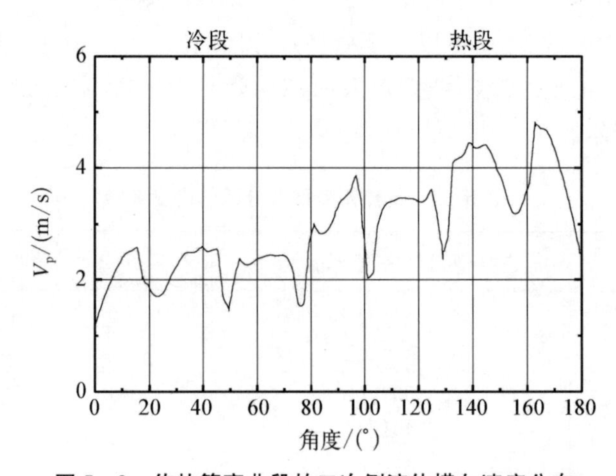

图5-2　传热管弯曲段的二次侧流体横向速度分布

表5-4 传热管U形弯管部分的两相流参数

温度/℃	压力/MPa	均相流空泡份额/%	液相密度/(kg/m³)	气相密度/(kg/m³)
283.73	6.789	91	743.51	35.30

5.1.4 计算结果分析

利用有限元分析软件对传热管模型进行模态分析，提取的前30阶模态的频率范围为40.01～250.79 Hz。编制程序计算传热管的随机振动响应。为便于工程应用，利用上述理论和分析方法开发了具有自主知识产权的传热管束流致振动分析软件SGFIV，并申请了计算机软件著作权[151]，附录B列出了管束流致振动分析软件SGFIV的理论手册。

计算结果表明，基于单相流的PSD包络谱计算得到的最大位移响应为2.9 μm，基于均相流速的PSD包络谱的最大位移响应为97 μm，基于界面流速的PSD包络谱最大的位移响应为67 μm。3种包络谱计算的最大位移响应均产生在热段直管最上面一跨的中间节点(37号)上。与直管段相比，U形弯管段在3组抗振条的约束下具有较大的刚度。虽然，从图5-2可知U形弯管的热段所承受的横向流速最大，所受的流体激励也最大，但由于该处跨距小刚度大，振动响应可以通过39号节点的转动传递到邻近的直管段上，从而导致最大的振动位移产生在37号节点上。与前面分析的结论一致，基于均相流速的PSD包络谱比基于单相流的包络谱保守得多，位移响应是其30余倍，而基于界面流速的PSD包络谱在一定程度上降低了基于均相流速的包络谱过高的保守性。

5.2 管束流体弹性不稳定分析

5.2.1 结构参数

由于蒸汽发生器传热管数量众多，计算时仅选择在不同支承方式下最容易发生失稳的传热管进行分析。相邻两列传热管之间安装3根防振条(见图5-3)。选取U形段弯曲半径最大的传热管第53排传热管R53进行分析。传热管为正方形顺排排列，R53传热管的几何尺寸见表5-5，材料属性见表5-6。传热管的有限元模型的节点和分区情况如图5-4所示。

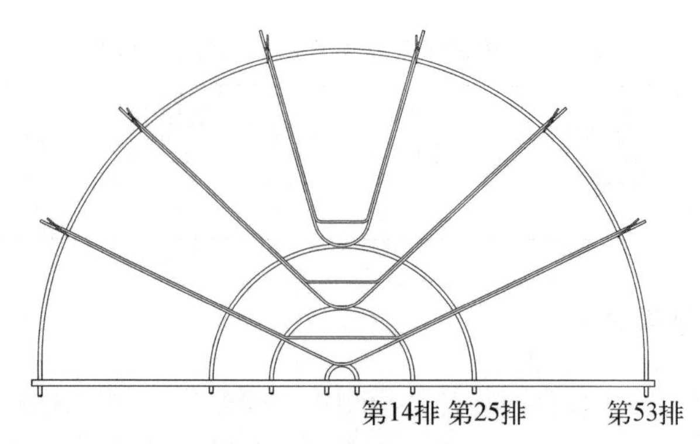

图 5-3 蒸汽发生器传热管束防振条布置

表 5-5 蒸汽发生器 R53 传热管的几何尺寸

编号	U形段弯曲半径/mm	外径/mm	壁厚/mm	节距/mm	节径比
R53	1 501.36	19.05	1.09	27.43	1.44

表 5-6 蒸汽发生器传热管材料及材料属性

温度/℃	材 料	杨氏模量/Pa	密度/(kg/m^3)	泊松比
300	Ni-Cr-Fe 690	2.020×10^{11}	8 190	0.3

相对于U形传热管的面内振动，面外振动更容易发生。本算例的流弹失稳分析只考虑传热管的面外振动。模型的模态和固有频率通过二维方法进行计算，该计算的节点有三个自由度，U_z（位移）、R_x 和 R_y（转角）。节点的约束条件如下。

（1）与管板在同一水平面的节点，固支：$U_z=R_x=R_y=0$。

（2）与支承板在同一水平面的节点，简支：$U_z=0$。

（3）位于抗振条位置的节点（44、48、52、56、60 和 64 号节点），简支：$U_z=0$。

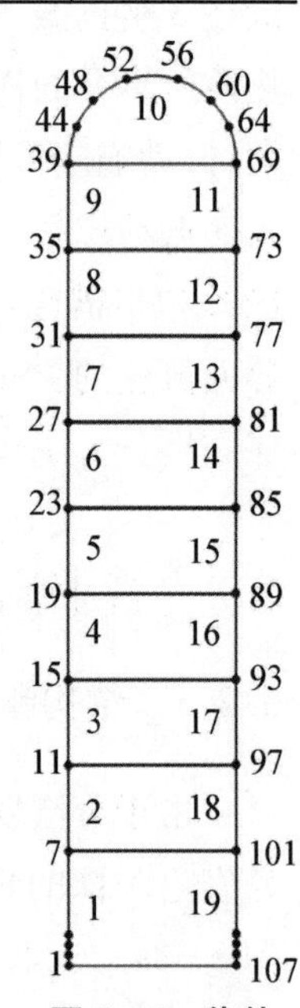

图 5-4 传热管有限元模型的节点和分区

5.2.2 热工水力参数

选择蒸汽发生器满功率运行时的工况进行分析。传热管弯曲段的二次侧流体横向流速如图 5-5 所示。计算管子的等效线密度要考虑管子的质量、管子里的一回路冷却剂的

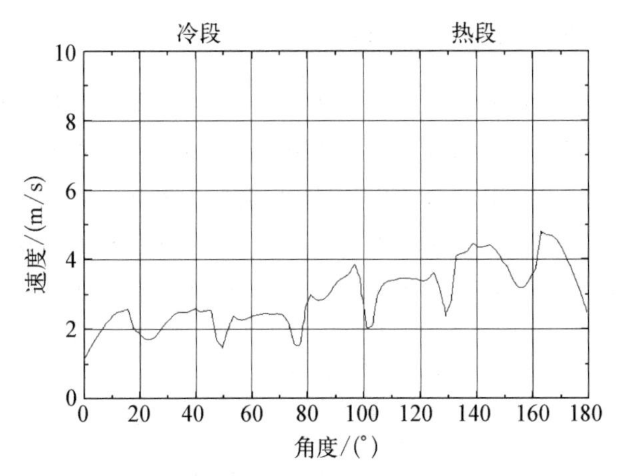

图5-5　蒸汽发生器R53传热管弯管段的二次侧流体横向速度

质量和二次侧流体的水动力附加质量：

$$m(x)=\frac{\pi}{4}\rho_{\mathrm{T}}[D^2-(D-2e)^2]+\frac{\pi}{4}\rho_{\mathrm{p}}(D-2t)^2+C\,\frac{\pi}{4}\rho(x)D^2 \tag{5-9}$$

式中，t 为管子壁厚；ρ_{T}、ρ_{p} 和 ρ 分别为管子自身、一次侧流体和二次侧流体的密度；C 为附加水动力质量系数。各分区的二次侧流体密度和传热管的等效线密度如表5-7所示。

表5-7　蒸汽发生器R53传热管模型各分区的密度参数

分区	二次侧流体密度/(kg/m³)	管等效线密度/(kg/m)	分区	二次侧流体密度/(kg/m³)	管等效线密度/(kg/m)
1	707.7	0.906	11	267.6	0.743
2	635.5	0.879	12	323.6	0.763
3	563.2	0.852	13	379.6	0.784
4	491.0	0.825	14	435.7	0.805
5	418.7	0.799	15	491.7	0.826
6	346.4	0.772	16	547.7	0.846
7	274.2	0.745	17	603.8	0.867
8	201.9	0.718	18	659.8	0.888
9	129.7	0.692	19	715.8	0.909
10	120.7	0.688			

5.2.3 流体弹性不稳定计算模型

分别利用 Pettigrew 等[54, 55]给出的工程方法和本书所述的顺排管阵的5管单元解析模型分别计算蒸汽发生器的R53传热管的流弹失稳情况。其中对于工程方法，由于二次侧流体的密度沿传热管分布并不均匀，为计算方便，引入一流体参考密度 ρ_0 和管参考线密度 m_0。同时二次侧流体的横向流速沿传热管的分布也并不均匀，二次侧流体的等效横向激励速度通过下式计算：

$$U_{\mathrm{p}}^{\mathrm{E}}=\left(\frac{\int_T \frac{\rho(x)}{\rho_0} U_{\mathrm{p}}^2(x) \varphi_n^2(x) \mathrm{d} x}{\int_T \frac{m(x)}{m_0} \varphi_n^2(x) \mathrm{d} x}\right)^{\frac{1}{2}} \tag{5-10}$$

式中，$U_{\mathrm{p}}(x)$ 为二次侧横向流速沿传热管的分布；$\rho(x)$ 和 $m(x)$ 分别为二次侧流体密度和传热管的等效线密度沿传热管的分布；$\varphi_n(x)$ 为第 n 阶模态的振型函数。

工程方法的流弹失稳临界流速由最简单的 Connors 公式计算：

$$U_{\mathrm{pc}}^{\mathrm{E}}=K f D\left(\frac{m_0 \delta}{\rho_0 D^2}\right)^{\frac{1}{2}} \tag{5-11}$$

蒸汽发生器管束的节径比 P/D 为1.44，根据节径比小于1.47的流弹失稳常数计算公式计算流弹失稳常数为

$$K=4.76(P-D)/D+0.76 \tag{5-12}$$

计算得到 $K=2.85$。阻尼比 ζ 取为0.02。

理论上，如果等效激励流速小于等效临界流速，则认为传热管不会发生流弹失稳，即不稳定比小于1：

$$\frac{U_{\mathrm{p}}^{\mathrm{E}}}{U_{\mathrm{pc}}^{\mathrm{E}}}<1.0 \tag{5-13}$$

而工程分析中，出于保守考虑，不考虑支撑失效和支撑间隙情况下，不稳定比的限值为0.75：

$$\frac{U_{\mathrm{p}}^{\mathrm{E}}}{U_{\mathrm{pc}}^{\mathrm{E}}}<0.75 \tag{5-14}$$

5管单元半解析模型的临界流速用式(2-71)计算。激励流速用U形弯

管部分的平均流速表示。

5.2.4　计算结果分析

上述两种不稳定模型计算得到的不稳定边界及本算例结果在稳定性图上的分布如图 5-6 所示。可见在低质量阻尼参数情况下,解析模型计算得到的临界流速大于工程方法得到的结果,在质量阻尼参数较大时,解析模型的临界流速计算值小于工程方法得到的结果。

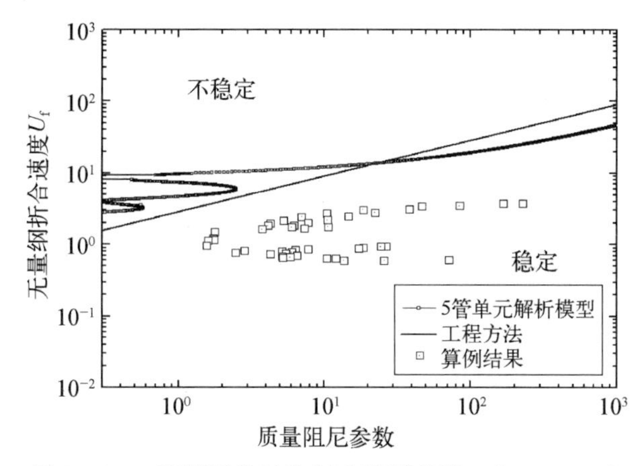

图 5-6　工程算例的不稳定图(顺排管阵 $P/D = 1.44$)

各阶频率对应的具体不稳定比值见表 5-8,其中,解析模型计算的最大不稳定比为 0.289,工程方法计算的不稳定比最大值为 0.388。解析模型和工程方法计算的不稳定比均产生在频率为 100.150 Hz 的模态,对应的振型图见图 5-7,为弯管段出现振动的第一阶模态。由于该阶模态对应的质量阻尼参数较小,工程方法计算得到临界流速比解析方法小,所以求得的不稳定比值比解析模型的比值大。

表 5-8　R53 传热管前 46 阶模态的流弹失稳比值

阶数	频率/Hz	不稳定比		阶数	频率/Hz	不稳定比	
		解析模型	工程方法			解析模型	工程方法
1	40.006	0.147	0.086	7	54.211	0.201	0.203
2	40.585	0.162	0.099	8	55.152	0.223	0.292
3	43.461	0.186	0.130	9	61.010	0.192	0.222
4	44.318	0.212	0.171	10	61.981	0.208	0.316
5	48.229	0.203	0.174	11	68.215	0.180	0.235
6	49.139	0.229	0.246	12	69.210	0.192	0.327

（续表）

阶数	频率/Hz	不稳定比		阶数	频率/Hz	不稳定比	
		解析模型	工程方法			解析模型	工程方法
13	75.314	0.169	0.247	30	175.620	0.073	0.106
14	76.312	0.179	0.330	31	178.880	0.073	0.115
15	81.429	0.161	0.256	32	183.100	0.077	0.168
16	82.319	0.166	0.311	33	188.470	0.071	0.122
17	85.459	0.143	0.186	34	192.190	0.068	0.110
18	86.545	0.152	0.245	35	197.650	0.128	0.167
19	90.231	0.143	0.212	36	202.570	0.065	0.11
20	92.428	0.149	0.29	37	205.720	0.066	0.122
21	100.150	**0.289**	**0.388**	38	214.320	0.061	0.095
22	124.310	0.235	0.318	39	217.770	0.061	0.105
23	128.260	0.227	0.305	40	225.850	0.058	0.095
24	132.810	0.223	0.309	41	229.020	0.058	0.099
25	154.460	0.193	0.269	42	234.760	0.052	0.068
26	157.780	0.067	0.064	43	238.090	0.051	0.063
27	159.610	0.067	0.066	44	244.260	0.035	0.025
28	166.420	0.068	0.072	45	249.180	0.048	0.056
29	169.400	0.067	0.074	46	250.790	0.042	0.041

5.3 传热管的声致振动分析

5.3.1 主泵引起的压力振荡

主泵是一个旋转机械，对一回路系统有潜在的机械激励和声波激励。从理论上讲，在回路中可能会出现激励的所有谐波。

必须注意到：主泵振动既可以通过流体传播也可以通过结构传播。结构传播的“噪声”通常被刚性的压力容器支承过滤掉。于是，主泵引起的振动借助流体以声波的形式传播到堆内构件上。总的来讲，过去发现在水冷堆中该载荷非常小，主泵激励一般包含在湍流激励中，在压水堆中，主泵引起的压力脉动载荷从未引起任何问题。

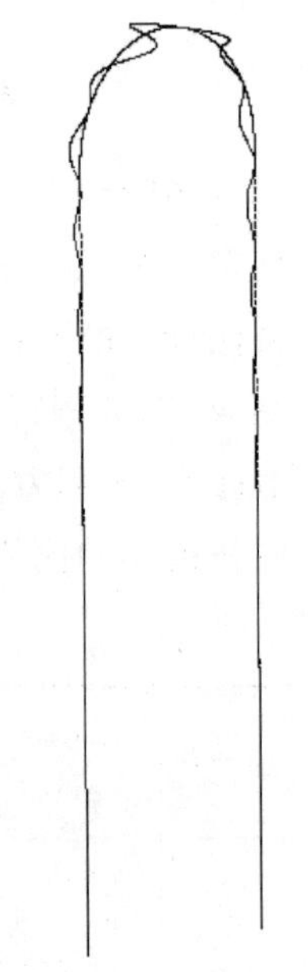

图 5-7 R53 传热管第 21 阶振型图(频率为 100.15 Hz)

反应堆冷却剂主泵在运行过程中，在一回路冷却剂主回路中将产生声学扰动，在冷却剂主回路中产生脉动压力，当脉动压力频率和冷却剂主回路的声学固有频率接近，同时又与主回路某个结构的固有频率接近时，在主回路结构上将产生大的交变载荷，可使主设备部件疲劳失效。

本节以蒸汽发生器传热管为研究对象，研究传热管在泵致脉动压力下的结构响应。脉动压力在蒸汽发生器传热管的弯管段可以产生弯管平面内的载荷，从而激励传热管在弯管平面内产生振动。当单根传热管的固有频率、振型与压力波的频率、幅值、波长较相关的时候，传热管的振动幅值将较大，在传热管的弯管段将产生明显的应力。由于在泵致脉动压力下传热管只是在弯管平面内运动，因此防振条(AVB)对传热管没有约束作用。

蒸汽发生器传热管的泵致脉动压力载荷可以通过冷却剂主回路的声学模型计算得到。假设主泵的额定转速为 1 800r/min，转子有 7 个叶片，那么传热管的泵致压力载荷以简谐压力波形式给出，频率为 30 Hz(泵的转速)、210 Hz(一次叶片通过频率)和 420 Hz(二次叶片通过频率)。为了考虑计算脉动压力的模型、流体参数、转速的不确定性，取上述三个泵激励频率±10%附近最大脉动压力，作为传热管应力分析的输入载荷，同时考虑泵运转时的同相位(相位相差 0°)和异相位(相位相差 180°)。

5.3.2　泵致脉动压力

泵致脉动压力会在弯管段产生径向净载荷，使得传热管发生振动，而在直管段不产生使得传热管振动的载荷，这是因为传热管弯管段在平面内外侧的管壁面积比内侧的管壁面积大。如图 5-8 所示，从 θ_1 到 θ_2 的圆弧弯管上，脉动压力为 $P(\theta)$，水平方向(x 向)和垂直方向(y 向)上的净载荷可以通过下面的积分得出：

$$F_y = \pi D_i^2 \int_{\theta_1}^{\theta_2} P(\theta)\sin(\theta)\mathrm{d}\theta \tag{5-15}$$

$$F_x = \pi D_i^2 \int_{\theta_1}^{\theta_2} P(\theta)\cos(\theta)\mathrm{d}\theta \tag{5-16}$$

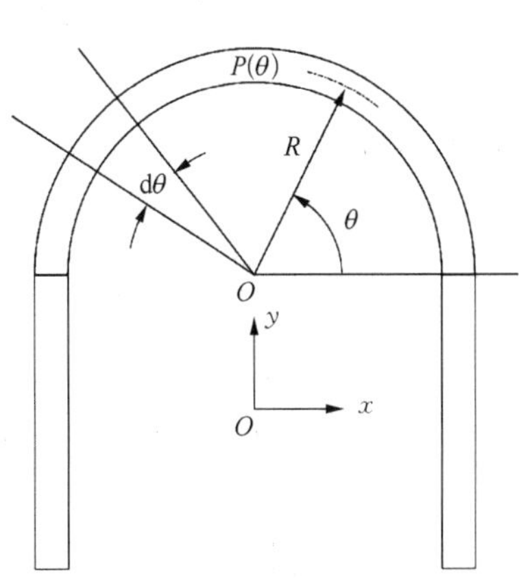

图 5-8　传热管弯管段

式中，D_i 为传热管的内径。

通常，脉动压力幅值可以描述为弯管角坐标 θ 的函数，关于弯管段顶点对称与反对

称的脉动压力幅值分布函数为

$$P_{s}(\theta)=P\cos\left[\frac{2\pi R}{\lambda}\left(\theta-\frac{\pi}{2}\right)\right] \tag{5-17}$$

$$P_{a}(\theta)=P\sin\left[\frac{2\pi R}{\lambda}\left(\theta-\frac{\pi}{2}\right)\right] \tag{5-18}$$

式中，P 为脉动压力幅值；λ 为脉动压力波长；R 为弯管的弯曲半径；下标“a”和“s”分别表示反对称与对称的压力分布，式(5-17)、式(5-18)可写为

$$P_{a}(\theta)=B\sin(\alpha\theta)-A\cos(\alpha\theta) \tag{5-19}$$

$$P_{s}(\theta)=B\cos(\alpha\theta)+A\sin(\alpha\theta) \tag{5-20}$$

式中，$\alpha=\dfrac{2\pi R}{\lambda}$，$A=P\sin\left(\dfrac{\pi\alpha}{2}\right)$，$B=P\cos\left(\dfrac{\pi\alpha}{2}\right)$。

将式(5-19)、式(5-20)代入式(5-15)、式(5-16)中，通过积分计算得到脉动压力导致的净载荷。

反对称的脉动压力分布为

$$F_{x}=\pi D_{i}^{2}[B(g_{1}(\theta_{2})-g_{1}(\theta_{1}))-A(f_{2}(\theta_{2})-f_{2}(\theta_{1}))] \tag{5-21}$$

$$F_{y}=\pi D_{i}^{2}[B(f_{1}(\theta_{2})-f_{1}(\theta_{1}))-A(g_{2}(\theta_{2})-g_{2}(\theta_{1}))] \tag{5-22}$$

对称的脉动压力分布为

$$F_{x}=\pi D_{i}^{2}[B(f_{2}(\theta_{2})-f_{2}(\theta_{1}))-A(g_{1}(\theta_{2})-g_{1}(\theta_{1}))] \tag{5-23}$$

$$F_{y}=\pi D_{i}^{2}[B(g_{2}(\theta_{2})-g_{2}(\theta_{1}))-A(f_{1}(\theta_{2})-f_{1}(\theta_{1}))] \tag{5-24}$$

式中，$f_{1}(x)=\displaystyle\int\sin(\alpha x)\sin(x)\mathrm{d}x=\frac{\sin((\alpha-1)x)}{2(\alpha-1)}-\frac{\sin((\alpha+1)x)}{2(\alpha+1)}$

$$g_{1}(x)=\int\sin(\alpha x)\cos(x)\mathrm{d}x=-\frac{\cos((\alpha+1)x)}{2(\alpha+1)}+\frac{\cos((\alpha-1)x)}{2(\alpha-1)}$$

$$f_{2}(x)=\int\cos(\alpha x)\cos(x)\mathrm{d}x=\frac{\sin((\alpha-1)x)}{2(\alpha-1)}+\frac{\sin((\alpha+1)x)}{2(\alpha+1)}$$

$$g_{2}(x)=\int\cos(\alpha x)\cos(x)\mathrm{d}x=-\frac{\cos((\alpha+1)x)}{2(\alpha+1)}+\frac{\cos((\alpha-1)x)}{2(\alpha-1)}$$

通过有限元程序上建立传热管的动力学分析模型，在单元节点上施加脉动压力载荷，脉动压力载荷通过式(5-21)～式(5-24)计算得到，采用谐响应分析方法，可以得到传热管在不同激励频率下的位移、应力响应。

5.3.3 有限元模型

传热管分析有限元模型包括了弯管段以及弯管段到第8块支撑板(TSP)位置的直管段(见图5-9)，传热管的外径为17.475 mm，壁厚为1 mm，弯管段的弯曲半径为

$$R = 82.55 + 12.446(N - 1)\,\text{mm} \tag{5-25}$$

式中，N 为传热管排号。

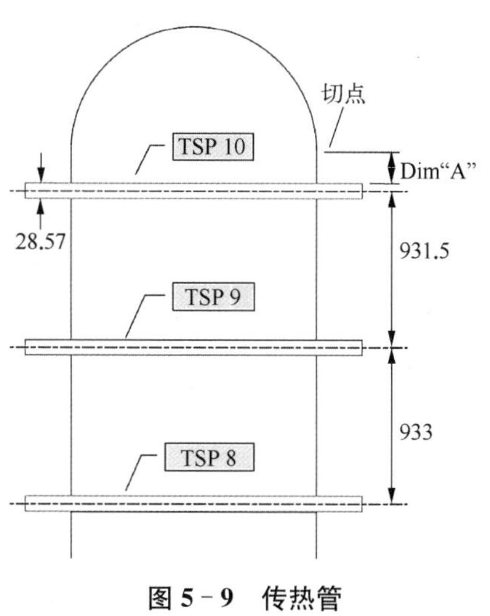

图5-9　传热管

传热管材料的弹性模量为 1.807×10^{11} Pa，材料的密度为 $8.109 \times 10^{3}\ \text{kg/m}^3$，泊松比取为0.3。本节分析中传热管的密度考虑一次侧(管内流体)流体以及二次侧流体的附加质量，等效密度计算公式如下：

$$\rho_e = \rho_m + (A_i \rho_p + C_m A_o \rho_s)/A_w \tag{5-26}$$

式中，ρ_m 为材料密度，ρ_p 为传热管内流体密度；ρ_s 为传热管外流体密度；A_i 为传热管流体截面积；A_o 为传热管材料加流体截面积；$A_w = A_o - A_w$；C_m 为附加质量系数。

传热管在所有支承板位置都进行了简支约束，也就是约束水平 (x，z) 两个方向的平移位移，在模型的最下一块(第8块)支撑板位置的传热管同时约束了垂向 (y) 平移位移，由于脉动压力只引起传热管在弯管平面内的运动，因此约束了传热管在弯管平面外的平移位移。

5.3.4 模态分析

首先对所有类型的传热管进行模态分析，以确定哪些传热管的模态(频率、振型)将容易被泵致脉动压力激起振动。分析所有传热管的模态，提取频率范围在0～500 Hz内且振型是在弯管平面内的所有模态。考虑不确定性，

确定频率在轴频 30 Hz、一次叶片通过频率 210 Hz、二次叶片通过频率 420 Hz 的±10%附近的所有模态所对应的传热管。

表 5-9 给出了固有频率(振型在弯管平面内)落在泵激励频率的±10%之内的所有传热管,结果表明排号为 34、64、94、114、124、144 的传热管的结构频率将在转速频率附近(30 Hz),这些传热管将对泵致脉动压力最为敏感。

表 5-9 传热管的固有频率

传热管排号	固有频率/Hz						
	30±10%	210±10%			420±10%		
34	30.0	214.4	224.7		385.9	388.9	417.5
					439.7		
44		214.6	224.2		381.1	394.2	433.1
					448.8		
54		191.2	214.6	224.5	382.4	421.6	
		224.9	230.2		441.6		
64	30.1	193.6	214.7	215.4	403.5	435.5	450.6
		221.4	224.1				
74		195.9	207.3	213.5	387.5	426.6	
		214.6	224.5		443.0		
84		197.2	199.9	206.2	379.5	412.4	437.3
		214.6	223.6		452.2		
94	30.1	193.1	198.5	199.5	396.9	430.0	
		214.4	223.8		444.3		
104		193.4	199.4	214.4	385.1	418.8	438.8
		222.8			453.4		
114	33.6	200.2	214.1	223.2	378.9	405.2	432.5
					445.4		
124	29.2	200.7	214.2	221.6	392.6	423.4	440.0
					454.5		
134		201.2	213.5	222.5	383.5	411.7	434.4
		230.9			446.4		
144	32.2	201.6	214.0	217.4	378.4	399.9	426.8
		227.4			441.1	455.3	

5.3.5　谐响应分析

在脉动压力载荷作用下对传热管进行谐响应分析，载荷分为关于弯管顶点反对称和轴对称情况(见图 5-10)。根据模态分析结果，对泵致脉动压力最为敏感的传热管进行谐响应分析，即可得到应力结果，图 5-11 为典型的传热管轴向应力云图。

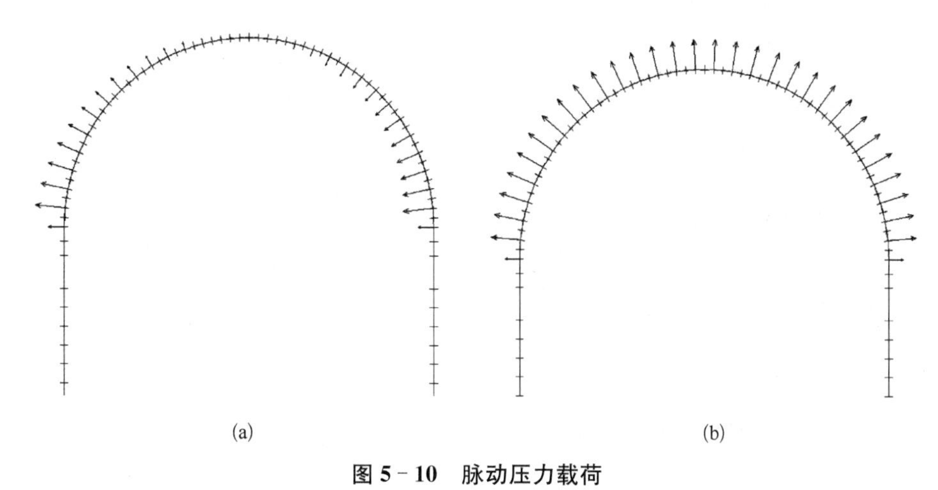

(a)　　(b)

图 5-10　脉动压力载荷

(a) 反对称载荷；(b) 对称载荷

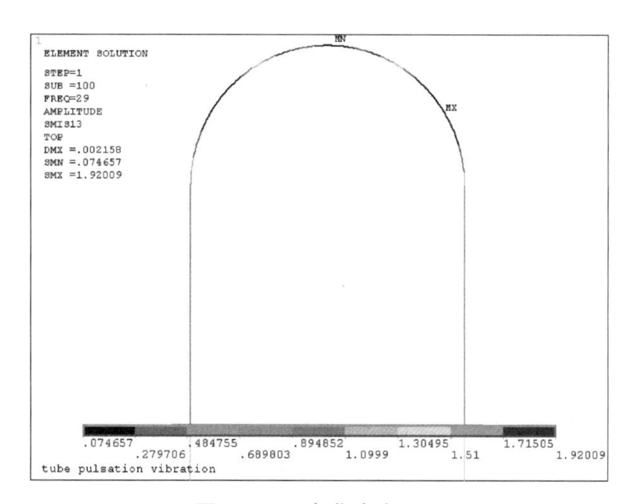

图 5-11　弯曲应力云图

5.4 干燥器振动分析

压水堆蒸汽发生器存在声致振动问题，长期运行会导致核电设备结构部件的疲劳损坏，可能会对蒸汽发生器内部结构产生不利影响，存在安全隐患，声源传播如图 5－12 所示。根据 RG 1.20[98]要求应进行声致振动的分析。

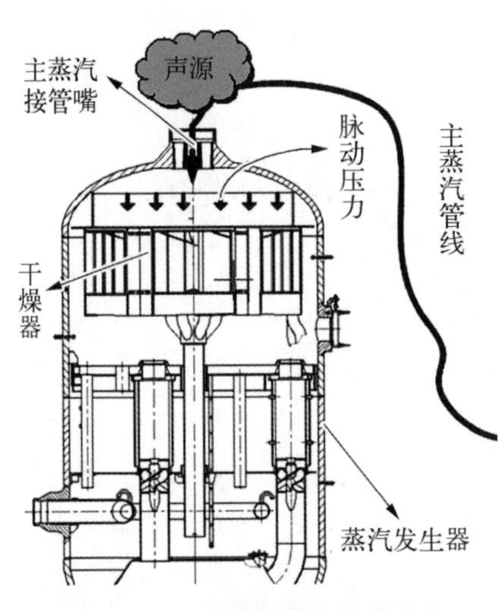

图 5－12 干燥器声源传播路径

声振动分析的重点是主蒸汽管线处产生的声压力波所引起的干燥器结构振动，声源传播路径如图 5－12 所示。引起干燥器声振动的主要机理是旋涡脱落激励，通常根据 CFD 流场计算结果得到蒸汽发生器上部流场区域的蒸汽流速分布，再根据蒸汽流速分布确定上部流场区域各部件发生旋涡脱落的位置，基于 CFD 计算结果进行流致振动分析[152]。

5.4.1 干燥器结构简介

蒸汽发生器干燥器[153]通过吊筒焊接在蒸汽发生器上部筒体上，吊筒通过顶板与干燥器结构焊接在一起。干燥器结构共有 12 个波形板箱体，俯视整体结构呈正六边形排布且对角线相连，即正六边形每条边上各有一个波形板箱体，每条对角线上各有两个波形板箱体交于中心。

干燥器结构中 12 个波形板箱体每三个组成等边三角形，三个之间焊有上下挡板和竖直分隔板。对角线上，即中间 6 个波形板箱体通过上下挡板和竖直分隔板将潮湿水蒸气区域和干燥水蒸气区域隔开；六条边上波形板箱体通过吊筒将潮湿水蒸气区域和干燥水蒸气区域隔开。这种结构能够保证水蒸气始终保持从潮湿区域流向干燥区域。

波形板箱体之间通过侧封板焊接相连，波形板箱体主要组成包括上槽、下槽组件、波形板（含压板）、均气网、侧封板和挡汽板等。潮湿水蒸气被进气侧均气网作用后，匀速流入波形板箱体中，液态水在波形板特殊结构中被截留回流到下槽组件，然后液态水汇总流入下部输水管中。

5.4.2　有限元分析模型

由于均气网是由 3 mm 厚钢板锻造而成且质量较轻，相对于干燥器整体结构最柔，均气网与网框点焊，网框焊接在干燥器框架上，干燥器对均气网只起到支撑作用。在声致振动压力波作用下，干燥器框架结构和均气网之间的相互影响可忽略不计。因此，分析过程中将干燥器框架结构和均气网进行解耦，分别建立干燥器框架结构有限元模型和均气网有限元模型进行声致振动评价。

1）干燥器框架结构模型

干燥器结构通过板部件焊接而成，整体结构较为复杂。波形板通过压紧螺栓安装在波形板箱体内，波形板自身结构比较刚硬且不是分析重点，几何建模时将波形板做等效体单元处理（见图 5－13）。体单元密度按波形板质量等效输入。除波形板外，干燥器框架结构其余部件采用壳单元模拟，干燥器框架结构如图 5－14 所示。根据实际情况波形板等效体与干燥器框架结构进行位移耦合约束，约束波形板等效体底面纵向两条边和横向一条边。

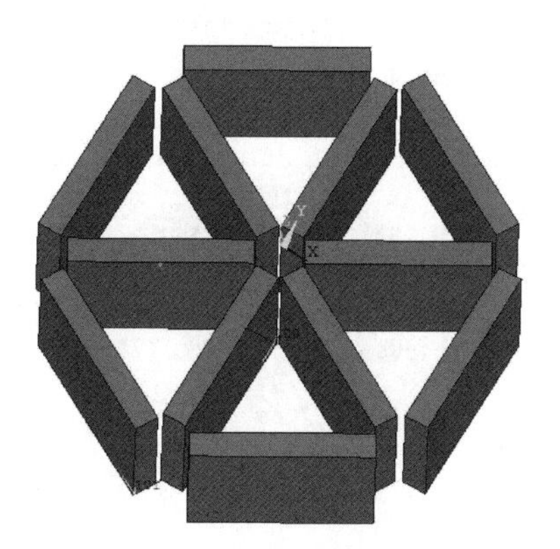

图 5－13　波形板等效体实体模型

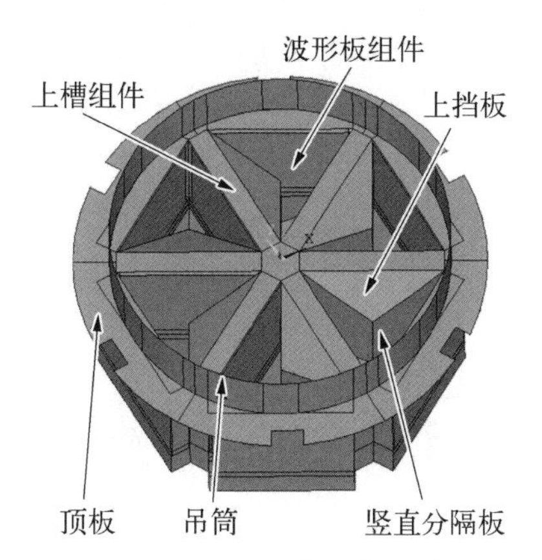

图 5－14　干燥器结构组件

2）均气网结构模型

干燥器结构共 12 个波形板箱体，其中 2 个有门、10 个没有门。波形板有门位置的均气网尺寸较小，无门位置的均气网尺寸较大且相对较柔。所以，取没有门位置的均气网结构建模，采用壳单元模拟，如图 5－15 所示。均气网在实际结构中四边与网框点焊，在模型计算分析中只考虑在四边施加固定约束边界条件。

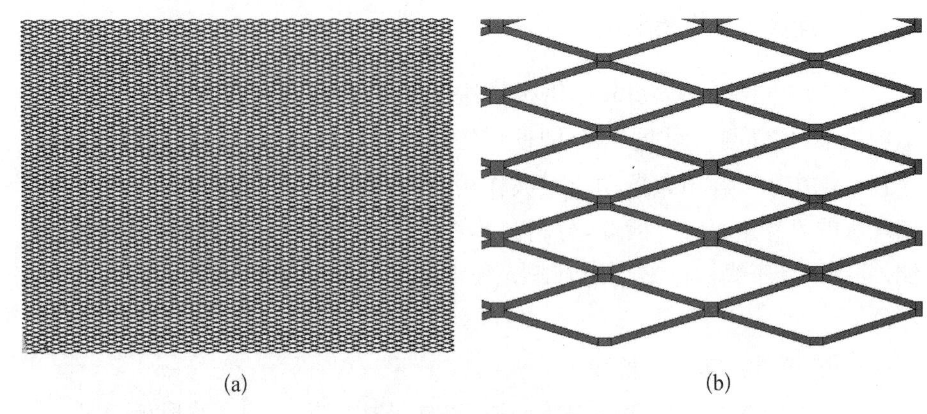

(a) (b)

图 5－15 均气网结构

(a) 整体结构；(b) 局部结构

对干燥器框架结构和均气网结构进行模态分析，即可得到固有振动特性，提取结构模型前 100 阶模态。干燥器框架结构固有频率范围是 43～215 Hz，均气网结构固有频率范围是 9～334 Hz。根据干燥器结构的频率和振型，并结合声致振动载荷传播路径规律确定干燥器结构的薄弱板部件是竖直分隔板和均气网结构。干燥器结构属于非安全级设备，取二级设备相关规范的限值。图 5－16、图 5－17 给出了干燥器框架和均气网的典型振型。

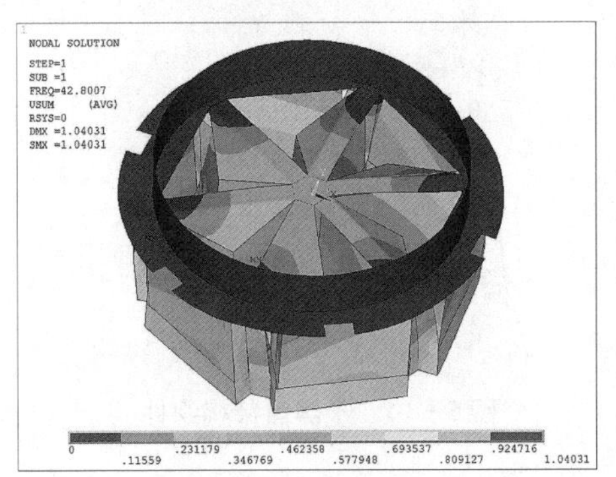

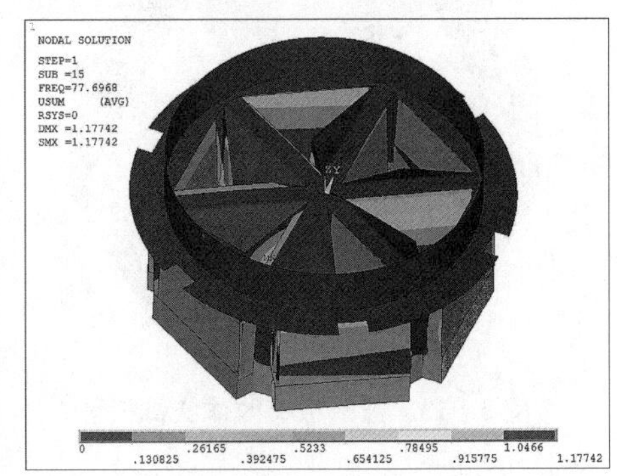

图 5－16 干燥器框架第 1 阶和第 15 阶模态

5.4.3 旋涡脱落共振评估

旋涡脱落会引起结构部件的振动，当蒸汽发生器上部流场区域旋涡脱落频率与干燥器结构部件固有频率相同或相近时，会使干燥器结构部件产生共

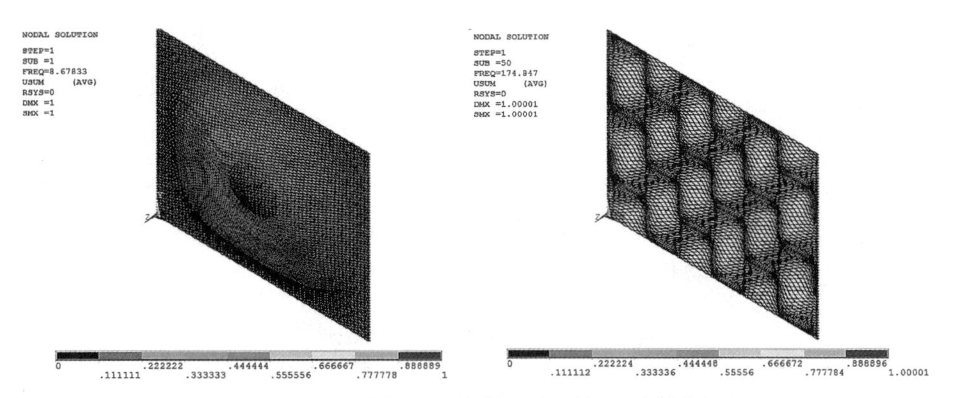

图 5－17　均气网结构第 1 阶和第 50 阶模态

振现象。根据旋涡脱落位置的蒸汽流速计算可得对应位置的旋涡脱落频率，计算公式如下：

$$f=\frac{Sr\,v}{d} \tag{5-27}$$

式中，Sr 是斯特劳哈尔数(取 0.21[154])；v 是流体速度；d 是特征长度。

根据 CFD 流场分析结果，重点关注蒸汽发生器上部流场区域的四个位置，分别是：限流器出口处主蒸汽接管嘴管道位置，干燥器波形板蒸汽出口底部区域，干燥器波形板蒸汽出口顶部区域，干燥器均气网入口区域。

第一个位置，即限流器出口处主蒸汽接管嘴管道位置(见图 5－18)，蒸汽经主蒸汽接管嘴流出后在其外侧发生旋涡脱落。

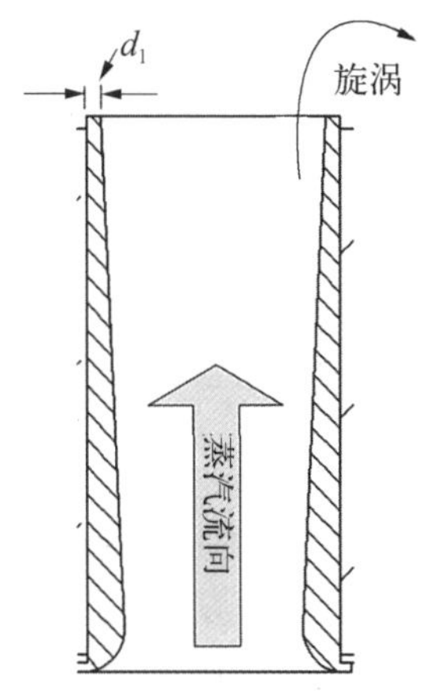

图 5－18　限流器出口处主蒸汽接管嘴管道位置特征长度

第二个位置，即干燥器波形板蒸汽出口底部区域，波形板蒸汽出口底部区域下槽组件外侧发生旋涡脱落。

第三个位置，即干燥器波形板蒸汽出口顶部区域，波形板蒸汽出口顶部区域存在一块矩形金属板，干燥后的水蒸气在顶部区域流出时，在金属板的外侧发生旋涡脱落。

第四个位置，即干燥器均气网入口处，干燥器均气网入口处产生一个旋涡。为保守评估均气网入口处的旋涡脱落，分别取均气网入口处结构组成部件均气网、上挡板和竖直分隔板的特征长度进行计算。

各结构部件区域特征长度如表 5－10 所示，各结构部件区域蒸汽流速如表 5－11 所示。采用式（5－27）可得到关注位置的旋涡脱落频率（见表 5－12）。将蒸汽发生器上部流场区域重点关注位置的旋涡脱落频率与干燥器结构的固有频率对比，若旋涡脱落频率处于干燥器框架和均气网的固有频率范围内（通常取为 0.8～1.2 倍的固有频率），则说明蒸汽发生器上部流场区域存在发生旋涡脱落共振的风险。

表 5－10　重点关注位置的特征长度

序　号	位　　置	特征长度/mm
1	限流器出口处主蒸汽接管嘴管道位置（d_1）	12
2	干燥器波形板蒸汽出口底部区域（d_2）	170
3	干燥器波形板蒸汽出口顶部区域（d_3）	44
4	干燥器均气网（d_4）	1 056
5	上挡板（d_5）	923
6	竖直分隔板（d_6）	713

表 5－11　重点关注位置的蒸汽流速

序　号	位　　置	最小流速/(m/s)	最大流速/(m/s)
1	限流器出口处主蒸汽接管嘴管道位置	40	131
2	干燥器波形板蒸汽出口底部区域	0.5	3
3	干燥器波形板蒸汽出口顶部区域	0.5	5
4	干燥器均气网入口	0.2	18

表 5－12　重点关注位置的旋涡脱落频率

序号	位　　置	旋涡脱落频率最小值/Hz	旋涡脱落频率最大值/Hz
1	限流器出口处主蒸汽接管嘴管道位置（d_1）	700	2 292.50
2	干燥器波形板蒸汽出口底部区域（d_2）	0.62	3.71
3	干燥器波形板蒸汽出口顶部区域（d_3）	2.39	23.86
4	干燥器均气网（d_4）	0.04	3.58
5	上挡板（d_5）	0.05	4.09
6	竖直分隔板（d_6）	0.06	5.30

分析结果表明,在蒸汽发生器上部流场区域,因蒸汽流速引起的旋涡脱落不会与干燥器结构产生共振现象,旋涡脱落不会危及干燥器结构的安全。由于引起干燥器流致振动的主要机理是旋涡脱落,流致振动不会导致干燥器结构的破坏。

5.4.4　声致振动分析

1）最大静压分析

声致振动首先考虑最大静压对干燥器的影响,具体为在薄弱板部件位置和声压力波回传方向施加最大静压载荷,计算分析可得干燥器结构的应力强度分布和最大应力强度,将最大应力强度与材料许用应力强度[155]进行比较,以评定在该声压力波条件下,是否危及干燥器结构安全。

蒸汽发生器干燥器部件与主蒸汽接管嘴之间空间很大,声压力波载荷通过主蒸汽接管嘴到达干燥器组件的传播过程中,传播路径横截面面积发生变化导致声压力波幅值和传播方式发生改变,造成声压力波既有部分继续向前传递也有部分反射回去,且声压力波幅值按照一定比例缩减。这个压力幅值缩减比例只与横截面面积变化有关,声压力波向前传递系数如式(5－28)所示,横截面如图5－19所示。

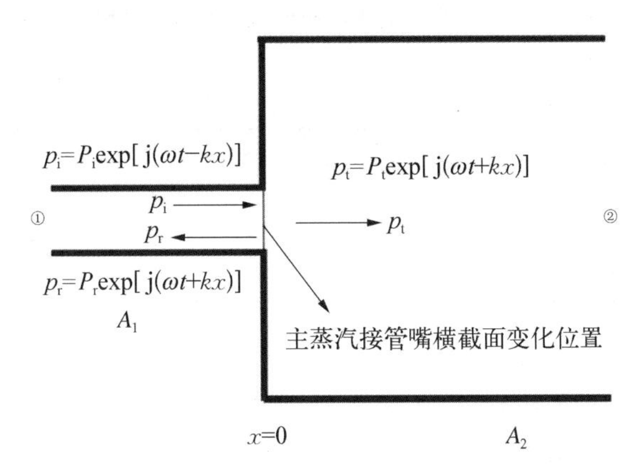

图5－19　主蒸汽接管嘴位置声压力波传递

P_i—入射波;P_r—反射波;P_t—透射波(传递波)

根据结构对应位置的横截面面积参数可得传递系数为

$$T=\frac{2A_1}{A_2+A_1}=1.7\% \tag{5-28}$$

式中，A_1 是主蒸汽接管嘴有效流通面积；A_2 是蒸汽发生器上部筒体横截面面积。

主蒸汽管线产生的声压力波回传到干燥器位置已减小到原来的 1.7%，可得干燥器区域的声压力波幅值 P_s 为 1.497×10^{-3} MPa。

分别在干燥器薄弱板部件位置和声压力波回传方向的板部件施加载荷 P_s，干燥器框架结构和均气网结构应力强度分布结果如图 5-20 所示，最大应力强度如表 5-13 所示。计算结果表明，在最大静压分析中干燥器框架结构和均气网结构最大应力强度均小于许用应力强度。

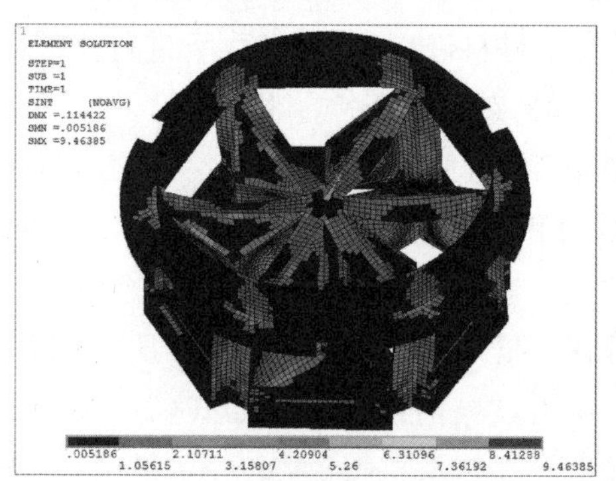

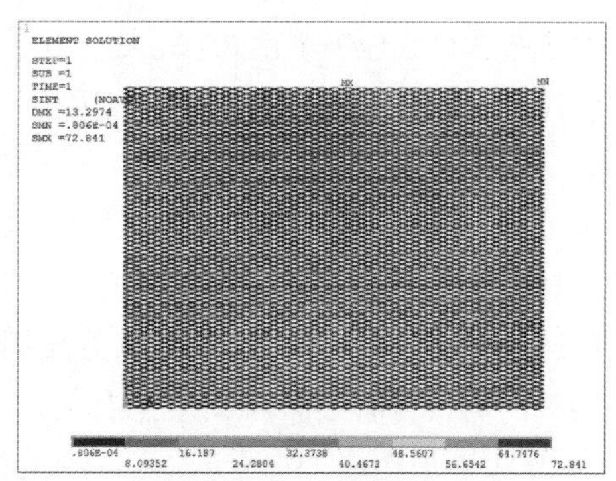

图 5-20 干燥器框架结构和均气网结构应力强度分布

表 5-13 干燥器结构最大静压分析最大应力强度

结构名称	最大应力强度/MPa	许用应力强度 S_m/MPa
干燥器框架结构	9.46	105
均气网结构	72.84	105

2）最大压力功率谱密度分析

最大压力功率谱密度(PSD)分析过程中，是对干燥器框架结构和均气网施加白噪声[156]激励进行随机振动分析，白噪声激励取最大压力功率谱密度。干燥器结构的声源载荷是平稳的随机过程，其功率谱概率密度函数符合正态分布规律，根据正态分布概率密度函数可知，干燥器框架结构和均气网结构在声致振动载荷作用下的应力强度值大于 3 倍标准差应力强度值的概率是 0.3%。因此，结果取 3 倍标准差应力强度对干燥器结构进行应力强度计算，并与许用应力强度及疲劳持久极限应力[155]进行比较，以评定在该声压力波条件下，是否危及干燥器结构安全。

根据主蒸汽管线处的最大压力功率谱密度和式(5-28)折减系数可计算得干燥器区域最大压力功率谱密度为 1.4161×10^{-10} MPa^2/Hz，以宽频白噪声激励方式分别在薄弱板部件位置和声压力波回传方向板部件施加最大压力功率谱密度。

采用通用有限元程序的随机振动分析功能，进行干燥器框架结构和均气网结构随机振动最大压力功率谱密度(PSD)分析。计算时模态取 100 阶，模态阻尼比取 0.015。干燥器框架结构和均气网结构 1 倍标准差应力强度分布结果如图 5-21 所示，最大应力强度如表 5-14 所示。计算结果表明，在最大压力功率谱密度分析中干燥器框架结构和均气网结构最大应力强度和交变应力强度均小于限定值。

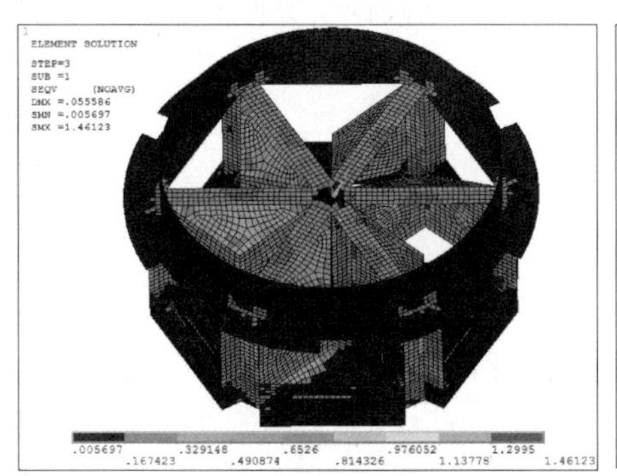

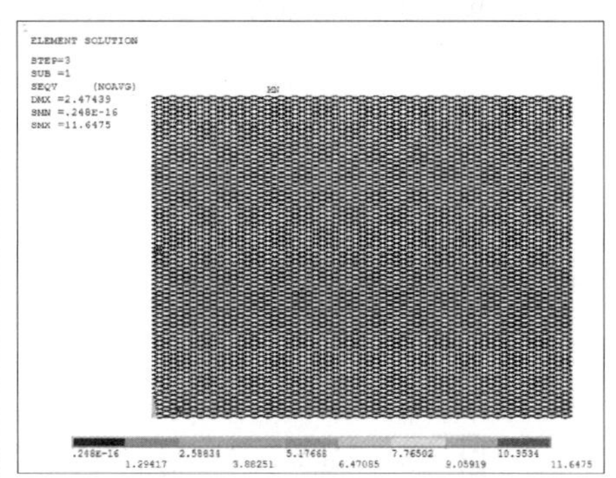

图 5-21　干燥器框架结构和均气网结构 PSD 分析应力强度分布

表 5-14　最大应力强度

结构名称	最大应力强度/MPa	许用应力强度 S_m/MPa	疲劳持久极限应力/MPa
干燥器框架动态应力强度	4.37	105	—
干燥器框架交变应力强度	4.37	—	86
均气网结构动态应力强度	34.94	105	—
均气网结构交变应力强度	34.94	—	86

注：交变应力强度认为与 PSD 分析应力强度等同。

5.5 管束流致振动的试验研究

工业应用最广的两相流为蒸汽-水。然而,蒸汽-水两相流诱发振动的实验代价巨大,该类实验经常由其他两相混合物代替。其中常温常压下的空气-水最常用,由于其实验造价较低,很多研究者均利用空气-水的实验研究两相流诱发的振动问题。由于空气-水的密度比、表面张力和黏度等物理参数与蒸汽-水存在巨大差异,这类实验获得较多质疑。但不可否认的是,当前很多关于两相流致振动研究成果都要归功于空气-水实验。随后,不少研究者开始使用几种类型的氟利昂,甚至用水和气态氟利昂的混合物作为实验介质,以更好地模拟蒸汽-水的上述物理特性。事实上,由于目前不清楚两相流中哪个参数对激振力具有决定性作用,无法说哪种混合物作为实验介质最为合适。本书还是以空气-水两相流作用在管束上的激振力实验数据研究两相流激振力的特性。

5.5.1 机理性试验

1) 实验测试段

图 5-22 为实验测试段示意图。实验测试段的横截面为 70 mm×100 mm 的矩形,长 600 mm,竖直放置。水平放置的管束固定在测试段的内部。管束由五排圆柱管构成,每排包含三根完整圆柱管和两根半圆柱管,以消除边界效应。每根管子的长度均为 100 mm,外径为 12.15 mm。管束呈正方形排列,节径比 P/D 为 1.44。实验的工作介质为空气和水的混合物。空气和水在实验测试段下部的入口处分别进入,经混合器(见图 5-23)的充分混合后形成空气-水混合物。混合物向上横掠管束后经测试段上部的出口流出。测试段的外壁在对应于管束位置处安装了玻璃视窗(见图 5-24),用于观察实验过程和流型。管束中第三排正中

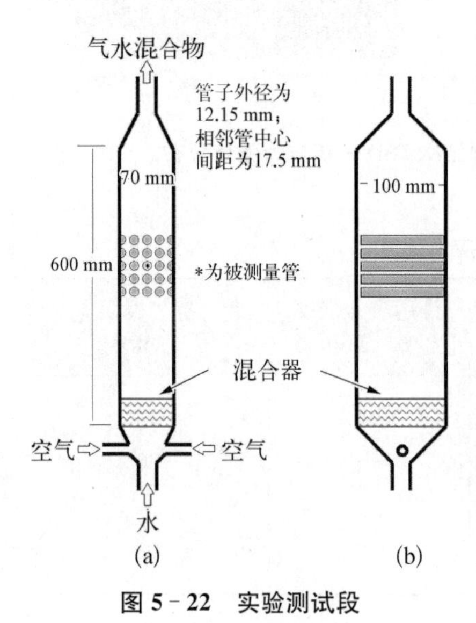

图 5-22 实验测试段

(a) 主视图;(b) 侧视图

间的管子端部安装力传感器，用来测量该管子上的激振力。该管的上游位置安装双头光学探针(见图 5 - 25)，用来测量局部流场参数。

图 5 - 23　气水混合器

图 5 - 24　安装在实验测试段上的玻璃窗

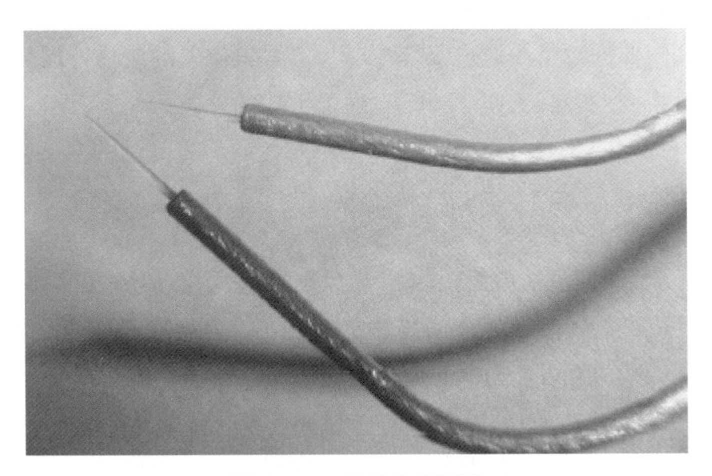

图 5 - 25　双头光学探针

2) 实验参数测量

实验利用双头光学探针实验技术[77]，测量两相流局部参数。根据气体和液体对光的折射率的不同，探针在气体中反馈的信号为 1，在液体中为 0(见图 5 - 26)。通过上游和下游的两个探头反馈的信号，则能测量得到两相流局部参数，如气泡数率 f_b、气泡速度 V_{mb}、气泡弦长 CL_b 和空泡份额 α。

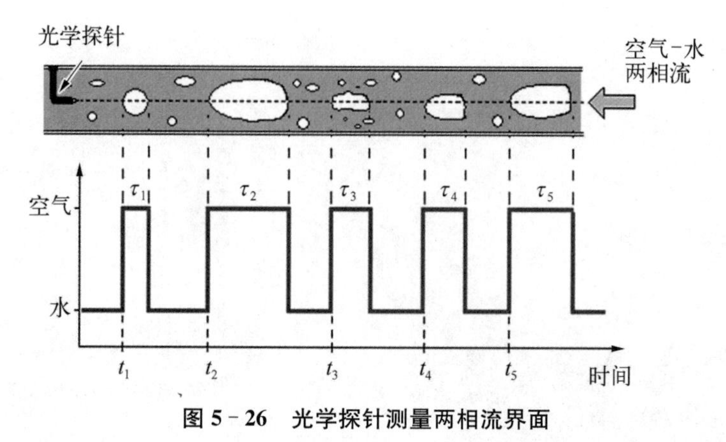

图 5-26　光学探针测量两相流界面

管束正中间的管子端部安装了三轴压电的力传感器，用于测量管子升力和曳力方向的激振力。力传感器实验前通过悬挂重物进行了静态校准。被测量管子的第一阶固有频率大约为 500 Hz，从而在我们关心的 0～250 Hz 的频率范围内，该管子可以认为是刚性的。

液体和气体的流量均通过安装在混合器入口位置的流量计进行测量。液体和气体管束间的表观流速 J_l 和 J_g 通过下式计算：

$$J_l=\frac{Q_l}{A}\frac{P}{P-D},\ J_g=\frac{Q_g}{A}\frac{P}{P-D} \tag{5-29}$$

式中，A 为实验测试段横截面积；Q_l 和 Q_g 分别表示液体和气体的体积流量。表观流速可以理解为假设气液两相中的一相不存在时另外一相的平均流速，如液相表观流速为假设流道中只有液体时的平均流速。

双头光学探针的采样频率为 200 kHz，每次折射率发生改变时记录一个信号，可持续记录 600 s 时间或 50 000 个数据。激振力信号在 655 s 的时间内用 2.5 kHz 的采样频率进行记录。时间平均的局部两相流参数的计算方法如下。

(1) 气泡数率：单根探针采集到的全部气泡或事件的数量除以采集时间。

$$f_b=\frac{N_b}{T} \tag{5-30}$$

(2) 空泡份额：单根探针采集到的全部气体滞留时间除以采集时间。

$$\alpha=\frac{\sum_{j=1}^{N_b}\tau_j}{T} \tag{5-31}$$

(3) 标准气泡速度：第 j 个气泡的标准速度需要通过上游和下游两个探针反馈的信息进行计算。

$$(U_{mb})_j=\frac{s}{(\Delta t_{front})_j} \tag{5-32}$$

式中，s 是上游和下游探针之间的距离；$\Delta t_{front}=t_j^{(1)}-t_j^{(2)}$ 为上游和下游探针采集到的前缘界面的时间延迟，只考虑上升斜率(见图 5-27)。时间平均的局部速度通过在采集时间内采集到的所有前缘界面计算得到：

$$U_g=\frac{1}{N_b}\sum_{j=1}^{N_b}(U_{mb})_j=\frac{s}{N_b}\sum_{j=1}^{N_b}\left(\frac{1}{\Delta t_{front}}\right)_j \tag{5-33}$$

(4) 气泡弦长：这里弦长对应于探针在气泡内部穿过的距离，可通过气泡的滞留时间和标准气泡速度计算得到：

$$(CL_b)_j=(U_{mb})_j(\Delta t_g)_j \tag{5-34}$$

选择 Sauter 平均直径 d_b 来表征气泡尺寸，Sauter 平均直径是通过气泡弦长分析得到的气泡直径的平均值。

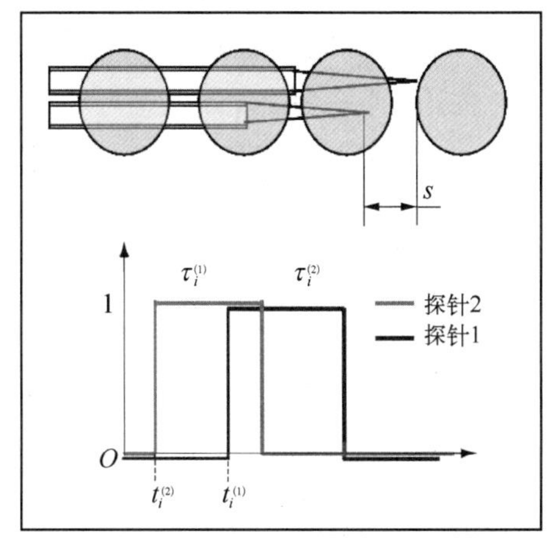

图 5-27　双头探针测量气相速度

5.5.2 工程验证性试验

1）试验模型

中国核动力研究设计院开展了不同型号的蒸汽发生器传热管束流致振动试验，其中U形弯曲段模型流致振动试验在水力及两相流流致振动试验回路上进行[157]。蒸汽发生器实际运行时，传热管U形弯曲段受到高温高压的蒸汽-水两相混合横向流体的作用，试验采用常温常压的空气-水两相流体代替高温高压的蒸汽-水。

试验模拟对象为蒸汽发生器下部组件内的U形传热管。传热管为由直管和弯管组成的倒U形结构，规格为ϕ17.48 mm×1.02 mm；弯管的最小弯曲半径为82.55 mm，最大弯曲半径为1 520 mm；管束呈旋转三角形排列，节距为25.9 mm；在U形弯管区设置了4组V形防振条。蒸汽发生器在100%满功率工况时，管束顶部的压力约为7.13 MPa，循环倍率约为3.1，饱和蒸汽产量约为560 kg/s，即混合流体的总质量流量为1 736 kg/s，管束弯管区域的空泡份额估算值为86%，由此换算出弯管区的平均缝隙流速为2.72 m/s。

试验模型为如图5-28所示的横截面为矩形的柱体结构，立式安装，高约9.3 m，由支座组件、入口段组件、混合段组件、矩形段组件、变径段组件、出口

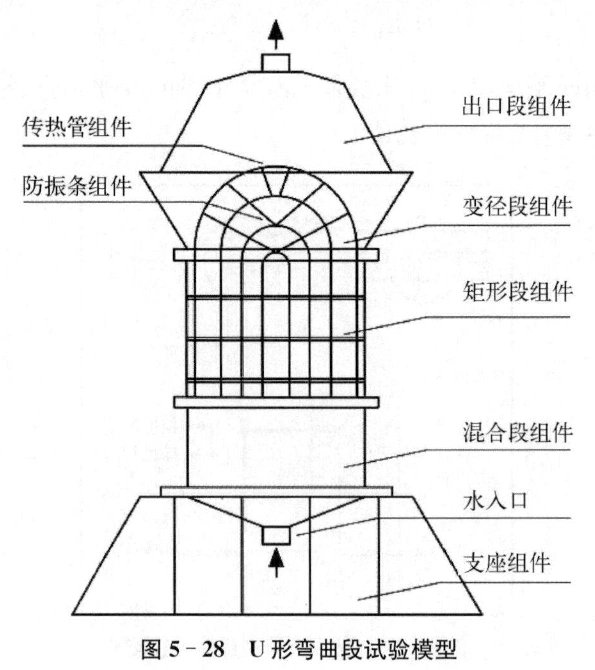

图5-28　U形弯曲段试验模型

段组件、传热管组件、防振条组件和紧固件等组成，除传热管组件和防振条组件外，其余各组件均采用法兰连接。模型的矩形内腔为整个模型提供流体通道，其内腔尺寸模拟原型的流体通道，长度为 3 115 mm，与管束套筒的内径尺寸一致，宽度为 120 mm。在模型上开了 2 个入口和 1 个出口。2 个入口分别是水和空气入口。水入口位于模型底部的入口段组件，是一个圆变方接管，水从接管从下向上流入，流过入口段组件内的分流板和孔板，分配均匀后进入混合段组件；空气入口位于混合段组件底部，由 21 根进气管从混合段组件的侧面水平插入，在每根进气管的水平两侧分别开有 16 个 $\phi 5$ mm 的小孔，使气体均匀进入混合段。气水混合物流经混合段内的金属孔板波纹板和蜂窝器搅混导直后向上进入矩形段和变径段，最后从模型顶部出口段组件的方变圆接管流出，再经过气水分离器后流入水池。

2）试验工况

试验时通过调节空气、水的体积流量，获得气-水两相混合物在模型中的不同自由来流速度和空泡份额，从而模拟蒸汽发生器不同运行工况。基于气水两相流体的均相流假设，试验模拟的蒸汽发生器运行工况共 15 个（见表 5-15）。

表 5-15　试验工况

试验工况编号	空泡份额 ε_g/%	水流量 Q_{ml}/(m³/h)	空气流量 Q_{mg}/(m³/h)	缝隙流速 V_p/(m/s)
U-FIV-01	0	218	0	0.50
U-FIV-02	13	217	32	0.57
U-FIV-03	39	211	135	0.79
U-FIV-04	54	206	242	1.02
U-FIV-05	54	247	290	1.23
U-FIV-06	63	201	342	1.24
U-FIV-07	70	195	456	1.49
U-FIV-08	70	234	547	1.79
U-FIV-09	75	190	569	1.73
U-FIV-10	79	183	690	1.99
U-FIV-11	79	220	829	2.40
U-FIV-12	82	177	808	2.25
U-FIV-13	86	167	1 023	2.72
U-FIV-14	86	200	1 229	3.26
U-FIV-15	90	150	1 351	3.43

3）测点布置

U形弯曲段模型中传热管共有5列，关注的重点是第3列，即中间列管子的振动响应。弯曲半径越大的管子，其振动响应越大，同时根据防振条与传热管之间的关系，选取以下7根传热管作为测量管（见表5-16）。

表5-16　U形弯曲段模型测量管清单

序　号	传热管编号①	与防振条的关系
T1	R111C3	4组防振条共同作用
T2	R111C5	4组防振条共同作用
T3	R109C3	4组防振条共同作用
T4	R45C3	3组防振条共同作用
T5	R43C3	3组防振条共同作用
T6	R25C3	2组防振条共同作用
T7	R23C3	2组防振条共同作用

①：传热管编号中R对应排数，C对应列数，如R111C3表示第111排第3列。

在T1的弯管位置布置3个三向加速度计，在T4和T6这两根测量管的弯管位置分别布置2个三向加速度计；在T3、T5和T7这3根测量管的第2跨直管段的中部分别对称布置2个三向加速度计。传热管的加速度布置如图5-29所示。

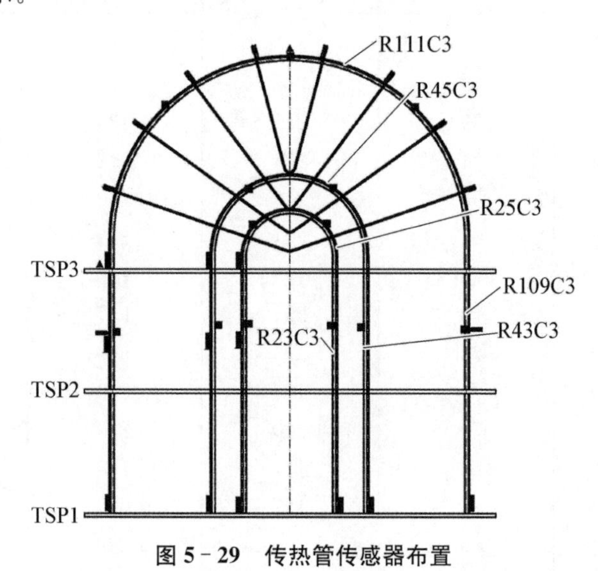

图5-29　传热管传感器布置

■—三向加速度计；▌—应变片；▲—力传感器；▬—电涡流位移传感器

4）位移结果及分析

如图5-30所示，需要测量的第3列传热管位于管束中部，而相邻两根传热管之间的间隙只有8.42 mm，除T1管直管面内方向振动位移，其余位置传热管的振动位移均无法通过位移传感器直接测量得到。因此其余位置的振动位移通过加速度响应的两次积分得到。如图5-30所示，T1和T3管相邻，可以将T1管利用电涡流位移传感器测得的面内振动位移和T3管对应位置的加速度积分位移进行比较，校核加速度积分位移的有效性。

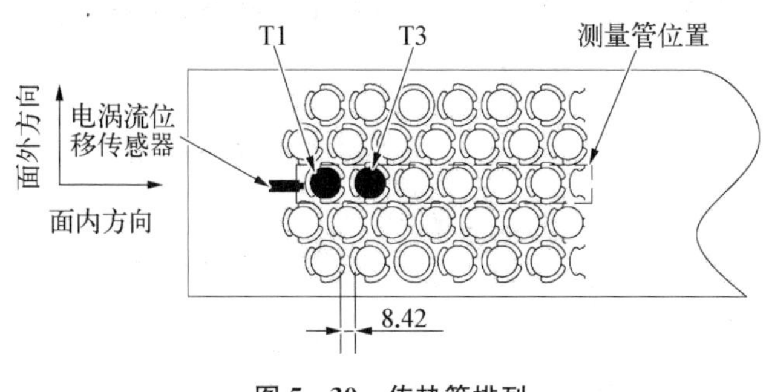

图5-30　传热管排列

T1左侧直管面内振动位移和T3直管对应位置的加速度积分位移的比较如图5-31所示，从图中发现，加速度积分位移略大于电涡流位移传感器测得的位移，两者随缝隙流速变化的趋势类似。

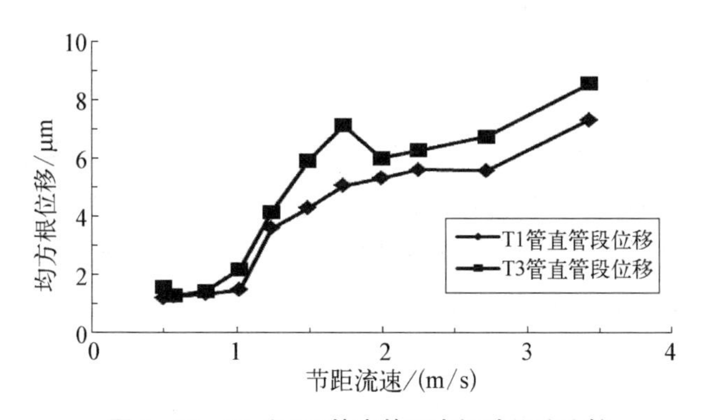

图5-31　T1和T3管直管面内振动位移比较

图5-32和图5-33分别给出了T4和T7管面内和面外振动位移随缝隙流速的变化趋势。传热管的振动位移随着缝隙流速的增加整体呈上

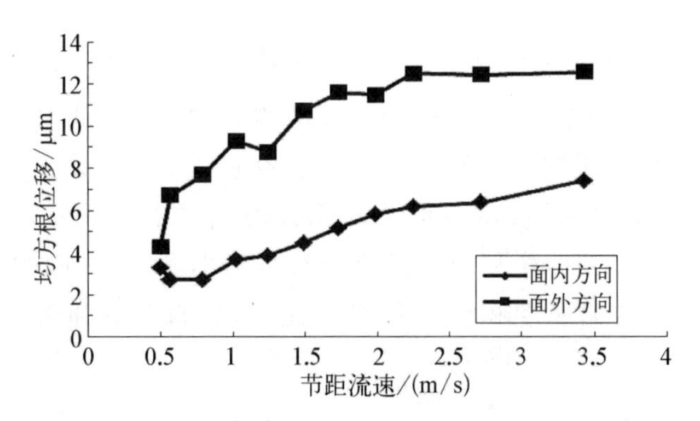

图 5-32　T4 弯管段振动位移随缝隙流速变化趋势

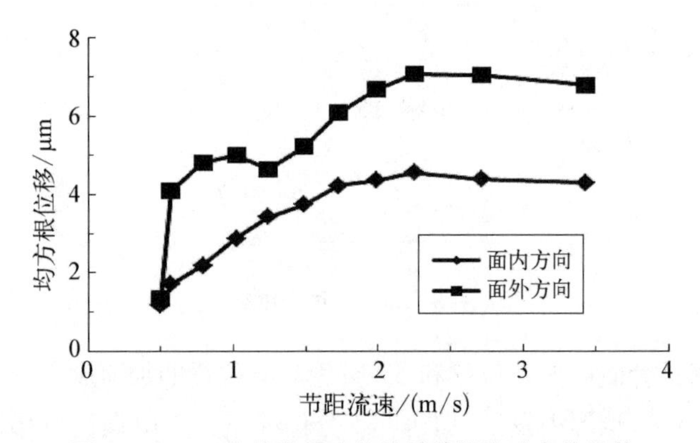

图 5-33　T7 直管段振动位移随缝隙流速变化趋势

升趋势。

5）与计算结果对比

根据试验研究中传热管结构参数和试验工况，对部分传热管进行湍流激振响应计算，并与试验结果进行对比。T1、T3、T5 和 T7 四根测量管的直管段最上面一跨的中部可以直接或间接测量得到振动位移响应，根据以往的计算经验，振动响应的最大值通常产生在该位置，因此选取这 4 根管进行建模计算。

计算模型的几何参数如表 5-17 所示。水动力附加质量和阻尼按照 Pettigrew 和 Taylor (2003)[54]推荐的方法进行考虑。其中，T3 管的有限元模型如图 5-34 所示。传热管与管板相连的节点的所有平动和转动自由度均被约束，与支承板和抗振条相接触的节点的平动自由度也被约束。

表 5-17　传热管计算模型的几何参数

No.	传热管外径/mm	节距/mm	弯管半径/mm	直管段长度/mm
T1	17.48	27.43	1 507.05	9 162.20
T3	17.48	27.43	1 481.15	9 157.62
T5	17.48	27.43	626.45	9 040.02
T7	17.48	27.43	367.45	9 017.15

对上述管子模型进行模态分析，并与试验测得的振动频率值进行对比，可以验证有限元模型的正确性。T1管直管段面内和弯管段面外的典型振型如图 5-35 和图 5-36 所示。

表 5-18 给出 T1 管振动频率计算值与试验值的比较，计算的频率值与试测值吻合得很好。其余管的对比结果与 T1 管类似。另外，通过表中数据还可以看出：无论是计算值还是试验值，直管段的面内振动频率和面外振动频率都非常接近；而弯管段则是面外比面内更容易发生振动。

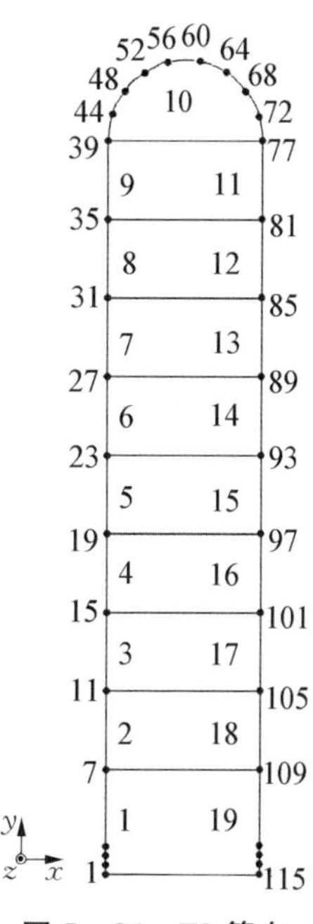

图 5-34　T3 管有限元模型的节点和分区

T3 管的振动位移响应均方根值在整根管子上的分布如图 5-37 所示。由图中可见，基于单相流的激振力 PSD 包络谱计算得到的振动响应明显小于另外两种基于两相流的包络谱的计算值，基于均相流速的包络谱[11]和基于界面流速的包络谱[25]计算得到的振动响应水平相当。由于弯管段布置了较多的抗振条，弯管段的振动水平小于直管段，整个管长上的振动位移响应峰值产生在直管段最上一跨上的中点位置。后面针对该位置进行计算值与试验值的对比。

表 5-18　T1 管振动频率计算值与试验值比较

面　内		面　外	
计算值/Hz	试验值/Hz	计算值/Hz	试验值/Hz
51.5	~50.0	51.5	~50.5
73.7	~76.0	73.7	~75.5
152.3	~156.0	144.9	~148.0
		170.7	~172.0

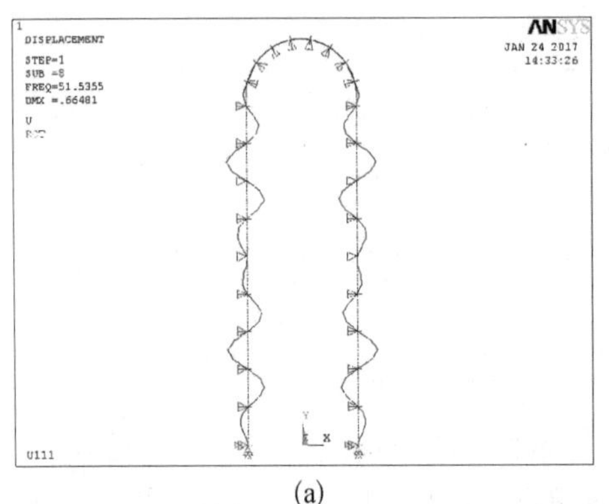

(a)

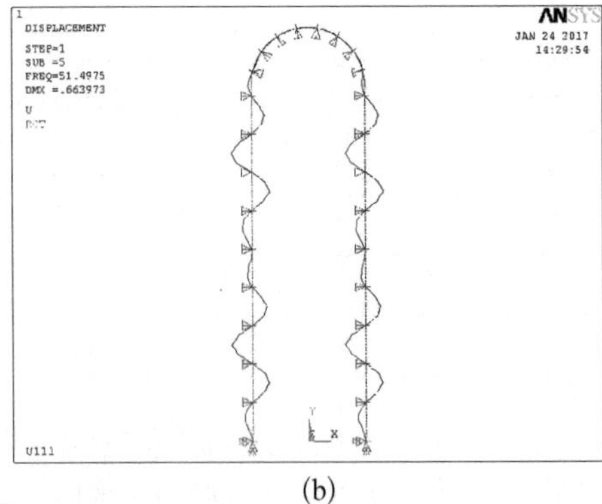

(b)

图 5－35　T1 管直管段面内振型

(a) 对称振型；(b) 反对称振型

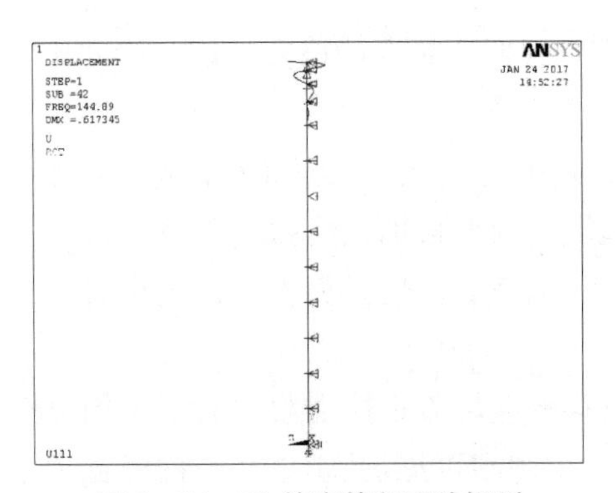

图 5－36　T1 管弯管段面外振型

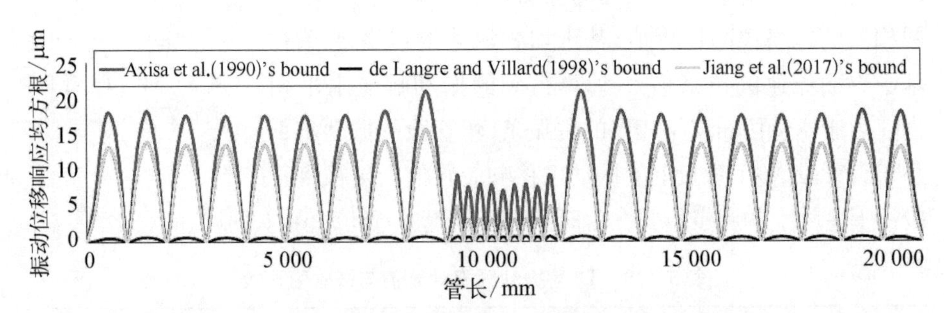

图 5－37　T3 管振动位移响应均方根值在管长上的分布

4 根管子模型分别用 3 种激振力包络谱计算得到振动位移响应与试验结果的对比见表 5－19。表中结果均对应于直管段最上面一跨的中点位置(即节点 37)。表中测量结果中 4 根管子的振动响应水平相当，且弯曲半径较小的 T5 和 T7 的振动位移大于弯曲半径较大的 T1 和 T3 管，与分析结果的规律不符。定性来看，不同弯曲半径的弯管所处的流场环境相差不大，弯管跨长越小，所受的流体激振力合力越小，且弯管本身的刚度越大，振动位移响应理应更小。导致试验测量出现不太合理的结果，原因也许是湍流激振的振动水平很低，属微幅振动，测量数据容易受到外界和测量误差及不确定性的影响。基于单相流的激振力 PSD 包络谱计算得到的振动响应远小于试验测量结果，两者相差一个量级。基于均相流速的包络谱[11]和基于界面流速的包络谱[25]计算得到的振动响应与试验测量结果较为接近，对于弯曲半径较大的管子(T1和 T3)，两相流包络谱计算得到的振动响应大于振动测量结果，满足工程保守性要求；对于弯曲半径较小的管子(T5 和 T7)，两相流包络谱计算得到的振动响应与试验测量值相差不大。

表 5-19　测量管振动响应计算值与试验值的对比

编　号		T1	T3	T5	T7
试验结果/μm		5.57	4.94	8.74	7.04
计算结果/μm	基于单相流的包络谱	0.84	0.67	0.18	0.1
	基于均相流速的包络谱	25.50	21.02	6.04	3.53
	基于界面流速的包络谱	18.8	15.72	6.14	4.92

5.6　防振设计

核反应堆工程中的换热器和蒸汽发生器等热交换设备因流致振动而造成的事故屡见不鲜。这些事故的发生，究其原因往往与设计时未进行振动分析有着密切的联系。工程实践经验表明，如果在结构设计阶段进行了有效的振动分析，并以分析结果为依据采取防振措施，这些破坏性的振动多半就可以避免。

5.6.1　防振设计与准则

核反应堆工程中的换热器和蒸汽发生器由于设备的大型化，支承间距随之增大，这使管束刚性变弱，同时流量和流速增大，这些都会促使流体诱发结构振动，引起结构的磨损和破裂。因此，在换热器的设计时应充分考虑防振措施。

根据以前章节的论述可知，对于核级设备而言，诱发结构流致振动的主要机理为流弹失稳、湍流激振和旋涡脱落，若壳侧流体为气体，则应同时考虑声共振。因此，防振设计的主要目的是：避免发生流弹失稳；保证结构对流体力的响应小于允许的极限值，以避免造成磨损或疲劳破坏；避免因共振而导致结构破坏；避免产生极大的噪声。为了避免结构发生过大振动，防振设计准则如下：

(1) 传热管的流弹不稳定比必须小于1，即管束结构的横向流速必须小于流弹失稳的临界流速。

(2) 管子最大的组合应力小于管材的疲劳极限。同时，按照 Pettigrew[158] 等的意见，传热管寿期内的磨损厚度应小于壁厚的40%。

(3) 当传热管固有频率 f 与旋涡脱落频率 f_s 重合时，传热管将发生共振。通常要求 f_s 在 $(0.5 \sim 1.5)f$ 的频率范围之外。如果 f_s 的计算精度不高，根据 Fitz-Hugh[159] 的意见，则要求 f_s 在 $(1/3 \sim 3.0)f$ 的频率范围之外。同时，按照 Pettigrew[158] 等的意见，由旋涡脱落导致的传热管振幅应小于传热管外径的2%。

(4) 若壳侧流体为气体，还需考虑声共振。通过实验研究发现，不仅当声驻波频率 f_a 与旋涡脱落频率 f_s 重合时，有可能发生声共振，而且在 $f_a = (1.25 \sim 2.50)f_s$ 的情况下，也有可能发生声共振。因此，为避免声共振，要求 $f_a > (2.5 \sim 3.0)f_s$。

换热器防振设计的基本准则，就是要保证上述各项要求得到满足。

5.6.2 防振措施

当流体流过管束时，不可避免会产生一定的振动。轻微振动不会给换热器带来不良后果，但是强烈振动则不容忽视。通过流体诱发振动原因分析可知，可从降低壳程流体横向流速、提高管子固有频率和破坏声驻波形成三个方面采取防振措施。

1) 改变流速

(1) 减少壳程流量，以分流壳程代替单壳程；以双弓形折流板代替单弓形折流板，都能降低横流速度，防止振动，但传热效率将有所改变。

(2) 增大管间距，较大的管间距和管径比可以增加壳程流体的流通面积，降低壳程流体的横向流速，同时增大的管间距可以减少跨距中部碰撞危险。

(3) 进口和出口为振动破坏的敏感区域，在进口和出口区域设置足够的无管空间，使用分布带使壳程流体以几个位置流进或流出，是降低进口和出口流速的有效手段。

2）改变传热管频率

（1）减少传热管的跨距，无支承管跨距是影响诱导振动的重要因素，无支承管跨距越短，管子越不易振动。

（2）折流板缺口不布管，使换热管受到所有折流板的支承。

（3）在换热管二阶振型的节点位置处增设支承件。

（4）U形弯管段设置支承板或支承条。

（5）无支承管跨的固有频率受管材弹性模量影响，选择高弹性模型的管材可以提高管子的固有频率。

3）破坏驻波形成

声振动的产生依赖于驻波形成的条件，如果驻波形成的条件被破坏，则声振动自然被消除。通过设置旋涡破坏器、安装消声隔板[160]和改变空腔尺寸等措施，使得声频与旋涡脱落频率以及湍流抖振频率偏离，可以减弱或消除声振。

第6章

反应堆堆内构件流致振动分析与评价

反应堆冷却剂由主泵驱动，经主管道冷段从压力容器入口接管进入压力容器，沿压力容器与吊篮之间的环腔，向下流至压力容器下封头；经过流量分配组件的初步分配，进入堆芯支承板，再经堆芯支承板等的二次分配进入堆芯；带走堆芯燃料产生的热量，经上堆芯板，从压力容器出口接管流出，最后经主管道热段进入蒸汽发生器的一次侧；将热量传递给二回路水后，又由主泵驱动进入压力容器，形成完整的回路。反应堆结构如图6-1所示。

工程经验和大量研究结果表明，反应堆堆内构件（以下简称堆内构件）的流致振动主要是由随机湍流激励引起的。湍流激励主要产生在流道发生突变的地方，在流道突变处损失的部分机械能将转化为随机的湍流能量，并具有较宽的频带谱。在堆内构件中，按照流体流动方向，流道发生突变的主要部位如下：

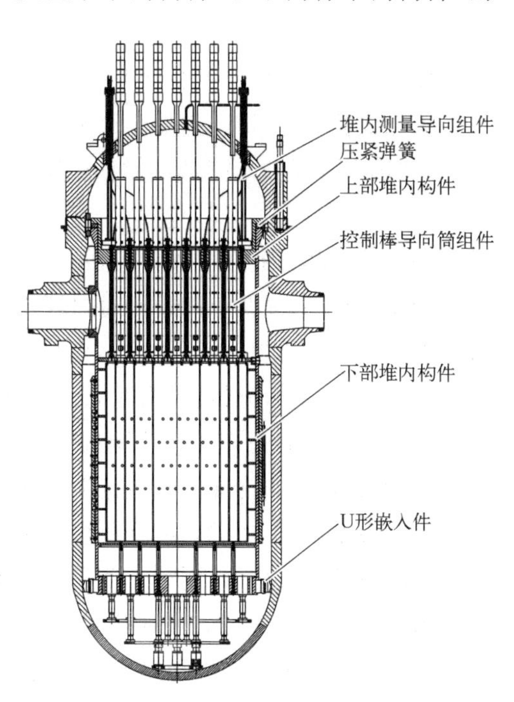

图6-1 反应堆结构

(1) 压力容器入口（激励力主要作用于吊篮的上部筒体）。

(2) 位于下降环腔底部处下封头腔室的入口（激励力主要作用于二次支承组件）。

(3) 上堆芯板的流水孔和上腔室内零部件之间的间隙（激励力主要作用于控制棒导向筒和上部支

承柱)。

旋涡脱落会产生周期性的交变升力和阻力,主要作用在受横向流作用的圆柱结构上,试验结果表明堆内构件结构的旋涡脱落激励较小。但是作为预防措施,堆内构件中有横向流流过的柱状细长结构应该考虑激励的影响,主要有:二次支承组件、上支承柱和导向筒等。

美国核管会在长期的运行、设计、模型和原型试验和检查的基础上,积累了堆内构件流致振动方面的重要经验,编制了管理导则 1.20(RG 1.20[98],见附录 A)——《预运行和初始启动试验期间堆内构件振动综合评价大纲》。该规范根据堆内构件的布置、设计、尺寸和运行工况,将其划分为原型、有效原型、条件原型、非原型Ⅰ类、非原型Ⅱ类、限定有效原型、非原型Ⅲ类、非原型Ⅳ类等不同的类型;同时规定了不同类型反应堆堆内构件振动综合评价的具体要求和内容,主要包含理论分析、模型试验、现场测量和试验后检查。其中“原型”是指布置、设计、尺寸或运行工况为首次或者唯一设计,因此监管要求最高,评价最全面,故本章以原型为基础进行探讨。

6.1 综合评价

原型的堆内构件流致振动特性综合评价的工作内容包括:堆内构件流致振动模型试验研究,堆内构件流致振动理论分析计算,堆内构件流致振动现场实测,在热态功能试验前后进行全面的检查,最后给出流致振动综合评价报告。

理论分析的目的在于预计堆内构件的流致振动特性及在预运行、初始启动的稳态和瞬态,以及正常运行时因环路冷却剂流动而产生的动态响应,并结合比例模型试验结果及工程经验,对传感器布置提供指导,同时与强度计算、公差间隙分析、对中分析、结构性能分析、热工水力分析及试验结果等一起,对核设备结构部件的完整性和功能进行评价[161]。分析不仅要对结构完整性提出论证,而且还要作为测量和检查中选择监测部件和范围的依据。

比例模型实验[162]的目的是测量关键部件的动态特性,给出堆内构件等结构部件的疲劳寿命评价,测量脉动压力功率谱并转换为力函数,为结构部件的流致振动响应计算提供输入载荷;提供实堆流致振动测量布点、松脱件监测、故障诊断以及安全审评等需要的重要资料。比例模型实验利用几何形状相似和流体力学相似原理,通常设计缩小比例的反应堆模型,在水力试验回路上进行，与理论分析、其他试验研究及现场实测相结合对堆内构件的完整性及其功能给出评价。

现场实测的目的是确定核设备结构部件在正常运行的稳态和预期的瞬态工况下的振动强度与安全裕度，进行数据收集、归纳及整理，并验证理论预计分析的正确性。

试验后的检查是定量和定性的验证分析与测量结果的有力工具。

6.2　理论分析

6.2.1　分析内容

理论分析主要包括以下内容：

(1) 建立结构振动与水力学的理论模型以及分析用的公式或相似准则。

(2) 如果使用计算流体动力学模型，应满足具有相关的不确定性和偏差的要求，如：网格敏感度测试；Courant 数的要求；在非稳态模拟时，使用合理的、适用于高雷诺数流动中的模拟方法，如大涡模拟、直接数值模拟，并说明是否包括流体压缩性的影响；如果存在声-振耦合，则应考虑其导致的流动不稳定的增强；是否使用真实气体状态方程；类似流动情况下的模型验证。

(3) 确定固有频率、振型、模态阻尼和频响函数。

(4) 建立稳态与预期瞬态运行中的力函数。根据工程经验，堆内构件不会受到由流激声共振造成的不利影响，但对如沸水堆的蒸汽干燥器、主蒸汽系统和压水堆的蒸汽发生器这些部件，极有可能受到由流激声共振和流致振动造成的不利影响，还需要评价任何通过与声和/或结构的共振，计算与共振有关的放大函数或放大因子。

(5) 确定稳态和预运行瞬态中的结构响应及响应的任一频率分量，以及累积疲劳损伤水平。

(6) 将理论分析结果与比例模型试验、实测结果进行比较，并对计算结果进行合理解释。

在工程中，分析通常采用有限元法。对堆内构件来说，首先完成空气中和静水中的模态分析，模态分析与试验结果相结合，以验证计算模型、边界条件及流体附加质量的合理性，解决计算模型的边界条件及流体对结构的流固耦合效应；其次根据试验或分析得到的振动载荷或幅值，计算堆内构件结构的流致振动响应，并结合比例模型试验、实测结果进行分析，完成对堆内构件各结构疲劳及完整性评价。典型的堆内构件的流致振动理论分析的分析流程如图 6-2 所示。

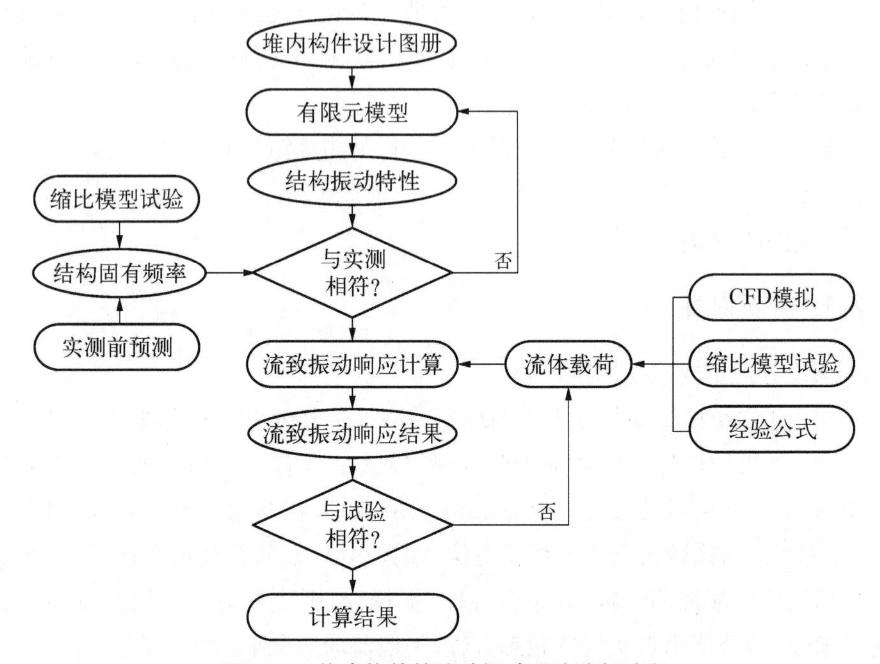

图 6-2　堆内构件的流致振动理论分析流程

根据堆内构件与堆内冷却剂的耦合程度,其计算分析方法又分为弱流固耦合分析方法和强流固耦合分析方法。

6.2.2　弱流固耦合分析方法

对于弱流固耦合分析方法,不考虑流体和固体之间的相互影响,将堆内构件流固耦合系统作为随机激励作用下的强迫振动问题来求解,具体来说就是将流体和结构解耦,分开求解。按照计算方法的不同,又可分为以下三种方法:

(1) 基于相似准则法;

(2) 基于实验流体力方法;

(3) 基于 CFD 方法。

1) 基于相似准则法

基于相似准则法就是通过结构的模态特性分析结果,采用相似准则推导到结构最大响应位置。该方式适用于难以定量确定流体激励,无法采用强迫振动问题经典分析方法计算结构响应的情况。具体计算过程如下：

(1) 建立有限元分析模型；

(2) 计算模型动态特性；

(3) 计算测试点的模态响应，与有限测点的实验数据对比，判断计算结果的合理性；

(4) 计算模型在各阶模态下的最大响应；

(5) 结构完整性评价。

使用该方法进行堆内构件在随机流体激励作用下的响应计算，需要满足如下条件：

(1) 振动系统可视为弱流固耦合系统。在弱耦合系统假设中，流体作用在结构表面的压力基本不受结构运动影响，而耦合力可以直接叠加在恒定的表面压力载荷上作为激振力。

(2) 激励是平稳、各态历经和宽带的随机过程，这是采用实验手段确定结构随机振动响应所必需的，在一般工程问题的处理中可以认为该假设是成立的。

(3) 系统的固有频率明显分离。

(4) 振动系统阻尼小。

(5) 高阶响应可忽略。

(6) 非线性因素对系统振动响应影响很小，如果系统中存在显著改变系统振动特性的非线性因素，则从比例模型实验结果推导到原型所依据的相似准则不成立。

该方法完全忽略了系统中的非线性影响，值得注意的是，反应堆系统中可能存在的非线性因素很多，如吊篮出口接管与反应堆压力容器间的间隙和碰撞、吊篮底部与径向支承键间的间隙和碰撞、结构间的摩擦、阻尼、流固耦合等。这些非线性因素对堆内构件的流致振动响应影响如何，是否可完全忽略不计，应该进一步考虑。

2) 基于实验流体力方法

通过试验测量流体作用在结构上的脉动压力等激励特性，以该试验测量结果(需做一定修正及扩展)作为输入载荷，对结构进行随机振动分析，得到结构的振动响应。具体计算过程如下：

(1) 建立有限元分析模型；

(2) 计算模型动态特性；

(3) 通过试验测量流体作用在结构上的脉动压力；

(4) 计算模型的流致振动响应；

(5) 结构完整性评价。

对于强迫振动的问题，以作用在结构上的随机流体激励作为计算输入，应用随机振动理论计算结构的动力响应。由于反应堆系统中存在的非线性因素较多，计算堆内构件的流致振动响应通常采用时程法。

采用该方法计算堆内构件在随机流体激励作用下的响应，优点是计算结果与流致振动响应的实验结果吻合得较好，缺点是计算分析依赖于实验。

3) 基于 CFD 方法

基于 CFD 方法(计算流体动力学)与基于实验流体力方法类似，不同之处是流体激励由 CFD 方法计算得到，而不是通过试验确定。具体计算过程如下：

(1) 建立有限元分析模型；

(2) 计算模型动态特性；

(3) 建立 CFD 模型，计算流体作用在结构上的脉动压力；

(4) 计算模型的流致振动响应；

(5) 结构完整性评价。

该方法优点是不依赖或较少依赖实验，缺点是计算结果与实验结果可能偏差较大。

6.2.3 强流固耦合分析方法

弱流固耦合分析方法都是将流体与结构视为弱耦合，即单向流固耦合，只考虑了流体对结构的作用，没有考虑结构变形对流场的影响。因此，理论研究方面通常采用强流固耦合或双向流固耦合分析方法。双向流固耦合分析的重要特征是考虑了流体和结构之间的相互作用，结构在流体作用下会产生变形或运动，结构的变形或运动又反过来影响流体，改变流体载荷的分布和大小。流固耦合问题可由耦合方程定义，这组方程的定义域同时有流体域和固体域，未知变量含有描述流体现象的变量和固体现象的变量，需要将流体力学方程和固体力学方程联合求解。具体计算过程如下：

(1) 建立流固耦合分析模型；

(2) 计算模型动态特性；

(3) 计算模型的流致振动响应；

(4) 结构完整性评价。

这种方法的优点是流固耦合效应考虑得更为充分，且较少依赖于实验，缺点是计算代价很大，目前计算结果与实测结果偏差很大。

6.3　基于 CFD 方法的弱流固耦合分析过程

完整的分析包括有限元模型建立、流体激励载荷计算以及振动响应计算。首先建立堆内构件有限元模型，设置合理的边界条件，计算出结构的固有频率，并根据试验测量结果对有限元模型进行修正，得到能够代表实际结构固有振动特性的有限元模型；其次建立合理的堆内构件 CFD 模型，获得整个流场的速度和压力分布，提取堆内构件各部件表面的压力分布；最后将得到的流体载荷施加到结构有限元结构上计算得到结构的响应，并基于计算结果完成对堆内构件的疲劳及完整性评价。

6.3.1　有限元模型的建立

首先需要建立结构模型，并根据实验结果调整结构模型，验证模型的准确性，确保建立的模型可以准确反映结构的动态特性。这里以吊篮为例来说明。

建立结构有限元分析模型时，吊篮法兰、吊篮筒体、堆芯下板、堆芯支撑柱、堆芯支撑板均采用三维实体单元，图 6-3 给出了吊篮结构的有限元模型。

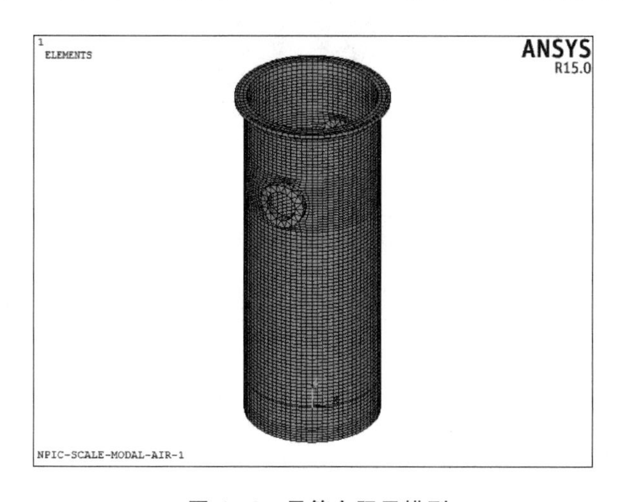

图 6-3　吊篮有限元模型

对建立的有限元模型，首先进行固有特性分析，并基于实验值修正有限元模型的参数、边界条件，使得结构有限元计算值与试验值的相对误差在10%以内，以保证结构模型和边界条件简化合理。然后再考虑水的附加质量，计算有水情况下的湿模态，与空气中的情况类似，通过修正有限元模型的参数、边界条件、水的参数，使计算频率与实验频率接近。修正好的有限元模型用于流致振动响应计算。

6.3.2 流体激振力计算

1）流场几何模型

流场的几何模型可以采用通用几何建模软件完成，在建立堆内构件流场分析模型时，需要对几何结构进行合理简化，将模型内部连接件以及构件与构件之间接触的重复面简化掉。如删除链接螺栓、删除螺栓孔、消除不能生成网格的过小缝隙、平滑突出结构表面的小构件等，最终组合得到计算模型，简化后的计算模型如图6-4所示。

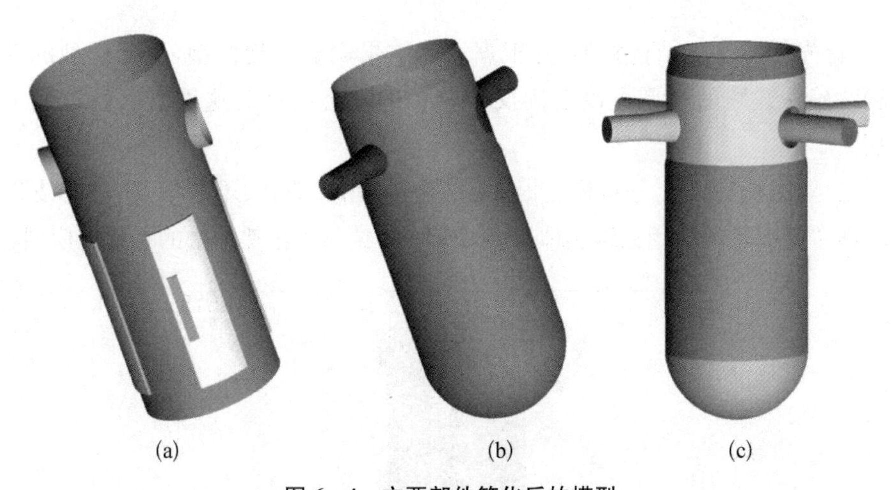

图6-4 主要部件简化后的模型

(a) 吊篮组件；(b) 压力容器；(c) 模型整体

2）网格划分

采用通用流场网格工具进行网格划分，各部件的网格尺寸需根据其几何结构尺寸和堆内流场分布确定，网格类型和网格尺寸应满足计算精度要求。整个流场的网格如图6-5所示。

3）计算参数设置

图 6-5　流场网格

流体性质为水，根据流场压强和流场温度确定水的密度和动力黏度。湍流模型采用大涡模拟(LES)。入口采用速度入口，流速根据流量和流道流通面积换算得来，湍流强度通过堆内构件流致振动试验确定，水力直径根据流道尺寸确定。出口采用压力出口。计算时间步长的设置应同时考虑计算精度、计算效率和计算收敛，计算时长应保证流场充分发展并进入稳态，响应计算应采用流场稳定时间段的数据。

4）流场内压强和速度分布

为获得流场稳定时的流场压强和速度的分布，可通过入口截面和出口截面来监测。

截取入口截面，该截面包括了入口和整个流场，压力和速度分布云图分别如图 6-6 和图 6-7 所示。

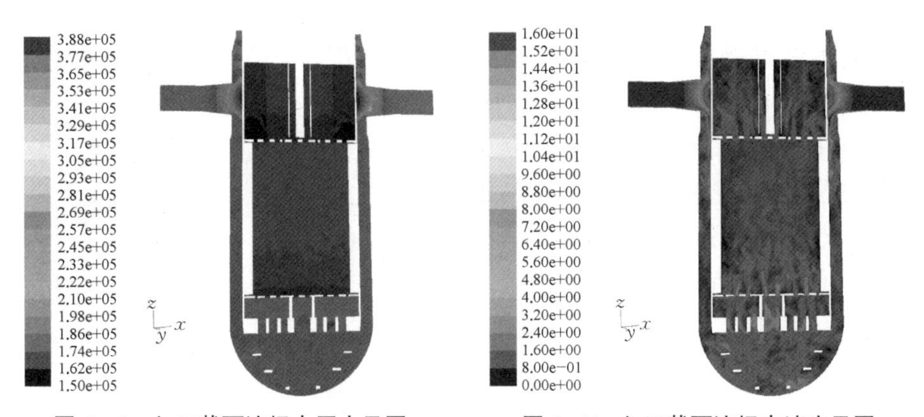

图 6-6　入口截面流场内压力云图　　　图 6-7　入口截面流场内速度云图

由图 6-6 的压力云图可以看到左、右两侧入口处压力高，水流在入口到堆芯二次支承结构这段流程(压力容器和吊篮外壁间)压力较高，随着水从堆芯二次支承结构向上部流动，压力逐渐降低。

由图 6-7 的速度云图可以看到左、右两侧的入口速度高，在压力容器和吊篮外壁这段流程中，速度分布并不是均匀的。水经过堆芯二次支承结构、堆芯支承板和堆芯下板孔区域流场截面变小，因此流速较大，且由于该流动为湍流,速度分布并不均匀,围板区域由于截面为最大,所以速度很低,越靠近围板壁面速度越低,流动类似射流流场,速度分布不均匀。

截取出口截面,该截面包括了出口和整个流场,图 6-8 和图 6-9 所示分别为压力云图和速度云图。图 6-8 的压力云图与图 6-6 的变化规律是相同的,出口处压强基本为 0,从图 6-9 也可以看到出口处速度很高。

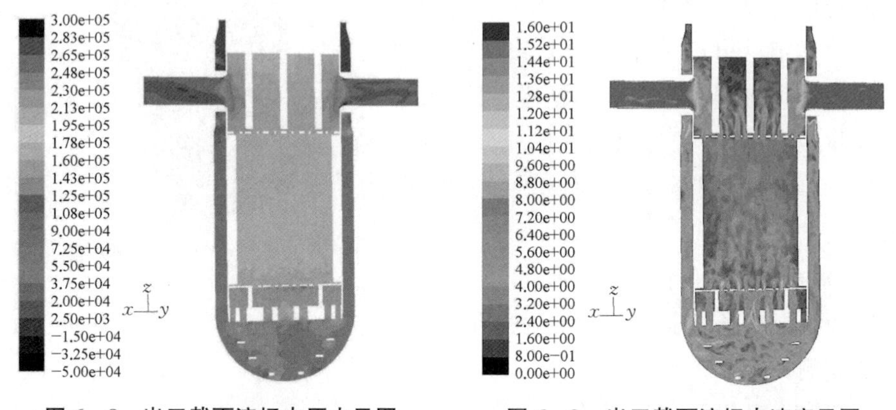

图 6-8　出口截面流场内压力云图　　**图 6-9　出口截面流场内速度云图**

5) 吊篮外壁表面脉动压力

流体流过结构,结构表面受到法向应力(包括静压和法向黏性应力)和切向黏性应力的作用,整个流场的流动为非定常,因此整个流场各结构表面都受到非定常流体力的作用。

吊篮的压力分布云图如图 6-10 所示。两个入口对应的吊篮外壁处的位置是全场的最大压力点,即驻点,这里速度为零,周围有一个流速很快的区域,对应一片较小压力区,图 6-7 能看到这一速度变化。

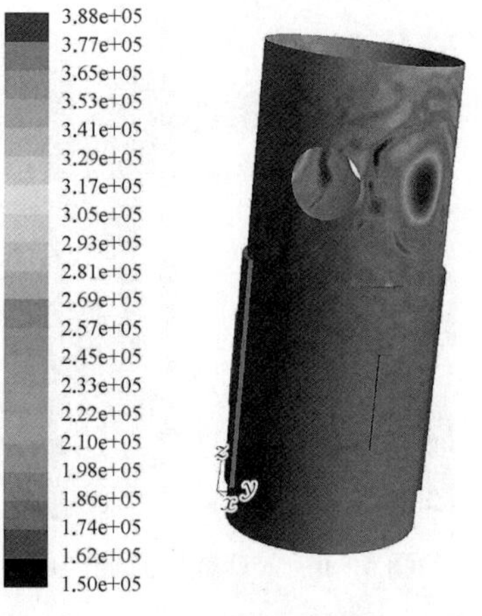

图 6-10　吊篮整体压力分布云图

图 6-11 为同一标高各监测点的压强平均值和均方根值,可看出同一标高各监测点的压强均值有明显差别,这是由于各点的周向角位置不同,对应出口、入口的位置不同导致的。图 6-11(a)上表现为两个波峰和两个波谷,两波谷对应于入口下方附近,两波峰对应于出口附近;图 6-11(b)各点的压强脉动值(均方根值)也各不相同,表现为四个波峰四个波谷。

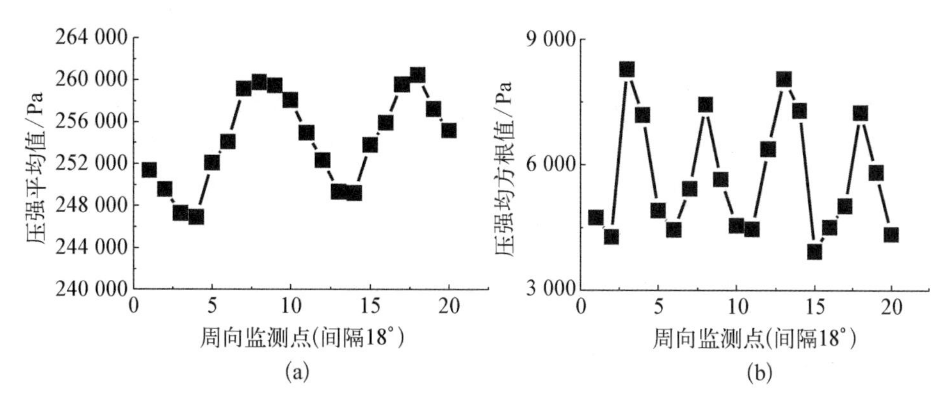

图6-11　吊篮外表面同一标高监测点压强平均值和均方根值

(a) 平均值;(b) 均方根值

图6-12为不同母线上各监测点的压强平均值和均方根值(第3列对应入口位置,第7列对应辐照样品架位置,第10列对应出口位置,第18列对应出口入口之间且无热屏蔽板的位置)。可以看到压强平均值大致是从吊篮底部到顶部逐渐增大,第7和18列监测点变化平缓,第3列和第10列均在出入口附近有剧烈变化,第3列在入口位置有最大压强值,而第10列在出口下方位置有最小压强值。各列的压强脉动值也是从吊篮底部到顶部逐渐增大,第10列在出口下方位置到达脉动压强最大值,第3、7和18列均在第7层位置有脉动峰值,且第3列在第10层到达最大脉动值。

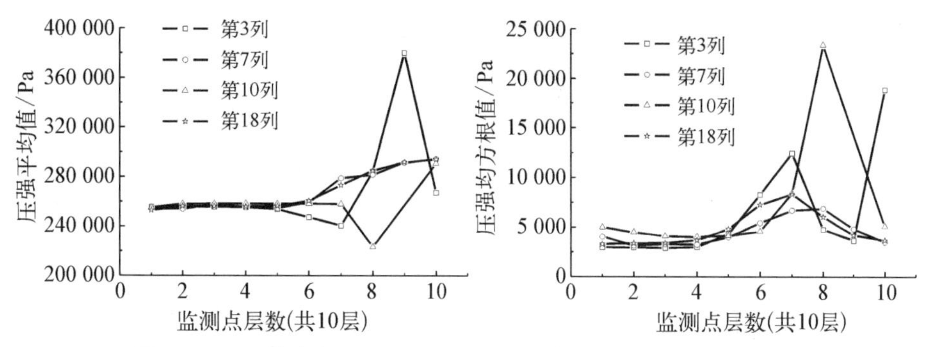

图6-12　吊篮外表面不同母线上各监测点压强平均值和均方根值

6.3.3　振动响应分析

在计算得到流体力之后,就可以计算结构的响应。

1) 流体力施加

对于吊篮,首先把吊篮外表面展开,可以得到一个柱面。在平面坐标系下，沿吊篮高度方向为 y 方向，沿吊篮环向为 x 方向。

采用通用 CFD 软件进行流场计算时，在吊篮外表面的垂向和环向布置监测点，监测点的布置需满足随后结构响应计算的要求即可。由于流场计算网格与结构计算网格不匹配，只能通过在结构网格上选择近似匹配节点作为载荷作用点。由图 6－13 可知，结构载荷作用点与流场监测点匹配良好（ * 代表流场监测点；o 代表近似匹配载荷点，二者几乎重合）。

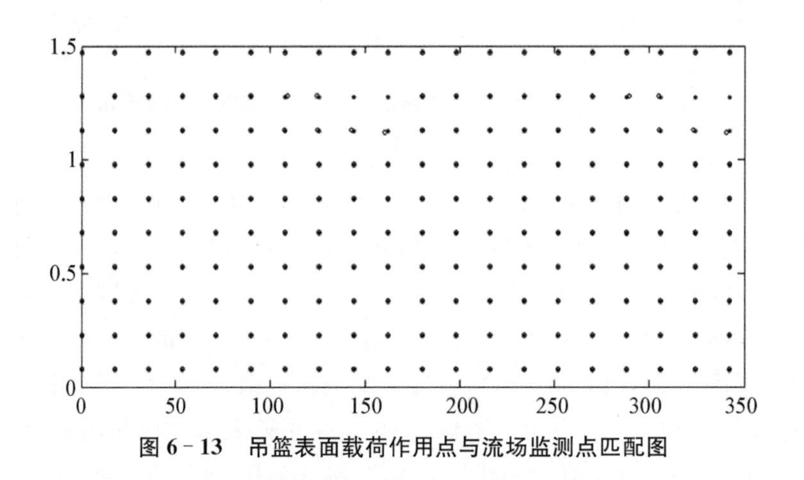

图 6－13　吊篮表面载荷作用点与流场监测点匹配图

在流场计算中设置监测点可以得到相应位置的流场“脉动压力-时程”数据，通过将脉动压力时程数据转化为“脉动力-时程”数据，并作用在所选取的载荷作用点上可以得到结构的流致振动响应。

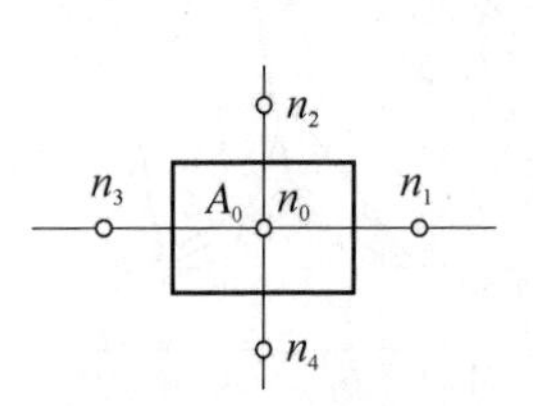

图 6－14　节点所占面积权重

对于施加脉动力的节点，假定这个节点为 n_0，其被施加的节点力为 $F_0=P_0A_0$，P_0 为流场计算中该点的脉动压力，A_0 为该节点所占作用面积。如图 6－14 所示，节点 n_0 周围有四个流体力施加节点分别为 n_1，n_2，n_3 和 n_4，n_0 节点所占的作用力面积 A_0 为图中黑色矩形方框标出，矩形方框的边长分别为 n_1 与 n_3 连线距离的一半、n_2 与 n_4 连线距离的一半。

2）结构响应计算

采用有限元计算软件瞬态分析中的全积分方法进行吊篮流致振动响应计算分析。时间步长和计算时间与之前流场计算的时间步长和计算时间匹配。吊篮上各载荷作用点的“脉动力-时程”载荷数据，作为响应分析的输入载荷。

通过位移响应的均方根值来判断吊篮表面节点的位移响应大小，对于吊篮表面的节点，考虑其在平面内 x 向和 y 向两个方向的位移，其位移响应均方根为

$$u_{\text{rms}}=\sqrt{u_{x\text{rms}}^{2}+u_{y\text{rms}}^{2}} \tag{6-1}$$

式中，$u_{x\text{rms}}=\sqrt{\frac{1}{N}\sum_{1}^{N}u_{xi}^{2}}$，$u_{y\text{rms}}=\sqrt{\frac{1}{N}\sum_{1}^{N}u_{yi}^{2}}$。

基于有限元瞬态动力学方法完成吊篮的流致振动响应计算后，提取部分节点的位移响应计算结果，根据式(6-1)，得到所提取各节点的位移响应均方根值。忽略出水口的影响，将吊篮外表面展开后得到一个完整的矩形面，在此基础上绘制位移响应均方根分布图，如图6-15所示。

由图6-15可知，吊篮在流体激励作用下，底部位移响应均方根值最大，法兰附近位移响应最小。在吊篮两个进水口和两个出水口位置，其位移响应均方根值同样较大，这是由进水口和出水口位置流体力较大引起，与实际相符合。

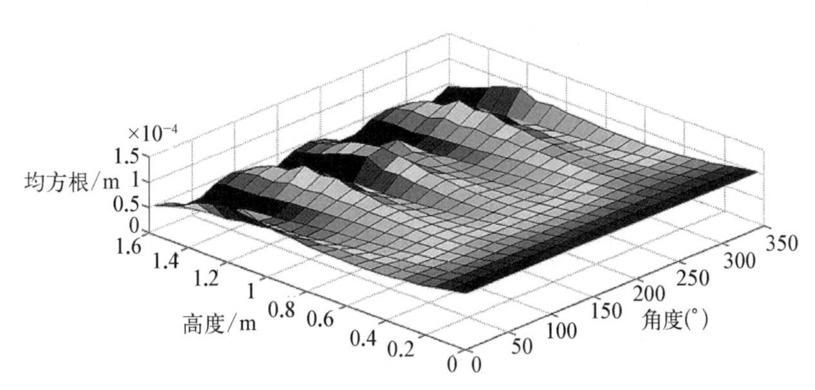

图6-15　吊篮表面位移响应均方根值分布

3）频谱特性分析

选取吊篮底部和吊篮中部节点，提取其时程位移响应，通过频谱转换分析其频率成分，进而分析流体力激励作用下的吊篮响应主振型。

(1) 吊篮底部节点位移响应。

选取吊篮底部的节点，该节点在吊篮外表面，图6-16和图6-17给出了该节点在直角坐标系下的 x 向和 y 向位移时程响应以及其频谱图。从频谱图中可以看出较为明显的峰值，与静水环境计算模型的一阶梁式频率比较接近。所以通过对比可以判定：吊篮底端响应以一阶梁式振动为主。

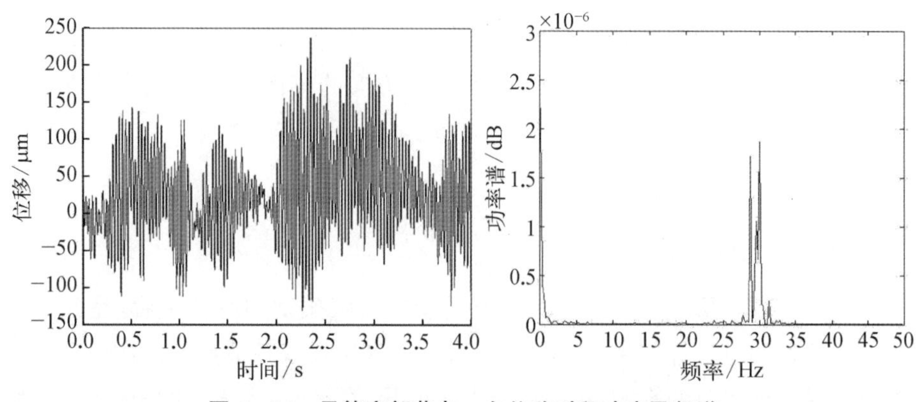

图 6-16　吊篮底部节点 x 向位移时程响应及频谱

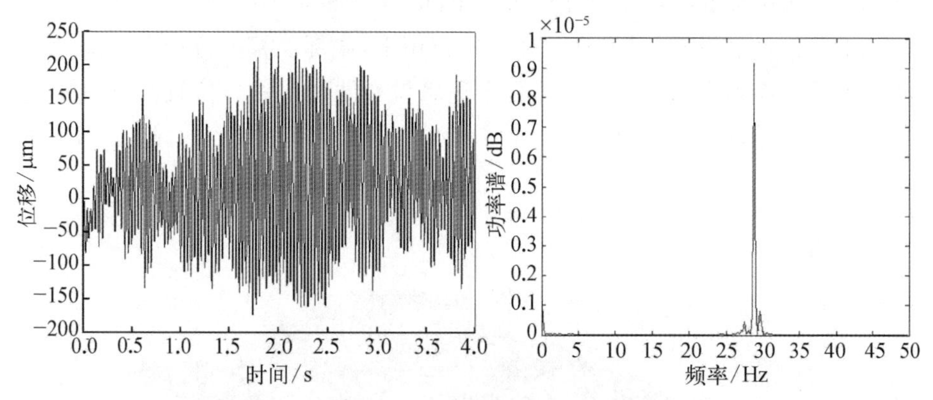

图 6-17　吊篮底部节点 y 向位移时程响应及频谱

(2) 吊篮中部节点位移响应。

选取吊篮中部的节点,该节点在吊篮外表面,其高度为 0.96 m,角度为 72°,图 6-18 和图 6-19 给出了该节点在直角坐标系下的 x 向和 y 向的位移

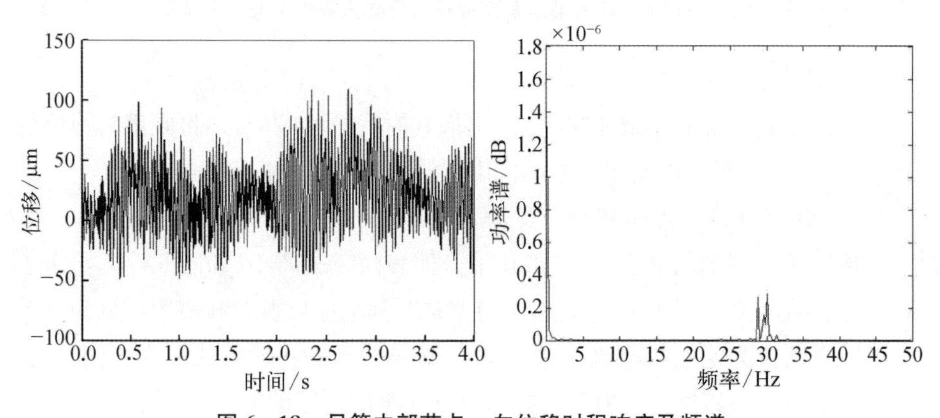

图 6-18　吊篮中部节点 x 向位移时程响应及频谱

时程响应及其频谱图。从 x 向响应频谱图中可以看出较为明显的峰值在30 Hz左右；从 y 向响应频谱图中可以看出有3个较为明显的峰值。以上频率与静水环境计算模型的一阶梁式频率、低阶壳式频率比较接近。所以通过对比可以判定：吊篮中部响应同时包含一阶梁式振动和低阶壳式振动。

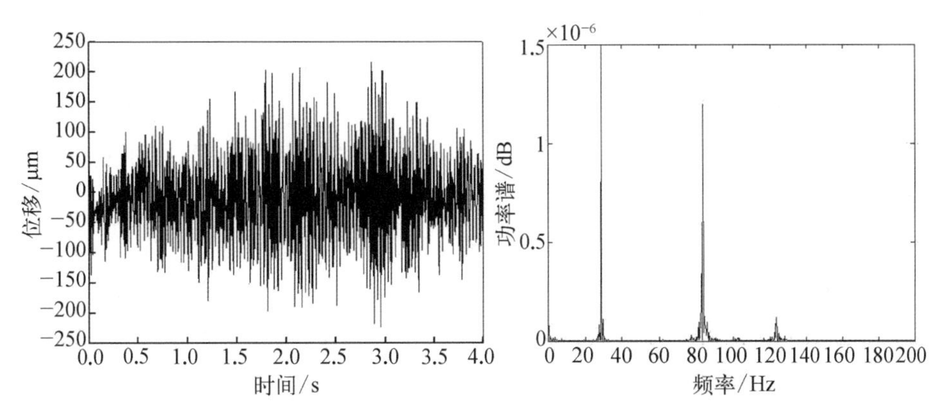

图6-19　吊篮中部节点 y 向位移时程响应及频谱

4）分析评价

根据相关规范，对计算分析得到的振动响应、安全裕量进行评价，给出流致振动的安全性评估结论。

6.4　比例模型试验研究

对于堆内构件等结构的流致振动问题，由于涉及复杂结构、复杂流场、随机流体激励和结构随机振动响应等多种复杂因素，至今通过理论或数值分析手段仍难以很好地确定流致振动响应。为此，开展流致振动试验研究是验证新堆型设计必不可少的步骤。

由于反应堆结构特点，一般难以进行全尺寸试验模拟，需要将试验模型进行一定程度的缩小。模型相似是整个模型试验的理论基础，相似准则是模型现象和原型现象相似必须满足的条件，具体如下：

(1) 表征流体惯性力特性的Strouhal数（流体振动惯性力与流体流动惯性力之比的平方根）$Sr = fL/V$；

(2) 表征流体动力特性的Euler数（流体作用于结构的脉动压力与流体惯性力之比的平方根）$Eu = P/\rho_f V^2$；

(3) 表征流体黏性摩擦特性的 Reynolds 数(流体惯性力与流体黏性力之比) $Re = VL/v$;

(4) 表征惯性特性项(非定常项引起) $\rho_s L^2 f^2 / E$;

(5) 表征动力特性项 $PL/\delta E$;

(6) 表征壳体和流体之间的边界条件连续性 $V/\delta f$;

(7) 表征结构惯性力和流体惯性力之比 $m = \rho_s / \rho_f$。

其中相似准则(1)~(3)从流体 N-S 运动方程相似得到;相似准则(4)~(5)从吊篮壳体振动方程相似得到;相似准则(6)由壳体与流体之间的边界连续条件得到;相似准则(7)基于流体和结构的相互耦合作用,模型的结构惯性力与流体惯性力之比必须和实堆一致推导得到。

根据相似准则,模型上测得的试验数据才可以正确地换算到实物。实物和模型的线性比例 C 表示相似比,各种参数的相似比例关系如表 6-1 所示。

表 6-1 各种参数的相似比例关系

序 号	参 数	符 号	单 位	比例关系	
				模型	实物
1	尺寸	L	m	1	C
2	振幅(位移)	δ	m	1	C
3	速度(流速)	V	m/s	1	1
4	体积流量	Q	m^3/h	1	C^2
5	加速度	a	m/s^2	C	1
6	时间(周期)	t	s	1	C
7	固有频率	f	Hz	C	1
8	脉动压力	P	N/m^2	1	1
9	应力	σ	N/m^2	1	1
10	激振力	F	N	1	C^2
11	模态刚度	K	N/m	1	C
12	模态质量	M	kg	1	C^3
13	阻尼比	ξ		1	1
14	压力功率谱密度	$p^2/\Delta f$	$N^2 s/m^4$	1	C
15	加速度功率谱密度	$a^2/\Delta f$	m^2/s	C	1

（续表）

序　号	参　数	符　号	单　位	比例关系	
				模型	实物
16	位移功率谱密度	$\delta^2/\Delta f$	m^2s	1	C^3
17	材料特性模量	E_s	N/m^2	1	1

6.4.1　试验研究内容

堆内构件的流致振动试验的目的是了解堆内构件的流致振动行为，证实在典型运行工况下流体引起的振动与所预计的振动类似，不会造成流体引起的大幅度振动或导致结构损坏的振动，确保堆内构件的结构完整性。试验内容如下。

(1) 堆内构件在空气、静水中的振动特性试验：上部堆内构件在空气中的振动特性试验；下部堆内构件在空气和静水中的振动特性试验。

(2) 堆内构件在动水中的流致振动响应试验：上部堆内构件＋压紧弹簧＋下部堆内构件在各流量工况下的流致振动响应试验；上部堆内构件＋压紧弹簧＋下部堆内构件＋燃料组件模拟体在各流量工况下的流致振动响应试验。

(3) 堆内构件在动水中的流致振动响应理论计算分析：上部堆内构件振动特性分析和流致振动响应分析；下部堆内构件振动特性分析和流致振动响应分析。

(4) 堆内构件的耐振试验考验。

(5) 耐振试验考验后，检查堆内构件的结构完整性，主要包括紧固件是否松动、断裂，结构是否变形、损伤。

6.4.2　试验测点布置

通过理论分析，确定堆内的流场分布和重点关注区域，结合结构特点，在堆内构件上布置测点，以下介绍主要部件测点布置原则。

1) 吊篮

吊篮是重要的堆内构件。从核电厂运行经验来看，吊篮本身没有出现过流致振动问题，只有连接在吊篮上的部件出现过流致振动问题。

吊篮在冷却剂冲刷下产生悬臂梁式振动，此时其法兰根部应力最大，因此在吊篮上法兰根部外表面布置应变计，可以测量吊篮在两个正交方向的振动应力，并考虑一定的冗余。

应变计传感器具有垂直方向的灵敏度，能测量结构因弯曲振动产生的应变，结合材料的弹性模量换算出结构的振动应力，可以较直接地评价结构的振动疲劳安全裕量。

加速度计对吊篮具有径向灵敏度，具有很好的振动频率响应特性，在吊篮中部外表面布置加速度计，可以得到吊篮梁式振型和壳式振型振动频率，结合模型试验结果和预分析结果可以判断出频率对应的壳式振型（$n=2$ 或者 $n=3$）。

在吊篮底部的堆芯支承板外缘安装加速度计，此处加速度计可以灵敏反映吊篮底部和径向支承键的接触变化情况，也可提供二次支承结构的基础振动信息；在堆芯支承板中心垂直方向安装加速度计，测量垂直方向的振动。

在吊篮筒体上安装脉动压力传感器测量流体对吊篮的激励力水平，并验证通过模型试验的脉动压力传感器测量得到的力函数（用于计算吊篮响应的）的保守性。

2）二次支承结构

二次支承及流量分配组件由流量分配板和二次支承组件两个独立的结构组成，分别在两个结构的流量分配连接柱和二次支承柱根部安装应变计，布置应变片时应适当考虑冗余。

3）控制棒导向筒和上支承柱

吊篮出口接管附近区域的导向筒下段承受冷却剂横向冲刷力最大，因此在该控制棒导向筒下段的中法兰附近布置应变计，在吊篮出口接管附近区域的上支承柱的上根部安装应变计。布置应变片时应适当考虑冗余。

4）上堆芯板

在上堆芯板边缘径向安装加速度计，在上堆芯板边缘垂向安装加速度计，测量上堆芯板及上部组件的振动特性。

5）堆内测量导向结构

在上封头腔室的堆内测量导向结构中选择最薄弱的结构，同时选择靠近流量管嘴的支承结构，在结构根部安装应变计。选取靠近流量管嘴附近的受水流激励相对较大的仪表导向管上段布置应变计测点。

6.5　现场实测

为了保证堆内构件的结构完整性，根据 RG 1.20[98]，在预运行试验期间应对堆内构件的流致振动响应进行现场实测。以确定堆内构件在正常运行的稳态和预期的瞬态工况下的振动强度与安全裕度，并验证理论分析的正确性。现场实测的工作内容及流程如图 6-20 所示。

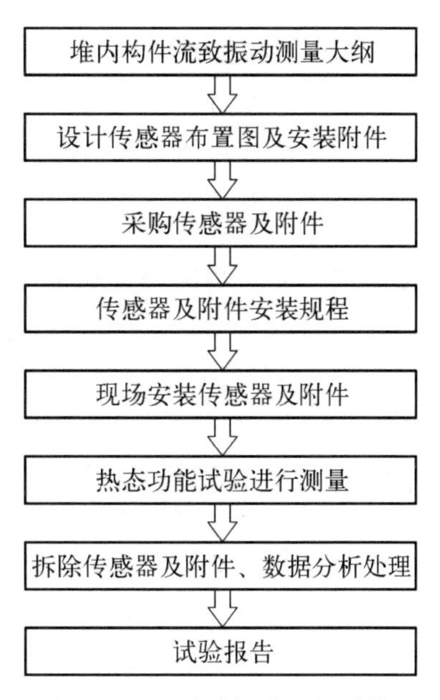

图 6-20　流致振动现场测量工作内容及流程

喻丹萍等[162]针对秦山核电二期工程的堆内构件，做了大量的流致振动试验，其研究结果表明吊篮流致振动主要是由湍流引起的各态历经的平稳随机振动，吊篮可能出现梁式和壳式振动：当吊篮底部径向支承键与容器存在间隙时，吊篮出现明显的梁式振型，吊篮壳式振动响应出现了 $n=2$ 和 $n=3$ 的振型频率。

除此之外，反应堆设计有堆外振动监测系统和松动部件监测系统，长期监测反应堆运行寿期内堆内构件的振动变化和意外出现松动部件的情况。

6.6　堆内构件流致振动检查

在热态功能试验(即堆内构件流致振动实测)前后应该进行检查，检查的目的是为了评价在反应堆正常运行工况下堆内构件能够承受一定程度的振动而不致造成结构损坏。

6.6.1　检查总则

为确保堆内构件运行时能承受正常工况下一定程度的振动和正常运行，在热态功能试验前后应对其进行仔细的目视检查，一般应对以下构件和部位进行检查：

(1) 保证堆芯支承结构定位的所有堆内构件的主要承载零件；

(2) 在反应堆压力容器内防止堆内构件横向、垂直运动和扭转的结构;

(3) 其损坏会使堆内构件结构完整性受到不利影响的锁紧件和螺栓连接件;

(4) 已知在运行期间接触或可能接触的表面;

(5) 振动分析给出的堆内构件的危险部位;

(6) 反应堆压力容器内部;

(7) 传感器和导线拆除后的打磨表面。

6.6.2 堆内构件检查部位

堆内构件检查部位包括以下四类:

(1) 堆内构件中用于堆芯结构定位的所有承载部件;

(2) 在反应堆压力容器内提供横向、纵向和扭转约束的部件;

(3) 失效会对堆内构件完整性产生有害影响的锁紧和螺栓装置;

(4) 传感器和导线拆除后的打磨表面。

反应堆压力容器内部,要求堆内构件不应有松落的零部件和异物,若有松落的零部件,必须查明原因,并采取补救措施;若有异物,应除去,并记录。

第7章 燃料组件流致振动分析与评价

在反应堆正常运行过程中，燃料组件会受到热、机械、流体和辐照载荷作用，反应堆冷却剂循环流动会使得燃料组件发生微幅振动，这些振动使燃料棒在与格架接触的界面上产生相对位移，在支撑处发生包壳磨损（Grid-to-rod fretting，GTRF），从而破坏包壳的完整性，包壳破损会导致裂变产物释放到一回路冷却剂中，影响反应堆运行。目前，燃料棒包壳磨损是燃料组件设计中最关注的现象，尤其是针对高燃耗、长寿期、高运行安全裕量的燃料设计，而由湍流导致的燃料棒的随机振动不可避免，由随机振动引起的磨损是导致燃料棒破坏和长期可靠性的基本要素，因此磨损是燃料组件设计中必须考虑的重要问题。流致振动是导致燃料棒磨损的主要因素之一，在压水堆中，引起燃料棒振动的激励有轴向湍流和横向湍流。横向湍流是由堆芯入口和燃料组件下管座、堆内构件等一起产生的冷却剂流动分配引起的。湍流激励力的确定非常困难，需要综合考虑堆芯几何形状，通过详细的CFD分析以求解非稳态流动。

7.1 流体激励

在压水堆中，引起燃料棒振动的激励有以下两种：轴向湍流和横向湍流。横向湍流会产生三种不同的激励现象：湍流激励、流体弹性不稳定、旋涡脱落。

1）轴向和横向湍流激励

轴向和横向湍流在燃料棒周围产生压力波动，燃料棒在宽频随机激励作用下发生振动。文献[163]中显示，振动通常产生在与能量谱接近的第一阶固有频率，燃料棒的每跨都按照它的第一梁式振型振动。

2）流体弹性不稳定

流体弹性激励与具体对应的燃料棒的排列形式相关，当燃料棒/支撑的阻尼不能完全消耗输入的能量时,它会导致燃料棒振幅增大,即发生失稳。

3) 旋涡脱落

旋涡脱落机理对应的潜在危害,主要取决于冷却剂流速和燃料棒的排列形式。假设旋涡脱落频率和受激系统频率之间的共振可以避免,那么它产生的强迫振动一般是可以接受的。

7.2 磨损机理

引起燃料棒磨损破坏的主要机理和因素有:

(1) 初始状态下,燃料组件的燃料棒固定在格架支撑上,随着反应堆的运行,在热和辐照等因素的影响下,锆合金材料的燃料组件格架变得松动,同时包壳向内往燃料芯块侧蠕变,包壳和格架弹簧之间就会出现间隙,燃料棒和格架支撑间就有可能发生相对运动。

(2) 反应堆内流体流动和其他外部激励也会引起燃料棒和格架的振动,在燃料棒和格架支撑间产生相对运动和碰撞。由轴向流引起的燃料棒和格架振动的可能激励源有:① 轴向湍流引起的激励;② 由轴向流导致的格架条带的高频振动。有很多因素会产生横流,包括组件弯曲、堆芯入口和出口流向的变化、格架的局部横流。横流时,可能存在的激励源有:① 随机湍流激励;② 流体弹性不稳定。

通常,磨损由湍流激发,高频振动会加速其磨损破坏。随着进一步的磨损,其他的机理如流体弹性不稳定、热传递相关的腐蚀导致的磨损程度增大,并最终导致包壳的磨穿。

(3) 影响磨损速率的主要因素有:① 与燃料棒接触的支撑结构的几何形状(如弹簧和刚凸),影响磨损深度和磨损体积;② 燃料棒与支撑的不对中,包括制造、安装误差导致的燃料棒与弹簧或刚凸支撑接触不均匀,辐照增长导致燃料组件部件(格架和刚凸)的形状改变等;③ 材料力学性能的改变,堆内的辐照环境导致燃料组件材料的力学性能改变,进而导致磨损性能的变化;④ 燃料棒及支撑的局部应力,由于燃料棒与支撑不对中等因素,导致燃料棒与支撑间存在间隙,在外部载荷作用下产生相对运动和撞击,导致燃料棒及支撑形成局部应力,引起磨损性能改变。

(4) 燃料棒的磨损具有一定的磨损模式,格架的支撑力可以改变磨损模式,因此磨损行为也受到支撑条件的影响。

评估燃料组件抗磨损能力的标准方法是进行耐久性试验。同时，发展GTRF的分析方法也非常必要，可以改进燃料组件设计。试验和分析的目的在于更好地预测燃料组件的磨损性能，预防GTRF失效以确保核燃料的可靠性。

7.3　燃料棒的振动磨损分析

燃料棒的流致振动和磨损分析主要包括燃料棒振动特性分析、流致振动分析和磨损评估。

7.3.1　燃料棒的振动特性

在压水堆燃料组件中，一组 $N\times N$ 的含芯块和包壳的燃料棒由 $N\times N$ 的定位格架多点支承。每根燃料棒长约4 m，外径约1 cm，壁厚约0.5 mm，沿轴向由定位格架支承。定位格架是确保燃料棒径向定位并加强燃料棒刚性的一种弹性构件，它由许多Zr-4合金的条带相互插配经焊接组成 $N\times N$ 栅格。条带上有弹簧片、刚凸和搅混翼片等。在格架每个栅格中，两个弹簧片和四个刚凸将燃料棒顶住，其共同作用使燃料棒保持在中心位置。格架对燃料棒的约束力使其不能蹿动，但允许其轴向热膨胀。

在对燃料棒进行流致振动和磨损分析时，通常将燃料棒简化为流场作用下的多跨连续梁，定位格架位置分别受两个弹簧片和四个刚凸（两个上凸，两个下凸）作用，因定位格架对燃料棒的约束关于格架对角线对称，因此在有限元模型中，将单根燃料棒简化为二维平面欧拉梁，定位格架对燃料棒的支承则简化为平面的弹性约束，如图7-1所示。

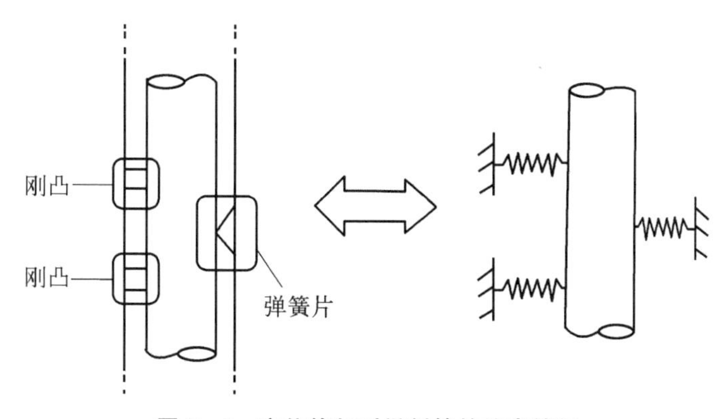

图7-1　定位格架对燃料棒的约束简化

在建立燃料棒有限元模型时，可以认为其刚度特性主要反映为燃料包壳管的刚度特性。其他部件对刚度的贡献很少，只需考虑其质量的影响，将质量折算入对应的包壳管材料密度中。静水中燃料棒的流体力以附加水质量的方式加以考虑，并将该质量折算到对应的包壳材料密度中。采用弹簧单元模拟格架弹簧和刚凸与燃料棒间的相互作用，刚度值通常通过实验获得。以某型燃料组件为例建立燃料棒有限元模型(见图 7－2)。对其进行模态分析，前 4 阶固有频率和振型如图 7－3、图 7－4、图 7－5、图 7－6 所示。

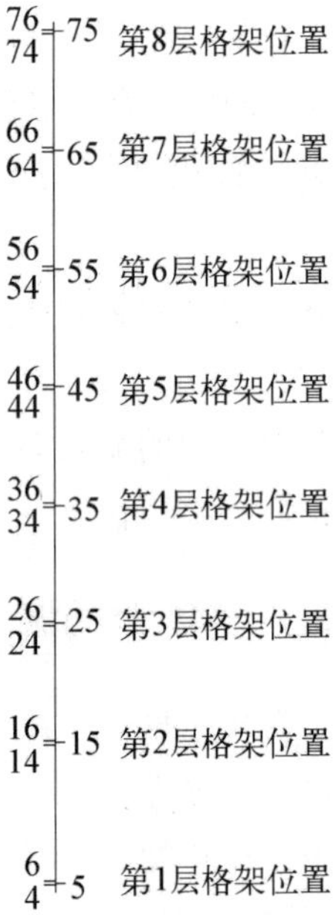

76
75 第8层格架位置
74
66
65 第7层格架位置
64
56
55 第6层格架位置
54
46
45 第5层格架位置
44
36
35 第4层格架位置
34
26
25 第3层格架位置
24
16
15 第2层格架位置
14
6
5 第1层格架位置
4
图 7－2　燃料棒有限元模型

7.3.2　流致振动与磨损响应

在运行期间考虑三种流致振动机理：① 流体弹性不稳定；② 湍流激励；③ 旋涡脱落。

其中湍流激励考虑横向流和轴向流的共同作用。旋涡脱落是周期性现象，只有当脱落频率接近燃料棒的固有频率时，才需考虑旋涡脱落引起的振动。流体弹性不稳定机理的关键在于确定临界流速，当流速接近或大于临界流速时，结构从流体中得到的能量将超过阻尼吸收的能量，产生流体弹性失稳，振幅迅速变大。

中国核动力研究设计院开发了具有自主知识产权的燃料棒流致振动和磨损专用分析软件 FURET[164]，其理论基础为浸没在水中一根圆柱体的流致振

DISPLACEMENT
STEP=1
SUB =1
FREQ=26.143
DMX =2.053
X
图 7－3　燃料棒第 1 阶频率和振型

DISPLACEMENT
STEP=1
SUB =2
FREQ=31.556
DMX =1.244
X
图 7－4　燃料棒第 2 阶频率和振型

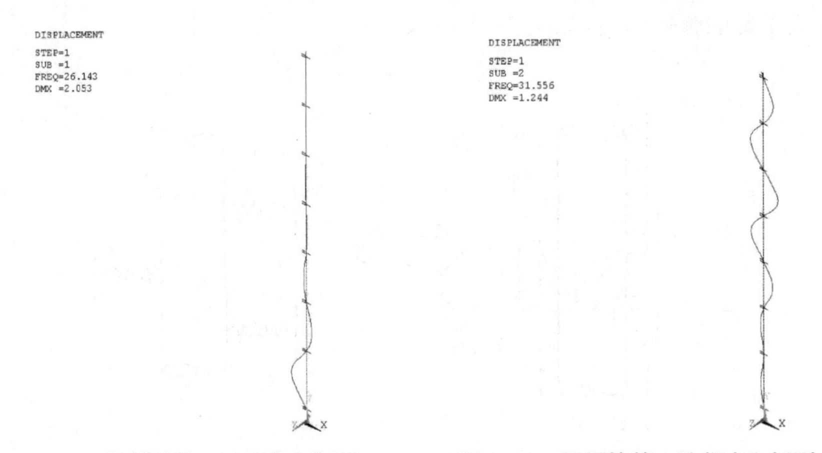

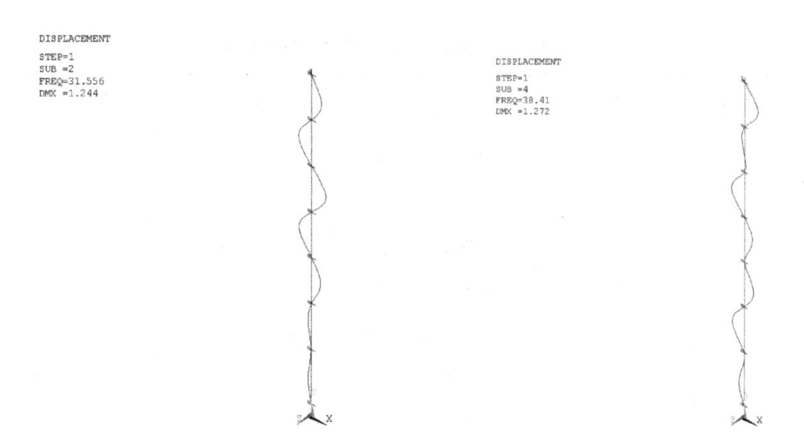

图 7-5　燃料棒第 3 阶频率和振型　　**图 7-6　燃料棒第 4 阶频率和振型**

动响应及磨损计算，见附录 C。采用该软件对燃料棒开展了流致振动分析与评估，得到了以下结论：

（1）对于不同的模态，等效流速和临界流速比值的最大值为 0.39；

（2）湍流激励的最大振幅为 35 μm；

（3）旋涡脱落频率与燃料棒固有频率比值的最大值为 0.32。

流致振动引起燃料棒和格架之间的相对运动，从而导致燃料棒磨损。两跨格架之间燃料棒的振动在包壳和格架的接触处产生切向作用力，当这个力超过静摩擦力时，就会产生滑动并引起包壳的磨损。

每个格架处包壳磨损量的计算考虑了燃料棒各阶振型对磨损的贡献之和。计算中采用的振幅是上述轴向流和横向流湍流激励产生的振幅。

通过燃料棒流致振动和磨损专用软件分析，某燃料棒的最大磨损深度为 5 μm，远小于磨损限值。

7.3.3　夹持失效影响研究

由于制造工艺、运输、辐照的影响，格架对燃料棒的夹持作用可能失效，夹持失效将影响燃料棒流致振动及磨损。由于格架弹簧刚度比刚凸刚度小一个量级，因此弹簧的失效对整个格架的夹持刚度影响很小，对固有频率的影响可以忽略，本节仅考虑刚凸失效的影响。针对两种组件，根据不同位置的支承失效分别假设了 17 种分析工况，其中工况 1 为所有支承均有效，工况 2 为格架 1 下刚凸失效，工况 3 为格架 1 上刚凸失效，以此类推，共考虑了 17 种工况，其对应的节点位置如表 7-1 所示。

表 7-1　格架夹持失效的分析工况

分析工况	失效支承位置	失效支承对应节点
1	无支承失效	—
2	格架 1 下刚凸	4
3	格架 1 上刚凸	6
4	格架 2 下刚凸	14
5	格架 2 上刚凸	16
6	格架 3 下刚凸	24
7	格架 3 上刚凸	26
8	格架 4 下刚凸	34
9	格架 4 上刚凸	36
10	格架 5 下刚凸	44
11	格架 5 上刚凸	46
12	格架 6 下刚凸	54
13	格架 6 上刚凸	56
14	格架 7 下刚凸	64
15	格架 7 上刚凸	66
16	格架 8 下刚凸	74
17	格架 8 上刚凸	76

1）对固有振动特性的影响

固有频率和振型结果将直接影响湍流激振、流体弹性稳定性、旋涡脱落的分析结果。通过模态分析获得各种支承工况下燃料棒的固有频率，如图 7-7 所示，图中横着的虚线为所有支承均有效对应的频率。从图 7-7 可以发现节点 4、6、14、16 特别是节点 6 位置的刚凸失效对第 1 阶固有频率影响较大。支承失效对固有频率的影响与振型有直接关系，图 7-8 为支承均有效时的前 7 阶振型，其中燃料棒第 1 阶振型节点 1 至节点 25 振幅较大，特别是节点 10 附近，因此其附近的支承失效对第 1 阶固有频率的影响最大，这与图 7-7 中节点 6 位置的刚凸失效对第 1 阶频率的影响最大相符。同理可以发现节点 26 至节点 76 之间的刚凸失效对第 2 阶固有频率的影响较大；节点 24 至节点 36 之间及节点 64 至节点 76 之间的刚凸失效对第 3 阶固有频率的影响较大；节点 24、26、44、54、56、64、76 刚凸失效对第 4 阶固有频率的影响较大；节点

16、36、54、56、74、76 刚凸失效对第 5 阶固有频率的影响较大；刚凸失效对第 5 阶之后频率影响均较小。

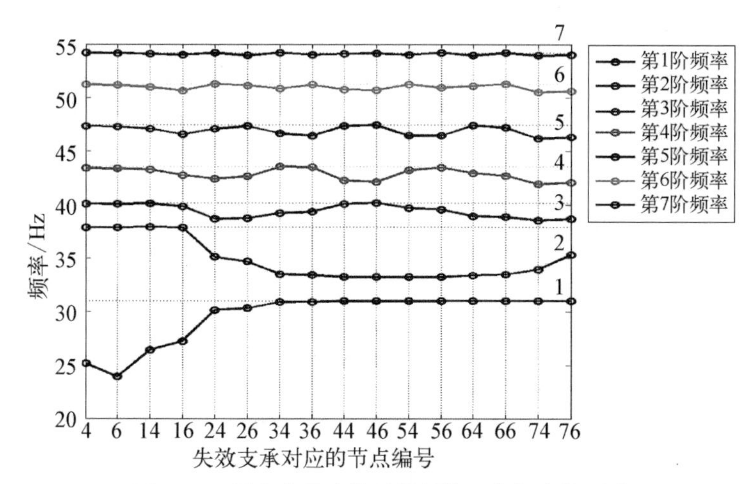

图 7-7　刚凸支承失效对燃料棒固有频率的影响

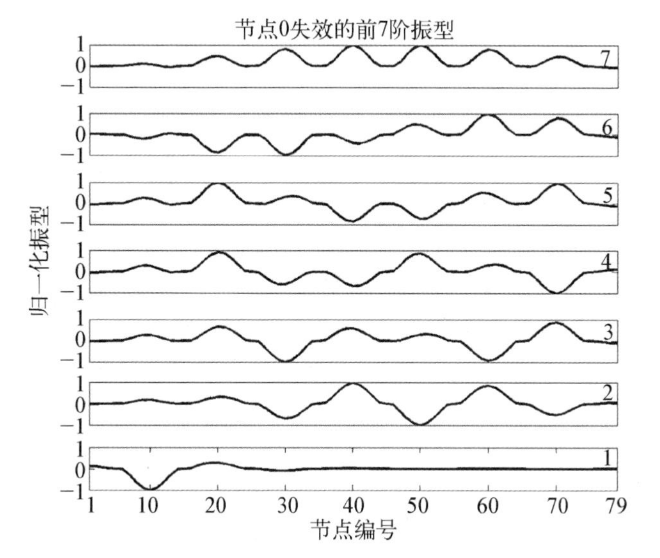

图 7-8　支承均有效工况下燃料棒前 7 阶振型

2）对流体弹性稳定性的影响

利用专用分析软件 FURET[164]，分析夹持失效对燃料组件流体弹性稳定性的影响。其中横向流速分布如图 7-9 所示。刚凸支承失效对燃料棒流体弹性稳定性的影响如图 7-10 所示，其中虚线为支承全有效时的流弹稳定性最大比值。

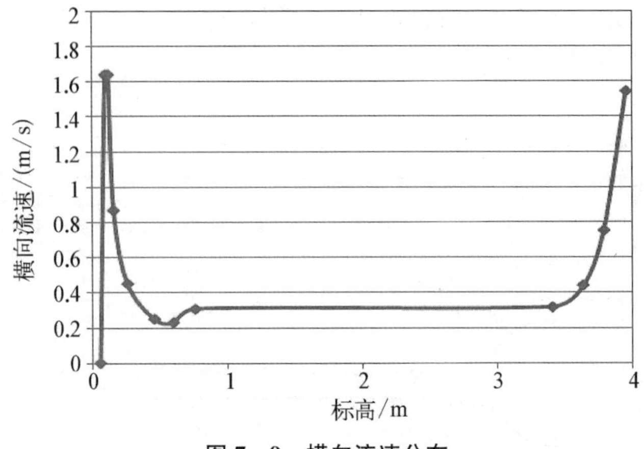

图 7－9　横向流速分布

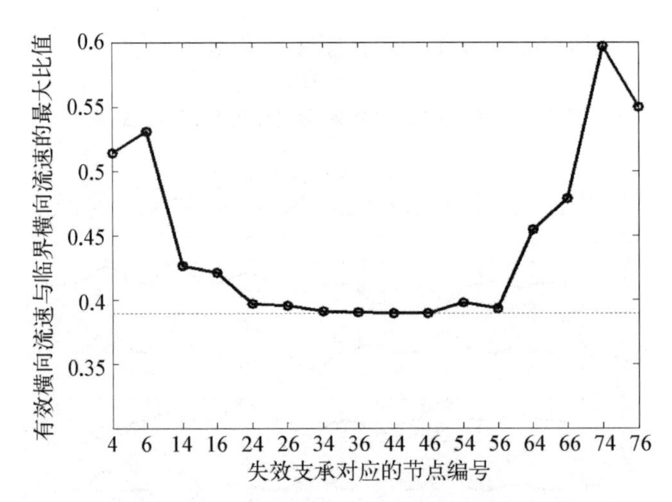

图 7－10　刚凸支承失效对流弹稳定性的影响

从图 7－10 可看出，格架 1、格架 2、格架 7 及格架 8 的刚凸失效对流弹稳定性比值有较大影响。

(1) 当格架全有效时，燃料棒顶部和底部的流速较大(大小相当)，流弹稳定性最大比值出现在第一阶模态，第一阶模态的最大振幅出现在格架 1 和格架 2 之间，因此当格架 1 和格架 2 刚凸失效时，振幅增大，等效激励流速将明显放大，固有频率降低导致临界流速降低，从而导致流弹稳定性比值增大。

(2) 当格架 3 至格架 6 的刚凸失效时，对第一阶模态影响较小，对其他模态中间位置振型会有所影响，但是这些位置的流速很小，对等效激励流速和临界流速的影响较小，因此相对于支承全有效流弹稳定性比值变化很小。

(3) 当格架 7 及格架 8 的刚凸失效时,对第一阶模态影响较小,但是格架 7 和格架 8 附近的振幅增大明显,等效激励流速将明显放大,固有频率降低导致临界流速降低,从而导致流弹稳定性比值增大,最大比值出现的模态变化为第二阶模态。

3) 对旋涡脱落的影响

图 7-11 显示了刚凸支承失效对燃料棒旋涡脱落频率与燃料棒固有频率比值的影响,其中虚线为支承全有效时的旋涡脱落最大比值。从图 7-11 可看出,格架 1、格架 2、格架 7 及格架 8 的刚凸失效对旋涡脱落比值有较大影响。当格架全有效时,燃料棒顶部和底部的流速较大,当格架 1、格架 2、格架 7 及格架 8 刚凸失效时,燃料棒振幅增大,等效激励流速将明显放大,固有频率降低导致临界流速降低,从而导致旋涡脱落比值增大明显。

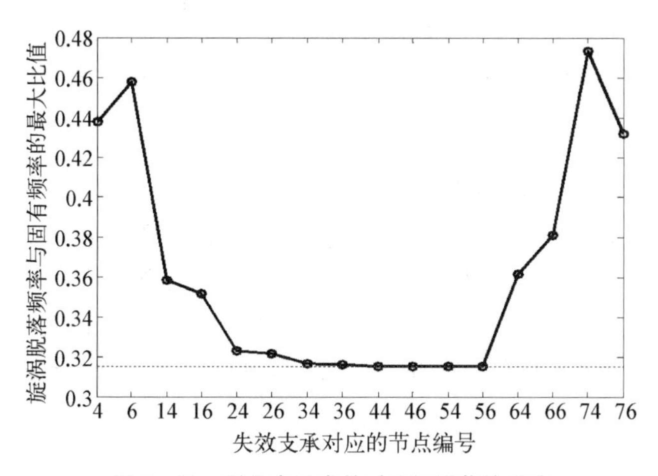

图 7-11　刚凸支承失效对旋涡脱落的影响

4) 对湍流激励的影响

图 7-12 显示了不同刚凸支承失效对燃料棒湍流激励最大振幅的影响,其中虚线为支承全有效时的最大湍流激励振幅。除了频率和振型的影响外,轴向和横向流速特别是横向流速对湍流激励振幅影响较大。堆芯入口和出口的横向流速较大,因此燃料棒底部和顶部的湍流激励振幅较大,这些位置的支承失效将使最大湍流激励振幅明显放大,而中间位置的刚凸支承失效对振幅影响较小。格架 1 下刚凸失效对湍流激励振幅的影响最大,最大振幅相对于支承全有效增大了 101%。顶部格架下刚凸失效对湍流激励振幅的影响次之,最大振幅相对于支承全有效增大了 82%。顶部格架上刚

凸失效对湍流激励振幅的影响再次之，最大振幅相对于支承全有效增大了 80%。

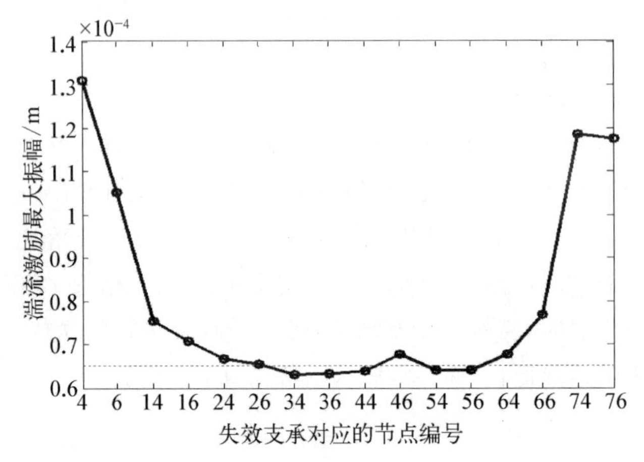

图 7-12　刚凸支承失效对湍流激励最大振幅的影响

5）对磨损深度的影响

图 7-13 显示了不同刚凸支承失效对最大磨损深度的影响，其中虚线为支承全有效时的最大磨损深度。从图 7-13 可见，顶部格架下刚凸失效对磨损深度的影响最大，最大磨损深度相对于支承全有效增大了 72%。顶部格架上刚凸失效对磨损深度的影响次之，最大磨损深度相对于支承全有效增大了 57%。格架 1 下刚凸失效对磨损深度的影响再次之，最大磨损深度相对于支承全有效增大了 19%。

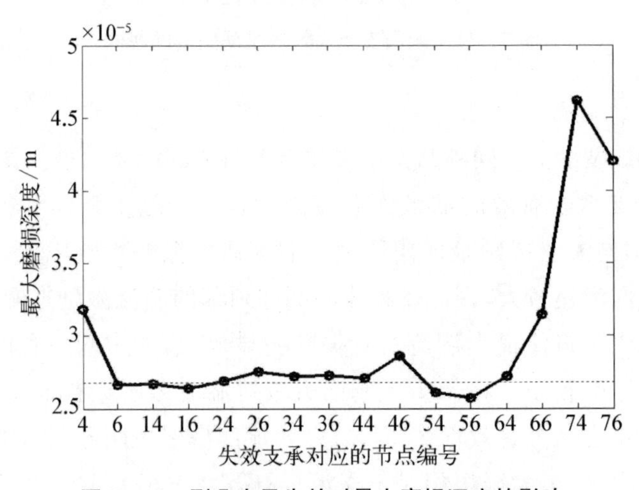

图 7-13　刚凸支承失效对最大磨损深度的影响

7.4 试验研究

评估燃料组件抗磨损能力的标准方法是进行耐久性试验，使燃料组件经受高速流动条件，然后将这些试验结果与堆内燃料组件的性能进行比较，同时为分析计算提供支撑数据。为避免振动过大或磨损，在燃料组件的前期设计阶段应对其进行试验。

7.4.1 振动试验

VISTA 回路是一个闭环、等热、室温的水力试验回路，文献[165]对 VISTA 试验回路及振动测量类型进行了详细描述。试验采用激光振动器测量格架条带的振动，采用一个放置在燃料棒模型内的双轴加速度计测量燃料棒的振动响应。将格架条带及其组件高于 1 600 Hz 的振动定义为高频共振(HFV)。在全尺度水力模型试验中，HFV 与棒/组件的低频振动的相互作用是一种复杂的现象，因此需要采用 VISTA 来研究 HFV。

文献[165]通过改变 VISTA HFV 试验中的轴向流流量，建立了流速、HFV 频率以及 HFV 振幅之间的关系，图 7 - 14 给出了格架 HFV 的一个频谱图。

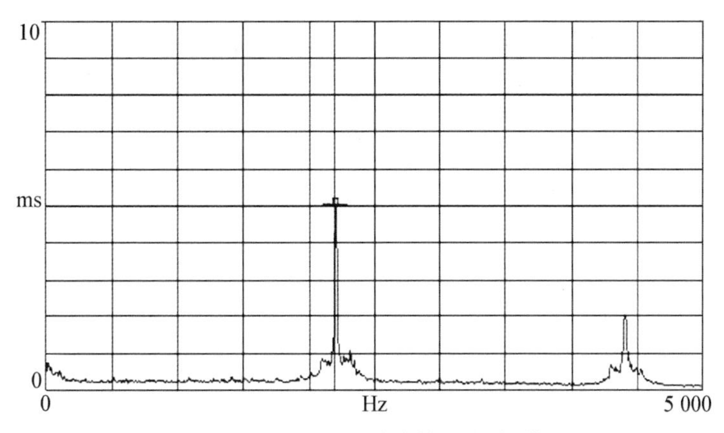

图 7 - 14　VISTA 试验的 HFV 频谱

试验结果显示，对一些格架，如果旋涡脱落频率接近格架条带的固有频率，旋涡脱落和格架条带之间会发生频率锁定。图 7 - 15 和图 7 - 16 描述了具有相同条带厚度的两种不同格架设计的 HFV 频率和振幅。由于这两种格架具有相同的条带厚度，因此旋涡在每个格架的条带以相同的频率脱落。图 7 - 15 还包含了采用 Strouhal 数预测的旋涡脱落频率（文献[166]中详细描述了采用 Strouhal 数对旋涡脱落频率的预测方法）。从这些图中可以看出，流速在 5 m/s 左右时，预测的旋涡脱落频率接近格架 1 的固有频率，此时发生了导致大幅振动的 HFV。当流速远离预测的旋涡脱落频率时，没有发生频率锁定和 HFV。对格架 2，由于格架的振动响应频率远远高于旋涡脱落频率，因此没有发生共振。

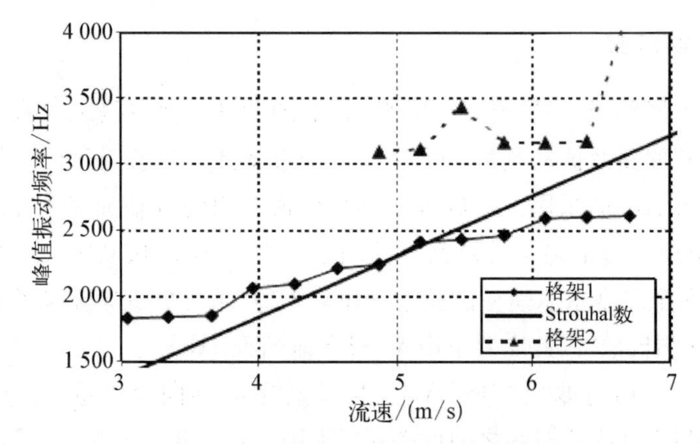

图 7 - 15　格架条带 HFV 频率结果

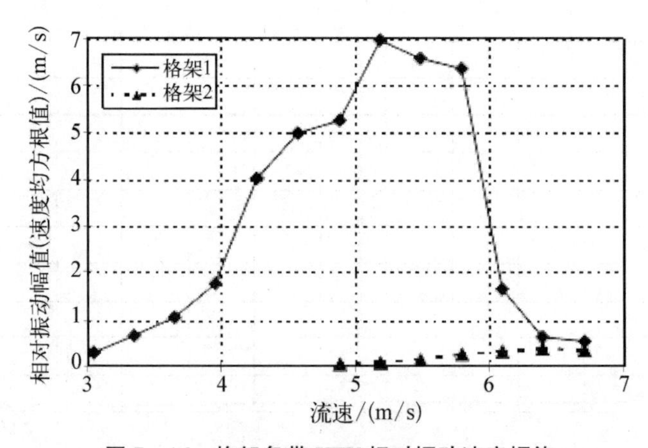

图 7 - 16　格架条带 HFV 相对振动速度幅值

将 VISTA 回路得到的 HFV 结果与有限元结果进行了对比，在振型和振幅上，有限元结果与试验数据都吻合得很好。另外，将 VISTA 结果与高温流体下全尺寸试验所得到的 HFV 试验数据也进行了比较，结果显示，振动与流体温度无关。

7.4.2　耐久性试验

VIPER（vibration investigation and pressure-drop experiment research）水力试验回路是一个全尺寸燃料组件的振动和磨损试验装置，如图7-17所示。VIPER水力回路位于美国西屋公司的哥伦比亚工厂，可以同时试验两组全尺寸的压水堆燃料组件，回路的最大工作温度为204℃。VIPER水力回路还可以将横流注射进燃料组件跨段，同时对不同轴向流和横向流下两组全尺寸组件进行试验，来研究轴向流和横向流对燃料组件振动响应的综合影响。

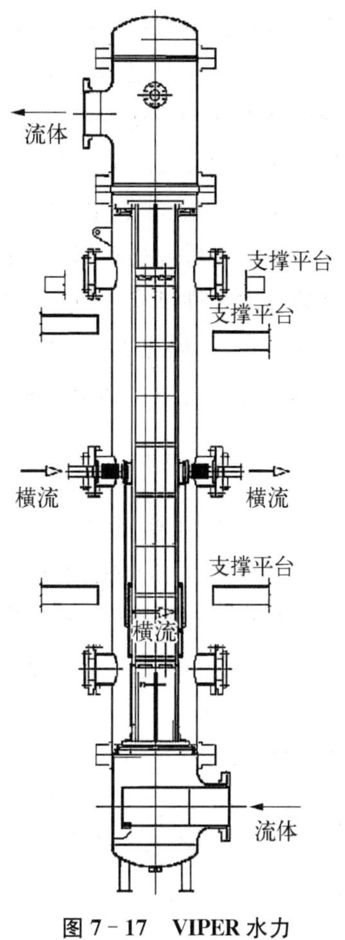

图7-17　VIPER水力试验回路

在试验中，采用双轴加速度计来测量VIPER回路中燃料棒的振动，加速度计位于每个测试组件的燃料棒里面，监测和记录燃料棒振动频率以及跨中和格架支撑处的振幅。为比较不同的格架和组件设计，采用较为剧烈的流动条件诱发不同格架和组件设计的燃料棒产生磨损以进行耐久性试验。燃料组件中的磨损是随机出现的，为了定量比较不同的组件设计，采用磨损评价参数来评价试验组件间的磨损差异，用到的几种磨损评价参数如下：

（1）组件磨痕比（assembly wear scar ratio，ASR），表示为可测量到的磨痕数量除以燃料棒与格架接触点数。

（2）平均组件磨痕深度（average assembly wear scar depth，ASD），表示为所有可测量到的磨痕深度之和除以燃料棒与格架接触点数。

（3）平均组件体积磨损率（average assembly volume wear rate，AVR），表示为所有可测量到的磨痕体积之和除以试验天数与燃料棒与格架接触点数的乘积。

为模拟寿期末格架支撑的松弛和燃料棒的向内蠕变，在试验前，将所有锆合金的中间格架进行热尺寸预制和氧化处理，并模拟了一系列的间隙尺寸。

尺寸预制的中间格架支撑和燃料棒间的间隙与反应堆寿期末的一致。上部和下部的格架也根据反应堆寿期末的条件进行了尺寸预制。

通常在每个试验组件的10～15个燃料棒上布置双轴加速度计，以测量燃料棒和组件的振动，每个测量燃料棒布置一个双轴加速度计。燃料组件试验模型包含预氧化和非氧化的燃料棒。由于氧化的燃料棒在耐久性试验中的磨损非常小，因此非氧化燃料棒就变为磨损评价和分析的主要数据来源。

采用全尺寸燃料组件，在不同流速的轴向和/或横向流作用下，进行水力回路的耐久性试验。每个试验都会测量燃料棒-格架的相对位移和接触力，在实验结束时，通过表面轮廓测定法测定燃料棒上每个磨痕的磨损体积，从而就可以确定燃料棒与弹簧或刚凸间的磨损系数。

7.4.3 磨损试验

燃料棒和格架支撑间的磨损系数通常采用CNL（Canadian Nuclear Laboratory）的碰撞磨损试验机的高压釜磨损试验来确定，图7－18为高压釜试验装置，该磨损试验机对锆合金格架支撑结构[165]、锆合金压力管[167]、镍合金蒸汽发生器传热管[168]的磨损系数都进行过测量。

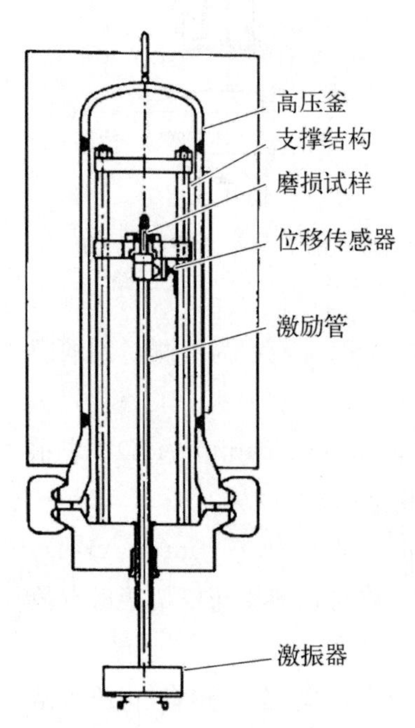

图7－18 高压釜磨损试验装置

通过磨损试验确定燃料棒和格架的磨损特性，燃料棒振幅和频率试验与VIPER水力回路堆外试验相似，高压釜磨损试验机模拟了反应堆的温度、压力、水化学条件以及低频流体诱发的燃料棒振动激励条件。高压釜磨损试验和VIPER回路试验中燃料棒上的磨痕采用扫描电镜（scanning electron microscopy, SEM）进行检查。燃料棒-格架的相对位移和接触力采用安装在每个试验机上的高温位移和力传感器来测量。总的燃料棒-格架的磨损功率通过对激励振幅和频率的调整来控制。通过这些试验，可以得到燃料棒与格架支撑结构对不同输入功率的磨损系数、碰撞力、滑移距离，以对比不同格架支撑的磨损性能。

图7－19和图7－20分别列出了在VIPER试验和高压釜试验中得到的典型燃料

棒磨痕的 SEM 照片，这两个磨痕均通过 500 小时的试验得到，其表现了相同的磨损体积。这些结果显示，堆外的 VIPER 水力回路耐久性试验和高压釜磨损试验所产生的磨损特征是类似的，任意一个试验都可以用来模拟燃料棒和格架支撑间的磨损行为。

图 7－19　VIPER 试验中燃料棒的磨痕 SEM 照片

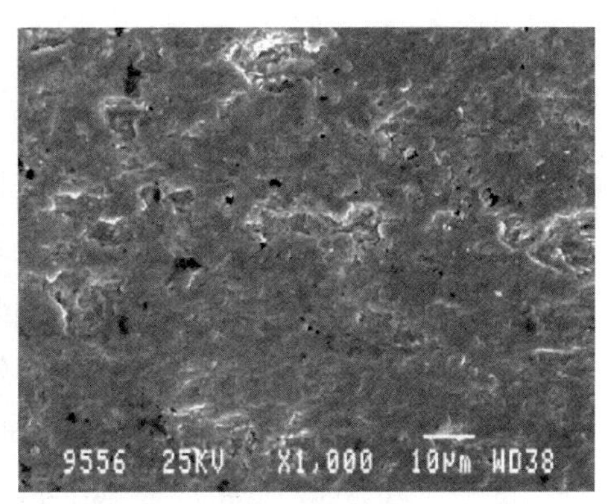

图 7－20　高压釜试验中燃料棒的磨痕 SEM 照片

7.4.4　燃料组件中阻尼的测试方法

燃料组件的阻尼在地震、LOCA 等安全分析中是一个关键参数。燃料组件在空气中、静水中、动水中的阻尼比显著不同，低估燃料组件的阻尼会导致分析结果过于保守，为了精确地得到燃料组件的阻尼，需要分别在空气、静水和动水中进行试验。

1）试验回路和燃料组件模拟体

文献[169]详细介绍了空气中、静水中、动水中的燃料组件阻尼的测试方法。试验回路是一个闭环、等温的水力试验装置。试验系统包含一个试验用压力容器、2 台泵、2 个换热器、1 个储水池、1 个过滤器，流体为去离子水。试验回路的内部构件包含 1 个矩形围板，用于引导流体进入全尺寸压水堆燃料组件模拟体。

模拟体和真实燃料组件间的差别主要在于，模拟体中的燃料棒不含铀芯块，同时也方便将测量仪器安装在原铀芯块位置处。棒束中，建立了一半的中间格架以模拟寿期初条件，另一半通过带间隙的栅元以模拟寿期末条件。

2）试验方法

燃料组件的阻尼通过传统的衰减法来获得。衰减法试验通过将组件移位到给定位置后释放，让其经历无初始速度的自由振动，可以获得低阻尼系统的第一阶模态的阻尼比。其计算过程如下：

$$\delta = \ln \frac{x_i}{x_{i+1}} = \frac{2\pi\zeta}{\sqrt{1-\zeta^2}} \tag{7-1}$$

$$\zeta = \frac{\delta}{\sqrt{4\pi^2 + \delta^2}} \tag{7-2}$$

式中，δ 为阻尼对数衰减率；ζ 为阻尼比；x_i 为第 i 个振动周期的振幅。

3）测试条件

表 7－2 列出了静水和动水中的测试条件，通过改变温度和流量来研究它们对阻尼的影响。在每个测试条件下分别进行 6 种位移的衰减振动试验：2 mm、4 mm、6 mm、8 mm、10 mm 和 13 mm。

表 7－2　静水和动水中的测试条件

温度/℃	棒束流速/(m/s)
26.7	0
37.8	1.66
37.8	2.97
37.8	3.42
37.8	5.06
93.3	0
93.3	1.56
93.3	3.35
93.3	4.56
148.9	0
148.9	1.86
148.9	3.07
148.9	3.50
148.9	4.57

4）动水中阻尼的计算方法

空气中和静水中的阻尼比可以通过方程(7－1)和方程(7－2)所示的衰减法来获得。然而，对于动水中的情况，采用方程(7－1)和方程(7－2)就比较困难。由于阻尼太大，所有燃料组件的振动衰减太快以至于连一个完整的振动周期都很难形成。

为了精确获得高阻尼系统的阻尼比，基于经典振动理论提出了 IDFSM 方法(the initial displacement and first response method)。

突然释放的燃料组件的振动可以描述为

$$x=\mathrm{e}^{-\zeta\omega_n t}\left(\frac{\dot{x}(0)+\zeta\omega_n x(0)}{\omega_n\sqrt{1-\zeta^2}}\sin\sqrt{1-\zeta^2}\,\omega_n t+x(0)\cos\sqrt{1-\zeta^2}\,\omega_n t\right) \tag{7-3}$$

式中，$x(0)$、$\dot{x}(0)$ 分别为初始位移和初始速度；ω_n 是固有频率。

对衰减试验，$\dot{x}=0$，式(7-3)就变为

$$x=\mathrm{e}^{-\zeta\omega_n t}x(0)\left(\frac{\zeta\omega_n}{\omega_n\sqrt{1-\zeta^2}}\sin\sqrt{1-\zeta^2}\,\omega_n t+\cos\sqrt{1-\zeta^2}\,\omega_n t\right) \tag{7-4}$$

$$x/x(0)=\mathrm{e}^{-\zeta\omega_n t}\left(\frac{\zeta\omega_n}{\omega_n\sqrt{1-\zeta^2}}\sin\sqrt{1-\zeta^2}\,\omega_n t+\cos\sqrt{1-\zeta^2}\,\omega_n t\right) \tag{7-5}$$

这里，$x(0)$ 为初始位移；x 为随时间的响应函数。

图 7-21 中显示了具有不同阻尼比的 $x/x(0)$。当阻尼比高于 0.4 时，振动衰减得非常快，无法形成一个完整的振动周期。然而，初始位移和第一个最小振幅可以比较精确地测得。阻尼比就可以通过方程(7-5)得到。

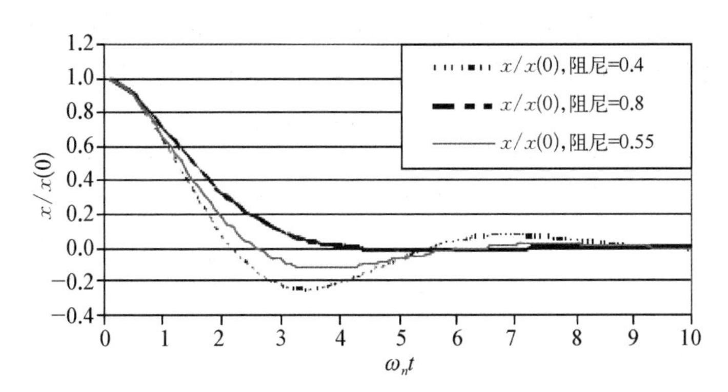

图 7-21　高阻尼振动系统的衰减运动

当 $\sqrt{1-\zeta^2}\,\omega_n t=\pi$　或　$\omega_n t=\dfrac{\pi}{\sqrt{1-\zeta^2}}$ 时，式(7-5)具有最小值，$-x(\min)/x(0)$ 变为

$$-x(\min)/x(0)=e^{-\zeta\omega_n t}(0-1) \quad 或 \quad x(\min)/x(0)=e^{-\zeta\omega_n t} \tag{7-6}$$

将式(7-5)代入式(7-6),有

$$\delta_\pi=\ln\frac{x(0)}{x(\min)}=\frac{\zeta\pi}{\sqrt{1-\zeta^2}} \tag{7-7}$$

求解方程(7-7)即可得

$$\zeta=\frac{\delta_\pi}{\sqrt{\pi^2+\delta_\pi^2}} \tag{7-8}$$

图7-22给出了阻尼比ζ与$x(\min)/x(0)$之间的关系。

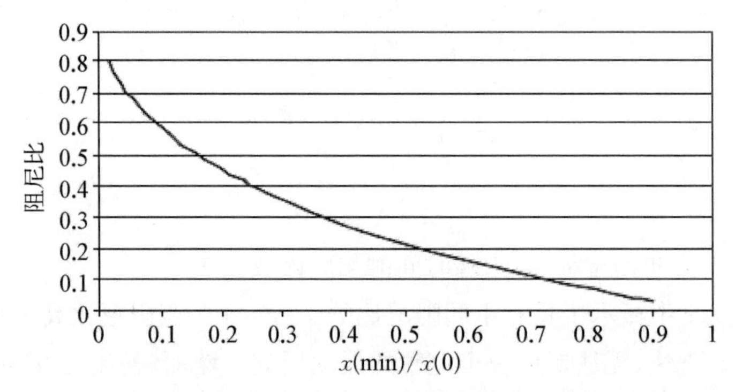

图7-22　$x(\min)/x(0)$随ζ的变化曲线

表7-3给出了燃料组件阻尼比的汇总。所有的参考文献均给出了一致结论,动水中燃料组件的阻尼显著增大,并且具有相似的范围,为50%～60%。

表7-3　阻尼比汇总

阻尼	参考文献[169]	参考文献[170]	参考文献[171]	参考文献[172]
空气中	约为12%	约为8%	约为10%	约为18%
静水中	约为18%	约为18%	约为20%	约为25%
动水中	50%～60% >3.4 m/s	36%～54% 5 m/s	约为60%	约为45%

7.5　燃料棒磨损性能的Monte Carlo模拟

为了减少燃料组件磨损试验的数量,文献[173]提出了一种集成的磨损分析方法，基于该分析方法，开发了燃料棒及其支撑动力响应的非线性振动模型(non-linear vibration model, NLVM)。基于 Monte Carlo 模型，利用 NLVM 研究了不同参数对燃料棒-支撑条件的影响以及燃料棒的磨损性能。

作用于燃料棒的湍流力以流体力的 PSD(功率谱密度)表示，该 PSD 由通过燃料组件子通道的平均流速和针对燃料棒束的试验关系式来计算。接着通过对燃料棒运动方程的数值积分，计算燃料棒的运动、支撑碰撞力和功率。最后，燃料棒的磨损率和磨损深度通过功率乘以燃料棒-支撑对的磨损系数来得到。研究主要集中于栅元间隙尺寸对预载力分布、燃料棒的动力响应和磨损破坏的影响。指出了两种可能影响燃料棒-预载力的机理：格架的未对中和栅元倾斜。模拟结果显示这两种机理会产生较大预载力，从而解释了不同尺寸栅元间所观察到的磨损破坏规律。特别地，在具有较大间隙的栅元中发现磨损破坏的增大，是由于在较大间隙的栅元中具有较低的预载力。

1) 燃料棒的非线性振动模型

图 7-23 为中间格架和格架栅元示意图，每个栅元包含四个刚凸和两个弹簧。文献[173]研究中用到的随机变量包括格架的不对中、栅元的倾斜和大小、摩擦和磨损系数、燃料棒的结构阻尼。指定这些变量的随机概率密度分布，确定样本值，模拟和确定系统响应的统计平均。

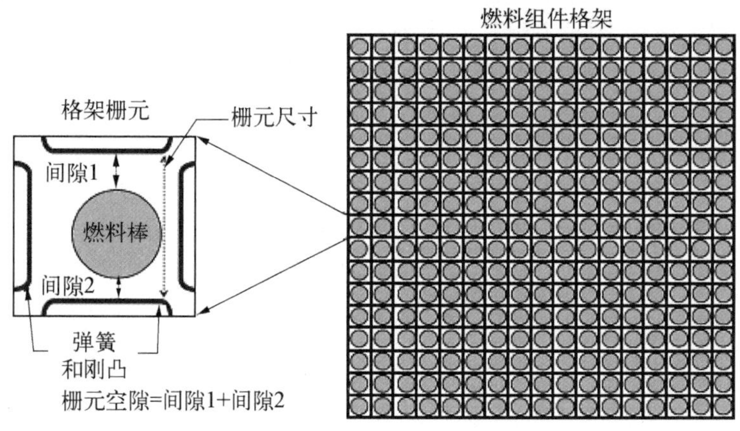

图 7-23　中间格架和格架栅元(每个栅元包含四个刚凸和两个弹簧)

非线性振动分析模型 NLVM 基于经典 Bernoulli 梁理论，通过求解以下运动方程来获得燃料棒的运动：

$$\frac{\partial^2}{\partial x^2}\left[EI\frac{\partial^2 \boldsymbol{d}(x,t)}{\partial x^2}\right]+c\frac{\partial \boldsymbol{d}(x,t)}{\partial t}+\frac{\partial^2 \boldsymbol{d}(x,t)}{\partial t^2}\rho(x)$$
$$=\boldsymbol{f}_e(x,t)+\boldsymbol{f}_s(x,t) \tag{7-9}$$

式中,EI 为弯曲刚度;c 为黏性阻尼系数;$\rho(x)$为燃料棒等效密度;$\boldsymbol{d}(x,t)$为燃料棒中心的位移矢量;$\boldsymbol{f}_e(x,t)$ 为激励载荷;$\boldsymbol{f}_s(x,t)$ 为支撑力。支撑力可分解为:① 法向力或碰撞力;② 切向力或摩擦力。法向力通过将支撑模拟成弹簧-阻尼系统计算得到:

$$f_s^{\text{normal}}=\begin{cases}\text{sg}(d_n)\cdot k_s\cdot(gap-|d_n|) & |d_n|\geqslant gap\\ 0 & |d_n|<gap\end{cases} \tag{7-10}$$

式中,d_n 是沿支撑的法向位移;$\text{sg}(d_n)$ 是位移的符号;gap 是支撑和燃料棒之间的距离。

切向力可以通过两个不同的摩擦模型模拟:临界速度摩擦模型(velocity limited friction model, VLFM)或弹簧阻尼摩擦模型(spring-damper friction model, SDFM)。VLFM 采用经典的 Coulomb 模型来计算摩擦力,其优点是数值实现相对简单,但它有两个主要的缺点:难以模拟高预载力下燃料棒-支撑的黏附磨损。相反地,SDFM 定义了滑移和黏附区域,因此可以预测由于大预载力的磨损,预载力条件在采用 SDFM 模拟时通常有优势。

作用于燃料组件上的轴向湍流力认为与燃料棒的运动无关,因为在 VIPER 试验或正常反应堆运行条件下没有出现流弹失稳。轴向湍流力的 PSD 通过燃料棒束的 PSD 关系式得到[174]。该关系式由以下参数得到:系统特性如燃料棒直径和间距等,流体特性如流速等。其中流体特性由西屋公司开发的组件子通道模型所预测。湍流力近似为高斯有限带宽白噪声,对 PSD 应用逆快速傅里叶变换,可以得到作用于燃料棒的流体力。

图 7-24 给出了一个具有 6 个中间格架的燃料棒模型。该模型中,在不同格架处施加了不同的边界条件:格架 1、格架 3、格架 4 在燃料棒和支撑间存在间隙,格架 2 的较低处和格架 5 的两个上部支撑针对燃料棒施加了预载荷。

基于梁的无约束振动模态,NLVM 将式(7-10)中的燃料棒位移进行展开,利用这些模态的正交性质,求解系统的常微分方程;然后进行数值积分来确定燃料棒的运动和碰撞力;计算每个格架支撑上所做功的时间平均值。接着采用 Archard 公式计算时间平均的体积磨损率为

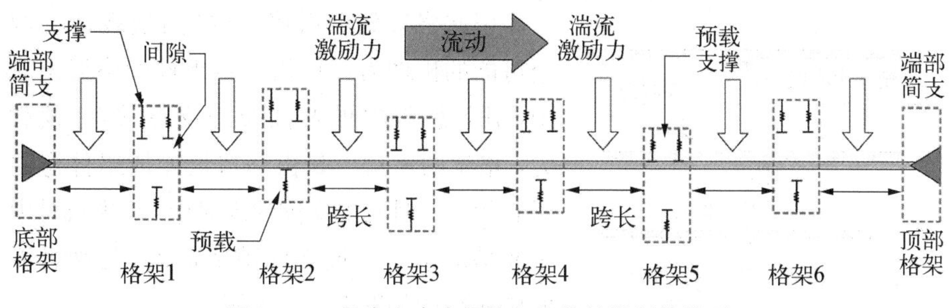

图7-24 具有六个中间格架组件的燃料棒模型

$$V_{\mathrm{wear}}(t)=\int_0^t W_{\mathrm{n}}(t)K(t)\mathrm{d}t \tag{7-11}$$

式中，$K(t)$是瞬时磨损系数；W_{n} 是法向功率。方程(7-12)中考虑的磨损系数是一个与时间相关的量，与支撑的几何形状、磨损的剧烈程度有关。

2) 燃料棒-支撑的初始条件

VIPER结果显示，磨损性能不仅取决于系统性能如弹性模量、结构阻尼、支撑结构特性、磨损系数、流动速度等，还与燃料棒-支撑条件相关。一个影响燃料棒-支撑条件的参数为栅元间隙(栅元大小减去燃料棒直径)，栅元间隙由于包壳的向内蠕变和格架的生长会发生变化。为评估这些间隙的影响，在燃料组件的格架中设计了不同大小的栅元。对燃料棒进行耐久性试验后的检查结果显示，发生磨损的栅元数量和总的磨损破坏随着栅元间隙而增加，具体结论如下：

(1) 磨损破坏发生在所有可能接触点的一小部分点上，即磨痕不会在所有栅元上或栅元的所有边上发生。

(2) 发生磨痕的边数量随着栅元尺寸(或间隙)而增加，对任一组件，较小的栅元通常只有1边磨损，而对较大的栅元，发生磨损的边数大于1。

(3) 放置在燃料棒中间的加速度计记录了燃料棒的运动，测量结果显示，栅元尺寸对燃料棒运动振幅的影响不大。

(4) 燃料棒的位移均方根值为微米级，燃料棒跨中的位移通常大于格架处，且格架处位移小于格架栅元间隙的大小。

这些结果显示，在燃料棒和支撑间极可能存在预载荷。特别地，测量的位移RMS(均方根值)为微米量级，与栅元间隙相比可以忽略(栅元间隙通常为几百微米)。测试的固有频率与格架处具有约束条件时的固有频率一致。

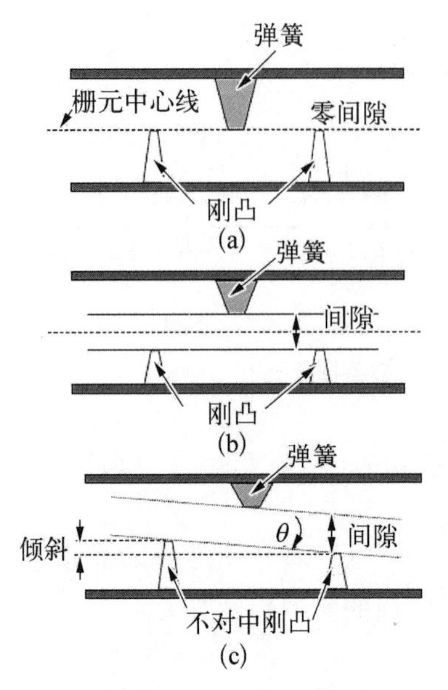

图 7-25　栅元结构

(a) 无间隙栅元；(b) VIPRE 预制的无间隙倾斜的栅元；(c) VIPRE 预制的支撑不对中引起间隙倾斜的栅元，倾斜由下部刚凸的相对位移确定

引起格架处燃料棒-支撑间预载荷的两个可能的机理为：① 沿燃料组件的格架未对中，引起燃料棒的弯曲及与支撑接触/预载力，格架的未对中是由制造误差或组件弯曲引起的；② 栅元中支撑的未对中，这些未对中主要是由于一些栅元间隙的倾斜，几种可能的栅元结构如图 7-25 所示。

大的栅元间隙会减小燃料棒的弯曲，而较小的栅元间隙会增加燃料棒和格架间的相互干扰。因此，预载力和燃料棒在栅元中的位置，并联合栅元尺寸、格架未对中、栅元倾斜等可确定概率密度函数(PDF)。另一方面，预载力的 PDF 对燃料棒的磨损有重要影响：中等或高的预载力会减小或消除磨损破坏，而小的预载力会增加磨损率，且高于对应的非接触条件情况的水平。

为了证实栅元尺寸对预载力的影响，针对燃料组件进行了一个阻力试验。该实验将燃料组件水平放置，测量将一根燃料棒从格架中拉出来的力。假定燃料棒-支撑间的摩擦系数为一常量，就可以计算作用在燃料棒上的总预载力，试验结果表明预载力依赖于预制尺寸栅元的间隙。因为在组件制造中允许相对较小的不对中，阻力试验中的较大预载力主要由栅元倾斜贡献。

计算燃料棒的位置和预载力的最小弹性能量算法为

$$E=\frac{1}{2}\left(\int_0^L EI(x)\left[\frac{\partial^2 y}{\partial x^2}\right]^2 \mathrm{d}x\right)+\sum_{i=1}^{n}\frac{1}{2}k_i\Delta l_i^2 \tag{7-12}$$

式中，y 是相对中性轴的燃料棒位移；k_i 是支撑处的动刚度；Δl_i 是支撑的挠度；n 是与燃料棒支撑的总支撑数目。将燃料棒在轴向根据相对应的支撑分成小段计算燃料棒的弯曲：

$$\frac{\partial^2}{\partial x^2}\left[EI\frac{\partial^2 y}{\partial x^2}\right]=0 \qquad x_{i-1}<x<x_i \tag{7-13}$$

式中，x_i 是支撑的轴向位置。

3）统计分析

统计分析通常需要确定支撑的预载力、功率、磨损率的 PDF 主要特性，分析过程包括以下三步：

（1）根据它们各自的 PDF，取样随机参数产生输入事件；

（2）采用 NLVM 进行模拟；

（3）对结果的统计分析。

分析中选取的随机变量包括：格架未对中、栅元的倾斜、支撑刚度、动摩擦系数和磨损系数。

指定这些变量的概率密度分布，就可确定其样本，用于确定和模拟确定系统响应的统计平均。表 7－4 列出了格架未对中和栅元倾斜的 PDF，选择了分布的标准差（STD）值进行敏感性研究。表 7－4 中出现的最大 STD 值不是期望值。对其他的随机变量，通过试验确定其正态分布的平均值和 STD。对两组不同栅元大小的组件分别进行 Monte-Carlo 模拟：

（1）小尺寸栅元组：栅元间隙为 0.127 mm。

（2）大尺寸栅元组：栅元间隙为 0.254 mm。

预载力和燃料棒的位置的 PDF 取决于不同的系统参数。

表 7－4　模拟中用到的格架不对中和栅元倾斜的概率密度分布

变　量	分　布	中值/mm	*STD*/mm
格架不对中	正态分布	0	（1）0.254 （2）0.508
栅元倾斜	正态分布	0	（1）0.000 （2）0.127 （3）0.254 （4）0.381 （5）0.508

4）格架条件对燃料棒动力响应的影响

通过计算燃料棒位移的 RMS 和固有频率来分析燃料棒-支撑间的预载力对燃料棒运动的影响。模拟中用到了三种不同的格架条件：

（1）格架处无预载力。

（2）小的格架预载力（<0.1 N）。

（3）中等到大的格架预载力（$\gg 0.1$ N）。

图 7-26 给出了模拟结果，结果显示 VIPER 组件格架中的中等到较大的预载力限制了燃料棒运动，并使燃料棒的运动产生相对较高的固有频率。

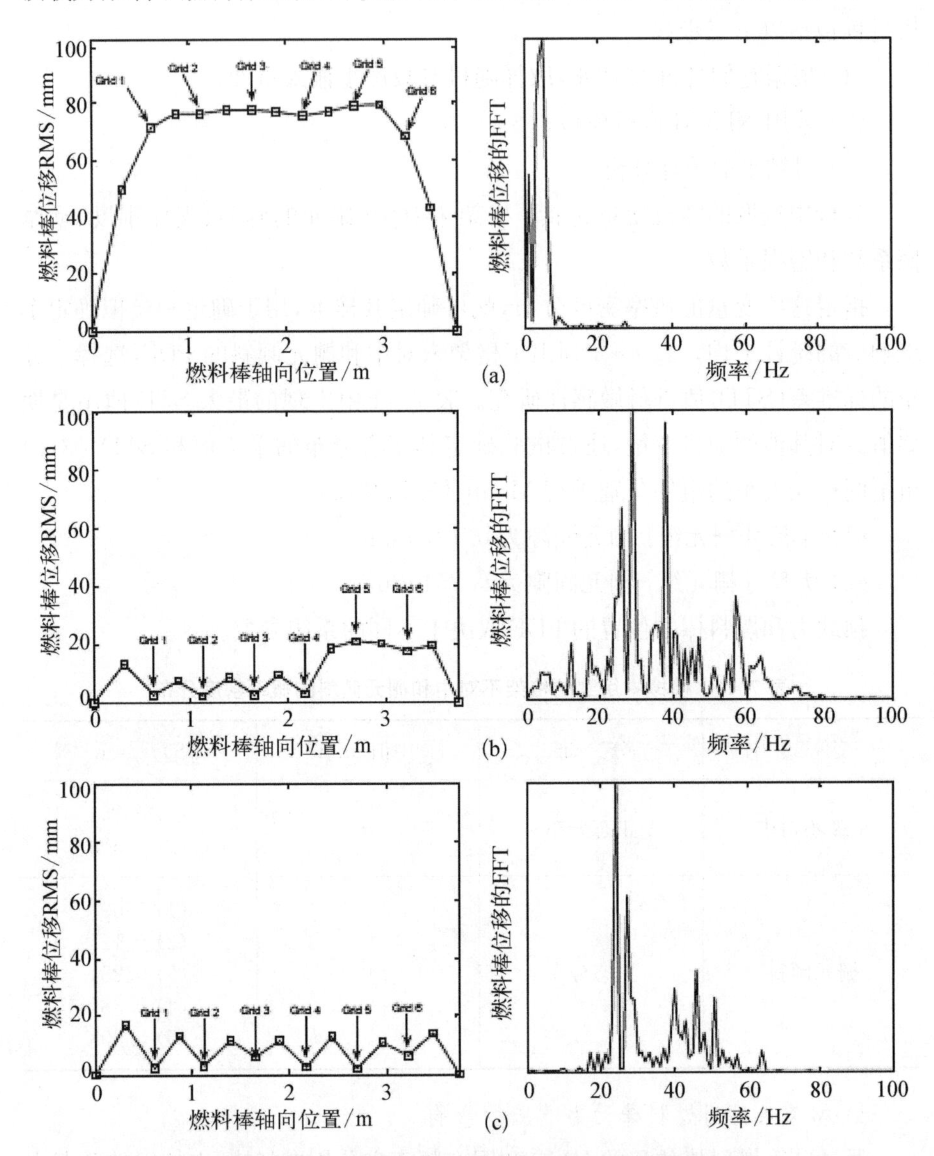

图 7-26　不同预载力条件下燃料棒的运动特征

(a) 燃料棒-支撑间零预载力；(b) 燃料棒-支撑间小预载力(<0.1 N)；(c) 燃料棒-支撑间大预载力(≫0.1 N)

5）预载力分布的影响

格架未对中和栅元倾斜被认为是引起燃料棒预载力的主要机理。具有较大间隙栅元中更容易发生磨损破坏可以解释为预载力的减小，这种减小可以增加燃料棒的滑移和磨损。

表7-4中的所有分布均具有0均值和不同的STD(标准偏差)。针对两种不同的栅元间隙0.127 mm(小栅元尺寸)和0.254 mm(大栅元尺寸)，进行Monte Carlo模拟，确定了支撑接触到燃料棒的预载力。图7-27和图7-28给出了预载力分布累积概率的预测值。从这些结果可以看出，当栅元的倾斜分布的STD小于栅元的大小时，大多数的支撑具有小的预载力，然而，一旦当栅元倾斜分布的STD大于栅元间隙时，大部分支撑的预载力就会大于1 N，这些预载力足够大以至于抑制了磨损破坏。

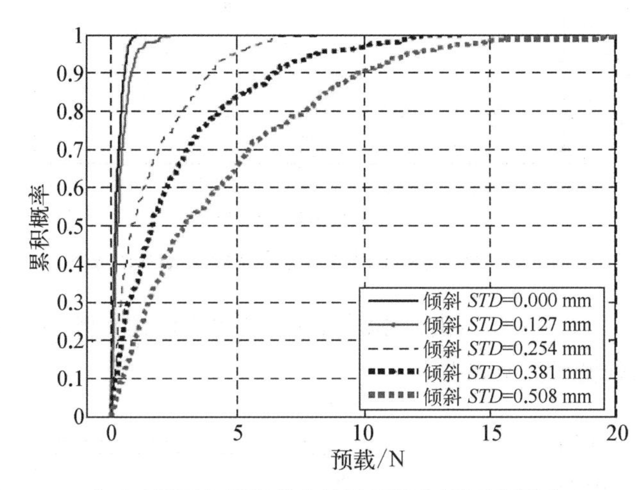

图7-27　小尺寸栅元组的预载力的累积概率(栅元间隙为0.127 mm)

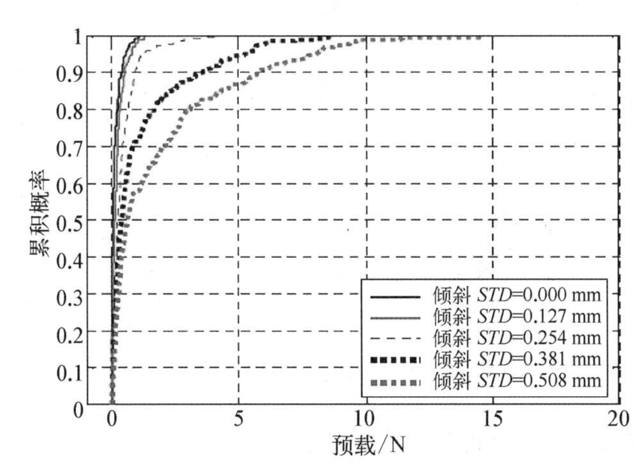

图7-28　大尺寸栅元组的预载力的累积概率(栅元间隙为0.254 mm)

对模拟中的每个样本，将支撑沿着所有格架的预载力全部相加，就得到作用在燃料棒上的总力。图 7-29 中给出了相应倾斜和栅元尺寸的对所有样本取平均的合力值。即使对于中等的栅元倾斜，小尺寸栅元和大尺寸栅元对应的预载力间的差别较大。

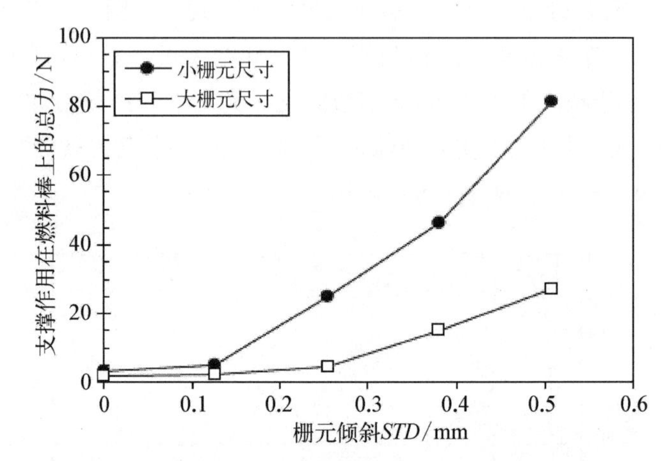

图 7-29 燃料棒-支撑载荷与栅元倾斜 STD 的关系

图 7-30 和图 7-31 给出了预测功率与两种不同栅元倾斜分布的预载力间的关系，两种栅元类型如下：

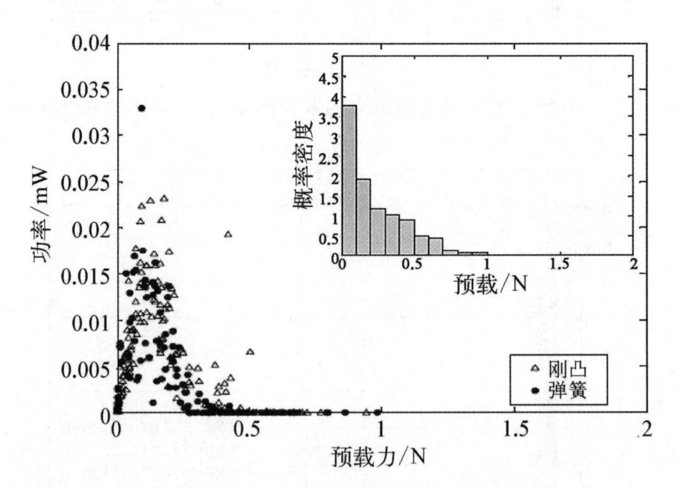

图 7-30 无倾斜小尺寸栅元组的磨损功率与预载力的关系

(1) 无栅元倾斜：预载力仅由格架不对中引起。

(2) 较大分散度的栅元倾斜分布：$STD = 0.508$ mm。

对没有栅元倾斜的情况(见图7-30),预载力相对较小,从而导致了大部分支撑发生磨损破坏。相反,对栅元中允许较大倾斜的情况(见图7-31),预载力分布较宽,大部分支撑承受相对较大的预载力,这些预载力使得燃料棒与支撑间黏附,从而抑制了其相对运动和磨损破坏。力直方图显示预载力的PDF与局部栅元的参数高度相关,可以将其近似为一个指数分布。

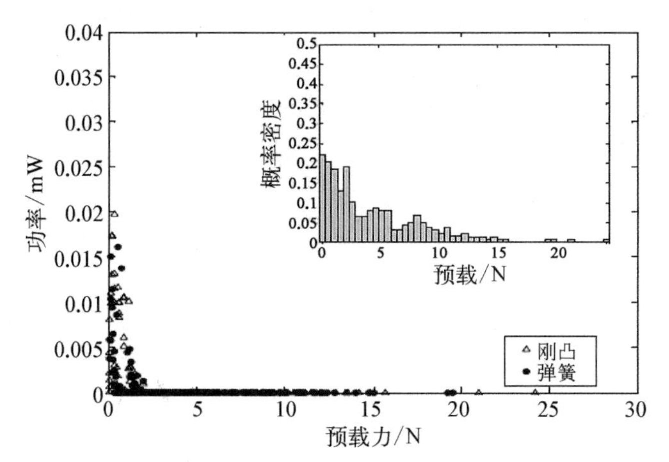

图7-31 小尺寸栅元组的预测功率与预载力的关系

(模拟中用到的STD为0.508 mm栅元倾斜的正态分布)

图7-32给出了发生磨损的支撑数与总的接触支撑数间的比值,该比率解释了栅元尺寸、预载力分布和磨损破坏之间的关系。结果显示,随着栅元倾斜分布的STD的增大(较大的预载力),比率有一个迅速减小。另外,这两组栅元间也存在着显著的差异。

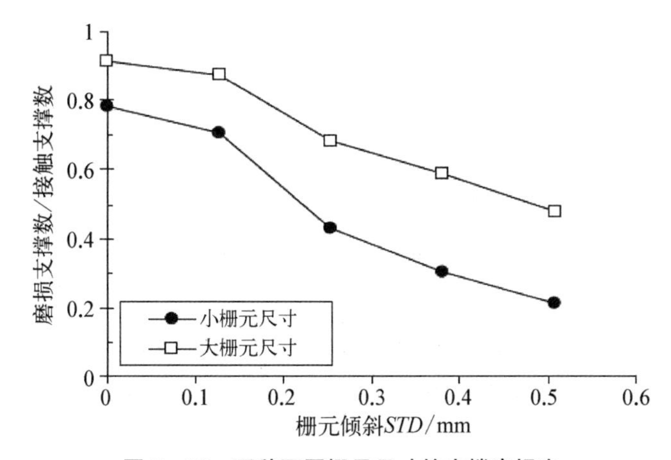

图7-32 两种不同栅元尺寸的支撑磨损率

表 7-5、表 7-6 给出了栅元的倾斜尺寸、预载力、栅元中发生接触的边、发生磨损的边的比率。主要结论有:

(1) 大的预载力增加了栅元中接触边的数目,因为燃料棒处于栅元中一个边角的概率较高,同样对于较大的预载力,在栅元中与对面的边相接触也有可能发生。

(2) 大的预载力同样增加了仅在一边发生磨损破坏的栅元数。

表 7-5 较小尺寸栅元的预载力、接触边与磨损边的比率

栅元倾斜/mm	预载力	发生接触的边数量/总的接触支撑数量			发生磨损的边数量/总的接触支撑数量		
		无	一边	>1	无	一边	>1
0.000	小	0.00	0.07	0.93	0.12	0.28	0.60
0.127	↓	0.00	0.03	0.98	0.15	0.30	0.55
0.254		0.00	0.06	0.94	0.32	0.34	0.34
0.381		0.00	0.03	0.98	0.41	0.38	0.22
0.508	大	0.00	0.03	0.97	0.27	0.27	0.18

表 7-6 较大尺寸栅元的预载力、接触边与磨损边的比率

栅元倾斜/mm	预载力	发生接触的边数量/总的接触支撑数量			发生磨损的边数量/总的接触支撑数量		
		无	一边	>1	无	一边	>1
0.000	小	0.00	0.29	0.71	0.05	0.36	0.59
0.127	↓	0.00	0.24	0.76	0.07	0.33	0.60
0.254		0.00	0.23	0.77	0.18	0.40	0.43
0.381		0.00	0.14	0.86	0.23	0.34	0.43
0.508	大	0.00	0.11	0.89	0.28	0.38	0.34

6) 对格架磨损率的影响

模拟结果显示,随着格架栅元倾斜分布的 STD 增大,总的磨损破坏降低(见图 7-33)。较低的磨损率发生于具有较小间隙的栅元组中,与 VIPER 的结论一致。

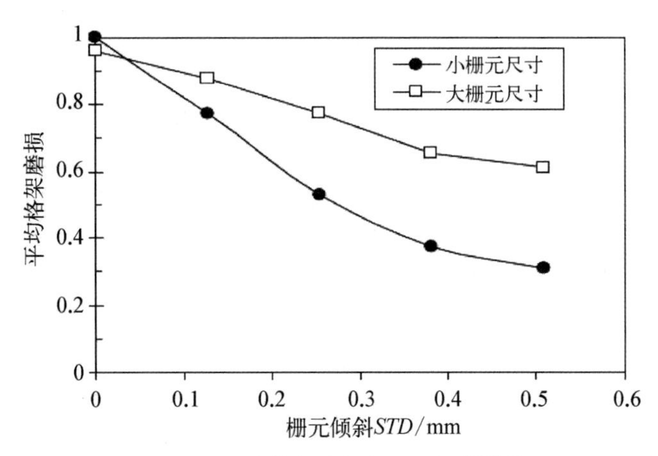

图 7 - 33　平均格架磨损与栅元倾斜的关系

第8章 管道及相关部件的流致振动分析

管道及相关部件的流致振动引起的结构失效是工程界长期的困扰。在安全性要求极为严格的核工程领域，虽然在核安全法规和设计规范中对控制管道流致振动提出了明确的要求，但是由于流致振动是一个多学科交叉的复杂问题，即使近五十年来，各国学者和工程师开展了广泛的理论基础和工程应用研究，迄今为止仍没有得到普遍接受的理论和可列入设计规范和准则的方法。

管道及相关部件如温度计套管、节流孔板、三通管道、泵、阀、大小头、扩管、弯头等可视为影响流体流动的“奇异点”，管流中的奇异点将产生“奇异流场”，即出现流体扰动、负压区、局部回流、旋涡、汽化、空泡溃灭等现象，奇异流场的存在使得奇异点成为诱发管道系统流致振动的激励源。本章主要针对含节流孔板、温度计套管、三通管道，给出管道流致振动的激励特性和振动分析评价方法。

8.1 含节流孔板的管道流致振动激励特性和响应分析

在输流管道系统中大量采用孔板作为节流装置或流量测量装置，当流体流经孔板时，由于流道收缩，流体加速，会在孔板后产生负压区。设计不好的孔板后压力可能降低到流体饱和蒸汽压力以下，使流体出现汽化，产生空泡，随着下游压力的恢复，空泡受压破灭，对管壁产生强烈冲击，造成结构破坏，称为气蚀(空泡溃灭)现象。另外，孔板阻流产生的旋涡脱落或声共振还可能诱发管道系统结构的共振。设计较好的孔板可以避免出现气蚀、旋涡脱落或声共振现象，但孔板对流体的扰动仍会导致局部回流和旋涡的出现，引起管内的局部压力脉动，从而使管道系统出现不同程度的振动和噪声，这是不可避免的。

国内外由于孔板扰流诱发管道振动,造成结构破坏发生事故的例子屡见不鲜。1998 年 12 月美国核管会报道了 Diablo Canyon 和 Surry 核电站先后发生了下泄管道孔板引起的管道流致振动,导致管道焊缝开裂;2000 年 4 月,日本 Kansai Mihama 2 号机组也发现了孔板诱发的振动疲劳裂纹。

要从根本上避免孔板等扰流件诱发管道系统振动导致结构破坏,要求在设计阶段就充分考虑管道的流致振动问题,但目前显然无法做到。为此,我们需要对管道流致振动问题开展深入的应用基础研究:研究输流管道中的奇异流场性态、流致振动激励特性,管道的随机振动响应的计算方法,以及相应的评价技术。

8.1.1 孔板诱发输流管道振动的机理

1) 气蚀

当液体高速流过孔板时,在其两侧产生一个很大的压降,存在于液体中的不溶气体在孔板下游低压力下可能会释放出来形成微小气泡,另外孔板后流束缩口处高速流动可引起局部压力低于液体相应的饱和压力,此时液体将汽化产生气(汽)泡,这些气泡在孔板等节流件下游压力恢复段破裂,形成高速微小液体射流,局部形成高于周围压力数千倍的冲击压,对附近的金属管壁造成破坏,并引起管线的振动和噪声,这种现象称为气蚀(或空泡溃灭)。

理论上,只要将流过孔板后的压力控制在流体的饱和压力以上,就可以避免气蚀现象。然而,由于现实的流体中总是溶解一定的气体(如 O_2、N_2 等),因而实际开始产生气蚀的压力要远远高于流体的饱和压力。Yan 等[175]在他们的研究中报道的气蚀起始压力均在 0.6 bar(1 bar=10^5 Pa)以上,而且这一气蚀压力随管内水流速度的提高而增加。比如,当管内水流速为 17 m/s 时,对 20℃的水而言其气蚀起始压力是 2.0 bar,而此时水的饱和压力为 0.023 4 bar。这主要是由水中溶解的不凝气体的析出现象引起的。因此,引入气蚀数 σ 来判断节流孔板后是否产生气蚀。

设计师可以借助公式计算孔板的压力和流速,也可以通过 CFD 数值模拟得到更精确的结果,进而计算孔板的气蚀数,只要保证设计的孔板有足够大的气蚀数,就可以避免气蚀现象的发生。

2) 旋涡脱落

当均匀流体流过非流线型体时,流体的流动特性与雷诺数 Re 相关。当雷诺数较低时,流动不分离。当雷诺数较高时,流动分离,扰流的湍流尾迹不是规则的，而是包含明显的旋涡，旋涡以某一固定的频率不断在非流线型体后“脱落”，称为旋涡脱落现象。

均匀流动中绕流的旋涡脱落频率 f_v 可以通过无量纲 Strouhal 数 Sr 和非流线型体的阻流尺寸 h 及流速 V 来表示：

$$f_v = \frac{SrV}{h} \tag{8-1}$$

不同情况下，Sr 取值不同，一般为 0.2～0.5。工程上，在管道系统设计（确定系统流量）和结构设计（确定结构固有频率）时，一般可借助公式（8-1）估算旋涡脱落频率，避免其与结构主要频率接近而产生共振。

3）声共振

孔板对流体的扰动是管道系统中的声源之一，声波在管道系统中向上下游传播，当遇到流动截面和方向变化的地方（如阀门、泵、容器等），声波被反射，产生声驻波，驱使流体质点在平衡位置附近做周期性运动。如果流体质点的运动频率与管道结构的固有频率接近，将出现声共振现象，产生强烈的振动和噪声问题。

声驻波的频率主要与管道内的声边界条件相关，如果是两端闭式或两端开式的声边界条件，声激振频率有如下的计算公式：

$$f_i = \frac{iC}{2L} \quad i = 1,\ 3,\ 5,\ \cdots \tag{8-2}$$

式中，C 是流体中的声速；L 是管道轴线上的长度。

如果是一端闭式，一端开式的声边界条件，其声驻波频率为

$$f_i = \frac{iC}{4L} \quad i = 1,\ 2,\ 3,\ \cdots \tag{8-3}$$

为了避免共振引起结构破坏和系统功能丧失，在系统和结构设计时应考虑将系统中传递的声频与结构固有频率分离。

4）湍流激振

Reynolds 在 1883 年著名的圆管流动实验中发现，当管内流速超过临界 Re 数（如 2 000）后，流动由层流转变为湍流。湍流是一种非常复杂的物理现象，至今没有完善的理论，是流体力学中尚未很好解决的难题。在实际工程管道系统中，大量情况下的流动状态是湍流。管内湍流中充满随空间位置和时

间不断变化的旋涡，造成流体速度的随机脉动和压力的随机脉动。速度和压力是描述流体的两个最重要的基础变量，这两个变量相互依赖。曾经有过很多对瞬态速度脉动及其统计特性的研究，特别是对于气体介质，但更多的是针对压力脉动的研究。

工程上，管内流体压力脉动可能：① 诱发管道及其支撑结构的振动，导致管道及其支撑结构的疲劳失效；② 产生在流体中传递的声，降低流动的稳定性，并诱发柔性结构的振动；③ 诱发管壁振动，产生由管道系统向外辐射的噪声，污染环境。为了控制管内流体压力脉动对管道系统产生的有害影响，需要深入研究压力脉动的理论和应用分析评价问题。

从振动激励的角度看，脉动压力与流体质点的加速度相关，而质点的加速度产生对管道的激振力。采用 Euler 法描述的流体质点加速度为

$$\boldsymbol{a}=\frac{1}{\rho}\nabla\boldsymbol{P}+\frac{\mu}{\rho}\nabla^{2}\mathbf{V} \tag{8-4}$$

式(8-4)由压力梯度项和黏性力项组成，压力梯度将引起流体中出现旋涡，导致随机压力脉动。即使是光滑直管内的稳定流动，在管壁面的边界层也存在压力脉动。关于光滑直管壁面湍流边界层的压力脉动特性有大量的研究工作报道，管道系统内奇异点诱发的压力脉动强度远高于光滑直管壁面湍流边界层的压力脉动，对管道结构完整性的危害也就大得多，其特性也有很大的差异。

压力脉动有别于另外三种流致振动机理，气蚀、旋涡脱落和声共振可以通过设计手段加以避免，但压力脉动是输流管道内的一种客观存在，无法避免。要控制压力脉动可能造成的结构破坏和系统功能丧失，必须研究脉动压力场的特性和对管道结构所产生的激励特性。

8.1.2 湍流激振的理论表达

1) 脉动压力的 Possion 方程

流体的运动方程描述速度和压力之间的关系，理想流体的运动方程是 Euler 方程，而对于具有黏性的 Newton 流体，其运动方程是 Navier-Stokes 方程，如果流体的密度和黏度保持不变，不考虑体积力，不可压缩流体的 Navier-Stokes 方程可写成如下的矢量形式：

$$\frac{\mathrm{D}\mathbf{V}}{\mathrm{D}t}=\frac{\partial\mathbf{V}}{\partial t}+(\mathbf{V}\cdot\nabla)\mathbf{V}=\frac{1}{\rho}\nabla P+\frac{\mu}{\rho}\nabla^{2}\mathbf{V} \tag{8-5}$$

对上式两边求散度：

$$\mathrm{div}\,\frac{\partial \mathbf{V}}{\partial t}+\mathrm{div}(\mathbf{V}\cdot\nabla)\mathbf{V}=\frac{1}{\rho}\nabla^2 P+\frac{\mu}{\rho}\mathrm{div}\,\nabla^2\mathbf{V} \tag{8-6}$$

考虑到不可压缩流体 $\mathrm{div}\mathbf{V}=0$，上式简化为

$$\mathrm{div}(\mathbf{V}\cdot\nabla)\mathbf{V}=\frac{1}{\rho}\nabla^2 P \tag{8-7}$$

在笛卡尔坐标系中，速度矢量 $\mathbf{V}=(V_i)$，而位置矢量 $\boldsymbol{x}=(x_i)$，则有

$$\frac{\partial^2 P}{\partial x_i^2}=-\rho\frac{\partial^2(V_iV_j)}{\partial x_i\partial x_j} \tag{8-8}$$

对于平稳流动的流体，对脉动速度和脉动压力进行 Reynolds 分解：

$$\boldsymbol{V}(\boldsymbol{x},t)=\boldsymbol{U}(\boldsymbol{x})+\boldsymbol{v}(\boldsymbol{x},t) \tag{8-9}$$

$$P(\boldsymbol{x},t)=p_0(\boldsymbol{x})+p(\boldsymbol{x},t) \tag{8-10}$$

其中

$$\boldsymbol{U}=\lim_{T\to\infty}\frac{1}{T}\int_0^{t_0+T}\mathbf{V}\mathrm{d}t \tag{8-11}$$

$$p_0=\lim_{T\to\infty}\frac{1}{T}\int_0^{t_0+T}P\mathrm{d}t \tag{8-12}$$

如果 $\boldsymbol{U}=(U_i)$，$\boldsymbol{v}=(v_i)$，将式(8-9)和式(8-10)代入式(8-8)，有

$$\frac{\partial^2 p_0}{\partial x_i^2}+\frac{\partial^2 p}{\partial x_i^2}=-\rho\frac{\partial^2(U_iU_j+U_iv_j+U_jv_i+v_iv_j)}{\partial x_i\partial x_j} \tag{8-13}$$

对上式两边进行时间平均：

$$\frac{\partial^2 p_0}{\partial x_i^2}=-\rho\frac{\partial^2(U_iU_j+\bar{v}_i\bar{v}_j)}{\partial x_i\partial x_j} \tag{8-14}$$

式(8-13)与式(8-14)相减可得到

$$\frac{\partial^2 p}{\partial x_i^2}=-2\rho\frac{\partial U_i}{\partial x_j}\frac{\partial v_j}{\partial x_j}-\rho\frac{\partial^2(v_iv_j-\bar{v}_i\bar{v}_j)}{\partial x_ix_j} \tag{8-15}$$

式(8－15)可视为脉动压力的 Possion 方程，表明脉动压力由两项组成。等式右边的第一项为快反应项，因为流场的变化首先通过此项使脉动压力出现变化，它体现了平均速度与脉动速度之间的相互作用，与脉动速度成线性关系；等式右边的第二项为慢反应项，体现了湍流本身相互作用引起的脉动压力变化，与脉动速度成非线性关系。

理论上，结合其他方程和流体边界条件，可以求出脉动压力的解析解。但实际上，管内流体是有旋的，解这些非线性方程在数学上有很大困难。近年来，数值计算方法发展迅速，借助 CFD 的手段研究脉动压力特性也是研究的一个方向。

2) 脉动压力的统计描述

管内湍流的运动在空间和时间上都是随机的非线性过程，需要采用概率统计分析的方法来研究，描述在若干空间-时间点上流体随机量的概率分布。

定义脉动压力为随机过程 $p(\boldsymbol{x}, t)$，对 $p(\boldsymbol{x}, t)$ 统计特性的描述一般采用空间-时间相关函数 $R_{\mathrm{p}}(\zeta, \tau)$、自功率谱密度函数 $\boldsymbol{\Phi}_{\mathrm{p}}(\omega)$、互功率密度函数 $\boldsymbol{S}_{\mathrm{p}}(\omega, \zeta)$ 和均方根值。

如果 $p(\boldsymbol{x}, t)$ 是平稳随机过程，压力场中的两个脉动压力信号的空间-时间相关函数定义为

$$R_{\mathrm{p}}(\zeta, \tau)=\langle p(\boldsymbol{x}, t) p(\boldsymbol{x}+\zeta, t+\Delta t)\rangle \tag{8-16}$$

脉动压力的相关函数是不同的空间-时间点上脉动压力量的乘积平均值，其物理含义表示不同的空间-时间点上脉动压力量之间的相关程度。

上式提供了有关二阶平稳随机过程的时域统计信息，通过傅里叶变换可以得到相应的频域统计特性：

$$S_{\mathrm{p}}(\omega, \zeta)=\frac{1}{2\pi}\int_{-\infty}^{+\infty} R_{\mathrm{p}}(\zeta, \Delta t)\exp(-\mathrm{i}\omega\Delta t)\mathrm{d}\Delta t \tag{8-17}$$

当 $\zeta=(\xi, \eta)=(0, 0)$ 时，互功率谱密度函数缩减为自功率谱密度函数：

$$S_{\mathrm{p}}(\omega, 0)=\Phi_{\mathrm{p}}(\omega)=\frac{1}{2\pi}\int_{-\infty}^{+\infty} R_{\mathrm{p}}(0, \Delta t)\exp(-\mathrm{i}\omega\Delta t)\mathrm{d}\Delta t \tag{8-18}$$

另外，定义随机过程 $p(\boldsymbol{x}, t)$ 的二阶矩：

$$\langle p^2\rangle=\int_{-\infty}^{+\infty} p^2 f(p)\mathrm{d}p \tag{8-19}$$

式(8－19)是脉动压力的均方值，根据中心极限定理，大量统计独立的随机变量之和接近于高斯分布，可以假设脉动压力符合高斯分布，则有概率密度函数为

$$f(p)=\frac{1}{2\sqrt{2\pi\sigma_{\mathrm{p}}^{2}}}\exp\left[-\frac{(p-\langle p\rangle)^{2}}{2\sigma_{\mathrm{p}}^{2}}\right] \tag{8-20}$$

式中：

$$\langle p\rangle=\int_{-\infty}^{+\infty}pf(p)\mathrm{d}p \tag{8-21}$$

$$\sigma_{\mathrm{p}}^{2}=\int_{-\infty}^{+\infty}(p-\langle p\rangle)^{2}f(p)\mathrm{d}p \tag{8-22}$$

取脉动压力均方值的平方根，即为脉动压力的均方根值。

3) 脉动压力诱发的振动响应

利用模态分析法，输流管道运动方程的样本解可表示为模态函数 $\Psi_{\alpha}(\boldsymbol{x})$ 和广义坐标 $q_{\alpha}(t)$ 之间乘积的线性组合：

$$y(x,t)=\sum_{\alpha=1}^{\infty}\Psi_{\alpha}(x)q_{\alpha}(t) \tag{8-23}$$

则广义坐标下的运动方程可写成

$$m_{\alpha}\ddot{q}_{\alpha}(t)+2\omega_{\alpha}m_{\alpha}\varsigma_{\alpha}\dot{q}_{\alpha}(t)+m_{\alpha}\omega_{\alpha}^{2}q_{\alpha}(t)=P_{\alpha}(t) \tag{8-24}$$

其中，第 α 阶模态的广义质量和广义力分别表述为

$$m_{\alpha}=\int_{A}\Psi_{\alpha}(x)m(x)\Psi_{\alpha}(x)\mathrm{d}x \tag{8-25}$$

$$P_{\alpha}=\int_{A}\Psi_{\alpha}(x)p(x,t)\mathrm{d}x \tag{8-26}$$

对式(8－24)两边进行傅里叶变换，得到

$$Q_{\alpha}=H_{\alpha}(\omega)F_{\alpha}(\omega) \tag{8-27}$$

其中，传递函数 $H_{\alpha}(\omega)$ 表述为

$$H_{\alpha}(\omega)=\frac{1}{m_{\alpha}[(\omega_{\alpha}^{2}-\omega^{2})+\mathrm{i}2\varsigma_{\alpha}\omega_{\alpha}\omega]} \tag{8-28}$$

对式(8-23)两边也进行傅里叶变换,并代入式(8-27),可得

$$Y(x, t)=\sum_{\alpha=1}^{\infty}\Psi_{\alpha}(x)H_{\alpha}(\omega)F_{\alpha}(\omega) \tag{8-29}$$

脉动压力诱发的管道振动响应的位移功率谱密度用截断随机过程的傅里叶变换 $Y_{\mathrm{T}}(\boldsymbol{x}, \omega)$ 来表述:

$$S_{\mathrm{d}}(x, \omega)=\lim_{T\to\infty}\frac{\pi}{T}Y_{\mathrm{T}}^{*}(x, \omega)Y_{\mathrm{T}}(x, \omega) \tag{8-30}$$

根据 Parseval 定理,信号在时域的总能量与频域的总能量相等,即

$$\int_{-T}^{T}Y_{\mathrm{T}}^{2}(x, t)\mathrm{d}t=2\pi\int_{-\infty}^{+\infty}|Y_{\mathrm{T}}(x, \omega)|^{2}\mathrm{d}\omega \tag{8-31}$$

综合以上条件,得

$$S_{\mathrm{d}}(x, \omega)=\sum_{\alpha}\sum_{\beta}H_{\alpha}^{*}(\omega)H_{\beta}(\omega)\Psi_{\alpha}(x)\Psi_{\beta}^{*}(x)\lim_{T\to\infty}\frac{\pi}{4\pi T}\cdot$$

$$\int_{A}\int_{A}\int_{-T}^{T}\int_{-T}^{T}\Psi_{\alpha}(x')\Psi_{\beta}(x'')p(x', t')p(x'', t'')\mathrm{e}^{-\mathrm{j}\omega(t''-t')}\mathrm{d}t'\mathrm{d}t''\mathrm{d}x'\mathrm{d}x'' \tag{8-32}$$

设时差:

$$\Delta t=t''-t' \tag{8-33}$$

再利用式(8-16)和式(8-17)的相互函数和互功率谱密度定义,可以将式(8-32)写为

$$S_{\mathrm{d}}(x, \omega)=\sum_{\alpha}\sum_{\beta}H_{\alpha}^{*}(\omega)H_{\beta}(\omega)\Psi_{\alpha}(x)\Psi_{\alpha}^{*}(x)J_{\alpha\beta}(\omega) \tag{8-34}$$

管道在径向的位移均方值可通过 $S_{\mathrm{d}}(\boldsymbol{x}, \omega)$ 在频域范围内的积分得到:

$$\overline{w}^{2}(x)=\int_{-\infty}^{+\infty}S_{\mathrm{d}}(x, \omega)\mathrm{d}\omega=2\int_{0}^{+\infty}S_{\mathrm{d}}(x, \omega)\mathrm{d}\omega \tag{8-35}$$

Powell[176]定义的容纳积分 $J_{\alpha\beta}(\omega)$ 可表述为

$$J_{\alpha\beta}(\omega)=\int_{A}\int_{A}\Psi_{\alpha}(x')\Psi_{\beta}(x'')S_{\mathrm{p}}(x', x'', \omega)\mathrm{d}x'\mathrm{d}x'' \tag{8-36}$$

由脉动压力互功率谱密度函数的复共轭特性:

$$S_p(x', x'', \omega) = S_p^*(x', x'', \omega) \tag{8-37}$$

得到容纳积分的复共轭特性为

$$J_{\beta\alpha}(\omega) = J_{\alpha\beta}^*(\omega) \tag{8-38}$$

如果湍流流场是均匀的,可以利用相干函数来描述容纳积分。相干函数的一般定义为

$$\Gamma(x', x'', \omega) = \frac{S_p(x', x'', \omega)}{\sqrt{S_p(x', \omega) S_p(x'', \omega)}} \tag{8-39}$$

相干函数可以理解为频域的相关系数,取值总是在 0 和 1 之间,取 0 表示两个相比较的信号不存在线性关系,完全不相干;而取 1 表示信号存在良好的线性关系,完全相干。

对均匀流场,设

$$\varsigma = x'' - x' \tag{8-40}$$

式(8-39)可写为

$$\Gamma(\varsigma, \omega) = \frac{S_p(\varsigma, \omega)}{\Phi_p(\omega)} \tag{8-41}$$

则无量纲容纳积分为

$$J_{\alpha\beta}(\omega) = \frac{1}{A}\int_A\int_A \Psi_\alpha(x')\Gamma(\varsigma, \omega)\Psi_\beta(x'')\mathrm{d}x'\mathrm{d}x'' \tag{8-42}$$

位移功率谱密度用无量纲容纳积分表示为

$$S_d(x, \omega) = A\Phi_p(\omega)\sum_\alpha\sum_\beta \Psi_\alpha(x)\Psi_\beta^*(x)H_\alpha^*(\omega)H_\beta(\omega)J_{\alpha\beta}(\omega) \tag{8-43}$$

上式分为 $\alpha=\beta$ 和 $\alpha\neq\beta$ 两项:

$$S_d(x, \omega) = A\Phi_p(\omega)\sum_\alpha \Psi_\alpha^2(x)\mid H_2(\omega)\mid^2 J_{\alpha\alpha}(\omega) +$$

$$2A\Phi_p(\omega)\sum_{\alpha\neq\beta}\Psi_\alpha(x)\Psi_\beta^*(x)\mathrm{Re}[H_\alpha^*(\omega)H_\beta(\omega)J_{\alpha\beta}(\omega)] \tag{8-44}$$

关于容纳积分的物理含义:研究单自由度的弹簧-质量系统在随机力作用下的振动,容纳积分在数学上缩减为常数,对振动响应没有作用。对多自由度

振动系统作用分布随机力的情况，容纳积分是在空间上连接激励函数和结构模态函数的一种量度。自容纳积分 $J_{\alpha\alpha}(\omega)$ 可以理解为在脉动压力 $S_{p}(x', x'', \omega)$ 的作用下，结构原来第 α 阶模态的振动保持以第 α 阶模态振动的可能性，而互容纳积分 $J_{\alpha\beta}(\omega)$ 可以理解为结构原来第 α 阶模态的振动转移到第 β 阶模态振动的可能性。

通过将所有的自容纳相加可以估计自容纳的上限，对于结构响应主要由自容纳引起、互容纳影响小的情形，可以利用自容纳的上限估计结构振动响应的上限。

$$\sum_{\alpha}\alpha J_{\alpha\alpha}(\omega)=\sum_{\alpha}\frac{1}{A}\int_{A}\int_{A}\Psi_{\alpha}(x')\Gamma(\varsigma, \omega)\Psi_{\beta}(x'')\mathrm{d}x'\mathrm{d}x'' \quad (8-45)$$

假定结构的质量密度分布是均匀的(包括流体附加质量)，则结构的模态函数满足如下的正交性条件：

$$\int_{A}\Psi_{\alpha}(x)\Psi_{\beta}(x)\mathrm{d}x=\begin{cases}0 & \alpha\neq\beta\\ 1 & \alpha=\beta\end{cases} \quad (8-46)$$

使用模态分析法时，需要假设结构的振动响应式由模态响应线性组合而成，如果式(8-46)成立，有

$$\sum_{\alpha}\Psi_{\alpha}(x')\Psi_{\beta}(x'')=\delta(x'-x'') \quad (8-47)$$

则式(8-45)可写成：

$$\sum_{\alpha}J_{\alpha\alpha}(\omega)=\frac{1}{A}\int_{A}\int_{A}\sum_{\alpha}\delta(x'-x'')\Gamma(\varsigma, \omega)\mathrm{d}x'\mathrm{d}x''=\frac{1}{A}\int_{A}\Gamma(0, \omega)\mathrm{d}x \quad (8-48)$$

从式(8-39)相干函数的定义可知：

$$\Gamma(0, \omega)=1 \quad (8-49)$$

则有

$$\sum_{\alpha}J_{\alpha\alpha}(\omega)=\frac{1}{A}\int_{A}\Gamma(0, \omega)\mathrm{d}x=\frac{A}{A}=1 \quad (8-50)$$

因此，在满足式(8-46)的模态函数正交性条件和式(8-47)的前提下，自容纳的上限为1。

然而，对于带孔板的输流管道系统，由于孔板作为集中质量的存在，结构

的质量密度分布不是均匀的，式(8-46)的模态函数相互正交的公式不成立。根据振动力学理论，模态函数关于质量(或刚度)是正交的，正交性公式如下：

$$\int_A m(x)\Psi_\alpha(x)\Psi_\beta(x)\mathrm{d}x=\begin{cases}0 & \alpha\neq\beta\\ m_\alpha & \alpha=\beta\end{cases} \tag{8-51}$$

在常用的商业有限元程序中，通常将广义质量 m_α 进行归一化处理。为了能采用商业有限元程序来计算质量密度分布不均匀结构的容纳积分，Au-Yang 建议使用以下表达式：

$$J_{\alpha\beta}(\omega)=\frac{1}{A\sqrt{m_\alpha m_\beta}}\int_A\int_A\sqrt{m(x')}\,\Psi_\alpha(x')\Gamma(x',x'',\omega)\sqrt{m(x'')}\,\Psi_\beta(x'')\mathrm{d}x'\mathrm{d}x'' \tag{8-52}$$

利用以上容纳积分表达式，同样可以推出自容纳的上限：

$$\sum_\alpha J_{\alpha\alpha}(\omega)=1 \tag{8-53}$$

如果相干函数 $\Gamma(x',x'',\omega)$ 已知，采用有限元方法即可计算容纳积分[177, 178]。

8.1.3　孔板诱发脉动压力测量实验

参考文献[179]中对不同孔径比和不同流量情况下的孔板诱发脉动压力进行了测量。实验回路系统如图 8-1 所示。实验段安装在流体充分发展段，

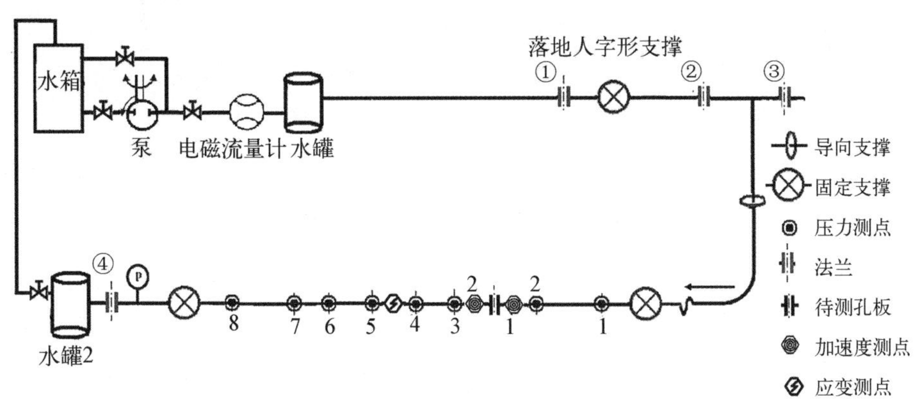

图 8-1　实验回路系统(压力传感器轴向布置)

注：八个压力测点均在管道上方，两个固定支撑与孔板的距离均为 3 米。

以避免上下游的弯头、阀门等扰流件对节流孔板诱发压力脉动测量结果的影响。实验段前后安装有连接软管,以隔离水泵运行振动对实验段的影响。实验段前后还安装有固定支架以支撑管道。

图 8-2 实验孔板

实验段管道长 6 m,外径 90 mm,壁厚 2.5 mm,材料为 1Cr21Ni15Ti 不锈钢。实验段中间安装了节流孔板,实验分别测量了 15 m^3/h、25 m^3/h、40 m^3/h 三种流量和 0.255、0.304、0.335 三种孔径比的情况下轴向和环向的脉动压力。实验所用的孔板如图 8-2 所示。

根据计算流体动力学的数值模拟结果,确定了管道轴向和环向的脉动压力测点位置。沿轴向方向布置的压力传感器如图 8-3 所示。八个测点按照管道流体流动方向进行编号,孔板前两个测点,孔板后六个测点。测点 1 到测点 8 的轴向位置分别为孔板前 2 750 mm、68.4 mm,孔板后 68.4 mm、115.2 mm、158.4 mm、294.3 mm、518.4 mm 和 2 750 mm。环向布置的压力传感器如图 8-4 所示。

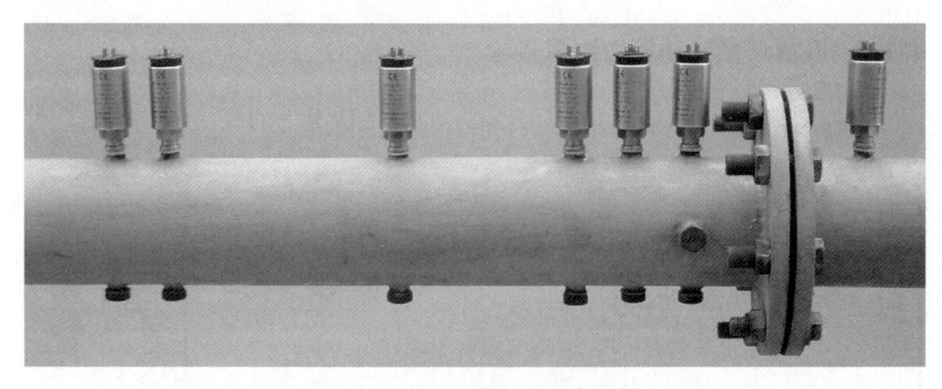

图 8-3 轴向布置的压力传感器

采用敲击法测量管道实验段在停泵满水的情况下的振动频率。结构自由振动信号通过信号分析仪进行快速傅里叶变换(FFT),得到的傅氏谱如图 8-5 所示。图中前四个峰值对应的频率值为实验段管道的前四阶固有频率,分别为:8.0 Hz、23.0 Hz、45.0 Hz 和 81.0 Hz。第一阶固有频率低于两端固支的管道固有频率的理论计算值 10.0 Hz,这主要是因为实验的实际支撑不

图 8-4　环向布置的压力传感器

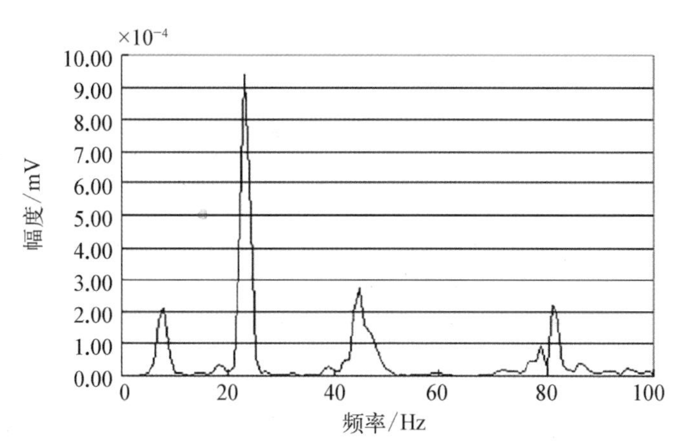

图 8-5　停泵满水工况下管道自由振动信号的傅氏谱

可能达到理想的固定支撑状态。

文献[179]给出了不同环向测点和不同轴向测点测得的脉动压力的均方根值。同一管道横截面上沿环向布置的四个测点的均方根值如图 8-6 所示，而不同的轴向测点测得的均方根值如图 8-7 所示。

图 8-6 反映了压力脉动的强度沿管道环向近似于均匀分布。而图 8-7 反映了孔板对流体在孔板附近产生了明显的扰动，大大增加了孔板附近压力脉动的强度，且孔板对下游的扰动比上游大。但孔板扰流属于近场扰动，其扰动的影响范围不超过孔板前 $1D$，孔板后 $6D$ 的距离（D 为管道外径）。

图 8-8 为实验测得的脉动压力的自功率谱密度曲线及其拟合线。图中无量纲自功率谱密度为 Strouhal 数 Sr 的函数：

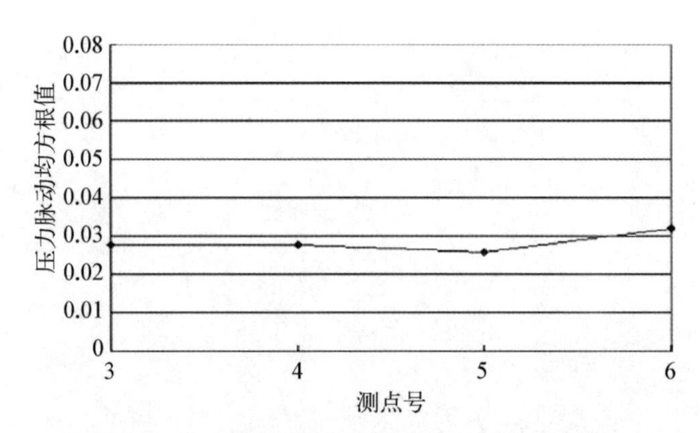

图 8-6 同一管道截面上压力脉动均方根值随环向测点位置的变化曲线

(孔径比为 0.335,流量为 25 t/h)

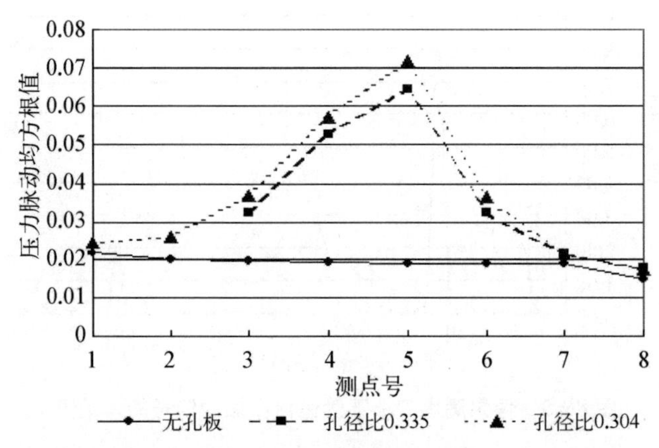

图 8-7 压力脉动均方根值随轴向测点位置变化曲线

(流量为 25 t/h)

$$\psi_{\mathrm{p}}(Sr)=\psi_{\mathrm{p}}\left(\frac{fd}{V}\right)=\frac{G_{\mathrm{p}}(f)}{4q^{2}d/V} \tag{8-54}$$

式中,$G_{\mathrm{p}}(f)$ 为脉动压力的单边自功率谱密度函数;动压头 $q=\rho V^{2}/2$,而 d 和 V 分别为特征长度和特征速度,这里取孔板的孔径为特征长度,管道内的自由流速为特征速度。

图 8-8 中自功率谱密度曲线的形式说明孔板诱发的脉动压力是宽带的随机过程,其能量主要集中在低频段,在超过一定频率的高频段,脉动压力的影响可以忽略。

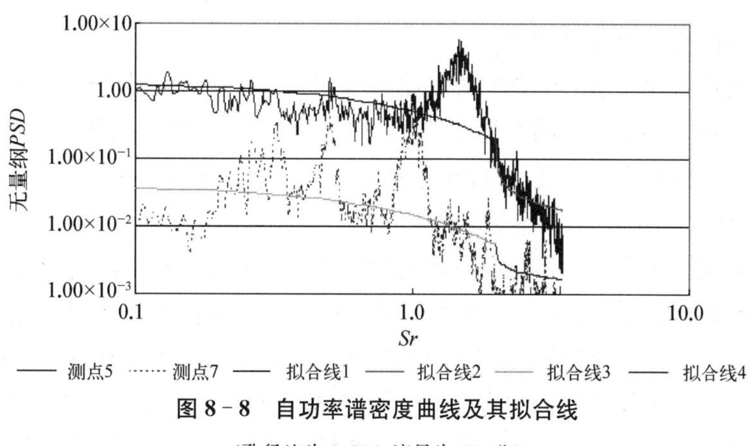

图 8-8　自功率谱密度曲线及其拟合线

（孔径比为 0.304，流量为 40 t/h）

8.1.4　管道随机振动响应的计算

选取孔径比为 0.304、流量为 40 t/h 的工况进行管道随机振动响应的计算，并与实验结果进行对比[180]。

1）前提假设

本节的管道随机振动计算也建立在平稳和遍历过程的假设之上。另外，平稳随机过程的相关函数与功率谱密度的傅里叶变换关系存在的前提是随机过程的均值为零，因此，还需假设孔板诱发脉动压力的均值为零。

在测量脉动压力的实验过程中，当系统运行稳定后，对脉动压力信号的采集可以从任意时刻开始，采样时刻对脉动压力的统计特性无明显影响。根据随机振动理论，可以认为脉动压力激励是平稳的随机过程。实验采集的脉动压力时程信号如图 8-9 所示，可以看出脉动压力在零值上下剧烈波动，因此

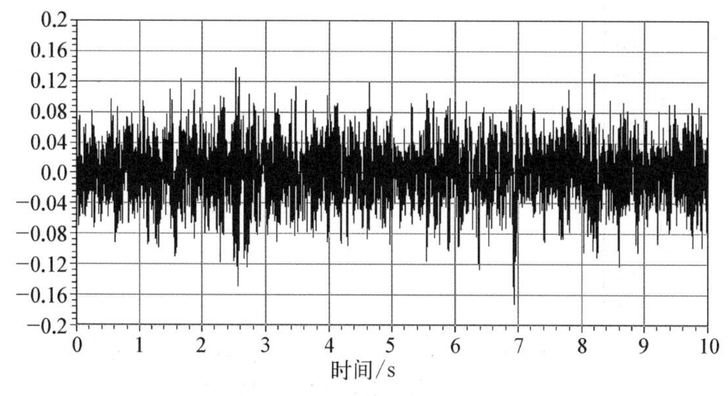

图 8-9　脉动压力时程信号

（孔径比为 0.304，流量为 25 t/h，测点为 3）

均值为零的假设也是合理的。

遍历性假设要求：在观察时间足够长时，一个样本按时间的平均可以近似地代替它在固定时刻的统计平均(或称集合平均)。虽然遍历性很难验证，但因其能使计算大大简化，在随机振动工程实践中被大量采用。

2) 脉动压力激励的处理

我们通过图 8 - 6 可知，孔板诱发的脉动压力的均方根值沿管道环向均匀分布，即均方值也均匀分布。而脉动压力的均方值沿管道轴向的变化情况如图 8 - 10 所示，图中纵轴表示各个位置的脉动压力均方值与测点 5 处的均方值的比值。为了便于后面的有限元计算，根据工程保守原则，对均方值沿轴向坐标变化曲线做包络。将均方值的包络线转换为均方根包络值(见图 8 - 11)，即从孔板前 68.4 mm 到孔板后 158.4 mm 脉动压力的均方根值线性增加，从

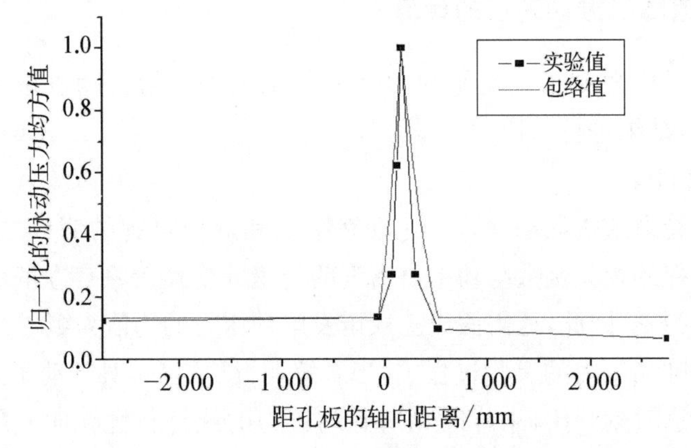

图 8 - 10　脉动压力均方值随轴向坐标 x 的变化

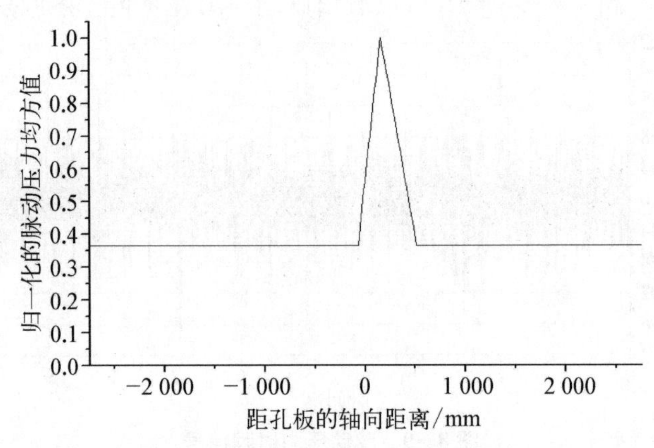

图 8 - 11　脉动压力均方根包络值随轴向坐标 x 的变化

孔板后 158.4 mm 到 518.4 mm 线性减少，其余部分沿轴向均匀分布。脉动压力均方值在测点 5 位置(孔板后 158.4 mm)产生峰值。

图 8-10 表明孔板诱发脉动压力具有近场扰动特性，可认为图中尖峰为孔板扰流结果，而均方值变化平缓的脉动压力为无孔板时轴向流以及实验环境条件下其他因素的影响。据此，对脉动压力激励分解为两部分，一部分为单纯的孔板诱发脉动压力，另一部分为无扰流情况下的管道轴向流和其他因素引起的脉动压力(见图 8-12)。本节重点讨论由孔板诱发管道振动问题，因此只计算由孔板诱发的脉动压力激励产生的管道振动响应。

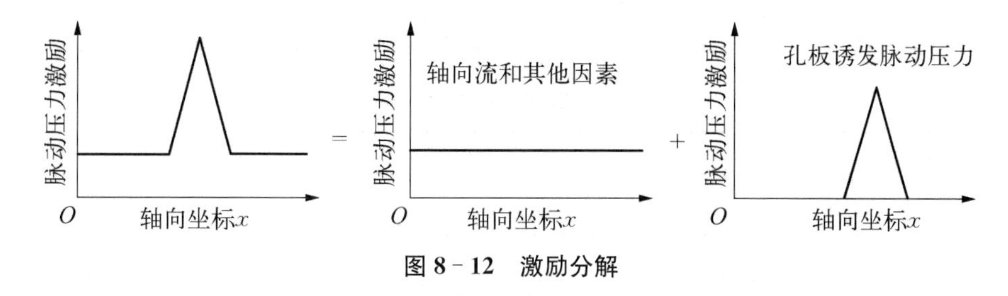

图 8-12　激励分解

根据流场局部区域的均匀假设，认为孔板诱发脉动压力的自功率谱密度在局部区域均匀，即

$$S_p(\boldsymbol{x},\ \omega)=S_p(\boldsymbol{y},\ \omega)=S_p(\omega)\qquad |\,\boldsymbol{x}-\boldsymbol{y}\,|\ll l \tag{8-55}$$

式中，$S_p(\boldsymbol{x},\ \omega)$ 为空间 $\boldsymbol{x}$ 位置处的自功率谱密度。而互功率谱密度 $S_p(\boldsymbol{x},\ y,\ \omega)$ 只与两点的距离有关，与具体位置无关。

$$S_p(\boldsymbol{x},\ \boldsymbol{y},\ \omega)=S_p(\zeta,\ \omega) \tag{8-56}$$

另外，由相干函数的定义

$$\gamma^2(\omega)=\frac{|\,S_p(\boldsymbol{x},\ \boldsymbol{y},\ \omega)\,|^2}{S_p(\boldsymbol{x},\ \omega)S_y(\boldsymbol{y},\ \omega)} \tag{8-57}$$

互谱密度函数可由相干函数和脉动压力的自功率谱密度计算得到。如果进一步忽略互功率谱密度复函数的虚部，则可采用空间相关模型确定互功率谱密度：认为 γ 只与两个激励点之间的空间距离 ζ 有关，在有限元随机振动计算时，设置两个参数 R_{min} 和 R_{max}，当 $\zeta\leqslant R_{min}$ 时，两个激励完全相关；当 $R_{min}<\zeta<R_{max}$ 时，两个激励部分相关；而当 $\zeta>R_{max}$ 时，激励不相关，即

$$S_p(\zeta,\ \omega)=\gamma(\zeta)S_p(\omega) \tag{8-58}$$

$$\gamma(\zeta)=\begin{cases}1 & 当\zeta\leqslant R_{\min}\\ \dfrac{R_{\max}-\zeta}{R_{\max}-R_{\min}} & 当 R_{\min}<\zeta<R_{\max}\\ 0 & 当\zeta\geqslant R_{\max}\end{cases} \tag{8-59}$$

3）考虑相关性的流致振动响应计算

认为孔板诱发的脉动压力是均值为零的平稳遍历的随机过程，采用随机振动理论对管道的流致振动响应进行计算。首先根据试验管道的几何与材料特性，建立有限元模型。管道由弹性壳单元模拟，材料参数如表 8－1 所示。其中，计算材料密度时，考虑了水动力附加质量的影响。孔板的质量影响由集中质量单元模拟。

表 8－1　管道模型的材料参数

弹性模量 E/MPa	泊松比 ν	材料密度 ρ/(kg·m^{-3})	阻尼比
1.97×10^5	0.3	16 162	0.02

为了尽量真实地模拟管道在实验过程中所处的约束条件，在管道模型两端分别施加两个弯曲弹簧和拉伸弹簧，并取弯曲弹簧刚度为 $k_1=2\times10^5$ N·m/rad，拉伸弹簧刚度为 $k_2=6\times10^6$ N/m(见图 8－13)，此时管道前三阶频率分别为 8.0 Hz、23.2 Hz 和 45.8 Hz，与实验值 8.0 Hz、23.0 Hz、45.0 Hz 几乎完全一致。

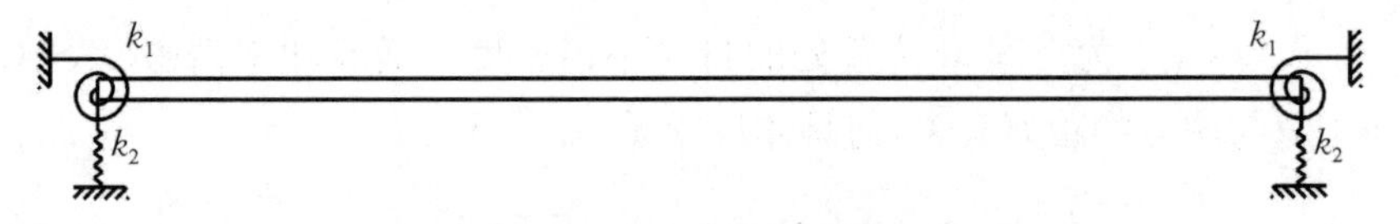

图 8－13　边界约束条件

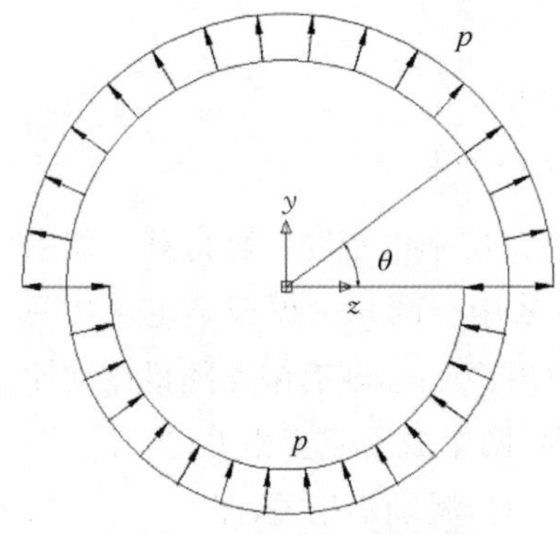

图 8－14　脉动压力载荷沿管道环向分布情况

由于激励模型的简化，不能考虑脉动压力的相位变化，为了避免由此引起的响应计算结果过小，我们保守地假设脉动压力的 y 向的分量全部为正，从而计算管道 y 向的最大响应。环向的载荷分布如图 8－14 所示，而根据前面的载荷分解，轴向载荷分布如图 8－15 所示。

分别考虑不同的空间相关性情况（改变参数 $R_{\min}$ 和 $R_{\max}$），计算在孔径比为 0.304，

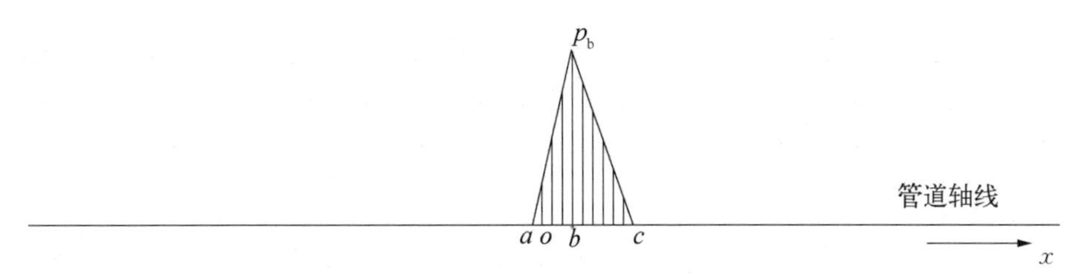

图 8 - 15　脉动压力载荷沿管道轴向分布情况

实验流量为 40 t/h 的情况下测点 5 和孔板位置处的随机振动响应，计算结果汇总于表 8 - 2。

表 8 - 2　管道随机振动响应的计算结果

空间相关程度		孔板处响应的均方根值			测点 5 处响应的均方根值			计算用时
		加速度 g	速度/(mm/s)	位移/mm	加速度 g	速度/(mm/s)	位移/mm	
不相关		0.13	11.61	0.23	0.12	11.52	0.23	25 小时
部分相关	$R_{min}=13$ mm $R_{max}=26$ mm	0.23	20.58	0.40	0.22	20.43	0.40	
	$R_{min}=30$ mm $R_{max}=45$ mm	0.44	39.72	0.78	0.42	39.44	0.77	
	$R_{min}=45$ mm $R_{max}=65$ mm	0.64	57.66	1.13	0.62	57.26	1.12	
	$R_{min}=60$ mm $R_{max}=90$ mm	0.88	79.52	1.55	0.85	78.95	1.55	
	$R_{min}=100$ mm $R_{max}=200$ mm	1.58	143.20	2.80	1.52	142.18	2.79	
完全相关		2.08	191.58	3.75	2.00	190.21	3.73	2 分钟

注：实验测量得到的孔板位置的加速度均方根值为 1.1g。

从表 8 - 2 可以看出，管道随机振动响应随着空间相关程度的增大而增大。对于完全不相关，或参数 R_{min} 和 R_{max} 取值很小的情况，脉动压力在不同位置处的互功率谱密度近似为零，这种情况相当于即使两个空间位置相隔很近，它们之间的脉动压力也相互独立，这明显与实际情况不符合，此时计算得到的管道响应也比实验值小得多。对于完全相关的情况，计算值比实验值大，符合工程保守性要求。事实上，由于孔板的近场扰动特性，本节计算的单纯由孔板诱发的脉动压力在轴向的分布长度仅为 6 倍的管道外径，与管道长度相比很小，因此，将节点激励视为完全相关并不会使计算结果产生很大的误差。另外，在完全相关情况下，ANSYS 软件的计算时间大大缩短，便于实际的工程应用。

4) 简化计算方法

根据上面的讨论，实际的工程应用中可以认为孔板诱发的脉动压力完全相关，这样便可将孔板诱发的脉动压力功率谱密度等效为单一的集中力谱。另外，考虑到激励的功率谱密度仅分布在低频段，无法激起管道的壳式振动，因此可以将壳单元管道模型改为梁单元管道模型，从而使计算模型和计算过程得以简化。

将图 8-14 和图 8-15 所示的压力分布简化为作用在 b 点的集中力，则集中力的 y 向分量为

$$F_y = 4\int_0^{l_{ab}}\int_0^{\frac{\pi}{2}} \frac{p_b l}{l_{ab}} r\sin\theta \mathrm{d}\theta \mathrm{d}l + 4\int_0^{l_{bc}}\int_0^{\frac{\pi}{2}} \frac{p_b l}{l_{bc}} r\sin\theta \mathrm{d}\theta \mathrm{d}l = 2rl_{ac}p_b \tag{8-60}$$

式中，r 为管道内半径；l_{ac} 为 a 点到 c 点的轴向距离。由此，集中力的功率谱密度可由 b 点的脉动压力功率谱密度计算得到：

$$S_{F_y} = 4r^2 l_{ac}^2 S_{p_b} \tag{8-61}$$

简化方法计算的管道随机振动响应的均方根结果列于表 8-3，整个计算时间仅为 5 秒。简化方法计算的结果与表 8-2 中的完全相关情况十分接近，验证了该简化方法的正确性。孔板位置响应的加速度均方根值为 2.19g，比实验值 1.1g 略大，满足工程保守性要求。

表 8-3 简化方法计算的管道随机振动响应

响应位置	加速度均方根值 g	速度均方根值/(mm/s)	位移均方根值/mm
孔板位置	2.19	190.76	3.70
测点 5 位置	2.10	190.76	3.68

简化方法计算的管道响应比实验值大的原因主要在于：保守地认为孔板附近的脉动压力与空间完全相关，并假设在各个瞬时脉动压力沿 y 轴分量方向一致。但需要指出的是，实验测得的加速度响应的均方根值包含各种激励的影响，而本节计算的仅为孔板诱发的管道响应。因此，在应用本节简化方法进行工程评定时，需要在计算结果上叠加不包括孔板时管道的振动响应，以进

一步确保工程保守性。

由于孔板扰流属近场扰动，其引起的脉动压力集中在孔板附近相对较小的区域，因此可以认为孔板诱发的脉动压力空间完全相关。本节提出的简化计算方法便于操作，计算时间短，该方法计算得到的管道流致振动响应结果满足保守性要求，可用于工程评价。

8.2 反应堆冷却剂回路温度计套管流致振动分析

核电站反应堆冷却剂温度直接在冷却剂回路和旁路支管上测量。冷却剂流体流经温度计套管时会产生旋涡脱落，旋涡脱落的频率与流动速度成正比。如果旋涡脱落频率接近温度计套管的固有频率，就会发生锁定。温度计套管不断吸收流体流动的能量，产生很高的应力，导致温度计套管破坏。冷却剂流道和流动速度能引起和保持湍流，当湍流流经套管表面时，流体中一部分能量转化成脉动压力。除了平均流动所产生的稳态力外，湍流速度产生表面随机脉动压力，使温度计套管振动。在以上两种主要流体激励作用下，温度计套管可能产生较大幅度的振动，即使温度计套管没有破坏，套管内的温度计也可能承受严重的碰撞，使温度计显示异常，甚至失效。理论和试验研究表明，旋涡脱落锁定对温度计套管的振动影响较大，因此，在温度计套管的设计中应首先避免发生旋涡脱落锁定。

本节对温度计套管在流体横向冲刷下的流致振动分析进行研究[181]。首先计算了G1″和G1″1/4温度计套管的固有频率及旋涡脱落频率，分析这两种不同尺寸的温度计套管旋涡脱落锁定。并进一步考虑了湍流激励、旋涡脱落两种主要机理，采用简化的工程方法计算了湍流脉动压力、旋涡脱落升力和拉曳力，对温度计套管的振动疲劳进行了分析研究。

8.2.1 温度计套管结构、材料和流体性能

温度计套管安装在主管道管座上(见图8-16)，这里考虑G1″、G1″1/4两种尺寸的温度计套管。G1″套管内径为10 mm；外径从根部的28 mm均匀减少到端部的24 mm；从根部到端部的

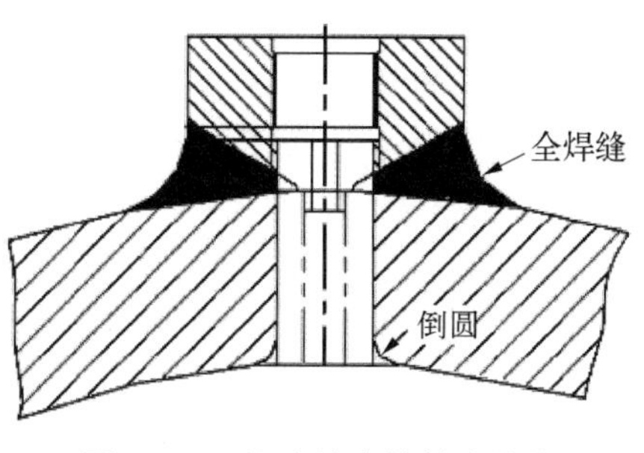

图8-16 温度计套管管座结构

长度为 215 mm。G1″1/4 套管内径为 10 mm；外径从根部的 37 mm 均匀减少到端部的 18 mm；从根部到端部的长度为 200 mm。

温度计套管材料为奥氏体不锈钢，冷却剂在主管道内的流速 v 为 17.73 m/s。考虑到保守性，温度计套管取 350℃时的材料性能，冷却剂流体取 300℃时的性能。350℃时，奥氏体不锈钢弹性模量 E 为 1.72×10^{11} Pa，泊松比为 0.3，许用应力强度 S_m 为 114 MPa，密度 ρ_s 为 7 900 kg/m^3；冷却剂流体温度为 300℃、压力为 17.2 MPa 时，运动黏性系数 μ 为 1.22×10^{-7} m^2/s，质量密度 ρ_f 为 726.7 kg/m^3。

8.2.2 温度计套管固有频率和旋涡脱落频率

采用 ANSYS 程序对 G1″和 G1″1/4 温度计套管在热水中的固有频率进行有限元计算分析。表 8-4 给出了计算和试验结果。

表 8-4 温度计套管固有频率计算结果和试验结果

频率	计算结果(热水中)		G1″(室温空气中)	
	G1″	G1″1/4	计算结果	试验结果
1 阶/Hz	423.3	828.3	476.5	410
2 阶/Hz	2 264.6	3 117.1	2 549.4	—

温度计套管固定在主管道管座上，计算模型所采用的边界条件为完全刚性固定，计算的频率可能偏高。由于试验模型在试验台架的边界条件与温度计套管在管座上的边界条件并不完全一致，因此，表 8-4 中的试验结果仅供参考。

热态(300℃)条件下，流经温度计套管流体的雷诺数为

$$Re=\frac{vD}{\mu} \tag{8-62}$$

式中，D 为温度计套管流体冲刷管段的平均外径。

旋涡脱落频率为

$$f_s=\frac{Sr\,v}{D} \tag{8-63}$$

式中，Sr 为斯托哈尔数。

表 8 - 5 给出了 G1″和 G1″1/4 温度计套管的旋涡脱落频率。

表 8 - 5　G1″和 G1″1/4 温度计套管的旋涡脱落频率

参 数 名	G1″	G1″1/4
雷诺数	3.7×10^6	3.6×10^6
斯托哈尔数	0.3	0.3
旋涡脱落频率 f_s/Hz	211.3	228.5
旋涡脱落频率与套管固有频率之比	0.50	0.28

8.2.3　横向流动中温度计套管的响应

对横向流动中单圆柱体的响应，人们经过大量的试验研究，总结了顺流方向的两个锁定区域和横流方向的一个锁定区域的特性规律，如表 8 - 6 所示。

表 8 - 6　锁定区域特性

运 动 方 向	顺流方向振动		横流方向振动
	第一区域	第二区域	
区域	1	2	3
折合流速 U_r	1.25～2.5	2.5～3.8	3.8～10
对应最大响应振幅的 U_r	2.4	3.2	5.5～8
激励频率	变化	固定	固定
最大响应振幅 a/D	0.25	0.25	2.0
旋涡	对称涡对	交错涡对	交错涡对
锁定发生的质量-阻尼参数上限	0.6	0.6	32

折合流动速度和质量阻尼参数可分别按以下公式计算：

$$U_r=\frac{v}{f_1 D} \tag{8-64}$$

$$\delta_r=\frac{2\pi\zeta m}{\rho_f D^2} \tag{8-65}$$

式中，m、ζ 分别为套管的线密度（包括水的附加质量）和水中的阻尼因子，这里保守地取 1%。

对 G1″和 G1″1/4 温度计套管，折合流动速度和质量阻尼参数计算结果如表 8 - 7 所示。

表 8－7　折合流速和质量阻尼参数

参 数 名	G1″	G1″1/4
折合流速 U_r	1.61	0.92
质量阻尼参数	0.57	0.72

对比表 8－6 和表 8－7 可知：对 G1″温度计套管，由于折合流动速度位于发生顺流（阻力）方向振动第一区域的范围内，质量-阻尼参数小于 0.6，且温度计套管的固有频率约等于旋涡脱落频率的两倍，旋涡脱落被阻力方向的套管运动所控制，发生顺流方向上的锁定。温度计套管在阻力方向上稳态振动，而在升力方向上振幅很小，在阻力和升力两个方向上占优势的频率是套管的固有频率。由于旋涡脱落频率远离套管固有频率，因此不会发生升力方向上的锁定。对 G1″1/4 温度计套管，折合流动速度小于表 8－6 中发生锁定的流速，质量-阻尼参数大于 0.6，因此不会发生阻力和升力方向上的锁定。

8.2.4　温度计套管的振动疲劳分析

由于作用在温度计套管外表面的流体脉动功率谱密度（PSD）很难由计算得到，工程上常通过试验来测量。本节尝试采用简化的工程方法估算温度计套管的交变应力强度。

试验研究表明，冷却剂回路湍流压力脉动的最大均方根值[182]为

$$\Delta p = 0.28 \frac{\rho_f v^2}{2} \tag{8-66}$$

旋涡脱落引起的脉动升力（压力）的峰值[183]为

$$p_L = \frac{C_L J \rho_f v^2}{2} \tag{8-67}$$

式中，C_L 为升力系数；J 为容纳积分。一般认为 $C_L = 1$ 和 $J = 1$ 时是保守的[183]。

旋涡脱落引起的脉动拉曳力通常比脉动升力小一个数量级。对均匀横向流，在过渡雷诺数范围（$2.0 \times 10^5 \sim 3.0 \times 10^6$）内，旋涡脱落频率的变化几乎是周期性改变为完全的随机性，在这个范围以外，旋涡分离的能量总是

集中在以旋涡脱落频率为中心的很窄带范围内。脉动拉曳力 p_D(压力)的峰值[16]为

$$p_D=\frac{C_D\rho_f v^2}{2} \tag{8-68}$$

式中，C_D 为拉曳力系数，保守地取 $C_D=1$。

动态放大系数 Q 为

$$Q=\frac{1}{\sqrt{\left[1-\left(\frac{f_s}{f_1}\right)^2\right]^2+\left[2\zeta\left(\frac{f_s}{f_1}\right)\right]^2}} \tag{8-69}$$

式中，f_s 为旋涡脱落频率；f_1 为温度计套管第一阶固有频率。

对比随机振动疲劳曲线和 ASME 规范疲劳曲线的持久限(如 10^{11} 次循环)[183]，载荷的均方根值须乘以因子 4。作用在温度计套管上的总载荷为

$$p_{total}=\sqrt{(4\Delta p+p_D)^2+(p_L Q)^2} \tag{8-70}$$

G1″和 G1″1/4 温度计套管的最大交变应力强度的计算结果分别为 96.6 MPa和 65.6 MPa。据 ASME 规范[183]第三卷第一册图 I-9.2.2 曲线 C(包括了平均应力的最大影响)，奥氏体不锈钢疲劳持久限(10^{11})为 93.8 MPa。本节的计算表明：G1″温度计套管疲劳强度大于 ASME 规范的限值，而 G1″1/4 温度计套管疲劳强度小于 ASME 规范的限值。

需要说明的是，本节的工作主要是研究流致振动，因此没有考虑温度、压力的变化和主管道振动等因素对温度计套管疲劳的影响。

8.3　三通管道的旋涡脱落与声共振

反应堆系统结构复杂，各环路中管道以及各种辅助支撑结构遍布其中，在热段、冷段以及过渡段的主管道上，存在各种支管结构，如三通管道的支管与主管形成三通式结构，由于管内流体流动在三通处形成强烈的旋涡脱落现象，产生压力波进而传入支管，压力波动被支管的流体锁定频率并放大(声振动)，一旦声振动频率与管线结构频率重合，将导致管道振动加大，超出管道振动的指标，严重影响反应堆运行的安全性和可靠性。

声共振的产生是由旋涡脱落的剪切流的压力波动和声场产生共振造成。支管内的压力驻波幅值被三通处形成的波动剪切流急剧放大。主管内上游分界线处剪切流形成旋涡形式进行传播，使得在下游压力波动被旋涡的冲击加强。当旋涡脱落频率与支管声腔共振频率一致时，由于支管声共振的反作用，加剧了三通处旋涡脱落现象，压力波动振动增大，如图 8-17 所示。

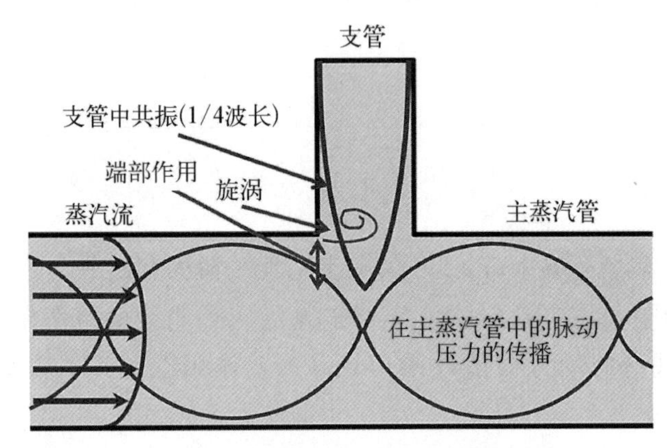

图 8-17 三通管道旋涡脱落与声共振

在分析中经常用到以下几个理论公式：

(1) Strouhal 数：

$$Sr=\frac{fd}{U} \tag{8-71}$$

式中，f 为压力波动频率；d 为支管直径；U 为试验段的进口平均速度。

(2) 声共振频率：

$$f_n^{ac}=\frac{a(2n^{ac}-1)}{4(h+L_e)} \tag{8-72}$$

式中，f_n^{ac} 为声共振频率；h 为支管长度；L_e 为端部修正长度，$0.393d<L_e<0.425d$；n^{ac} 为声共振模态数。

(3) 旋涡脱落频率：

$$f_n^h=0.5\left(n^h-\frac{1}{4}\right)\frac{U}{d} \tag{8-73}$$

n^h 为水力模态数。

8.3.1　研究现状

国际上对于三通结构管道中的旋涡脱落现象研究大多集中在管内介质为空气、干蒸汽、湿蒸汽等，形成了一系列评价旋涡脱落的准则和标准，最具代表性的是 Sr 数(斯托劳哈尔数)，Sr 数作为评价旋涡脱落的无量纲参数，与旋涡脱落频率、流体速度、管道直径等有关，研究表明三通结构在 Sr 数为 0.4 附近时旋涡脱落现象比较明显，造成的压力波动较大，容易诱发声共振现象。

现有研究中同样利用实验手段进行旋涡脱落以及声共振现象研究，其中三通管在低压湿蒸汽流作用下的流体诱发声共振实验研究显示，对于流体湿蒸汽时，内部存在空气和水两相流，两者相互渗透，工况复杂，使用 CFD 方法无法正确计算声共振现象。以前学者进行试验研究证实了流体有液态存在时会改变声共振的压力波动频率、幅值以及 Sr 数，要想得到精确理论模型和计算结果，需要对液态流体的声共振的参数以及声速进行修正。为了得到湿蒸汽对声共振频率以及幅值的影响，通过对比试验研究给出了湿蒸汽声共振的第一阶固有频率计算方法。

试验装置如下，图 8-18 为蒸汽流作用下的实验装置，图 8-19 为空气流作用下的实验装置，其中蒸汽流装置中通过过热加热器和湿度控制线路来实现蒸汽性质的调节。试验中分别测量不同的管径比、蒸汽流量下的数据，并对结果进行了对比分析，如图 8-20 所示。

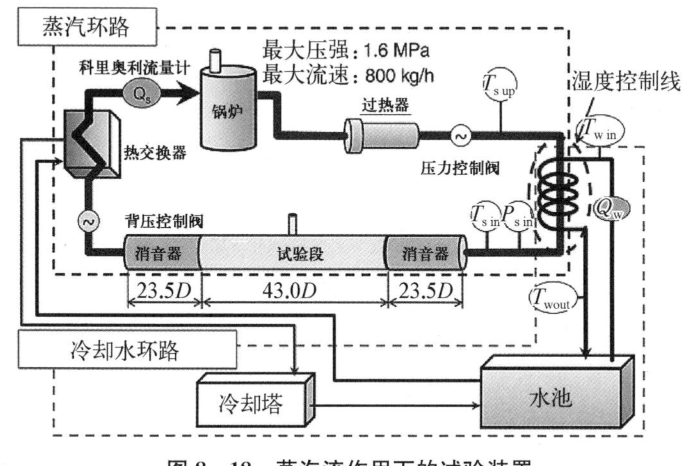

图 8-18　蒸汽流作用下的试验装置

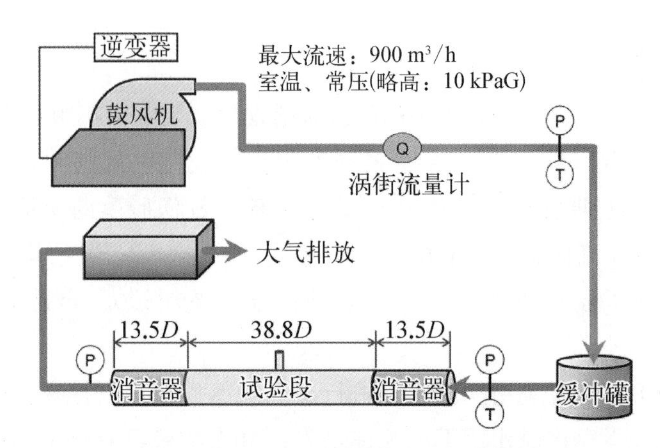

图 8-19　空气流作用下的试验装置

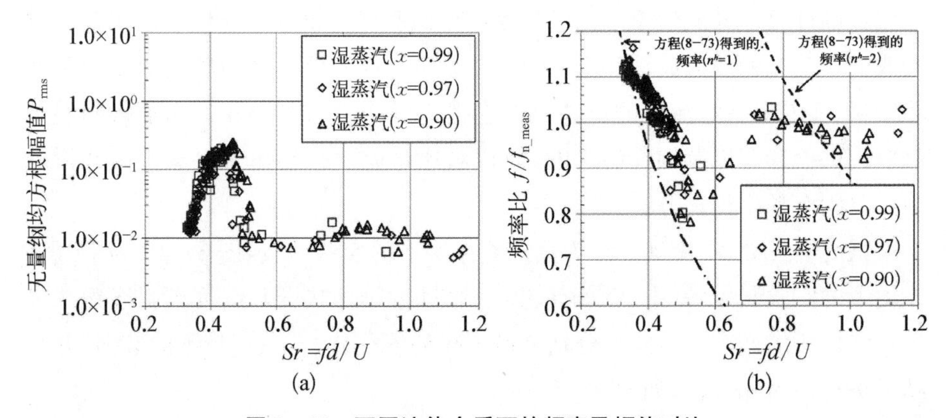

图 8-20　不同流体介质下的频率及幅值对比

运用实验方式进行旋涡脱落频率的研究，能够与计算吻合良好，得到在误差范围内的结果。

借助实验，可以得到单支管在低压干、湿蒸汽流和空气流作用下的声共振的相关结论：

(1) 干蒸汽和空气对压力波动的均方根(RMS)幅值及主频的影响类似。在 $0.90 < x < 0.99$ 范围内，湿蒸汽与饱和蒸汽中的声速比超过 0.94。

(2) 湿蒸汽作用下的最大 RMS 幅值比干蒸汽作用下的小 80%，主频也没有锁定在共振频率，并随着 Sr 的减小而逐渐增大，一个主要原因应该是液相影响了压力波动，相比干蒸汽，湿蒸汽流引起了较高的声学阻尼。

(3) 在干蒸汽条件下，利用测量的共振频率计算得到的平均端部修正约为 0.4d,再次确定了蒸汽和空气的不同流体特性对端部修正的影响较小。

(4) 采用本节方法计算得到的共振频率与已有理论方程的结果基本一致:对干蒸汽,其与测量值的误差在±2%;对湿蒸汽(假设其为饱和声速时与测量值相当),其与测量值的误差在±6%;本节试验条件下的共振频率为1 300～3 000 Hz。

(5) 试验条件下,湿蒸汽下的临界 Strouhal 数与干蒸汽和空气下的类似。

8.3.2　旋涡脱落分析模型研究

基于试验研究反应堆内湿蒸汽三通管道内的旋涡脱落导致的声共振现象,可以推测当反应堆管道系统中流体介质为水时,其旋涡脱落以及声共振特性会有不同的变化,现有针对介质为空气、干湿蒸汽的理论公式以及规律特征均不再适用。

调研发现,现有的研究对于三通结构中流体介质为水的旋涡脱落以及声共振现象没有研究,没有可供参考的经验公式或试验数据。对于三通流道中介质为水时需要重新进行机理研究以及实验验证,所以需要针对成熟的空气声共振现象进行研究对比,从而将经验借鉴到流质为水的状态。

选取三通管道流体模型(见图 8-21),运用 CFD 流体计算方法,借鉴介质为空气下的无量纲评价准则 Sr 数变化规律,选取 Sr 数为 0.414 时,旋涡脱落以及声共振现象明显的工况下,通过设定不同湍流模型、边界层影响、空气流体介质特性(是否可压)等,验证不同因素对于旋涡脱落现象的影响。

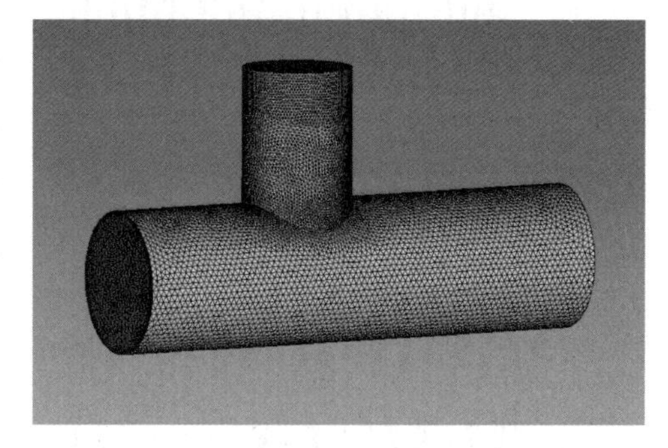

图 8-21　用于研究旋涡脱落的三通管道模型

1) 湍流模型研究

通过 CFD 计算软件验证三种不同的湍流模型:$k-\varepsilon$、SST 以及 LES(大涡模拟),计算结果如图 8-22 所示。三种不同的湍流模型下,计算得到的三通管道中空气旋涡脱落现象的时域以及频域特性产生了较大不同,而只有 LES(大涡模拟)湍流模型计算结果最佳,所以可以确定湍流计算模型的最终选取。

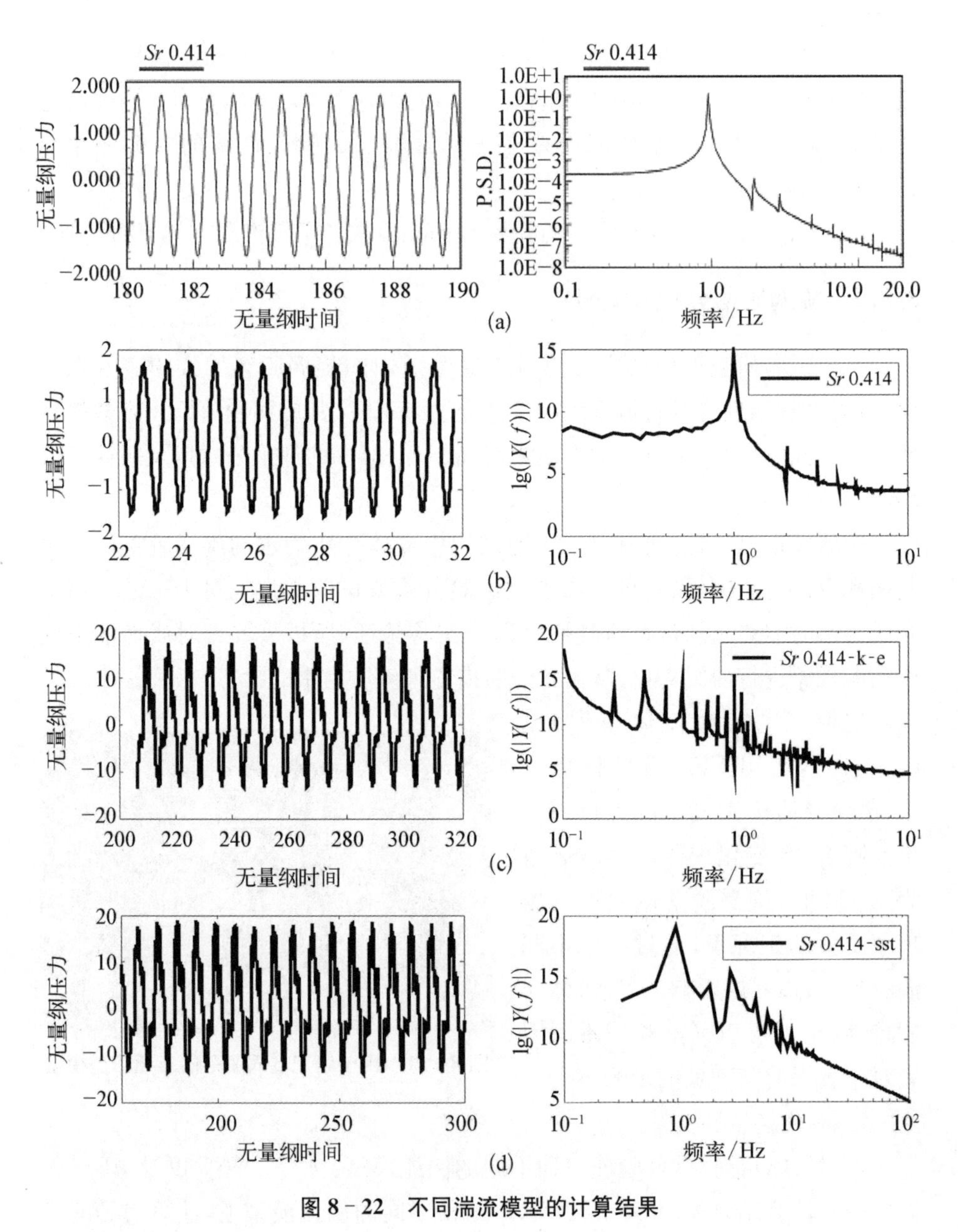

图 8-22 不同湍流模型的计算结果

(a) 文献结果[184]；(b) LES结果；(c) $k-\varepsilon$ 湍流模型结果；(d) SST 湍流模型结果

2）边界层、流体压缩性的影响

采用大涡模拟湍流模型，对于三通管道内流体的空气介质分别赋予不同的流体性质，对比验证了流体模型中边界层、空气介质是否可压缩，两种不同因素对于旋涡脱落现象的影响，计算结果如图 8－23 所示。在计算中发现，流体计算模型中边界层对旋涡脱落现象有一定影响，尤其体现在高频阶段，所以建议采用有边界层的设置方法；对于流体压缩性设置，两种计算结果差异明显，对于不可压缩模型基本无法计算得到旋涡脱落的周期性规律，所以导致最终无法找到声共振频率的第一阶次固有频率。在空气介质下进行三通流道内旋涡脱落现象应当设置可压缩流体属性。

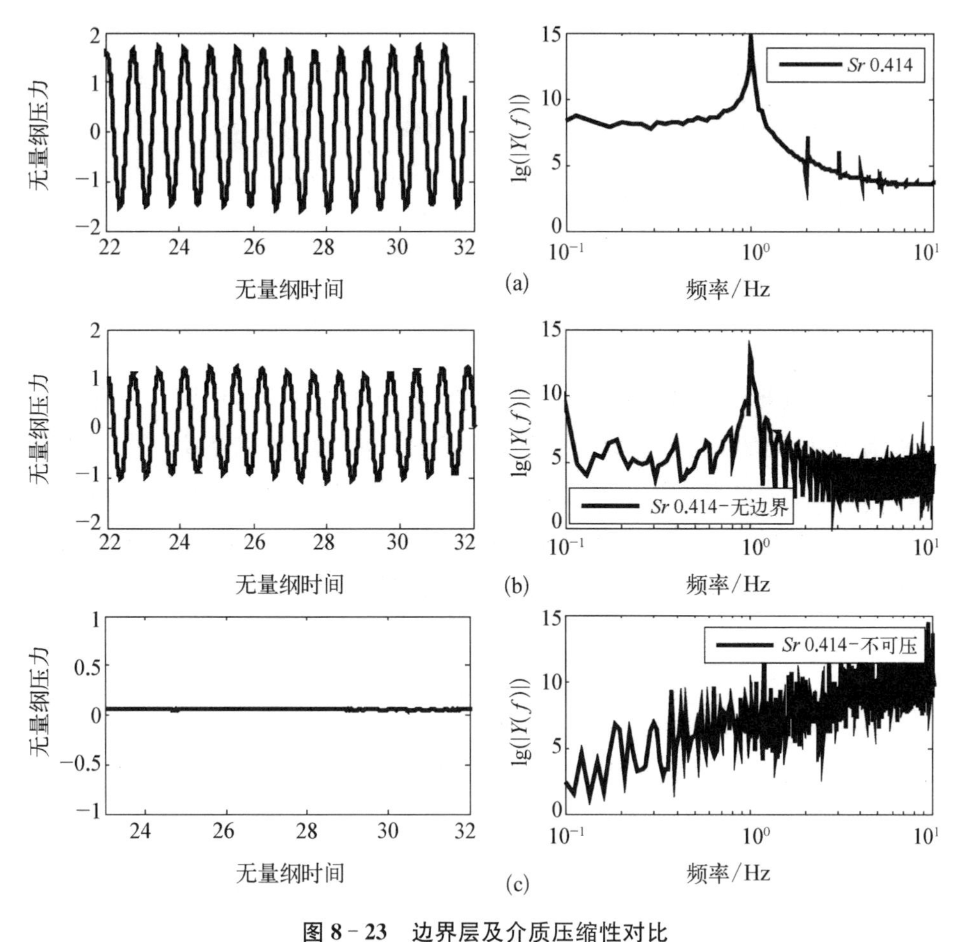

图 8－23　边界层及介质压缩性对比

(a) 有边界层；(b) 无边界层；(c) 不可压

通过以上研究可知，对于三通管道类的旋涡脱落计算，应采用 LES 湍流模型，CFD 网格需建立合理的边界层，流体介质属性应设为可压缩性，最后利用这些分析结论，建立了数值模拟模型，对三通管道的旋涡脱落进行了分析，计算值与实验值的对比如图 8-24 所示，由图可见，两者吻合较好，说明建立的数值模型可以合理地计算三通管道类的旋涡脱落。

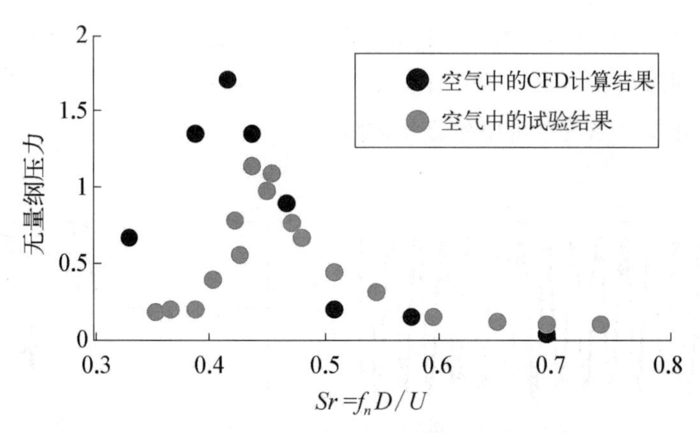

图 8-24　计算结果与试验结果的对比

3）流体介质为水时的旋涡脱落

通过将 LES 湍流模型、边界层、流体介质可压缩性等运用到三通管在水介质作用下的旋涡脱落计算，通过分析其在不同物理性质以及边界条件下的规律，确定流体介质为水时的旋涡脱落分析模型，讨论并计算了 5 种不同工况下的旋涡脱落现象，流体介质的物理参数列于如表 8-8 所示，不同设置条件列于表 8-9 中，图 8-25 给出了监测点的位置，计算结果见表 8-10 所示。

表 8-8　物理参数

流体介质	水
温度/℃	292
流体密度/(m^3/h)	742
流体声速/(m/s)	1 014
流体内压/MPa	15.5

表8-9　分析工况

工　况	能量方程打开	操作压力打开	流体物性考虑压力	特征频率
工况1	是	否	否	97.13
工况2	否	否	否	97.13
工况3	是	否	是	95.98
工况4	是	是	否	99.98
工况5	是	是	是	97.13

在LES湍流模型、流体可压、边界层存在的前提下，从分析计算结果可以得到以下结论：

(1) 管内水中不同监测点下均体现了旋涡脱落的周期现象，同一工况下均有较为相同的频率特性，仅在压力波动幅值上有所差别，其中压力波动最大的点为支管监测点1(1893)，其周期特性体现得较为明显。

(2) 计算过程中，无论主管还是支管中监测点的压力变化均呈现幅值衰减的周期特性，并且一直衰减，逐步趋于稳定。

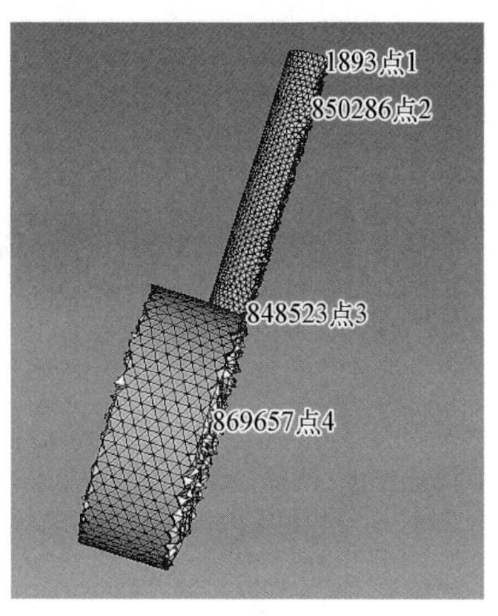

图8-25 水中监测点

(3) 对比1工况和2工况可以发现，在计算过程中，能量方程打开与否对于水中旋涡脱落的幅值和周期特性没有影响。

(4) 对比工况1和3、4及5可以发现，在计算中水的材料属性中压力是否设置对于计算结构有比较大的影响，对于旋涡脱落的频率以及幅值均有影响。

(5) 对比工况1和4可以发现，操作压力设置与否同样会对水中旋涡脱落现象的周期性以及幅值有较大影响。

(6) 对于不同工况下的水中监测点的速度变化差异体现得不太明显，但在低频阶段还是具有不同的频域特性。

上述对比差异体现均是在压力特性方面，对比不同工况下，同一监测点(点1)的频率特性，可以较为明显地看到旋涡脱落的不同特性(见图8-26)。

表 8-10　不同介质条件下对比

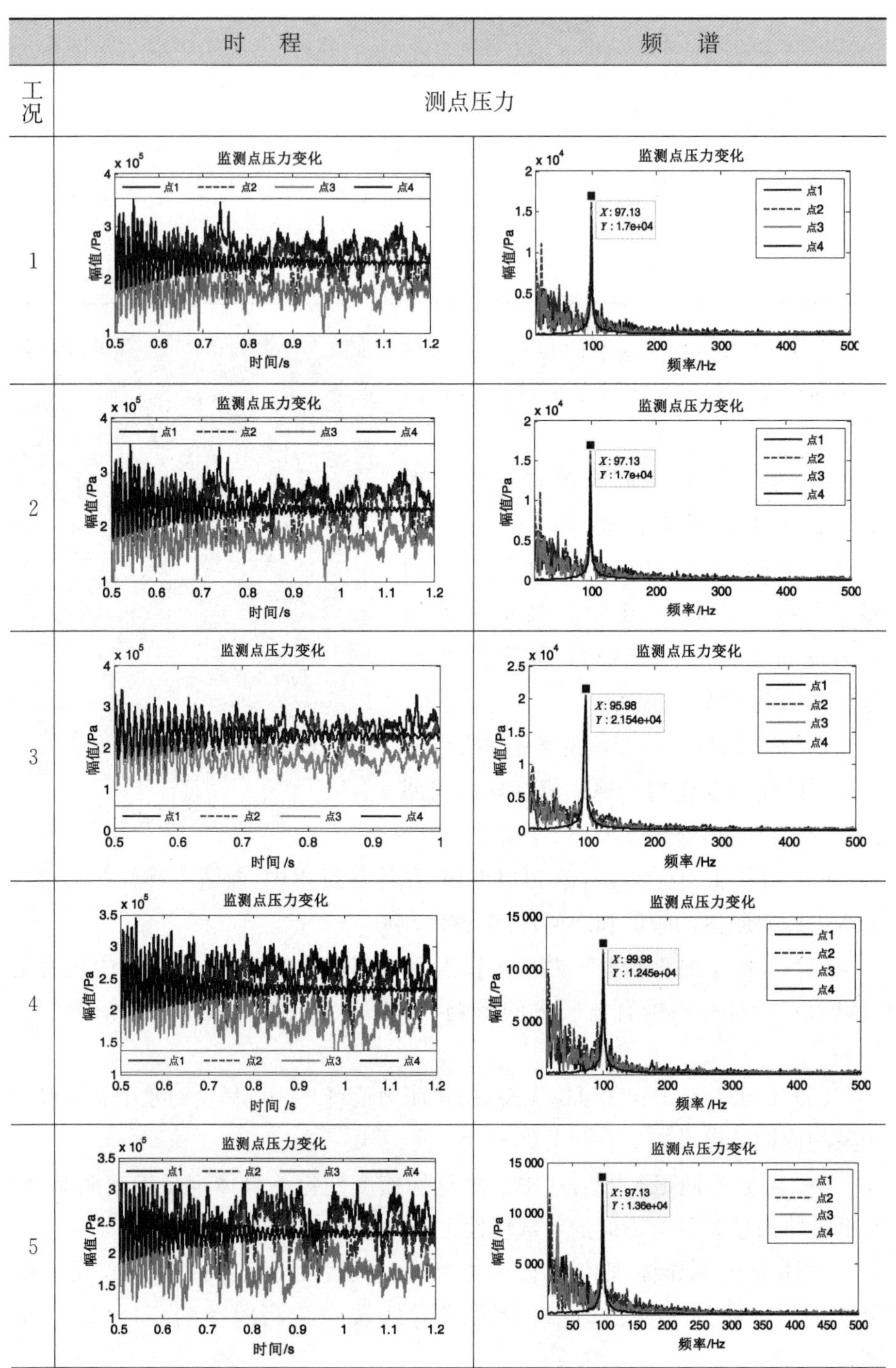

（续表）

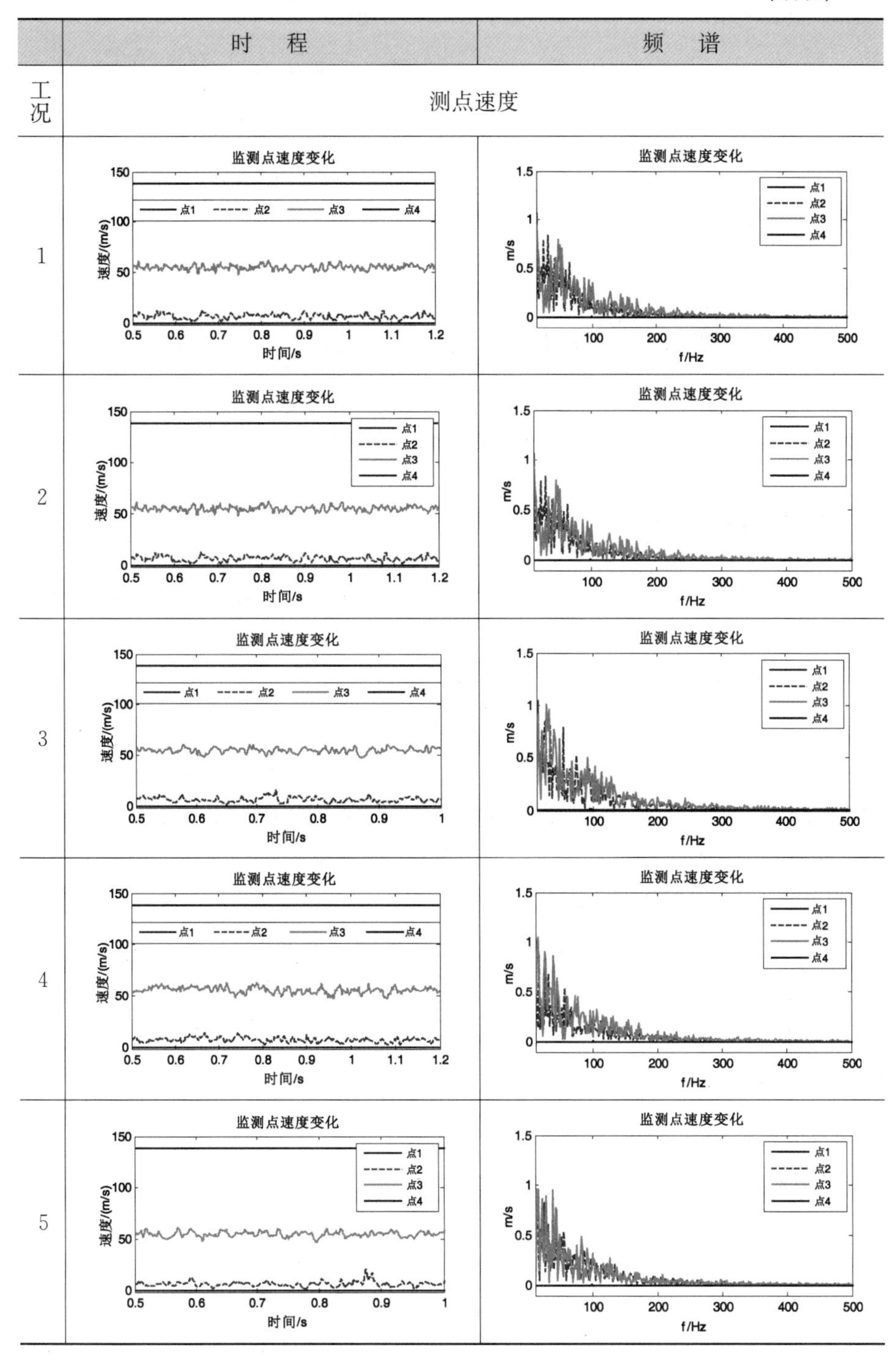

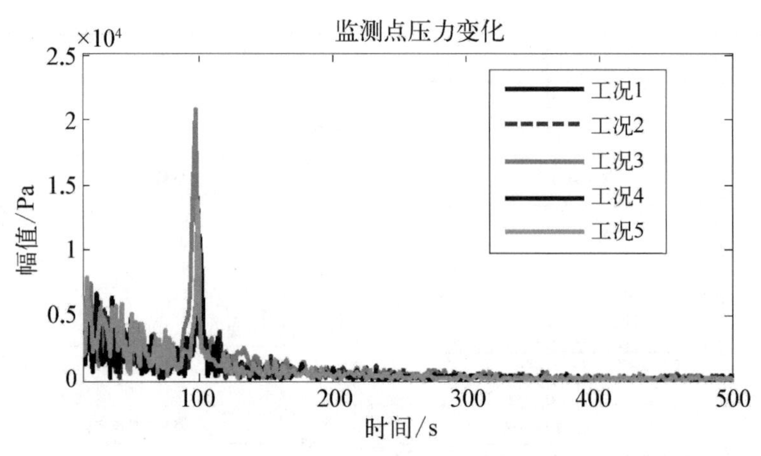

图 8-26　监测点 1 压力变化

8.3.3　声共振分析

基于以上对三通管道的旋涡脱落分析模型研究，开展了三通管的声共振研究，分别基于声学有限元法计算了声模态频率，基于有限元法计算了振动特性，基于 CFD 方法计算了旋涡脱落频率。

1）声模态频率

声模态分析的流体参数列于表 8-11 中，建立声模态分析的声学有限元模型，如图 8-27 所示，图 8-28 列出了热试工况下的第一阶声模态。

进一步地，研究了隔离阀的不同开关状态(见图 8-29)对声模态频率的影响，其中工况 4 为将基准工况的支管延长而得到，计算结果列于表 8-12，从表中可以看出，隔离阀开关影响管道长度，进而对于声模态产生影响，调整流道时应注意避让敏感频率，如对于工况 4，虽然第一阶频率降低到 15.3 Hz，避开了 25 Hz 左右的管道固有频率，但是其第二阶声模态频率又接近 25 Hz (26.8 Hz)，也会引起共振。

表 8-11　流体参数

工　况	T/℃	P/MPa	ρ/(kg/m^3)	C(m/s)
热　试	292	15.5	742	1 014
满功率	322	15.5	674.8	829.1

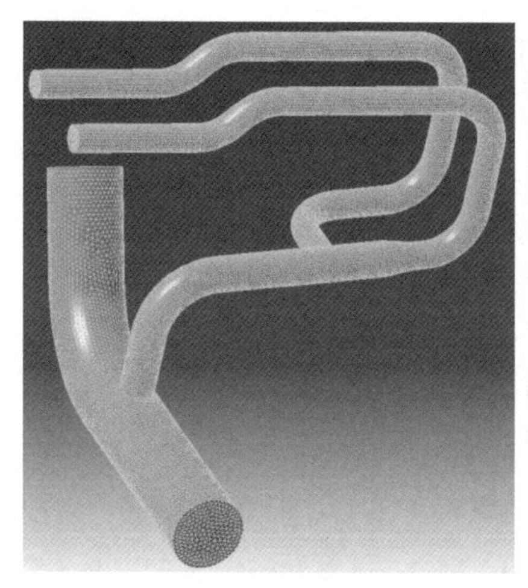

图 8－27　声模态分析模型

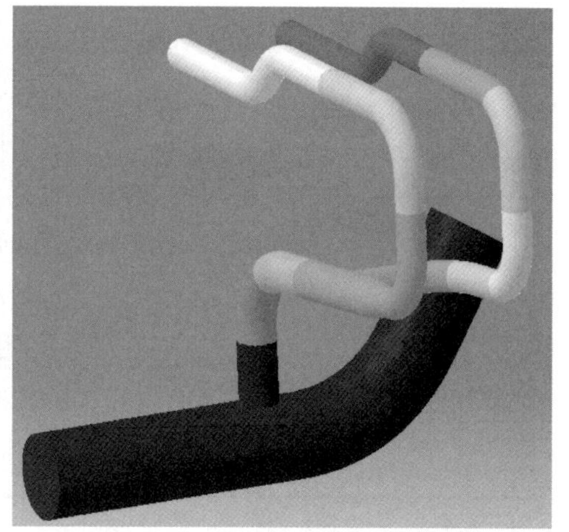

图 8－28　热试工况第一阶声模态

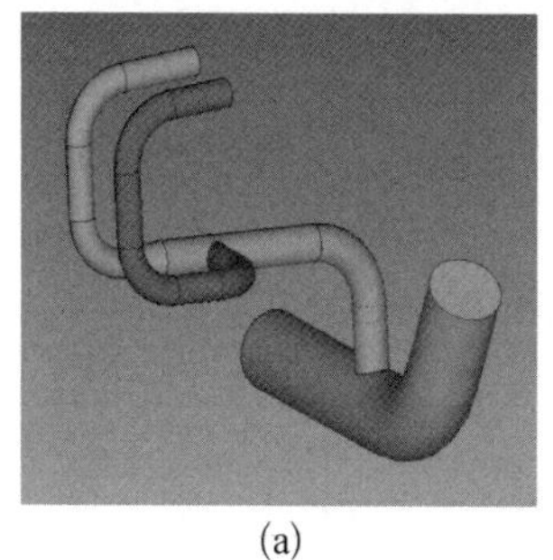

(a)

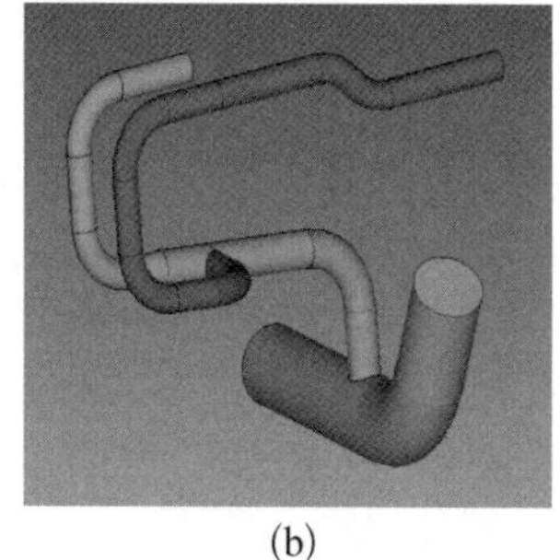

(b)

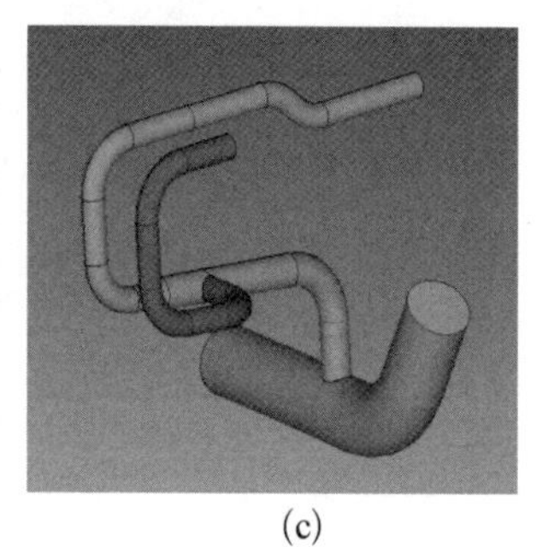

(c)

图 8－29　不同隔离阀状态模型

(a) 工况 1;(b) 工况 2;(c) 工况 3

表 8－12　不同隔离阀状态下的声模态频率

阶　次	基　准	工况 1	工况 2	工况 3	工况 4
1	25.9	35.6	26.7	28.8	15.3
2	32.5	58.2	47.3	44.4	26.8
3	67.5	96.8	81.8	80.9	33.1
4	94.9	102.8	97.5	97.8	52.8
5	97.9	159.9	109.1	115.4	67.4

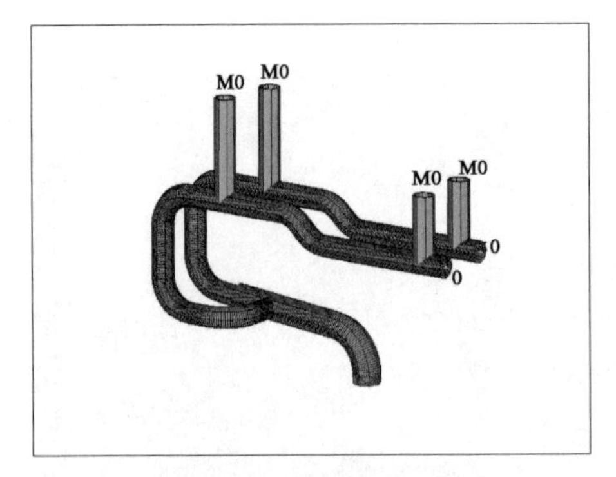

图 8-30 振动分析模型

2) 振动特性

三通管道的固有振动特性分析基于有限元法，在分析其振动特性时，分析模型需要耦联反应堆的系统模型(见图 8-30)。表 8-13 列出了前 14 阶固有频率，其中 22.443 Hz、27.188 Hz 为三通管道的固有频率，明显体现在振型图上，如图 8-31、图 8-32 所示。

表 8-13 固有频率

频率/Hz	频率/Hz
1.3797	**22.443**
1.6609	23.903
2.6605	**27.188**
3.7635	30.739
4.6724	44.126
6.8248	48.937
12.770	60.459
19.753	73.304

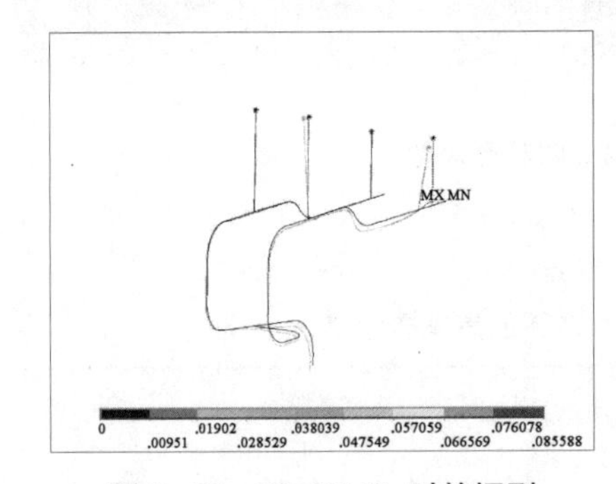

图 8-31 22.443 Hz 时的振型

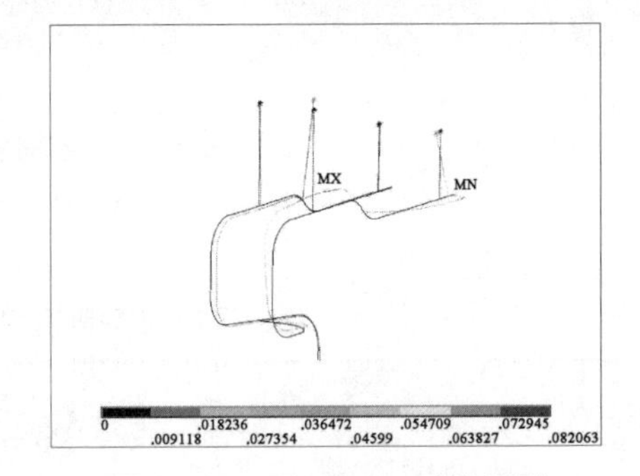

图 8-32 27.188 Hz 时的振型

3) 旋涡脱落计算

流场计算采用的湍流模型为大涡模拟(LES)瞬态，流道内的水为热试工况下流体特性，进口采用速度进口，出口为压力边界，内流体设置为可压缩流体，设置如图 8-33 所示的监测点进行计算。将监测压力提取出来，进行数据分析得到图 8-34、图 8-35，从图 8-34 可以看出，随计算时间的加长，监测点压力逐步降低，在压力降的过程中体现了波动特性。

需要说明的是，对于三通管内介质为水时，旋涡脱落以及声共振研究还处于机理研究阶段，没有成熟的评价体系以及标准可以参考，更缺少实验来加以验证，以后研究可以借鉴现有空气、干湿蒸汽已有的理论研究基础，通过开展一定的数值分析和实验研究，形成一套能够对水中旋涡脱落现象以及声共振现象进行评价的体系标准与准则。

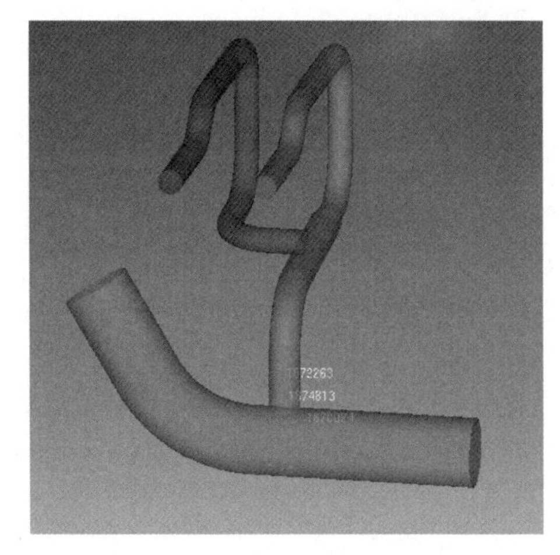

图 8 - 33　旋涡脱落分析模型及监测点

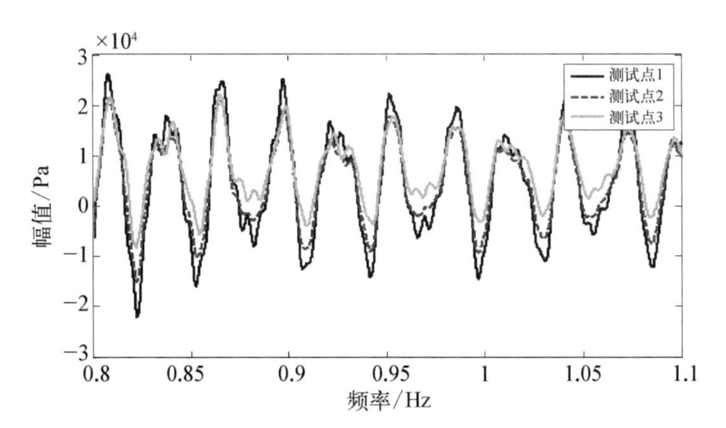

图 8 - 34　0.8～1.1 s 脉动压力时域图

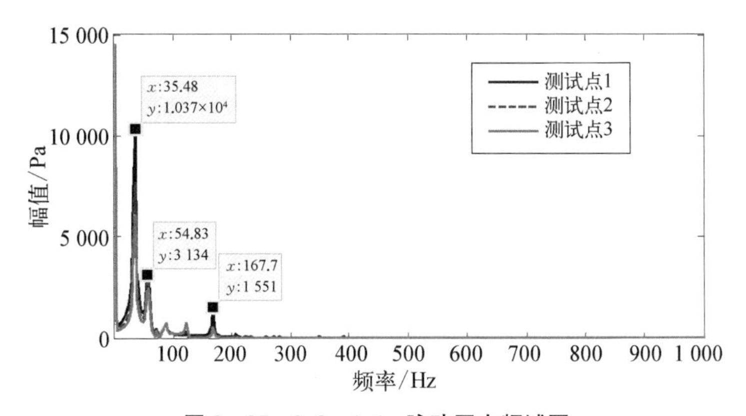

图 8 - 35　0.8～1.1 s 脉动压力频域图

附　录

附录 A

国内外相关标准规范

A.1 RG 1.20

核电厂在启动和运行期间，为了保证反应堆堆内构件（以下简称堆内构件）的结构完整性，在堆内构件的设计、预运行和初始启动试验阶段需要对堆内构件的流致振动行为做仔细的分析计算、比例模型试验研究、必要的现场实测和热态功能试验前后的全面检查，最后给出相应的综合评价。

美国核管会（NRC）基于长期的运行、设计、模型试验、原型试验和试验前后检查，积累了堆内构件流致振动方面的重要经验，编制了管理导则 1.20（RG 1.20）[98]，规定了不同类型反应堆的堆内构件流致振动综合评价大纲的具体要求和内容。

RG 1.20 根据堆内构件的布置、设计、尺寸和运行工况，将其划分为原型、有效原型、条件原型、非原型Ⅰ类、非原型Ⅱ类、限定有效原型、非原型Ⅲ类、非原型Ⅳ类等不同的类型。堆内构件振动综合评价大纲均应包括振动与应力分析大纲、振动测量大纲和检查大纲三方面的内容。

A.1.1 堆内构件分类

根据堆内构件的设计、运行参数和运行经验，可以采用下述方法对堆内构件进行分类。

1）原型

“原型”是指布置、设计、尺寸或运行工况为首次或者唯一设计，没有“有效原型”的堆内构件结构。

2）有效原型

“有效原型”是已对“原型”堆内构件成功地完成了振动综合评价大纲，并且没有经历不利的在役振动现象的堆内构件结构。在后续设计中作了修改的有效原型相对原设计仍然是有效原型。

3）非原型Ⅰ类

“非原型Ⅰ类”是与指定的“有效原型”在布置、设计、尺寸和运行工况方面本质上相同的堆内构件结构。两者在布置、设计、尺寸和运行工况方面的微小差异已由试验或分析证明对安全重要的堆内构件激励和振动响应没有重大影响。

4）非原型Ⅱ类

“非原型Ⅱ类”是与指定的“有效原型”在尺寸和运行工况方面本质上相同的堆内构件结构。但两者在布置或设计上存在一些差异，并且已经通过试验或者分析证明两者之间的差异对未作修改并在安全上重要的堆内构件激励和振动响应没有重大影响。

5）条件原型

“条件原型”是指经历了不利的在役振动现象，在布置、设计、尺寸或运行工况方面进行了改进的“有效原型”。在满足 RG 1.20 其他要求的前提下，条件原型作为非原型Ⅲ类和Ⅳ类堆内构件结构的基准设计。对于提交的非原型Ⅲ类和Ⅳ类结构的申请，应提交在条件原型上进行的流致振动综合评价大纲的详细结果，并应着重于具体的不利在役振动现象和怎样减轻这些不利的在役振动。

6）非原型Ⅲ类

“非原型Ⅲ类”是与指定的“条件原型”在布置、设计、尺寸和运行工况方面本质上相同，但没有充分的运行经历证明是指定的“限定有效原型”的堆内构件结构。两者在布置、设计、尺寸和运行工况方面的差异应由试验或分析证明对安全重要的堆内构件激励和振动响应没有重大影响。

7）限定有效原型

“限定有效原型”是指成功地完成了适当的振动综合评价大纲、且未经历任何不利的在役振动现象的非原型Ⅱ、Ⅲ类堆内构件结构。设计改进后可连续安全在役运行的“有效原型”可视为“限定有效原型”。类似地，已被证明可连续安全在役运行的“条件原型”也可视为“限定有效原型”。

8）非原型Ⅳ类

“非原型Ⅳ类”是与指定的“限定有效原型”在布置、设计、尺寸和运行工况方面本质上相同的堆内构件结构。两者在布置、设计、尺寸和运行工况方面的微小差异已由试验或分析证明对安全重要的堆内构件激励和振动响应没有重大影响。

确定堆内构件类别后，在进行振动和应力分析、测量和检查的基础上，最终完成振动综合评价大纲。

A.1.2　原型堆的综合评价大纲

A.1.2.1　振动与应力分析大纲

振动与应力分析大纲应包括以下七个部分：

(1) 描述分析中使用的结构模型、水力模型、分析方法及分析公式。同时需要对分析中使用的缩比模型进行描述，并给出缩比法则的理论依据以及使用的限制条件。此外，对压水堆而言，还应分析蒸汽发生器内部构件的流致振动和声振。

(2) 确定结构的各工况下可能激起的频率和振型，及相应的阻尼比和频率响应函数。如果采用数值计算的方法确定，需要对建模方法和过程进行说明，并对相关的不确定性和计算偏差进行分析。

(3) 确定稳态和瞬态工况下，低频部件随机的和确定的流体激振力函数。基于过去的经验，流激声振不会对堆内构件产生不利的影响；但是对于沸水堆的蒸汽干燥器、主蒸汽系统部件和压水堆的蒸汽发生器的内部构件，则需对此进行额外分析。

(4) 计算稳态和瞬态工况下，堆内构件的流致振动响应。计算结果应包括结构的最大响应、低频结构的流致振动响应和振动疲劳分析。

(5) 将预运行和初始启动工况下的结构响应与正常运行工况下的结构响应进行对比，以判断试验是否已经对正常运行工况进行充分的模拟。

(6) 预估结构在预运行和初始启动工况下传感器安装位置的流致振动响应。

(7) 试验接受准则、容许偏差和评定的基础。

A.1.2.2　振动测量大纲

振动测量大纲应包括：

(1) 数据采集和处理系统的详细描述，包括传感器类型及其技术规格书，传感器位置，保证数据采集质量的措施，提供数据质量即时验证的评价系统，确定频率、模态成分和最大响应值的规程以及仪表和数据采集系统相关的偏差与不确定性。

(2) 试验工况的详细描述。

A.1.2.3 检查大纲

检查大纲应包括：

(1) 列表给出需检查的所有反应堆内部构件和局部区域，包括保持堆芯支承结构定位的所有堆内承载构件、压力容器内部安装的横向、垂向和扭转约束件、失效后将使堆内构件结构完整性受到不利影响的定位件和螺栓连接件、运行期间已知或可能成为接触面的表面、通过振动分析确认的反应堆内部部件的关键部位和反应堆压力容器内部。

(2) 列表给出用于验证振动分析和测量大纲各阶段的特定检查区域。

(3) 检查规程的描述，包括探测方法、文件记录方法以及在检查期间检测和定量确定振动影响所使用的专用设备。

A.1.3 非原型Ⅰ类的综合评价大纲

A.1.3.1 振动与应力分析大纲

应明确有效原型，并对非原型Ⅰ类的划分进行充分的论证。在有效原型堆的振动与应力分析大纲基础上进行修改，分析非原型Ⅰ类反应堆与原型堆之间存在的差异。与差异相关的振动和应力分析应满足 RG 1.20 中原型堆的要求。

A.1.3.2 振动测量大纲

如果检查大纲已实施，则振动测量大纲可省略。但是，与评定压水堆和沸水堆管道系统中压力波动和振动潜在不利流动影响有关的振动测量大纲不能省略。

A.1.3.3 检查大纲

如果实施检查大纲代替振动测量大纲，则应遵循原型堆内构件检查大纲的通用导则。

如果实施了振动测量大纲，则检查大纲可以省略。但是，对于具体部件，如果在预期的和测量的响应之间存在显著的差异，则应将这些部件从反应堆压力容器中取出进行目视检测。对不便取出的部件，应采用合适的检查设备做现场检测。不论哪种情况，都应目视检查反应堆压力容器内部是否存在松脱部件和外来物。

A.1.4 非原型Ⅱ类的综合评价大纲

A.1.4.1 振动与应力分析大纲

应明确有效原型，并对非原型Ⅱ类的划分进行充分的论证，包括论证有效原型和非原型Ⅱ类堆内构件之间的结构差异对那些未变化的部件的振动响应和激励没有显著的影响。

在可用原型堆的振动和应力分析基础上进行修改(包括预估的结构流致振动响应和试验准则),分析非原型Ⅱ类反应堆与原型堆之间存在的差异。

应特别制定与有效原型有结构差异的非原型Ⅱ类堆内构件的试验接受准则。振动和应力分析以及与结构差异相关的试验接受准则应与原型堆内构件的通用导则相一致。

A.1.4.2 振动测量大纲

在预运行和初始启动试验期间,应实施非原型Ⅱ类堆内构件的振动测量大纲。

振动测量大纲应包括数据采集和处理系统以及试验运行工况的说明,应符合原型堆内构件振动测量大纲的通用导则。对于相对有效原型已做了修改的那些安全重要的反应堆内部构件,振动测量大纲应包含足够和合适的仪表来确定这些反应堆内部构件的振动和应力,目的在于确定安全裕度并证明满足试验验收准则。

另外,对于相对有效原型未做修改的安全重要的反应堆内部构件,振动测量大纲应包含足够和合适的仪表来监测这些部件。这些仪表能够证实此类部件的振动响应遵循非原型Ⅱ类堆内构件的准则,并与有效原型测量大纲中类似部件所得结果一致。

A.1.4.3 检查大纲

应实施检查大纲,遵循原型堆内构件检查大纲的通用导则。

A.1.5 非原型Ⅲ类的综合评价大纲

A.1.5.1 振动与应力分析大纲

应明确条件原型,并对非原型Ⅲ类的划分进行充分的论证,论证包括以下两个方面:① 非原型Ⅲ类堆与条件原型堆在布置、设计、尺寸和运行工况的一致性;② 针对不利振动进行的改进对原型振动测量的结果影响不大,或者其影响仅限于结构部件和振动测量结果中不利的部分。

A.1.5.2 振动测量大纲

在预运行和初始启动试验期间,应实施非原型Ⅲ类堆内构件的振动测量大纲。

振动测量大纲应有足够和适用的仪表来确定安全重要的反应堆部件的振

动响应。由于对条件原型原始设计的结构或运行的修改，所以非原型Ⅲ类堆内构件的振动响应与条件原型的给定部件的测量值是不同的。

振动测量大纲也应包含足够和合适的仪表来监测其余部件，并确认其测量的响应与条件原型测量大纲实施期间给定部件所获得的响应近似。

另外，振动测量大纲应满足原型振动测量大纲的通用准则。

A.1.5.3 检查大纲

应实施检查大纲，遵循原型堆内构件检查大纲的通用导则。

A.1.6 非原型Ⅳ类的综合评价大纲

A.1.6.1 振动与应力分析大纲

应明确限定有效原型，并对非原型Ⅳ类的划分进行充分的论证。

A.1.6.2 振动测量大纲

如果检查大纲已实施，则振动测量大纲可省略。

如果实施振动测量大纲代替检查大纲，则应采用足够和合适的仪表验证非原型Ⅳ类堆内构件的振动响应与参考的限定有效原型一致。

振动测量大纲应遵守非原型Ⅰ类堆内构件振动测量大纲的导则。

A.1.6.3 检查大纲

如果实施检查大纲代替振动测量大纲，应遵守非原型Ⅰ类堆内构件检查大纲的导则。

A.1.7 新旧版 RG 1.20 对比

NRC 于 2007 年 3 月发布了第 3 版的 RG 1.20(新版)，与 1976 年第 2 版(旧版)相比在许多方面作了较大的修改，以下对新版 RG 1.20 的编制背景进行说明，对新版增补的主要内容进行阐述。

20 世纪 90 年代至 21 世纪初，美、日部分沸水堆在提升功率条件下运行若干年后发现堆内的蒸汽干燥器出现大量裂纹。这些裂纹迫使电厂计划外停堆或机组降功率运行，蒙受了较大的经济损失。针对这类问题，美国通用电气公司(GE)、日本日立公司(Hitachi)及比利时 LMS 公司开展了一系列模型试验与分析研究[185, 186]，确认损坏的原因是主蒸汽管道上安全释放阀支管发生流体流动激励形成的声共振，该波动压力引起蒸汽干燥器的高周疲劳损坏。由于沸水堆蒸汽干燥器属于反应堆内部构件，所以 NRC 将声共振引起的损伤归属为新版 RG. 1.20 堆内构件流致振动的内容。另外，压水堆蒸汽发生器内部构件(如汽水分离器、干燥器及防振条等)虽不属于堆内构件,但设计遵循 ASME 规范[183] NG 分卷《堆芯支承件》,因此将主蒸汽管系内的声共振问题也归入新版 RG. 1. 20 内。NRC 于 2006 年发布了新版 RG. 1. 20 的征求意见稿,2007 年正式出版了新版 RG 1. 20。

新版 RG 1. 20 相对于旧版在总要求和原型堆流致振动综合评价大纲上均进行了增补。在总要求方面,首先是扩展了堆内构件振动评价指导范围,明确指出除对沸水堆电厂堆内构件如蒸汽干燥器组件、蒸汽分离器等部件外,还应针对压水堆电厂蒸汽发生器内部构件的潜在不利影响做出评价。此外,还需评价沸水堆和压水堆主蒸汽管线,包括对安装阀门的潜在不利影响。其次是增加了有关潜在不利流动影响的内容。除流体流动引起结构振动机理以外,特别增加了由流动激励的声和结构共振机理的影响等内容,具体内容如下:

(1) 首先在原型堆流致振动综合评价大纲方面,扩大了适用的范围,包括以下两部分需进行评价和详细分析:① 对反应堆压力容器内部构件和其他主蒸汽系统内部构件的潜在不利流动的影响;② 在全部的预计运行工况下,反应堆冷却剂系统、蒸汽系统、给水系统和冷凝系统的管道与部件对压力脉动和振动的潜在不利影响,部件包括泵、安全卸压阀、电动阀等。

(2) 其次在振动和应力分析大纲中,要求更为详细,主要强调了以下几个方面:① 对采用计算流体动力学分析和补充分析确定的激励力函数必须加以验证,验证方法如以往的试验、经验或比例模型,应包括有关数据的不确定性和偏差;② 对可能受到流动激励声共振和流致振动不利影响的系统和部件进行附加分析,包括流体流动条件下由水力效应和声共振产生的压力波动和振动;③ 应力评价包括结构部件上的峰值应力和疲劳损伤的评定;④ 激励力函数除堆内构件以外还应考虑主蒸汽管线构件(如安全阀、隔离阀、盲板、其他导致强窄频激励的部件及蒸汽发生器中的汽-水分离器与蒸汽干燥器等)的流动不稳定性。

(3) 最后在振动和应力测量大纲中,具体要求更为详细:① 扩大了测量的范围,明确测量范围为验证结构完整性,确定与正常运行条件下稳态和预期瞬态工况有关的安全裕量,并确认振动分析结果,另外,对可能经受流致声共振和流致振动的系统与部件,如沸水堆蒸汽干燥器和主蒸汽系统部件及压水堆蒸汽发生器内部构件,应进行附加测量;② 所有的运行稳态和瞬态均应附加分析,特别要建立功率提升大纲,并建立特定的见证点、持续时间和验收准则等；③ 测量要求包括确定部件上的应力。

A.2 ASME 附录 N－1300

在《锅炉与压力容器规范》ASME－2002 第三卷附录 N－1300 中对管和管束的流致振动的机理和计算方法进行了阐述，并列出了详细的计算步骤。主要包含的内容是：

(1) 旋涡脱落计算(包括旋涡脱落振幅计算)及设计步骤；

(2) 流弹稳定性计算及设计步骤；

(3) 湍流激励计算(包络横向流和轴向流)及设计步骤。

ASME 规范主要解决单相流体诱发的振动，与 GB151(见附录 A.3)和 TEMA(见附录 A.4)不同之处为：

(1) ASME 同时考虑横向流和轴向流中管束的湍流激振，给出了轴向流作用下管子的最大振幅的经验公式；

(2) ASME 未考虑声共振；

(3) 除了旋涡脱落锁定相关判据，ASME 未给出其他的振动判据。

相对于 GB151 和 TEMA，ASME 更适合于有安全等级要求的核级设备的流致振动分析。

A.3 GB151—1999 附录 E

在《管壳式换热器》GB151—1999 附录 E 中对管壳式换热器管束振动的机理、计算方法、振动判据以及防振措施进行了阐述。主要内容如下：

(1) 旋涡脱落频率计算；

(2) 湍流激振主频率计算；

(3) 声学驻波频率计算；

(4) 临界横向流速计算；

(5) 传热管固有频率计算；

(6) 振动判据；

(7) 防振措施；

(8) 计算例题。

值得注意的是，对于壳程流体为液体时，本规范只给出了流弹稳定性和旋涡脱落两种机理的计算方法，并未给出湍流激励振幅的计算方法，因为湍流激励是流致振动的一种主要机理，因此对于壳程流体为液体的情况，一般需要结合 TEMA（见附录 A.4）和 ASME 规范（见附录 A.1）来综合评价管束振动。对于壳程流体为气体时，本规范给出了流弹稳定性、湍流激励、旋涡脱落和声共振四种机理的评价方法，对于湍流激励，通过计算湍流激励主频率与传热管最低固有频率比值的方法来判断是否可能发生管束共振。

A.4　TEMA 第六章

在《美国管式换热器制造商协会标准》TEMA－2007 第六章中流体诱发振动对流弹稳定性、湍流激励、旋涡脱落和声共振四种机理的计算方法、振动判据以及防振措施进行了阐述。主要内容如下：

（1）振动损坏类型；

（2）损坏部位；

（3）固有频率计算；

（4）管子轴向应力计算；

（5）管子有效质量和阻尼计算；

（6）壳侧速度分布和临界流速计算；

（7）振动幅值计算；

（8）声共振；

（9）设计中的防振措施。

TEMA 标准主要是解决单相流体横向流诱发的振动，与 GB151 不同的是，除了流弹稳定性和声共振，TEMA 提出了湍流激励和旋涡脱落的振幅计算方法，并给出了振动判据，两种方法的对比如表 A－1 所示。

表 A－1　GB151 和 TEMA 分析范围和振动判据

机　理	管程流体	GB151 振动判据	TEMA 振动判据
流弹稳定性	液	横向流速/临界横向流速＜1	横向流速/临界横向流速＜1
	气		
湍流激励	液	未考虑	湍流激励振幅≤2%传热管外径
	气	湍流激励主频率/传热管最低固有频率＜0.5	

(续表)

机　理	管程流体	GB151 振动判据	TEMA 振动判据
旋涡脱落	液	旋涡脱落频率/传热管最低固有频率＜0.5	(1) 旋涡脱落频率/传热管最低固有频率＜0.5 (2) 如果旋涡脱落频率/传热管最低固有频率＞0.5，旋涡脱落振幅≤2%传热管外径
	气		
声共振	气	(1) 声频范围判断 (2) 声共振参数判断	(1) 声频范围判断 (2) 流速判断 (3) 声共振参数判断

A.5　其他关于流致振动的标准规范

A.5.1　HAD102/08《核电厂反应堆冷却剂系统及其有关系统》

根据核安全导则 HAD102/08 的 4.2.1.3，蒸汽发生器传热管是一回路系统和二回路系统之间很重要的非能动屏障。蒸汽发生器传热管的设计必须考虑在运行工况期间和事故工况时(如蒸汽管道破裂)预计会出现的所有最高应力循环。蒸汽发生器传热管必须能够进行全长度检验。传热管和二回路部件(如管板、支承板)的材料、管子在管板中的胀接方法以及二回路冷却剂的化学特性，必须能够避免管壁局部或者整体的损伤。蒸汽发生器内部的流型必须能防止传热管由流动引起不可接受的振动。

A.5.2　HAF201《研究堆设计安全规定》

HAF201《研究堆设计安全规定》提供研究堆设计及其评价的安全基础，并提出与研究堆设计有关的安全监督管理、选址及质量保证等方面的要求。根据 HAF201 的 1.2.2，功率达几十兆瓦的研究堆、快中子研究堆或小的实验性原型动力堆等可能还需要另外的安全措施，因此在某些方面应遵守动力堆的有关安全规定。因此，在进行研究堆的堆内构件流致振动分析验证时，可以根据研究堆的功率，选择适用的标准规范。

附录 B
传热管束流致振动分析软件(SGFIV)理论手册

本理论手册介绍蒸汽发生器传热管束流致振动分析软件 SGFIV 的理论模型，为技术人员提供相关理论及计算方法。

B.1 术语及定义

表 B-1 给出了 SGFIV 中的术语及定义。

表 B-1 符号说明

符 号	名 称	单 位
D	管外径	m
δ	$\delta = 2\pi\xi$，阻尼系数	—
ξ	阻尼比	—
m_0	管的参考线密度	kg/m
ρ_0	二回路冷却剂参考密度	kg/m^3
β	不稳定性系数	—
f_n	对应第 n 阶模态的管固有频率	Hz
m	管的线密度	kg/m
ρ	二回路冷却剂密度	kg/m^3
U_0	二回路冷却剂参考速度	m/s
U	二回路冷却剂速度	m/s
U_{en}	对应第 n 阶模态的有效速度	m/s

（续表）

符 号	名 称	单 位
U_{cn}	对应第 n 阶模态的有效临界速度	m/s
$\phi_n(x)$	对应第 n 阶模态振型	—
Sr	Strouhal 数	—
f_s	旋涡脱落的频率	Hz
$\frac{m\delta}{\rho D^2}$	当量阻尼	—
$\int_E$	管激励部分的积分	—
$\int_T$	管全长度积分	—
L	管长度	m

B.2 物理模型及相关数学模型

B.2.1 模型总体说明

1）模型适用范围

本理论模型为蒸汽发生器传热管束流致振动分析的计算模型。可根据蒸汽发生器传热管束的结构参数、二次侧流体的速度分布和密度分布等，计算出传热管束流弹稳定性比值、湍流激励振幅以及旋涡脱落共振等结果。

本模型适用于蒸汽发生器传热管束流致振动分析。

2）模型输入

输入数据主要分为结构模型参数、流体参数以及相关选择参数三类。

(1) 结构模型参数有传热管频率、传热管振型等。

(2) 流体参数有二次侧流体速度分布、二次侧流体密度分布等。

(3) 相关选择参数有流弹失稳系数、阻尼、升力系数等。

3）求解步骤

蒸汽发生器传热管束流致振动分析步骤如下：

(1) 计算二次侧流体参数分布，如流体横向流速、密度分布等，确定流场；

(2) 确定动态参数，如结构阻尼、刚度、有效管子质量等，进行传热管模态分析；

(3) 确定相应振动机理的公式；

(4) 计算振动响应或相应评价限值；

(5) 评估结果。

4) 模型输出

完成计算之后，输出数据主要分为：

(1) 对模型的主要输入参数分类输出；

(2) 输出流弹失稳结果；

(3) 输出湍流激励振幅结果；

(4) 输出旋涡脱落分析结果。

B.2.2　模型详细说明及计算方法

1) 流体弹性不稳定

对应第 n 阶模态的有效临界速度 U_{cn} 和激励流速 U_{en} 分别为

$$U_{cn}=\beta f_n D\left(\frac{m_0\delta_n}{\rho_0 D^2}\right)^{\frac{1}{2}} \tag{1}$$

$$U_{en}^2=\frac{\int_E \frac{\rho(x)}{\rho_0}U^2(x)\phi_n^2(x)\mathrm{d}x}{\int_E \frac{m(x)}{m_0}\phi_n^2(x)\mathrm{d}x} \tag{2}$$

式中，β 是不稳定系数，由实验确定；ξ 为阻尼比。

当 $\frac{U_{en}}{U_{cn}}<1$ 时，不发生流体弹性失稳，其安全系数(百分比)为

$$SC=100\left[1-\left(\frac{U_{en}}{U_{cn}}\right)_{\max}\right] \tag{3}$$

2) 湍流

CONNORS 相关模型：对应第 n 阶模态的响应，湍流激励的振幅为

$$Y_n{}^2=C^2D^2\left(\frac{\rho_0 D^2}{m_0\delta_n}\right)^2\delta_n\left[\frac{D\int_E\left(\frac{\rho(x)}{\rho_0}\right)^2\left(\frac{U(x)}{f_nD}\right)^{\alpha}\phi_n^2(x)\mathrm{d}x}{\left[\int_E \frac{m(x)}{m_0}\phi_n^2(x)\mathrm{d}x\right]^2}\right] \tag{4}$$

式中,C、α 取值由试验确定。

在横坐标 x 上的振幅,是由对应每个模态响应的湍流激励振幅的平方和给出的:

$$Y=\left[\sum_{n=1}^{N} Y_n^2 \phi_n^2(x)\right]^{\frac{1}{2}} \tag{5}$$

LIVOLANT 相关模型。对应第 n 阶模态的响应,湍流激励的振幅为

$$Y_n^2=\frac{\pi}{2}(\pi DL)^2 \frac{AJQ}{K_n^2} \tag{6}$$

式中, $A=0.05\left[\frac{1}{2}\rho_0 U_0^2\right]^2 \dfrac{\frac{f_n}{f_c}}{1+\frac{f_n}{f_c}}$, $J=\dfrac{PAS}{L}$, $Q=\dfrac{1}{2\xi}$, $K_n=(2\pi f_n)^2\int_T m(x)\phi_n^2(x)\mathrm{d}x$, $f_c=0.3\dfrac{U_0}{XL}$。

在横坐标 x 上的振幅按照公式(5)进行组合。

3) 旋涡脱落

对应第 n 阶模态的响应,频率 f_n 激励的振幅为

$$Y_n=C\alpha_n\gamma_n D\left[8\pi Sr^2\left(\frac{m_0\delta_n}{\rho_0 D^2}\right)\right]^{-1} \tag{7}$$

式中,$\alpha_n=\dfrac{|H(f_n)|}{Q_n}\left(\dfrac{f_s}{f_n}\right)^2$, $H(f_n)=\left\{\left[1-\left(\dfrac{f_s}{f_n}\right)^2\right]^2+\left(\dfrac{f_s}{f_nQ_n}\right)^2\right\}^{-1/2}$,

$Q_n=\dfrac{\pi}{\delta_n}$, $\delta_n=2\pi\xi$, $\gamma_n=\dfrac{\int_E \frac{\rho(x)}{\rho_0}\frac{U^2(x)}{U_0^2}|\phi_n(x)|\mathrm{d}x}{\int_T \frac{m(x)}{m_0}\phi_n^2(x)\mathrm{d}x}$。

C 为升力系数,由实验确定;Sr 为 Stroutal 数,由试验确定其取值。

在横坐标 x 上的振幅按照公式(5)进行组合。

附录 C

圆柱体的流致振动响应与磨损预测

C.1 湍流激振

C.1.1 圆柱体的振动响应

在对圆柱体完成模态分析后，采用模态叠加法，即可得到轴向坐标点 z 处的横向振动位移 y 为

$$y(z, t) = \sum_{i=1}^{N\text{mode}} \varphi_i(z) q_i(t) \tag{1}$$

其中广义位移由无耦合模态方程解出：

$$q_i + 2\alpha\omega_i q_i + \omega_i^2 q_i = f_i(t) \tag{2}$$

广义力 f_i 由加于模态基础的载荷投影得到，在一个长为 L 的圆柱受湍流的脉动载荷作用下，表示为

$$f_i(t) = \frac{\int_0^L \varphi_i(z) p(z, t) \mathrm{d}z}{\int_0^L m_z \varphi(z)_i^2 \mathrm{d}z} \tag{3}$$

式中，m_z 为在横坐标 z 点处圆柱的线密度；$p(z, t)$ 是在位移方向上脉动压力分量沿圆柱的积分得到的线性力。

由方程(1)得到 y 的均方表达式为

$$\overline{y^2(z)} = \sum_{i=1}^{N\text{mode}} \sum_{j=1}^{N\text{mode}} \varphi_i(z) \varphi_j(z) \overline{q_i q_j} \tag{4}$$

假定响应是统计独立的，方程(4)中的交叉乘积项 $(i \neq j)$ 可以忽略，则有

$$\overline{y^2(z)} \approx \sum_{i=1}^{N\text{mode}} \varphi_i^2(z)\overline{q_i^2} \tag{5}$$

其中振动位移均方仅根据每个振型的平均值来表示：

$$\overline{y_i^2(z)} = \varphi_i^2(z)\overline{q_i^2} \tag{6}$$

式中，

$$\overline{q_i^2} = \int_{-\infty}^{+\infty} |H_i(\omega)|^2 S_{f_i f_i}(\omega)\mathrm{d}\omega \tag{7}$$

式中，$|H_i(\omega)|$ 是第 i 阶振型传递函数的模；$S_{f_i f_i}$ 是广义函数 f_i 的自相关谱。

C.1.2 湍流激励谱

基于广义力方程和自相关谱的定义，这个公式为

$$S_{f_i f_i}(\omega) = \frac{\int_0^L \int_0^L \varphi_i(z_1)\varphi_i(z_2)S_\mathrm{p}(z_1, z_2, \omega)\mathrm{d}z_1\mathrm{d}z_2}{\left[\int_0^L m_z \varphi_i^2(z)\mathrm{d}z\right]^2} \tag{8}$$

式中，$S_\mathrm{p}(z_1, z_2, \omega)$ 是点 z_1 和 z_2 处计算得到的线性载荷的互相关谱。

假定湍流状态在统计学上是均匀的，则可忽略因函数 S_p 自变量变换的相位滞后。引入一个相干函数 r_p，它和相关谱一样，只依赖于 $\Delta z = |z_1 - z_2|$：

$$r_\mathrm{p}(\Delta z, \omega) = \frac{|p(\Delta z, \omega)|}{S_\mathrm{p}(\omega)} \tag{9}$$

式中，$S_\mathrm{p}(\omega)$ 是线性力的功率谱密度。

这就得到了下面的一般公式：

$$\overline{y_i^2(z)} = L^2\varphi_i^2(z)\frac{\int_{-\infty}^{+\infty} S_\mathrm{p}(\omega)\cdot J_i^2(\omega)\cdot |H_i(\omega)|^2\mathrm{d}w}{\left[\int_0^L m_z\varphi_i^2(z)\mathrm{d}z\right]} \tag{10}$$

$$J_i^2(\omega) = \frac{1}{L^2}\int_0^L\int_0^L \varphi_i(z_1)\varphi_i(z_2)r_\mathrm{p}(\Delta z, \omega)\mathrm{d}z_1\mathrm{d}z_2 \tag{11}$$

C.1.3 湍流产生的能量谱

首先，估算中认为结构的振动位移是由能量的脉动部分，即流体速度产生

的。然后通过标准公式和总的线性力建立关系：

$$P=\frac{1}{2}\rho U^2 C_D D \tag{12}$$

式中，C_D 为阻力系数，是结构几何性质和雷诺数的函数。

在圆柱上的横坐标点上，均布力和速度都是由平均项和波动项两部分组成：

$$P=\overline{P}+p \qquad U=\overline{U}+u$$

假设质量密度 ρ 为常数，从脉动分析可得出下面谱密度间的关系：

$$S_p(\omega)=4\frac{\overline{P^2}}{\overline{U^2}}S_u(\omega) \tag{13}$$

实际上，谱是由正频率函数定义的，如下：

$$S_p(F)=4\frac{\overline{P^2}}{\overline{U^2}}\overline{u^2}\frac{D}{Sr\overline{U}}\cdot G\left(\frac{fD}{Sr\overline{U}}\right) \tag{14}$$

式中，$\overline{U^2}$ 为速度脉动项的均方；G 为无量纲频率形状因子；Sr 为圆柱的 Strouhal 数。

传递函数公式可表示为

$$|H_i(\omega)|^2=\frac{1}{16\pi^4 f_i^4}\cdot H_i(f)^2 \tag{15}$$

式中，$|H_i(f)|=[(1-f^2/f_i^2)^2+(2\alpha_i f/f_i)^2]^{1/2}$ 是无量纲项。

方程(10)写为

$$\frac{\overline{y_i^2}}{D^2}=\frac{\overline{u^2}}{\overline{U^2}}\cdot\left(\frac{1}{Sr}\right)\cdot(\rho C_0 D^2)^2\cdot\left(\frac{U}{D}\right)^3\cdot L^2\cdot\frac{1}{16\pi^4 f_i^4}\varphi_i^2(z)\cdot\frac{\int_0^{\infty}J_i^2(f)H_i(f)^2 G\left(\frac{fD}{SrU}\right)\mathrm{d}f}{\left[\int_0^L m_z\cdot\varphi_i^2(z)\mathrm{d}z\right]^2} \tag{16}$$

C.1.4 基于对激励类型做特别假设的有效计算

$\overline{y_i^2}$ 的有效计算要求相干函数 r_p 和形状因子 G 的知识，所以需要对激励类型做特别假设和通过试验来确定主要参数。

假设 1：相干函数即 J_i^2 与频率无关，只是变换湍流激励的空间关系。通常用下面关系：

$$r_{\mathrm{p}}(z) \approx \exp\left(\frac{-|z_1 - z_2|}{L_{\mathrm{c}}}\right) \tag{17}$$

这里，相关长度 L_{c} 直接提供了不可忽略的相关距离的数量级。这个假设是用来计算沿圆柱独立做两重积分计算的[见方程(11)]频率积分。虽然严格证明很困难，但得到一个有用的公式是必不可少的。

假设 2：空间相关只是在与整个圆柱长度相比很小即 $L_{\mathrm{c}} \ll L$ 时才有效。这个假设允许我们设 $\varphi_i(z)$ 在第一个积分上[见方程(11)]为常数，使指数项迅速衰减，得到

$$J_i^2(z) \approx 2\,\frac{L_{\mathrm{c}}}{L} \cdot \frac{1}{L}\int_0^L \varphi_i^2(z)\,\mathrm{d}z \tag{18}$$

即 $J_i^2(z)$ 是 L_{c} 的一个简化分析函数。

假设 3：振动模态是独立的。独立模态不仅是解耦的模态，也包括这些在相应的固有频率窄尖峰范围内相关谱响应的模态。

因此可以假设 G 是常数，在此情况下，仅需要积分以下无量纲变换函数，可以得到

$$\int_0^{+\infty} \widetilde{H}_i(f)^2 G\left(\frac{fD}{Sr\overline{U}}\right)\mathrm{d}f \approx \frac{\pi f_i}{4\alpha_i} G\left(\frac{f_i D}{Sr\overline{U}}\right) \tag{19}$$

该假设对模态阻尼相对较低(极小的临界阻尼)的情况也证明是对的，并且 G 的试验差异非常规则，表现为如下的指数关系式：

$$G\left(\frac{f_i D}{Sr\overline{U}}\right) = a\left(\frac{f_i D}{\overline{U}}\right)^{-q} \tag{20}$$

以及等式：

$$\alpha_i = \frac{\delta_i}{2\pi} \tag{21}$$

和

$$L_c = K_c^2 D \tag{22}$$

从而得到以下的 $\overline{y_i^2}$，引入参考质量 m_c 即可得到无量纲形式：

$$\frac{\overline{y_i^2}}{D^2} = C^2 \cdot \left(\frac{\rho D^2}{m_0}\right)^2 \cdot \left(\frac{D}{L}\right) \cdot \left(\frac{1}{\delta_i}\right) \cdot \left(\frac{U}{f_i D}\right)^{3+q} \cdot \frac{L\int_0^L \varphi_i^2(z)\mathrm{d}z}{\left[\int_0^L \frac{m_z}{m_0} \cdot \varphi_i^2(z)\mathrm{d}z\right]^2} \cdot \varphi_i^2(z) \tag{23}$$

式中，$C^2 = \dfrac{C_D^2 k_C^2 a I}{16\pi^2 Sr}$，$I = \dfrac{\sqrt{\overline{u^2}}}{\overline{U}}$ 是湍流强度。

C.1.5　轴向、横向湍流引起的振动振幅

式(23)给出湍流引起的薄圆柱体第 i 阶振型的均方振幅，此式是基于湍流某些形式的假定和一些实验数据而得到的，所以具有半经验公式的性质。

式(23)中的 C 和 q 连同参数 $\overline{U}$ 的公式一起都是沿圆柱体流速方向和均匀性的函数，得到的这个半经验公式是用来计算轴向和横向流在总的圆柱振动幅度中的贡献。

C.1.5.1　由轴向湍流引起的第 i 阶振型的振幅

在压水堆中，轴向流分量沿燃料棒是近似的但不是完全均匀的，故 $\overline{U}$ 由下面的等效轴向流速代替：

$$\overline{U} = U_a^e = \left[\frac{1}{L}\int_0^L (U_a(z))^{3+q}\mathrm{d}z\right]^{1/(3+q)} \tag{24}$$

这里，相当于轴向流速 U_a 沿燃料棒长度平均，在关系式(24)中 U_a^e 以 $(3+q)$ 次方出现。

在纯轴向流中用到的 C 和 q 值可在水力回路上由实验得出。

最后，给出沿棒的恒定线密度 $(m_x = m_0)$，即可得到燃料棒在 z 点处由轴向湍流引起的第 i 阶振型的振幅：

$$\sigma[y_i(z)]^a = C(D)(\varphi_i(z))\left(\frac{\rho D^2}{m_0}\right)\left(\frac{1}{\delta_i}\right)^{0.5}\left(\frac{D}{L}\right)^{0.5}\left(\frac{U_a^e}{f_i D}\right)^{\frac{3+q}{2}}\left(\frac{L}{\int_0^L \varphi_i^2(z)\mathrm{d}z}\right)^{0.5} \tag{25}$$

式中，$\sigma[y_i(z)]^{\mathrm{a}}$ 为第 i 阶振型在横坐标为 z 点处，由轴向流产生的燃料棒均方根振幅；D 为燃料棒包壳直径；L 为燃料棒总长；$\varphi_i(z)$ 为第 i 阶振型沿棒横坐标 z 点处的形状函数；ρ 为压水堆中流体的密度；m_0 为燃料棒有效质量（包壳＋芯块＋排开的水）；δ_i 为第 i 阶振型的对数衰减阻尼；$U_{\mathrm{a}}^{\mathrm{e}}$ 为沿燃料棒长度的等效轴向流速；f_i 为燃料棒第 i 阶振型的固有频率。

C.1.5.2　由横向湍流引起的第 i 阶振型的振幅

在压水堆中，横流速度 $U_{\mathrm{t}}(z)$ 沿燃料棒是变化的，所以引入振型加权值 $U_{\mathrm{t}}(z)$：

$$\left(\frac{\overline{U}}{f_iD}\right)^{3+q}=\int_0^L\left(\frac{U_{\mathrm{t}}(z)}{f_iD}\right)^{3+q}\varphi_i^2(z)\mathrm{d}z\Big/\int_0^L\varphi_i^2(z)\mathrm{d}z \tag{26}$$

系数 C 和 q 由实验确定。所以有

$$\begin{aligned}&\sigma[y_i(z)]^{\mathrm{t}}\\&=C(D)\cdot(\varphi_i(z))\cdot\left(\frac{\rho D^2}{m_0}\right)\cdot\left(\frac{1}{\delta_i}\right)^{0.5}\cdot\left(\frac{D}{L}\right)^{0.5}\cdot\\&\left(\frac{\int_0^L\left(\frac{U_{\mathrm{t}}(z)}{f_iD}\right)^{3+q}\varphi_i^{\,2}(z)\mathrm{d}z}{\int_0^L\varphi_i^{\,2}(z)\mathrm{d}z}\right)^{0.5}\cdot\left(\frac{L}{\int_0^L\varphi_i^{\,2}(z)\mathrm{d}z}\right)^{0.5}\end{aligned} \tag{27}$$

式中，$\sigma[y_i(z)]^{\mathrm{t}}$ 为第 i 阶振型在横坐标为 z 点处，由横向流产生的燃料棒均方根振幅；$U_{\mathrm{t}}(z)$ 为在横坐标为 z 点处的横向流速。

C.1.5.3　由轴向和横向湍流产生的总振幅

为保守起见，把轴向和横向流产生的振幅线性叠加，用来估算最大振幅。

$$a_i(z)=\sigma[y_i(z)]^{\mathrm{t}}+\sigma[y_i(z)]^{\mathrm{a}} \tag{28}$$

总振幅由每个振型的振幅模态组合求得，模态的二次方组合便于以 10% 频率组合方法将各振型组集在一起。

实际上，对频率相近的振型，得到同步最大振幅的概率是非常关键的。在这种情况下，由每个振型 i 的振幅 a_i 组合的总振幅组合常用来估算最大振幅 a：

$$a(z)=\left[\sum_{i=n}^{n}a_i^2+2\sum_{\substack{j=1,\,n\\i=1,\,j-1}}\beta_{ij}a_ia_j\right]^{1/2} \tag{29}$$

其中对组集模态 $\beta_{ij}=0.5$(单乘积方法 single product method),否则为零。组集模态通常用相对频率偏差小于 10%来确定。

C.2　流弹失稳

实验研究表明,在两个相邻燃料棒间振动成对出现,一根燃料棒的振动位移会改变相邻燃料棒的流场,使后者开始振动,如果在振动周期内,输入燃料棒的能量超过了阻尼所消耗的能量,则失稳现象就会发生。振动幅度迅速增大,导致燃料棒很快损坏。

C.2.1　稳定性准则

Connors[36]和 Blevins[16]做了大量的研究,得到了以每个振型 i 表示的稳定性准则,即 Cornnors 准则:

$$U_{\mathrm{t}}^{i}<U_{\mathrm{c}}^{i} \tag{30}$$

式中,U_{t}^{i} 为振型 i 的横流速度;U_{c}^{i} 为振型 i 的临界流速。

$$U_{\mathrm{c}}^{i}=k\cdot f_{i}\cdot D\sqrt{\frac{m_{0}\delta_{i}}{\rho D^{2}}} \tag{31}$$

式中,参数 k 是棒阵特性(形状、间距)和流动流体的函数。

C.2.2　有效横流速度

在多支承燃料棒阵的情况下,重要的固有频率对应的振型具有相似的形状特性。如果在整根棒长度方向上横流速度不均匀,那么由横向速度 U_{t} 激起的振型不一定对应于最低频率。所以对每一个振型都需要应用 Cornnors 准则,并用有效横流速度代替考虑非均匀横流分布。

$$U_{\mathrm{eff}}^{i}=\left[\int_{0}^{L}U_{\mathrm{t}}^{2}(z)\varphi_{i}^{2}(z)\mathrm{d}z\Big/\int_{0}^{L}\varphi_{i}^{2}(z)\mathrm{d}z\right]^{1/2} \tag{32}$$

C.3　旋涡脱落

旋涡脱落现象经常在单根圆柱体上发生,并和给定流动的周期性相联系。

如果湍流程度对某些均匀流速来说，在靠近圆柱的地方够低，那么 Strouhal 频率和被激系统的固有频率发生共振是可能的，振动振幅是激励系统阻尼和横向流速的函数。

一些研究指出，旋涡脱落很难在随着湍流水平增加和系统管距较小的圆柱阵中看到，如管距/直径比小于 1.5 的棒束中（就像燃料组件的情况）。

C.3.1　旋涡脱落共振

旋涡脱落频率定义如下：

$$f_{\mathrm{s}} = Sr\,\frac{U_{\mathrm{eff}}}{D} \tag{33}$$

式中，Sr 为 Strouhal 数，它是管阵几何性质的函数；U_{eff} 是均匀有效横向流速。

如果沿燃料棒，横向流速是变化的，均匀有效流速的确定依赖于棒的振型和所考虑的振型阶数。对于第 i 阶振型，旋涡脱落定义为

$$f_{\mathrm{s}}^{i} = Sr\,\frac{U_{\mathrm{eff}}^{i}}{D} \tag{34}$$

式中，f_{s}^{i} 为第 i 阶振型的旋涡脱落频率；U_{eff}^{i} 为第 i 阶振型的均匀有效横向流速。

C.3.2　旋涡脱落引起的最大振幅

$$y_{k\mathrm{arm}} = \frac{C \cdot \psi \cdot \dfrac{\rho D}{8\pi^2}}{\sqrt{\left[1-\left(\dfrac{f_{\mathrm{s}}^{i}}{f_{n}^{i}}\right)^2\right]^2+\left(\dfrac{\delta_i f_{\mathrm{s}}^{i}}{\pi f_{n}^{i}}\right)^2}} \cdot \frac{\int_0^L u_{\mathrm{t}}^2(z)\,|\,\varphi_{ij}(z)\,|\,\mathrm{d}z}{\int_0^L m_0\varphi_{ij}^2(z)\mathrm{d}z} \cdot \frac{1}{(f_{n}^{i})^2} \tag{35}$$

离散后可写为

$$y_{k\mathrm{arm}}^{i} = \frac{C \cdot \psi \cdot \dfrac{\rho D}{8\pi^2}}{\sqrt{\left[1-\left(\dfrac{f_{\mathrm{s}}^{i}}{f_{i}}\right)^2\right]^2+\left(\dfrac{\delta_i f_{\mathrm{s}}^{i}}{\pi f_{i}}\right)^2}} \cdot \frac{\sum_{j=1}^{n} u_{\mathrm{t}}^2(j)\varphi_{ij}(z)\delta z(j)}{\sum_{j=1}^{n} m_0\varphi_{ij}^2(j)\delta z(j)} \cdot \frac{1}{f_i^2} \tag{36}$$

C.4　磨损计算

C.4.1　Archard 磨损公式

在燃料棒与刚凸之间的接触处与振动位移方向相切时，微动磨损首先在定位格架刚凸处，由于刚凸与包壳的相对滑动以黏着磨损的形式发生。当腐蚀微粒和硬度增加时，转为擦伤磨损。这里基于 Archard 的擦伤磨损公式，Archard 公式为

$$V=\frac{SFL}{3H} \tag{37}$$

式中，V 是磨损体积；S 是磨损系数；F 是与接触面垂直的接触力；L 是总的滑动距离；H 为材料硬度；3 是适用于半球形磨粒的形状因子。

C.4.2　滑动阀值

对于棒与切向刚凸接触（模型的节点 j），如位移超过了下面定义的阀值 δ_s，对全部振型而言，最大振动位移 y_j 会产生相对滑动：

$$\delta_s=\mu\frac{F_j}{K_{tb}} \tag{38}$$

式中，μ 是燃料棒/刚凸间的摩擦系数；F_j 是垂直于接触面（节点 j）的瞬态力；K_{tb} 是刚凸的切向刚度。

因此，用于滑移距离 L 的修正因子 λ 为

$$\lambda=\begin{cases}\dfrac{y_j-\delta_s}{y_j} & y_j>\delta_s\\ 0 & y_j\leqslant\delta_s\end{cases} \tag{39}$$

式中，y_j 为 10% 的频率组集的模态组合（与计算总的最大振幅的方法一样）。

C.4.3　瞬态棒/刚凸接触力

在压水堆中，棒/刚凸接触力随时间变化的主要原因是：

（1）辐照产生的格架弹簧力松弛（见图 C-1）；

(2) 包壳外径的变化(见图 C-2)。

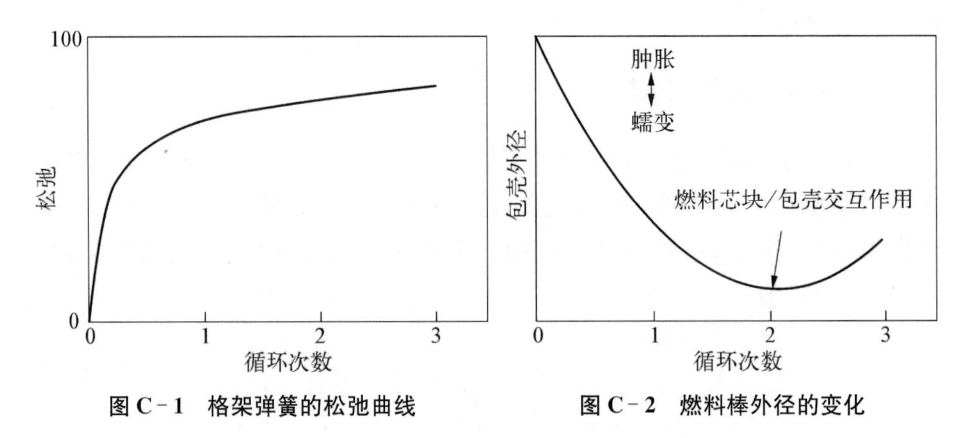

图 C-1　格架弹簧的松弛曲线　　**图 C-2　燃料棒外径的变化**

棒/刚凸间的接触力(节点 j) 通过以下的松弛规则确定:

$$F_j(t, F_{CB}^0)=[1-R_j(t)]\cdot F_{CB}^0 \tag{40}$$

式中,F_{CB}^0 是棒与刚凸间的初始接触力;$R_j(t)$ 是格架随燃耗的松弛率,一般通过试验或运行经验公式得到。

C.4.4　总滑移距离

令 $\sigma(y_i)$ 表示振型 i 在凸起点 j 处振幅的标准偏差,则在凸起节点 j 的切向,在时间 $t-\Delta t$ 和 t 之间的总滑移距离为

$$\Delta L_j(t)=4\sqrt{2}\,\Delta t\left[\sum_{i=1}^{n} f_i^2\sigma(y_i)^2\right]^{1/2} \tag{41}$$

为了考虑滑动阈值,由 F_{CB}^0 决定的 λ 用于判断是否产生了滑动距离:

$$\Delta L_j(t, F_{CB}^0)=\lambda\cdot\Delta L_j(t) \tag{42}$$

C.4.5　包壳磨损深度的计算

包壳磨损是从磨损伤痕几何状态而计算的磨损量来估算的。图 C-3 给出了一个由于圆柱与平面接触产生磨损形式的横剖面图。

以下给出磨损深度的推导过程:

$$D=2R \tag{43}$$

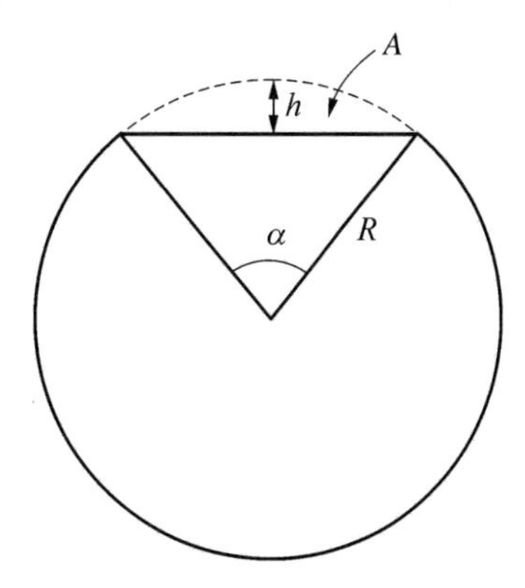

图 C-3　磨损伤痕尺寸

$$A = \frac{R^2}{2}(\alpha - \sin\alpha) \tag{44}$$

给出下面的级数展开：

$$\sin\alpha = \alpha - \frac{\alpha^3}{6} + 0(\alpha^5) \tag{45}$$

$$\cos\frac{\alpha}{2} = 1 - \frac{1}{2} \cdot \frac{\alpha^2}{4} + 0(\alpha^5) \tag{46}$$

及关系：

$$\cos\frac{\alpha}{2} = \frac{R-h}{R} \tag{47}$$

磨损了的包壳横截面积表示为

$$A = \frac{4}{3}h\sqrt{Dh} \tag{48}$$

如果 L 是磨损宽度(沿棒轴向)，则磨损掉的体积为 $V = AL$，则磨损深度 h 可表示为

$$h = \left(\frac{3V}{4L\sqrt{D}}\right)^{2/3} \tag{49}$$

假设磨损宽度等于格架刚凸的宽度，对于一给定的磨损量，就有一定的磨损深度。对于一给定的初始棒与刚凸接触力 F_{CB}^0，包壳磨损深度由下式确定：

$$P_j(F_{CB}^0) = \left(\frac{3\,\vartheta(F_{CB}^0)}{4L\sqrt{D}}\right)^{2/3} \tag{50}$$

将最大磨损深度 $P_j(F_{CB}^0)_{max}$ 与相关准则进行比较，确定燃料棒包壳是否满足机械完整性要求，工程上一般要求最大磨损深度小于 10%包壳厚度。

参考文献

[1] Weaver D S, Ziada S, Au-Yang M K, et al. Flow-induced vibrations in power and process plant components-progress and prospects [J]. Journal of Pressure Vessel Technology, 2000, 122: 339 - 348.

[2] U. S. Nuclear Regulatory Commission, San Onofre Nuclear Generating Station — NRC Augmented Inspection Team Report [R]. Washington D C: NRC, 2012.

[3] 钱颂文. 换热器流体诱导振动基础[M]. 武汉：华中工学院出版社,1988.

[4] 臧希年. 核电厂系统及设备[M]. 北京：清华大学出版社,2010.

[5] 张毅雄,毛庆,向文元,等. 多级节流孔板在核级管道中的设计分析研究[J]. 核动力工程,2006(10): 301 - 303.

[6] Pettigrew M J, Taylor C E, Fisher N J, et al. Flow-induced vibration: recent findings and open questions [J]. Nuclear Engineering & Design, 1998, 185(2 - 3): 249 - 276.

[7] 席志德. 同心圆柱壳结构流致振动研究[D]. 成都：中国核动力研究设计院,2008.

[8] 邢景棠,周盛,崔尔杰. 流固耦合力学概述[J]. 力学进展,1997,27(1): 19 - 38.

[9] Axisa F, Antunes J, Villard B. Random excitation of heat exchangertubes by cross-flows [J]. Journal of Fluids & Structures, 1990, 4(3): 321 - 341.

[10] de Langre E, Beaufils B, Antunes J. The Numerical prediction of vibrations in tube bundles induced by cross-flow turbulence [C]. In the Fifth International Conference Flow-Induced vibration. Brighton, U. K. , 1991.

[11] de Langre E, Villard B. An upper bound on random buffeting forces caused by two-phase flows across tubes [J]. Journal of Fluids & Structures, 1998, 12(8): 1005 - 1023.

[12] Granger S. A new signal processing method for investigating fluidelastic phenomena [J]. Journal of Fluids & Structures, 1990, 4(1): 73 - 97.

[13] Hadj-Sadok C, de Langre E, Granger S. Inverse Methods for the Measurement of Fluid-Elastic Forces in Tube Bundles [C]. in the Sixth International Conference on Flow-Induced Vibrations. London, U. K.: Balkema. 1995.

[14] Nakamura T, Fujita K, Kawanishi K, et al. Study on the vibrational characteristics of a tube array caused by two-phase flow. Part I: Random vibration [J]. International Journal of Multiphase Flow, 1995, 9(5): 519 - 538.

[15] Païdoussis M P. Fluidelastic vibration of cylinder arrays in axial and cross flow: State of the art [J]. Journal of Sound & Vibration, 1981, 76 (3): 329 - 360.

[16] Blevins R D, ed. Flow-induced Vibration [M]. 2nd edition. New York: Van Nostrand Reinhold, 1991.

[17] Taylor C E, Pettigrew M J. Random excitation forces in heat exchanger tube bundles [J]. Journal of Pressure Vessel Technology, 2000, 122(4): 509 - 514.

[18] Taylor C E, Pettigrew M J, Currie I G. Random excitation forces in tube bundles subjected to two-phase cross-flow [J]. Journal of Pressure Vessel Technology, 1996, 118(3): 265 - 277.

[19] Axisa F, Villard B. Random excitation of heat exchanger tubes by two-phase cross-flow [C]. In Proceedings of Fourth International Symposium on Flow-induced vibration and Noise. New York: ASME, 1992.

[20] Nakamura T, Fujita K, Kawanishi K, et al. Study on the vibrational characteristics of a tube array caused by two-phase flow. Part II: Fluidelastic vibration [J]. International Journal of Multiphase Flow, 1995, 9 (5): 539 - 562.

[21] de Langre E, Villard B. Two-phase flow random forces in tube arrays [C]. in Proceedings of Second International Conference on Engineering Hydro-Aeroelasticity. Czech Republic: Pilzen, 1994, 32 - 36.

[22] de Langre E, Villard B, Entenmann K. A spectrum of two-phase flow random forces in tube arrays [C]. Bearman, ed. Flow-Induced Vibration. Rotterdam, Holland: Balkema, 1995, 107 - 117.

[23] Taylor C E, Currie I G, Pettigrew M J, et al. Vibration of tube bundles in two-phase cross-flow. Part 3. Turbulence-induced excitation [J]. Journal of Pressure Vessel Technology Transactions of the ASME, 1989, 111(4): 488 - 500.

[24] 姜乃斌，臧峰刚，张毅雄，等. 管束间空气-水两相流激振力特性及归一化方法研究[J]. 原子能科学技术，2016，50(6): 1084 - 1089.

[25] Jiang N B, Xiong F R, Zang F G, et al. Analysis on vibration response of U-tube bundles caused by two-phase cross-flow turbulence [J]. Annals of Nuclear Energy, 2017, 99: 328 - 334.

[26] 姜乃斌，臧峰刚，张毅雄，等. 横掠管束的两相流湍流激振力的包络谱研究[J]. 原子能科学技术，2016，50(9): 1634 - 1640.

[27] 姜乃斌，臧峰刚，张毅雄. 一种换热器紊流抖振响应的计算方法: 中国，201410758134 [P]. 2017 - 3 - 26.

[28] Nakamura T, Hirota K, Tomomatsu K. Some problems on the estimation of flow-induced vibration of a tube array subjected to two-phase flow [C]. The Japan Society of Mechanical Engineers, 2000: 927 - 928.

[29] Feenstra P A, Weaver D S, Nakamura T. Vortex shedding and fluidelastic instability in a normal square tube array excited by two-phase cross-flow [J]. Journal of Fluids & Structures, 2003, 17(6): 793 - 811.

[30] Pascal-Ribot S, Blanchet Y. Scaling buffeting forces of air-water flow in a rod bundle [C]. In: Zolotarev, Horacek (Eds.), Proceedings International Conference Flow-Induced Vibration. Institute of Thermomechanics, Prague, 2008, 211.

[31] Connors H J. Fluidelastic vibration of tube arrays excited by cross flow [C]. ASME Winter annual meeting, New-York, 1970, 12: 93 - 107.

[32] Whiston G S, Thomas G D. Whirling instabilities in heat

exchanger tube arrays [J]. Journal of Sound & Vibration, 1982, 81(1): 1-31.

[33] Tanaka H, Takahara S, Ohta K. Flow-induced vibration of tube arrays with various pitch-to-diameter ratios [J]. Journal of Pressure Vessel Technology, 1982, 104(3): 168-174.

[34] Chen Y N. The orbital movement and the damping of the fluidelastic vibration of tube banks due to vortex formation: Part 2 — Criterion for the fluidelastic orbital vibration of tube arrays [J]. Journal of Engineering for Industry, 1974, 96(3): 1065.

[35] Gorman D J. Experimental development of design criteria to limit liquid cross-flow-induced vibration in nuclear reactor heat exchange equipment [J]. Nucl. Sci. Eng., 1976, 61(3): 324-336.

[36] Connors H J. Fluidelastic vibration of heat exchanger tube arrays [J]. ASME Journal of Mechanical Design, 1978, 100(2): 347-353.

[37] Weaver D S, El-Kashlan M. The effect of damping and mass ratio on the stability of a tube bank [J]. Journal of Sound & Vibration, 1981, 76(2): 283-294.

[38] Soper B M H. The effect of tube layout on the fluid-elastic instability of tube bundles in crossflow [J]. Journal of Heat Transfer, 1983, 105(4): 744-750.

[39] Païdoussis M P. Flow-induced instabilities of cylindrical structures [J]. Applied Mechanics Reviews, 1987, 40(2): 163.

[40] Price S J, Païdoussis M P. An improved mathematical model for the stability of cylinder rows subject to cross-flow [J]. Journal of Sound & Vibration, 1984, 97(4): 615-640.

[41] Simpson A, Flower J W. An improved mathematical model for the aerodynamic forces on tandem cylinders in motion with aeroelastic applications [J]. Journal of Sound & Vibration, 1977, 51(2): 183-217.

[42] Southworth P J, Zdravkovich M M. Cross — flow — induced vibrations of finite tube banks in in — line arrangements [J]. ARCHIVE Journal of Mechanical Engineering Science 1959-1982 (vols 1-23), 1975, 17(4): 190-198.

[43] Chen S S. Flow-induced Vibration of Circular Cylindrical Structures [M]. Washington, DC: Hemisphere Publishing Corp., 1987.

[44] Tanak H, Takahara S. Fluid elastic vibration of tube array in cross flow [J]. Journal of Sound & Vibration, 1981, 77(1): 19 - 37.

[45] Lever J H, Weaver D S. A theoretical model for fluidelastic instability in heat exchanger tube bundles [J]. Journal of Pressure Vessel Technology, 1982, 104(3): 147 - 158.

[46] Lever J H, Weaver D S. On the stability of heat exchanger tube bundles, part I: Modified theoretical model [J]. Journal of Sound & Vibration, 1986, 107(3): 375 - 392.

[47] Lever J H, Weaver D S. On the stability of heat exchanger tube bundles, part II: Numerical results and comparison with experiments [J]. Journal of Sound & Vibration, 1986, 107(3): 393 - 410.

[48] Yetisir M, Weaver D S. An unsteady theory for fluidelastic instability in an array of flexible tubes in cross-flow. Part I: Theory [J]. Journal of Fluids & Structures, 1993, 7(7): 751 - 766.

[49] Yetisir M, Weaver D S. An unsteady theory for fluidelastic instability in an array of flexible tubes in cross-flow. Part II: Results and comparison with experiments [J]. Journal of Fluids & Structures, 1993, 7(7): 767 - 782.

[50] 赖永星. 换热器管束动态特性分析及流体诱导振动研究[D]. 南京：南京工业大学，2006.

[51] Li M. An Experimental and theoretical study of fluidelastic instability in cross flow multi-span exchanger tube arrays [D]. Hamilton: McMaster University, 1997.

[52] Remy R M. Flow induced vibration of tube bundles in two phase cross flow [C]. Paper 1. 9, Proceedings of the 3rd International Conference of Vibrations in Nuclear Plants, Keswick Uk, Vol. 1, 135 - 160.

[53] Axisa F, Villard B, Gibert R J, et al. Vibration of tube bundles subjected to air-water and steam-water cross flow: preliminary results on fluidelastic instability [J]. Journal of Endocrinology, 1984, 27(3): 1203 - 1215.

[54] Pettigrew M J, Taylor C E, Kim B S. Vibration of tube bundles in two-phase cross-flow: Part 1 - Hydrodynamic mass and damping [J]. Journal of Pressure Vessel Technology Transactions of the Asme, 1989, 111 (4): 466 - 477.

[55] Pettigrew M J, Taylor C E, Kim B S. Vibration of tube bundles in two-phase cross-flow: part 2 - fluid-elastic instability [J]. Journal of Pressure Vessel Technology Transactions of the ASME, 1989, 111(4): 478 - 482.

[56] Mann W, Mayinger F. Flow induced vibration of tube bundles subjected to single- and two-phase cross-flow [J]. Multiphase Flow, 1995: 603 - 612.

[57] Pettigrew M J, Gorman D J. Experimental studies on flow-induced vibration to support steam generator design, Part III: Vibration of small tube bundles in liquid and two phase cross flow[R]. Report 5804, Atomic Energy of Canada Limited, 1973.

[58] Pettigrew M J, Taylor C E, Jong J H, et al. Vibration of a tube bundle in two-phase freon cross-flow [J]. Journal of Pressure Vessel Technology, 1995, 117(4): 321 - 329.

[59] Heilker W J, Vincent R Q. Vibration in nuclear heat exchangers due to liquid and two-phase flow [J]. Journal of Engineering for Gas Turbines & Power, 1981, 103(2): 358 - 366.

[60] Nakamura T, Fujita K, Yamaguchi N, et al. Study on flow induced vibration of a tube array by a two-phase flow (1st report: Large amplitude vibration by air-water flow) [J]. Transactions of the Japan Society of Mechanical Engineers, 1986, 52(473): 252 - 257.

[61] Nakamura T, Fujita K, Kawanishi K, et al. A study on the flow induced vibration of a tube array by a two-phase flow (2nd report Large amplitude vibration by steam-water flow) [J]. Transactions of the Japan Society of Mechanical Engineers, 1986, 52(483): 2790 - 2795.

[62] Feenstra P A, Judd R L, Weaver D S. Fluidelastic instability in a tube array subjected to two-phase R - 11 cross-flow [J]. Journal of Fluids & Structures, 1995, 9(7): 747 - 771.

[63] Feenstra P A, Weaver D S, Judd R L. An improved void fraction model for two-phase cross-flow in horizontal tube bundles [J]. International Journal of Multiphase Flow, 2000, 26(11): 1851 - 1873.

[64] Pettigrew M J, Knowles G D. Some aspects of heat-exchanger tube damping in two-phase mixtures [J]. Journal of Fluids & Structures, 1997, 11(8): 929 - 945.

[65] Pettigrew M J, Taylor C E. Two-phase flow-induced vibration: An overview [J]. Journal of Pressure Vessel Technology, 1994, 116: 3(3).

[66] Delenne B, et al. Experimental determination of motion-dependent fluid forces in two-phase water-freon cross flow [C]. ASME Int. Symposium on Fluid-Structure Interaction, 1997, 53(2): 349 - 356.

[67] Zuber N, Findlay J A. Average volumetric concentration in two-phase flow systems [J]. Journal of Heat Transfer, 1965, 87(4): 453 - 460.

[68] Schrage D S, Hsu J T, Jensen M K. Two-phase pressure drop in vertical crossflow across a horizontal tube bundle [J]. Aiche Journal, 1988, 34(34): 107 - 115.

[69] Pettigrew M J, Zhang C, Mureithi N W, et al. Detailed flow and force measurements in a rotated triangular tube bundle subjected to two-phase cross-flow [J]. Journal of Fluids & Structures, 2005, 20(4): 567 - 575.

[70] Joly T F, Mureithi N W, Pettigrew M J. The effect of angle of attack on the fluidelastic instability of tube bundle subjected to two-phase cross-flow [C]//ASME 2009 Pressure Vessels and Piping Conference. 2009: 115 - 126.

[71] Mureithi N W, Nakamura T, Hirota K, et al. Dynamics of an in-line tube array subjected to steam-water cross-flow. Part II: unsteady fluid forces [J]. Journal of Fluids & Structures, 2002, 16(2): 137 - 152.

[72] Nakamura T, Hirota K, Watanabe Y, et al. Dynamics of an in-line tube array subjected to steam-water cross-flow. Part I: two-phase damping and added mass [J]. Journal of Fluids & Structures, 2002, 16(2): 123 - 136.

[73] Taylor C E, Pettigrew M J, Axisa F, et al. Experimental

determination of single and two-phase cross flow-induced forces on tube rows [J]. Journal of Pressure Vessel Technology, 1988, 110(1): 22 - 30.

[74] Shahriary S, Mureithi N W, Pettigrew M J. Quasi-static forces and stability analysis in a triangular tube bundle subjected to two-phase cross-flow [C]//ASME 2007 Pressure Vessels and Piping Conference, 2007: 245 - 252.

[75] Mureithi N W, Shahriary S, Pettigrew M J. Flow-induced vibration model for steam generator tubes in two-phase flow [C]// International Conference on Nuclear Engineering, 2008: 365 - 374.

[76] Mureithi N W, Sawadogo T P, Grie A A C. Estimation of the fluidelastic instability boundary for steam-generator tubes subjected to two-phase flows [C]//International Conference on Nuclear Engineering, 2010: 679 - 690.

[77] Price S J, Païdoussis M P. A Single-flexible-cylinder analysis for the fluidelastic instability of an array of flexible cylinders in cross-flow [J]. Journal of Fluids Engineering, 1986, 108(2): 193 - 199.

[78] Jiang N B, Chen B, Zang F G, et al. An unsteady model for fluidelastic instability in an array of flexible tubes in two-phase cross-flow [J]. Nuclear Engineering & Design, 2015, 285: 58 - 64.

[79] Weaver D S, Abd-Rabbo A. A flow visualization study of a square array of tubes in water crossflow [J]. Journal of Fluids Engineering, 1985, 107(3): 354 - 363.

[80] Abd-Rabbo A, Weaver D S. A flow visualization study of flow development in a staggered tube array [J]. Journal of Sound & Vibration, 1986, 106(2): 241 - 256.

[81] Scott P. Flow visualization of cross-flow induced vibration in tube arrays [D]. Hamilton, Ontario, Canada: McMaster University, 1987.

[82] 聂清德，郭宝玉. 换热器管束中的流体弹性不稳定性[J]. 力学学报，1996,28(2): 151 - 158.

[83] Price S J, Païdoussis M P. A constrained-mode analysis of the fluidelastic instability of a double row of flexible circular cylinders subject to cross-flow: A theoretical investigation of system parameters [J]. Journal of

Sound & Vibration, 1986, 105(105): 121 - 142.

[84] Weaver D S, Fitzpatrick J A. A review of cross-flow induced vibrations in heat exchanger tube arrays [J]. Journal of Fluids & Structures, 1988, 2(1): 73 - 93.

[85] Zdravkovich M M. Flow around circular cylinders-volume 1: fundamentals [J]. Journal of Fluids Engineering, 1997, 120(1): 105 - 106.

[86] Howe M S. Contribution to the theory of aerodynamic sound, with application to excess jet noise and the theory of the flute [J]. Journal of Fluid Mechanics, 1975, 71: 625 - 673.

[87] 冯志鹏,姜乃斌,臧峰刚,等. 一种换热器传热管旋涡脱落诱发振动的分析方法: 中国,ZL201510605752.5 [P]. 2018 - 3 - 30.

[88] 冯志鹏,臧峰刚,张毅雄,等. 弹性管涡致振动的理论模型与数值模拟[J]. 应用数学和力学,2014,35(5): 581 - 588.

[89] Facchinetti M L, de Langre E, Biolley F. Coupling of structure and wake oscillators in vortex-induced vibrations [J]. Journal of Fluids and Structures, 2004, 19: 123 - 140.

[90] 冯志鹏,臧峰刚,张毅雄,等. 预测传热管涡致振动的改进尾流振子模型[J]. 核动力工程,2014,35(5): 22 - 27.

[91] Xu W H, Wu Y X, Zang X H, et al. A new wake oscillator model for predicting vortex induced vibration of a circular cylinder [J]. Journal of Hydrodynamics, 2010, 22(3): 381 - 386.

[92] Khalak A, Williamson C H K. Investigation of the relative effects of mass and damping in vortex induced vibration of a circular cylinder [J]. Journal of Wind Engineering and Industrial Aerodynamic, 1997, 69 - 71: 341 - 350.

[93] Govardhan R, Khalak A. Modes of vortex formation and frequency response of a freely vibrating cylinder [J]. Journal of Fluid Mechanics, 2000, 420: 85 - 130.

[94] 冯志鹏,张毅雄,臧峰刚,等. 三维弹性管的涡致振动特性分析[J]. 应用数学和力学,2013,34(9): 976 - 985.

[95] Violette R, de Langre E, Szydlowski J. Computation of vortex-induced vibrations of long structures using a wake oscillator model:

comparison with DNS and experiments [J]. Computers and Structures, 2007, 85: 1134 - 1141.

[96] 冯志鹏，臧峰刚，张毅雄. 传热管在内外流作用下的振动特性研究[J]. 原子能科学技术，2017, 51(2): 281 - 285.

[97] 冯志鹏，臧峰刚，张毅雄. 传热管在内外流体及间隙作用下的非线性振动特性 [J]. 原子能科学技术，2017, 51(1): 133 - 138.

[98] Nuclear Regulatory Commission. Regulatory Guide 1. 20: Comprehensive Vibration Assessment Program for Reactor Internals During Preoperational and Initial Startup Testing [S]. Washington DC: NRC, 2007.

[99] Dickens J M, Nakagawa J M, Wittbrodt M J. A critique of mode acceleration and modal truncation augmentation methods for modal response analysis [J]. Computers & Structures, 1997, 62(6): 985 - 998.

[100] Tournour M, Attala N. Psuedostatic corrections for the forced vibroacoustic response of a structure cavity system [J]. J. Acoust. Soc. Am., 2000, 107(5): 2379 - 2386.

[101] David J-M, Menelle M. Validation of a modal method by use of an appropriate static potential for a plate coupled to a water-filled cavity [J]. J. Sound and Vib., 2007, 301: 739 - 759.

[102] Fahnline J B. Condensing structural finite element meshes into coarser acoustic element meshes [C]. in ASME 15th Biennial Conference on Mechanical Vibration and Noise1995: Boston, MA.

[103] Giordano J A, Koopmann G H. State space boundary element — finite element for fluid-structure interaction analysis [J]. J. Acoust. Soc. Am., 1995, 98: 363 - 372.

[104] Giordano J A. State space coupling of acoustic (boundary element) and structural (finite element) models for fluid-structure interaction analysis [D]. The Pennsylvania State University, 1993.

[105] Fahnline J B. Further results for state space fluid-structure analysis using coupled boundary and finite element analyses [C]. The 13th International Congress on Sound and Vibration, 2006: 1 - 8.

[106] Press W H, et al. Numerical Recipes in FORTRAN [M]. 2nd

Ed. Cambridge: Cambridge University Press, 1992.

[107] 黄玉盈,邹时智,钱勤,等.输液管的非线性振动、分叉与混沌-现状与展望[J],力学进展,1998,28(1): 30-42.

[108] 徐鉴,杨前彪.输液管模型及其非线性动力学近期研究进展 [J].力学进展,2004,34(2): 182-194.

[109] Païdoussis M P. Fluid-structure Interactions, Slender Structures and Axial Flow [M]. Vol. 1, Academic Press, San Diego, 1998.

[110] Semler C, Li G X, Païdoussis M P. The nonlinear equations of motion of pipes conveying fluid [J]. Journal of Sound and Vibration, 1994, 169(5): 577-599.

[111] Lee V, Pak C H, Hong S C. the dynamic of a piping system with internal unsteady flow [J]. Journal of Sound and Vibration, 1995, 182: 297-311.

[112] Lee U, Kim J. Dynamics of branched pipeline systems conveying internal unsteady flow [J]. ASME J vib Acoust, 1999, 121: 114-122.

[113] Gorman D G, Reese J M, Zhang Y L. vibration of a flexible pipe conveying viscous pulsating fluid flow. Journal of Sound and Vibration, 2000, 230(2): 379-392.

[114] 张立翔,黄文虎.输流管道非线性流固耦合振动的数学建模[J].水动力学研究与进展,2000,Ser A,15(3): 116-128.

[115] Stangl M, Gerstmayr J, Irschik H. A large deformation finite element for pipes conveying fluid based on the absolute nodal coordinate formulation [C]. Proceedings of the ASME 2007 International Design Engineering Technical Conferences & Computers and Information in Engineering Conference IDETC/CIE 2007, Las Vegas, Nevada, USA, 2007, Paper no. DETC2007-34771, accepted for publication.

[116] Berzeri M, Shabana A A. Development of simple models for the elastic forces in the absolute nodal coordinate formulation [J]. Journal of Sound and Vibration, 2000, 235 (4): 539-565.

[117] Irschik H, Holl H J. The equations of Lagrange written for a non-material volume [J]. Acta Mechanica, 2002, 153: 231-248.

[118] Stangl M, Gerstmayr J, Irschik H. An alternative approach for

the analysis of nonlinear vibrations [J]. Journal of Sound and Vibration 2008, 310: 313 - 325.

[119] 蔡逢春,臧峰刚,叶献辉,等. 基于绝对节点坐标法的输流管道非线性动力学分析[J]. 振动与冲击,2011,30(6): 143 - 146.

[120] Shabana A A. An absolute nodal coordinates formulation for the large rotation and deformation analysis of flexible bodies [R]. Techoieal Report. No. MBS96 - 1 - UIC, University of Illinois at Chicago, 1996.

[121] Eberhard P, Schiehlen W. Computational dynamics of multibody Systems history, formalisms, and applications [J]. ASME Joumal of Computational and Nonlinear Dynamics, 2006, 1: 3 - 12.

[122] Waterhouse R B. 微动磨损与微动疲劳[M]. 周仲荣等译. 成都: 西南交通大学出版社,1999.

[123] 周仲荣,雷源忠,张嗣伟. 摩擦学发展前沿[M]. 北京: 科学出版社,2006.

[124] Kim H K, Lee Y H. Wear depth model for thin tubes with supports [J]. Wear, 2007, 263: 532 - 541.

[125] Kim H K, Hills D A, Noewll D. Partial slip between contacting cylinders under transverse and axial shear [J]. Int. J. Mech. Sci., 2000, 42: 199 - 212.

[126] Kim K T. The study on grid-to-rod fretting wear models for PWR fuel [J]. Nuclear Engineering and Design, 2009, 239: 2820 - 2824.

[127] Frick T, Sobek T, Reavis J. Overview on the development and implementation of methodologies to compute vibration and wear of steam generator tubes [J]. ASME Symposium on Flow-Induced Vibration, 1984, 3: 149 - 161.

[128] McAdams W H, Woods W K, Heroman L C. Vapourization inside horizontal tubes-II: Benzene-oil mixtures [J]. Transactions of the ASME, 1942. 64: 193 - 200.

[129] Dowlati R, Kawaji M, Chisholm D, et al. Void fraction prediction in two-phase flow across a tube bundle [J]. Aiche Journal, 1992, 38(4): 619 - 622.

[130] Dowlati R, Kawaji M, Chan A M C. Pitch-to-diameter effect on

two-phase flow across an in-line tube bundle [J]. Aiche Journal, 1990, 36 (5): 765 - 772.

[131] Dowlati R, Kawaji M, Chan A M C. Two-phase crossflow and boiling heat transfer in horizontal tube bundles [J]. Journal of Heat Transfer, 1996, 118(1): 124 - 131.

[132] 姜乃斌,臧峰刚,张毅雄,等. 垂直上升横掠水平管束的两相流空泡份额模型研究[J]. 核动力工程,2013,34(3): 67 - 70.

[133] Noghrehkar G. Investigation of local two-phase parameters in cross flow-induced vibration of tubes in tube bundles [D]. in Department of Chemical Engineering and Applied Chemistry. University of Toronto: Toronto, Canada, 1996.

[134] Taylor C E, Pettigrew M J. Effect of flow regime and void fraction on tube bundle vibration [J]. Journal of Pressure Vessel Technology, 2001, 123(4): 407 - 413.

[135] 劳力云,郑之初,吴应湘,等. 关于气液两相流流型及其判别的若干问题[J]. 力学进展,2002,32(2): 235 - 249.

[136] 周立加,杨瑞昌. 垂直上升管内气液两相流流型鉴别研究[J]. 工程热物理学报,2000,21(3): 358 - 362.

[137] 贾峰,黄兴华,王利,等. 垂直向上横掠水平管束两相流型的实验研究[J]. 上海交通大学学报,2006,40(2): 346 - 350.

[138] Grant I D R. Pressure Drop on the Shell-Side of Shell and Tube Heat Exchangers in Single and Two-Phase Flows [R]. in HTFS Design Report No. 16 (revised). 1976.

[139] Taitel Y, Bornea D, Dukler A E. Modelling flow pattern transitions for steady upward gas — liquid flow in vertical tubes [J]. Aiche Journal, 1980, 26(3): 345 - 354.

[140] Ulbrich R, Mewes D. Vertical, upward gas-liquid two-phase flow across a tube bundle [J]. International Journal of Multiphase Flow, 1994, 20 (2): 249 - 272.

[141] 苏铭德,黄素逸. 计算流体动力学基础[M]. 北京: 清华大学出版社,1997.

[142] 张兆顺,崔桂香,许春晓. 湍流理论与模拟[M]. 北京: 清华大学出

版社，2005.

[143] Leonard B P. The ultimate conservative difference scheme applied to unsteady one-dimensional advection [J]. Computational Methods of Applied Mechanics Engineering, 1991, 88: 17 - 74.

[144] Ong L, Wallace J. The velocity field of the turbulent very near wake of a circular cylinder [J]. Experiment Fluids, 1996, 20: 441 - 453.

[145] Norberg C. Fluctuating lift on a circular cylinder: review and new measurements [J]. Journal of Fluids and Structures, 2003, 17: 57 - 96.

[146] Schowalter D, Ghosh I, Kim S E, et al. Unit-tests based validation and verification of numerical procedure to predict vortex-induced motion [C]. 25th International Conference on Offshore Mechanics and Arctic Engineering, Hamburg, 2006.

[147] Khalak A, Williamson C H K. Motions, forces and mode transitions in vortex-induced vibrations at low mass-damping [J]. Journal of Fluids and Structures, 1999, 13(7 - 8): 813 - 851.

[148] Skop R A, Balasubramanian S. A new twist on an old model for vortex-excited vibrations [J]. Journal of Fluids and Structures, 1997, 11: 395 - 412.

[149] Li T, Zhang J Y, Zhang W H. Nonlinear characteristics of vortex-induced vibration at low Reynolds number [J]. Commun Nonlinear Sci Numer Simulat, 2011, 16: 2753 - 2771.

[150] Sarpkaya T. Hydrodynamic damping, flow-induced oscillations, and biharmonic response [J]. ASME Journal of offshore Mechanics and Arctic Engineering, 1995, 117(4): 232 - 238.

[151] 齐欢欢，姜乃斌，等. 传热管束流致振动分析软件 V1.0 [CP/CD]. 著作权登记号：2016SR122936.

[152] 张丰收，叶献辉，吴万军，等. 蒸汽发生器干燥器气动噪声分析研究[J]. 核动力工程，2017，38(S1)：28 - 30.

[153] 朱继洲，单建强，张斌. 压水堆核电厂的运行[M]. 北京：原子能出版社，2008.

[154] Naudascher E, Rockwell D. Flow-Induced Vibrations an Engineering Guide [C]. Int. assoc. hydraul. res, 2012.

[155] RCC-M. Design and Construction Rules for Mechanical Components of Power Nuclear Islands [S]. AFCEN, 2007.

[156] 杜功焕,朱哲民,龚秀芬. 声学基础 [M]. 第三版. 南京：南京大学出版社,2012.

[157] Jiang N B, Gao L X, Huang X, et al. Reseach on two-phase flow induced vibration characteristics of U-tube bundles [C]. ASME Pressure Vessels and Piping Division Conference, Proceedings of PVP 2017, 7.

[158] Pettigrew M J, Taylor C E. Vibration analysis of shell-and-tube heat exchangers: an overview-Part 2: vibration response, fretting-wear, guidelines [J]. Journal of Fluids and Structures 18 (2003), 485 - 500.

[159] Fitz-Hugh, J S. Flow induced vibration in heat exchangers [G]. //Int. Symp. vib. problems in industry, 1973,427.

[160] 冯刚. 换热器管束流体诱导振动机理与防振研究进展[J]. 化工进展,2012(31)：508 - 512.

[161] 毛庆,张景绘. 反应堆吊篮流致振动响应分析中的理论研究[J]. 核动力工程,2004,25(3)：198 - 201.

[162] 喻丹萍,胡永陶. 秦山核电二期工程反应堆堆内构件模型流致振动试验研究[J]. 核动力工程,2003,24(2)：109 - 113.

[163] Païdoussis M P. A review of flow-induced vibrations in reactor components [J]. Nuclear Engineering and Design, 1982, 74: 31 - 60.

[164] 李华,齐欢欢,等. 燃料棒振动磨蚀分析软件. 计算机软件著作权, FURET [CP/CD]. 著作权登记号：2017SR609849.

[165] King S J, Seel D D, Fisher N J, et al. Effect of grid-support design on zirconium alloy fuel rod fretting-wear behavior [C]. Proceedings of the ASME Pressure Vessels and Piping Conference, 2001, 7.

[166] Lu R Y, Conner M E, Boone M L, et al. Nuclear fuel assembly flow induced vibration and duration wear testing [C]. Proceedings of the ASME Pressure Vessels and Piping Conference, 2001, 7.

[167] Fisher N J, Weckwerth M K, Grandison D A E, et al. Fretting-Wear of Zirconium Alloys [C]. Proceedings of the 14th International Conference on Structural Mechanics in Reactor Technology, 1997, 8.

[168] Guérout F M, Fisher N J. Steam Generator Fretting-Wear

Damage: A Summary of Recent Findings [J]. Journal of Pressure Vessel Technology, 1999, 121(3): 304 - 310.

[169] Lu R Y, Seel D. PWR fuel assembly damping characteristics [C]. 14th International Conference on Nuclear Engineering, Proceedings of ICONE14, 2002, 7.

[170] Bruno Collard. PWR fuel assembly modal testing and analysis [C]. Symposium on Flow-Induced Vibration, AMSE PVP Conference, 2003, 7.

[171] Stokes F E, King R A. PWR fuel assembly dynamic characteristics [C]. International Conference on Vibration in Nuclear Power Plants, Keswick, United Kingdom, 1978,5.

[172] Flamand J C. Influence of axial coolant flow on fuel assembly damping for the response to horizontal seismic loads [C]. SMiRT 11 Transactions Vol. C, 1991,8.

[173] Pablo R R. Monte Carlo simulation of fretting wear performance of fuel rods [C]. ASME Pressure Vessels and Piping Division Conference, Proceedings of PVP 2005, 7.

[174] Pomirleanu R O. Mechanisms for flow induced vibration of nuclear fuel rods [C]. 2004 International Meeting on LWR Fuel Performance, 2004.

[175] Yan Y, Thorpe R B. Flow regime transitions due to cavitation in the flow through an orifice [J]. International Journal of Multiphase Flow, 1990, 16(6): 1023 - 1045.

[176] Powell A. On the fatigue failure of structures due to vibrations excited by random pressure fields [J]. Journal of the Acoustical Society of America, 1958, 30(12): 1130 - 1135.

[177] Au-Yang M K. Joint and cross acceptances for cross-flow-induced vibration-Part I: Theoretical and finite element formulations [J]. Journal of Pressure Vessel Technology, 2000, 122(3): 349 - 354.

[178] Au-Yang M K. Joint and cross acceptances for cross-flow-induced vibration-Part II: Charts and applications [J]. Journal of Pressure Vessel Technology, 2000, 122(3): 355.

[179] Mao Q, Zhang J, Luo Y, et al. Experimental studies of orifice-induced wall pressure fluctuations and pipe vibration [J]. International Journal of Pressure Vessels & Piping, 2006, 83(7): 505 - 511.

[180] 毛庆,姜乃斌.孔板诱发管道流致振动响应的计算方法[J].核动力工程,2009,30(3): 22 - 26.

[181] 臧峰刚,刘文进.反应堆冷却剂回路温度计套管流致振动分析[J].核动力工程,2005,26(4): 360 - 363.

[182] Jeanplerre F, Livolant M. Experimental and theoretical method for flow induced vibrations of nuclear reactor internal structures [C]. Third Conference on Structural Mechanics in Reactor Technology, London, 1975. Paper F 1/5.

[183] American Society of Mechanical Engineers. ASME Boiler and Pressure Vessel Code [S]. New York: ASME, 2007.

[184] Ryo Morita, Fumio Inada, Shiro Takahashi, et al. Computational investigation of pressure fluctuations in bwr main steam line [C]. Proceedings of the ASME 2009 Pressure Vessels and Piping Division Conference, July 26 - 30, 2009, Prague, Czech Republic.

[185] Sommerville D V. Scaling laws for model test based BWR steam dryer fluctuating load definitions [C]. Vancoucer: American Society of Mechanical Engineers, 2006.

[186] Takahashi S, Ohtsuka M. Experimental study of acoustic and flow-induced vibrations in BWR main steam lines and steam dryers [C]. Chicago: American Society of Mechanical Engineers, 2008.

索　引

G

H

J

界面流速　23,24,26,27,37,208,211,239,241

K

L

M

脉动压力 17,81—83,86,216—219,221,222,246,249,250,254,256,259,260,262,298—302,304—315,333,351

N

P

Q

R

S

声致振动　80,81,86,87,216,222—224,227,228

随机振动　17,18,187,188,197,208,211,228,229,249,250,259,

Z